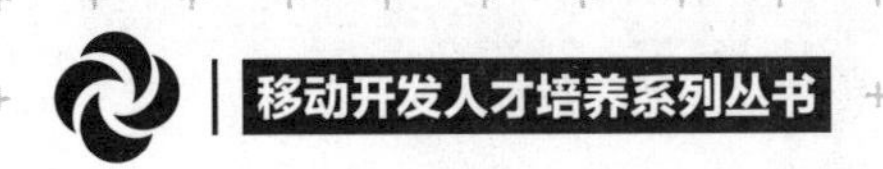

App Inventor 移动应用开发标准教程

（第2版）

瞿绍军◎编著

人民邮电出版社
北京

图书在版编目（CIP）数据

App Inventor移动应用开发标准教程 / 瞿绍军编著
. -- 2版. -- 北京 : 人民邮电出版社, 2022.3
（移动开发人才培养系列丛书）
ISBN 978-7-115-47380-6

Ⅰ. ①A… Ⅱ. ①瞿… Ⅲ. ①移动终端－应用程序－程序设计－教材 Ⅳ. ①TN929.53

中国版本图书馆CIP数据核字(2021)第269098号

内容提要

本书以 App Inventor 为平台，把抽象的计算思维具体化，把复杂的编程思想形象化，借助积木块编程，将数学、自然科学、工程基础和程序设计知识、计算思维无缝地融入精心设计的案例和项目。读者可以复现案例，结合专业背景知识创新性地解决本专业领域中的实际问题，最终开发出能在手机上运行的 App。

本书共分为 6 章，各章内容由浅入深、相互衔接。前 4 章为基础内容，主要包括 App Inventor 的开发环境搭建、界面和代码块的操作方法、一个简单而有趣的入门项目、App Inventor 编程基础和组件；第 5 章介绍应用调试的方法；第 6 章是进阶内容，介绍了 9 个综合项目。本书提供教学案例近 120 个，既方便学生进行系统性学习，也方便学生进行碎片化学习。

本书配备了丰富的教学和学习辅助资料，包括课件、项目的源代码、授课视频、综合项目源文件和作业参考源代码文件等。这些资料已经通过网络共享，可免费使用，并且不断更新、完善。此外，本门课在中国大学 MOOC 平台开设了线上课程，可供读者免费学习。

本书既可以作为移动开发课程的教学用书，也可以作为移动应用开发者的参考工具书。

◆ 编　　著　瞿绍军
责任编辑　韦雅雪
责任印制　王　郁　陈　犇
◆ 人民邮电出版社出版发行　　北京市丰台区成寿寺路 11 号
邮编　100164　　电子邮件　315@ptpress.com.cn
网址　https://www.ptpress.com.cn
三河市中晟雅豪印务有限公司印刷
◆ 开本：787×1092　1/16
印张：20.75　　2022 年 3 月第 2 版
字数：548 千字　　2024 年 8 月河北第 5 次印刷

定价：69.80 元

读者服务热线：(010)81055256　印装质量热线：(010)81055316
反盗版热线：(010)81055315
广告经营许可证：京东市监广登字 20170147 号

前言

2006年3月，美国卡内基梅隆大学计算机系主任周以真（Jeannette M. Wing）教授在美国计算机期刊 *Communications of the ACM* 上给出了计算思维（Computational Thinking，CT）的定义。

计算思维是指运用计算机科学的基础概念去求解问题、设计系统和理解人类行为。计算思维涵盖了反映计算机科学广泛性的一系列思维活动。计算思维的本质是抽象（Abstraction）和自动化（Automation）。它如同所有人都具备的“读、写、算”（简称3R）能力一样，是适合于每个人的一种普遍的认识和一类普适的技能。计算思维体现了面向问题解决的系列观点和方法，有助于大众更加深刻地理解计算的本质和计算机求解问题的核心思想。

由中国工程院院士李国杰任组长的中国科学院信息领域战略研究组在其撰写的《中国至2050年信息科技发展路线图》中对“计算思维”给予了足够的重视，认为计算思维的培养是克服“狭义工具论”的有效途径，是解决其他信息科技难题的基础。

近年来，全球很多组织和机构通过各种途径，在大到大学生的课程、小到中小学生的课程中培养学生们的计算思维能力。一批应用随之诞生，如机器人编程、VB（Visual Basic）、App Inventor、Blockly等。其中，App Inventor是近几年发展迅速的应用之一。

App Inventor是一个基于网页开发Android移动应用程序的平台。App Inventor可以把抽象的计算思维具体化，把复杂的编程思想形象化，通过积木块编程，将计算思维无缝地融入一个个有趣的项目，极大地提升学生的学习兴趣。

通过App Inventor编写的应用程序或许不是很完美，但它们是零编程基础的人都能编写的，而且通常在几分钟内就可完成。通过对App Inventor的学习，读者可快速了解软件设计与开发的基本知识，掌握解决问题的方法，训练自身的计算思维能力，并可在短时间内将自己的创意变成作品。读者不仅能大幅度提高动手能力，而且能从中获得巨大的成就感。

App Inventor在2010年12月正式对外发布。2013年12月，麻省理工学院发布了App Inventor 2。截至2021年10月底，该软件官方统计的全球用户达到820万人，注册的国家和地区达到195个，作品数量达到3400多万个。目前，App Inventor在国内已经走进众多大学、高职院校、中职学校和中小学课堂。

编者在App Inventor移动应用开发相关领域有着多年的教学经验，是App Inventor在国内教学和推广的先行者。App Inventor设计者哈尔·艾贝尔森（Hal Abelson）教授在“2012 Google中国教育高峰会”上做了App Inventor专题演讲后，编者从2013年开始在本校开设此课程。课程先后获得谷歌2013年Android创新项目课题、2014年教育部产学合作协同育人项目（课程建设——App Inventor移动应用开发）、2016年教育部产学合作项目［基于互联网协作式开放在线教程（COOC）的App Inventor移动应用开发多元化教学研究与改革］资助。2018年，“App Inventor移动应用开发”获得湖南师范大学在线开放课程建设资助，并于2019年9月在中国大学MOOC平台正式上线，2020年被评定为湖南省线上一流课程。《App Inventor移动应用开发标准教程（第2版）》获得2019年湖南师范大学规划教材建设资助。

本书经过多轮迭代更新，提供了丰富的教学内容和学习资料，2016年出版的第1版是国内具有很大影响力的图书，被40多所大学、高职高专院校选为教材，获得广大读者的肯定和一致好评。

党的二十大报告中提到:“培养造就大批德才兼备的高素质人才，是国家和民族长远发展大计。功以才成，业由才广。”为了帮助读者更好地掌握移动应用开发相关技能，进而为国家和社会培养高素质人才，本书通过讲解知识点并将其与案例相结合来引导读者掌握移动应用程序开发方法，采用数学+科学+积木块编程的方式，将计算思维、工程思维和课程思政贯穿其中；积极地鼓励读者，从而激发读者的兴趣；精心组织案例和项目，让读者积极参与教学，通过合作探究，培养读者的自主学习能力；以项目为依托，提升读者的学以致用能力。

本书力求用简洁、通俗的语言来描述复杂的概念，做到深入浅出、循序渐进，使读者能理解计算思维、编程思维的真正内涵并体会到学习编程的乐趣，最终达到能使用现代工具解决实际问题的目标。

本次再版对第 1 版的内容进行了大幅度的修改，增加了 2021 版本软件中新增的组件内容，调整了部分项目、案例，第 6 章更新了天气预报项目，新增了抽奖程序、车型识别、函数曲线绘制 3 个项目。

本书的再版得到了湖南师范大学 2019 年度校级规划教材建设项目（校行发教务字〔2020〕2 号）“App Inventor 移动应用开发标准教程（第 2 版）”、2021 年教育部产学合作协同育人项目第一批“Google 中国教育合作奖教金项目（202101123021）”资助。

本书是基于 App Inventor 官方 2021 版本编写的，其中部分功能在国内服务器中没有提供。

为方便教师教学，本书配有丰富的电子资源，包括课件、项目的源代码、授课视频、综合项目源文件和作业参考源代码文件等。读者可以从人邮教育社区（www.ryjiaoyu.com）下载这些资源。此外，本门课在中国大学 MOOC 平台开设了线上课程，读者可以进行免费学习。

由于编者水平有限，书中难免有欠妥之处，敬请广大读者批评指正。读者在使用过程中若有任何疑问，可与出版社联系或发邮件（E-mail：powerhope@163.com）与编者联系。

瞿绍军

2023 年 7 月于长沙岳麓山

目 录

第1章 App Inventor入门

本章主要介绍 App Inventor（AI）的发展、相关基础知识、开发环境的搭建，以及界面构成等内容，是学习后续内容的基础。

1.1 App Inventor 简介

App Inventor 原是谷歌实验室（Google Lab）的一个子计划，由一群 Google 工程师和勇于挑战的 Google 使用者共同开发。App Inventor 于 2010 年 12 月 15 日正式公开发布，团队由哈尔·艾贝尔森（Hal Abelson）和马克·弗里德曼（Mark Friedman）领导。在 2011 年下半年，Google 公司发布源代码，关停其服务器，将该项目移交给麻省理工学院（MIT）移动学习中心，由任教于 MIT 的哈尔·艾贝尔森和他的同事埃里克·克洛普弗（Eric Klopfer）与米歇尔·雷斯尼克（Mitchel Resnick）带领团队继续开发。2012 年 3 月，MIT 版本的 App Inventor 被推出并开放使用。在 2013 年 12 月，MIT 发布了 App Inventor 2。

App Inventor 提供了一个完全在线开发的安卓（Android）编程环境。通过它，使用者可以舍弃复杂的程式代码而使用堆叠积木块的方法来编写 Android 程序。除此之外，它也正式支持乐高 NXT 和 EV3 机器人，这对 Android 初学者和机器人开发者来说是一大福音。

事实证明，基于可视“块”的编程方法，即便是对孩子来说，也是简单易用的。App Inventor 大大降低了为安卓设备开发应用的门槛。

MIT 版本的 App Inventor 正式发布半年后，在 2012 年 11 月 15—16 日举行的“2012 Google 中国教育高峰会”上，哈尔·艾贝尔森教授针对 App Inventor 进行了专题演讲及介绍，与会的部分教师表现出了极大的兴趣。最终在 Google 公司的支持下，App Inventor 被迅速引入国内。2013 年上半年，国内举办了针对大学教师的师资培训班。从 2014 年至 2019 年，国内组织了多期针对高校和中小学信息技术教师的师资培训，且成功组织了 2015—2018 年的 Google App Inventor 应用开发全国中学生挑战赛，以及 2018 年的 Google 全国中小学生计算思维编程挑战赛。越来越多的高校和职业技术学校将 App Inventor 移动应用开发作为课程，中学和小学将练习使用 App Inventor 作为信息技术课程教学内容或社团活动内容。

App Inventor 官方云服务器由 MIT 更新和维护。为配合在国内的推广，App Inventor 简体中文和繁体中文版于 2014 年 9 月被推出。随后，广州市教育信息中心搭建了国内的 App Inventor 服务器，并于 2015 年 1 月正式公开服务。

1.2 App Inventor 能做什么

本节借用大卫·沃尔贝（David Wolber）和哈尔·艾贝尔森出版的《App Inventor：创建你自己的 Android 应用》（*App Inventor: Create Your Own Android Apps*）一书中的内容来回答“App Inventor 能做什么”这个问题。

1.2.1 玩

为自己的手机创建应用是一件充满乐趣的事，App Inventor 为这件事增添了新的乐趣。用户只需在 Web 浏览器中打开 App Inventor，连接上手机，并把一些“块”拼在一起，就能立即在手机上看到建立的应用。例如，可以创建一个送给父母、老师或朋友的贺卡 App，或者专属于自己的日记本等。

1.2.2 建立原型

有了创建应用的想法后，利用 App Inventor 可以快速地创建一个原型。原型是不完整的或未加工的想法模型。

1.2.3 构建个性化应用

在当前的移动应用世界里，我们被迫接受那些被推送过来的应用。但是大多数人应该都期待能拥有个性化的应用，或者可以以某种方式调整应用的功能。使用 App Inventor，就可以构建个性化的应用。

1.2.4 开发完整的应用

App Inventor 不只是一个原型系统或界面设计器，它也可以用于创建完整的、多用途的应用。它所使用的语言提供了所有基础的编程指令，如循环语句和条件语句等，并以“块”的方式来呈现。

1.2.5 教与学

无论是在初中、高中，还是在大学，App Inventor 都是一个功能强大的教学工具。不仅是针对计算机科学，即使是对数学、物理，以及其他学科，甚至是对创业来说，它都是一个了不起的工具。通过它，我们可以实现在创造中学习，而不是死记公式。

1.3 App Inventor 开发环境搭建

1.3.1 系统要求

1. 操作系统

- ❑ Macintosh（使用 Intel 处理器）：Mac OS X 10.5 或更高版本。
- ❑ Windows：Windows XP、Windows Vista、Windows 7 或更高版本。

- ❑ GNU/Linux：Ubuntu 8 或更高版本，Debian 5 或更高版本。

在 GNU / Linux 环境下开发，计算机和安卓设备之间仅支持 Wi-Fi 连接。

2. 浏览器

- ❑ Mozilla Firefox 3.6 或更高版本。
- ❑ Apple Safari 5.0 或更高版本。
- ❑ Google Chrome 4.0 或更高版本。
- ❑ Microsoft Edge。

不支持 Microsoft Internet Explorer。

3. 模拟器

- ❑ Phone、Tablet 或 Emulator（模拟器）。
- ❑ Android Operating System 2.3 或更高版本。

1.3.2 服务器地址

使用官方服务器的地址进行开发时，一般需要使用 Google 公司的 Gmail 邮箱账号和密码登录，并由 Gmail 服务器进行账户认证，从国内访问官方服务器可能存在问题。用户可访问国内的服务器地址进行开发，但是国内服务器版本存在更新不及时的问题，部分新功能无法使用。此外，国内也有部分程序开发者开发了离线版的开发包供下载使用，但可能和官方版本存在兼容性问题。

国内服务器：http://app.gzjkw.net。

MIT 服务器：其中一台服务器需要 Google 邮箱和账号验证，另一台服务器无须注册，第一次使用时会产生一个 Revisit Code，以后均使用此 Revisit Code 登录。具体服务器地址可登录人邮教育社区（www.ryjiaoyu.com）获取，也可扫描右边的二维码快速获取。

1.3.3 4 种开发方式

AI 完全基于浏览器开发安卓应用。在开发过程中，根据选用的开发方式不同，用户可能需要在本地计算机配置和安装不同的开发环境。

用 AI 构建应用时，有 4 种可选择的开发方式。

1. 使用安卓设备和无线网络进行开发（官方推荐开发方式）

使用安卓设备和无线网络进行开发时，用户不需要下载任何软件到计算机，可直接在服务器上完成开发。为了在安卓设备上进行实时测试，用户需要安装 AI 伴侣（MIT AI2 Companion）到安卓设备上。安装完 AI 伴侣之后，用户就可以在浏览器中打开项目，在设备上运行 AI 伴侣，测试构建的应用程序了，如图 1.1 所示。具体步骤如下。

步骤 1：下载和安装 AI 伴侣。

可通过 Google Play Store 或 Google 官网链接在线安装，也可以下载 APK 文件进行安装。

（a）在计算机上创建项目　　（b）在安卓设备上实时测试

图 1.1　使用安卓设备和无线网络进行开发

下载后，按照说明在安卓设备上安装 Companion 应用程序。仅需安装 AI 伴侣一次，然后将其留在安卓设备上，以备搭配 App Inventor 使用。

（1）可以直接到 Google Play Store 搜索“MIT AI2 Companion”，然后下载安装。

（2）如果直接使用 APK 文件安装，请将安卓设备设置为允许安装“未知来源”，具体方法：对于 Android 4.0 以前的版本，可通过“设置”→“应用”→“未知来源”进行设置；对于 Android 4.0 及之后的版本，可通过“设置”→“安全”→“未知来源”进行设置。

步骤 2：将计算机和安卓设备连接到同一无线网络。

步骤 3：登录服务器。

打开官网，使用 Gmail 邮箱登录。

或打开国内服务器，其登录界面如图 1.2 所示。

如果是第一次登录，请单击“申请新账号/重设密码”链接，将打开“申请注册新账号，或者要求重设密码链接”网页，如图 1.3 所示。也可单击“用 QQ 账号登录”按钮，使用 QQ 账号快捷登录。

图 1.2　登录界面

申请注册新账号，或者要求重设密码链接

你可以设置你账号的初设密码；如果你忘记了你的密码，你可以申请改变你的旧密码。

输入你的电子邮箱地址：

发送链接

图 1.3　“申请注册新账号，或者要求重设密码链接”网页

在“输入你的电子邮箱地址：”文本框中输入常用邮箱地址，然后单击“发送链接”按钮。

在相应邮箱里面找到由 appinventor@gzedu.gov.cn 发出的邮件。在邮件正文中找到“你的链接是：”后面的链接，打开该链接，进入设置密码网页，输入准备设置的密码，然后单击“设置密码”按钮完成注册。系统会弹出“广州市教育信息中心 App Inventor 网站用户使用协议”条款，单击“我接受以上服务条款”按钮后将自动登录到 AI 开发界面，如图 1.4 所示。

步骤 4：创建 App Inventor 项目，并连接到安卓设备。

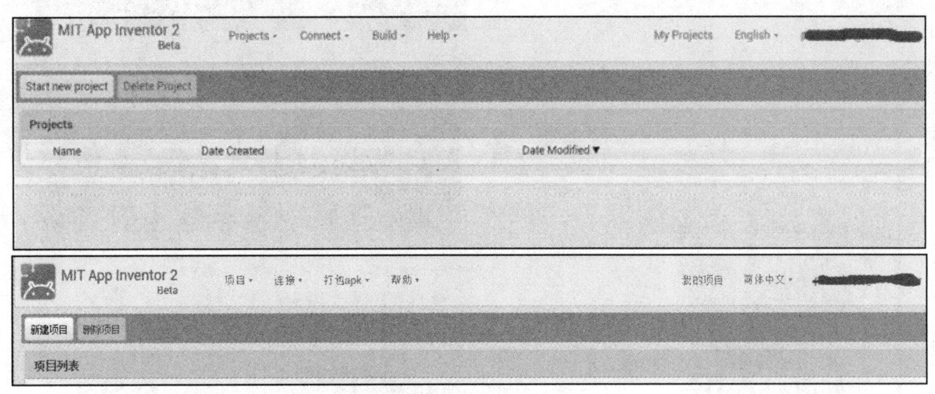

图 1.4　AI 中英文开发界面

在图 1.4 所示的界面中单击“新建项目（Start new project）”按钮，打开“新建项目...（Create new App Inventor project）”对话框，如图 1.5 所示。输入项目名称，单击“确定（OK）”按钮完成项目创建。可以任意选择一个组件放在工作面板中。

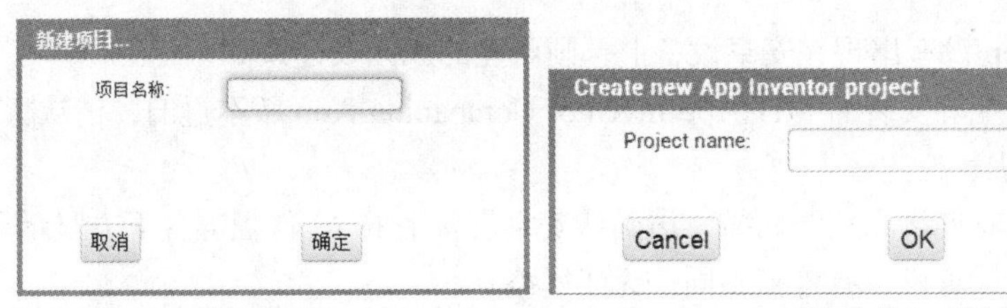

图 1.5　“新建项目...（Create new App Inventor project）”中英文对话框

项目名称必须以字母开头，且只能由字母、数字和下画线组成，名称不能包含空格，且区分大小写，例如，“Hello”和“hello”是两个不同的项目名称。

接下来在图 1.6 所示的“连接（Connect）”菜单中选择“AI 伴侣（AI Companion）”选项。

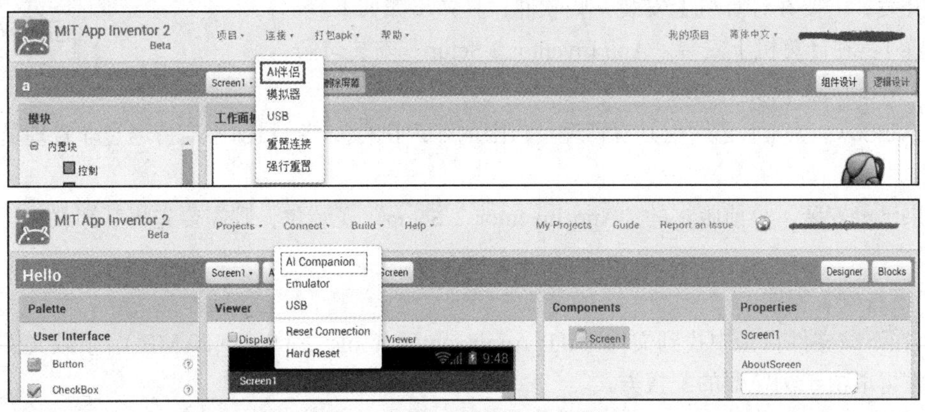

图 1.6　连接 AI 伴侣中英文界面

弹出的扫描二维码对话框如图 1.7 所示。在安卓设备中启动安装好的“MIT App Inventor 2 Companion”应用。然后单击“scan QR code”按钮扫描浏览器中的二维码。

几秒后，构建的 App 就会显示在安卓设备上。如果用户在“组件设计（Designer）”或“逻辑设计（Blocks）”中进行了更改，安卓设备会及时更新 App。

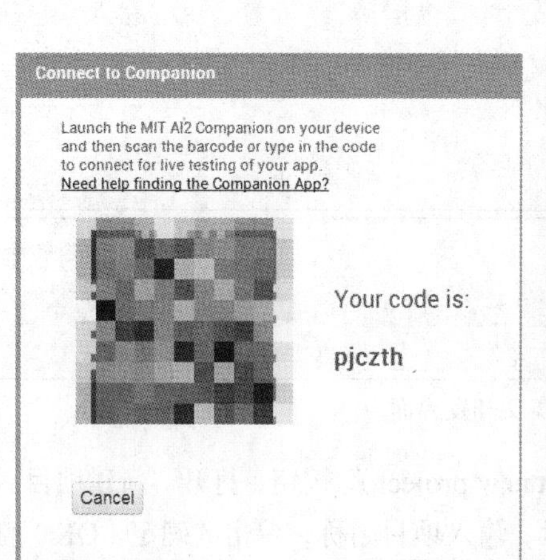

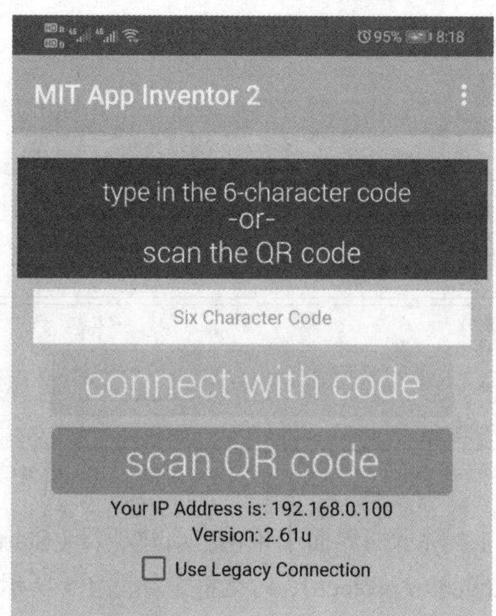

图 1.7　扫描二维码对话框

如果构建的 App 没有出现在安卓设备上，则可能的原因及建议如下：

- 安卓设备上配套安装的 MIT App Inventor Companion App 版本过旧，请从 AI 网站下载最新的 AI 伴侣；
- 安卓设备没有连接到无线网络，请确认安卓设备上的 AI 伴侣屏幕下方显示了 IP 地址；
- 安卓设备和计算机没有连接到同一无线网络；
- 用户所在的学校或组织不允许使用无线网络连接协议。

2. 没有安卓设备，安装并运行 AI 模拟器

如果没有安卓设备，用户仍然可用 AI 调试 App。AI 提供了一个安卓模拟器，就像安卓设备一样，但可以运行在计算机上。所以可以通过模拟器调试 App 和将 App 分发给其他人，甚至将 App 上传到应用商店。要使用模拟器进行开发，需要在计算机上安装一些软件，具体步骤如下。

步骤 1：在计算机上安装“App Inventor 2 Setup”安装包。

（1）Windows 系统下安装

在 Windows 系统下必须用具有管理员权限的账户执行安装，目前不支持通过非管理员账户进行安装。

如果已经安装了早前版本的“App Inventor 2 Setup”安装包，则需要先将其卸载，再安装最新版本。

① 下载安装程序。

② 在下载文件目录中找到文件 MIT_Appinventor_Tools_2.3.0（~80 MB）。下载文件在计算机上的位置取决于浏览器的配置方式。

③ 安装文件。在文件 MIT_Appinventor_Tools_2.3.0 上单击鼠标右键，然后单击“以管理员身份运行(A)”命令，如图 1.8 所示。

④ 程序开始安装。部分操作系统可能会询问“你要允许来自未知发布者的此应用对你的设备进行更改吗？”，如图 1.9 所示。单击“是”按钮开始安装，此后根据安装提示操作即可。

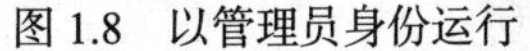

图 1.8　以管理员身份运行

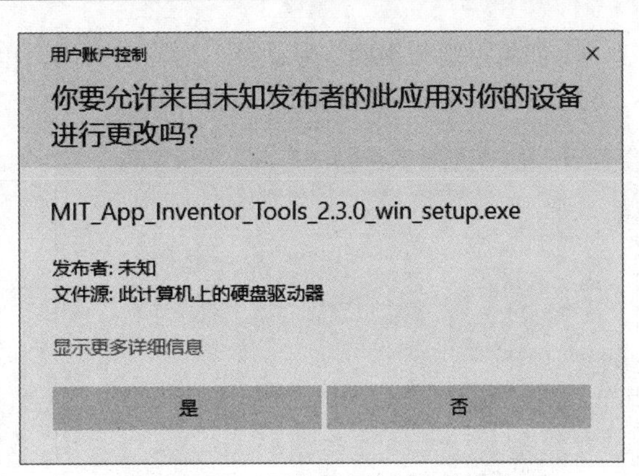

图 1.9　"用户账户控制"对话框

不要更改安装位置，但要记录一下安装目录，因为以后可能需要用它来检查驱动程序。该目录将根据 Windows 系统的版本及是否以管理员身份登录而有所不同。

在大多数情况下，App Inventor 默认的安装路径为 C:\Program Files\AppInventor\commands-for-appinventor。但如果用户使用的是 64 位计算机，则安装路径为 C:\Program Files (x86)\AppInventor\commands-for-appinventor。

（2）macOS 系统下安装

① 下载安装程序。

3.0 版本：适用于 OS X 10.10（Yosemite）及更高版本。如果以前安装了模拟器，则可能需要执行硬重置操作。

② 双击下载的文件以启动安装程序（在浏览器的下载文件夹中找到名为 AppInventor_Setup_v_X.X.dmg 的文件，其中 X.X 是版本号）。如果收到消息，提示不能安装来自身份不明的开发者的应用，请按住"Ctrl"键并单击应用图标，然后在快捷菜单中单击"打开"命令。macOS 下的安装对话框如图 1.10 所示。

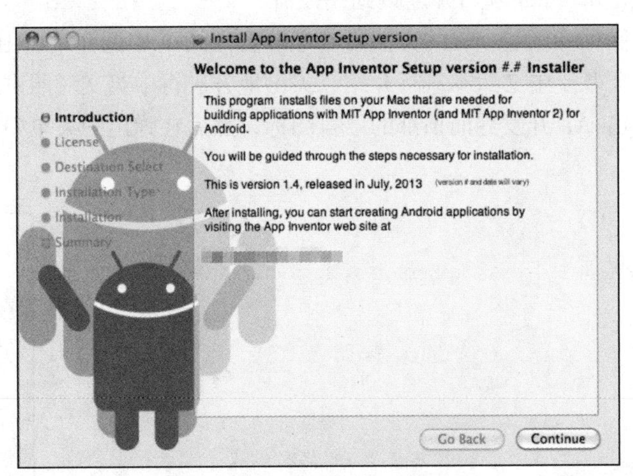

图 1.10　macOS 下的安装对话框

③ 单击"Continue"按钮进入下一步。

④ 阅读并接受软件许可协议。

⑤ 在 Standard Install on "Macintosh HD" 界面中，单击"Install"按钮，如图 1.11 所示。请勿更改安装位置。

⑥ 如果系统弹出确认对话框，请输入密码，单击“OK”按钮。

⑦ 安装完成确认界面如图 1.12 所示。

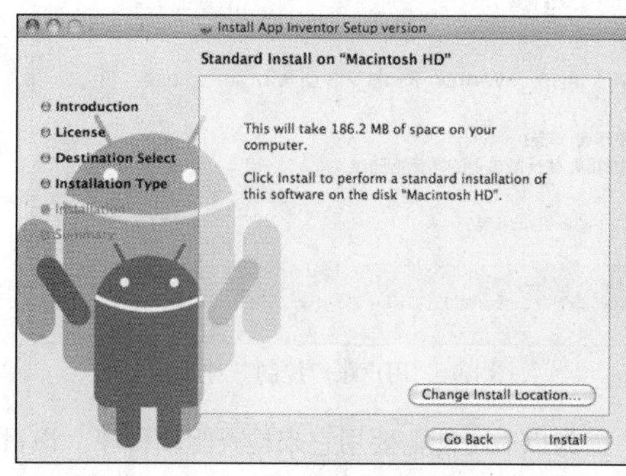

图 1.11 macOS 标准安装界面

图 1.12 安装完成确认界面

⑧ 如果是更新以前版本的软件，需注销后重新登录。

（3）GNU / Linux 系统下安装

GNU / Linux 系统下的安装方法请参考官方文档。

步骤 2：启动“aiStarter”（仅 Windows 和 GNU / Linux 系统）。

安装完成后，在 Windows 系统上，在桌面或“开始”→“所有程序”中启动“aiStarter”。启动后会显示图 1.13 所示的窗口，不要关闭该窗口，可以将其最小化到任务栏。在 GNU / Linux 系统上，aiStarter 将位于/ usr / google / appinventor / commands-for-Appinventor 文件夹中，需要用户手动启动它。用户可以使用/ usr / google / appinventor / commands-for-appinventor / aiStarter 从命令行启动它。

在 macOS 上，aiStarter 会在用户登录账户时自动启动，并且会在后台隐式运行。

步骤 3：打开 App Inventor 项目并连接到模拟器。

注册账号、登录网站和创建项目的方法可参考开发方式 1 中的介绍。由于 AI 已经提供了中文版本，因此后文主要基于中文版本进行介绍，关键地方进行中英文对照讲解。要在不同语言版本间进行切换，可单击 AI 开发界面顶部的语言图标，然后在弹出的菜单中选择相应语言版本，如图 1.14 所示。

图 1.13 “aiStarter”启动窗口

图 1.14 选择语言

项目建好后，从“连接”菜单中选择“模拟器”选项，启动模拟器，如图 1.15 所示。

浏览器会弹出“连接中...”界面，如图 1.16 所示。

在启动过程中，系统会检查模拟器中的 AI 伴侣程序是否过期。如果其不是最新的版本，系统会提示“AI 伴侣已版本过期……”，如图 1.17 所示，单击“确定”按钮可进行更新。

系统接着会弹出“软件升级”界面（见图 1.18）和升级完成提示界面（见图 1.19）。

图 1.15　“连接”菜单

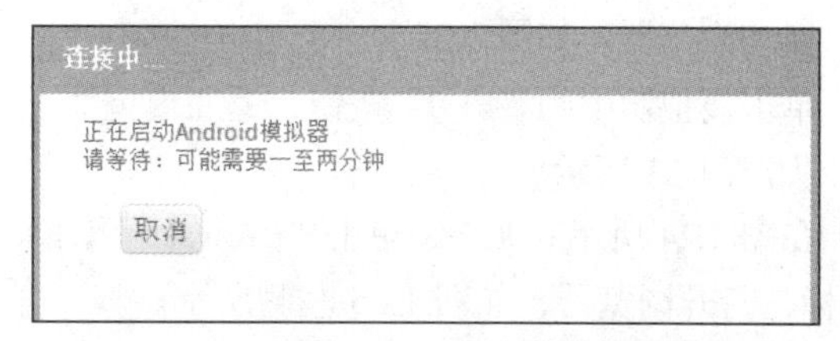

图 1.16　“连接中...”界面

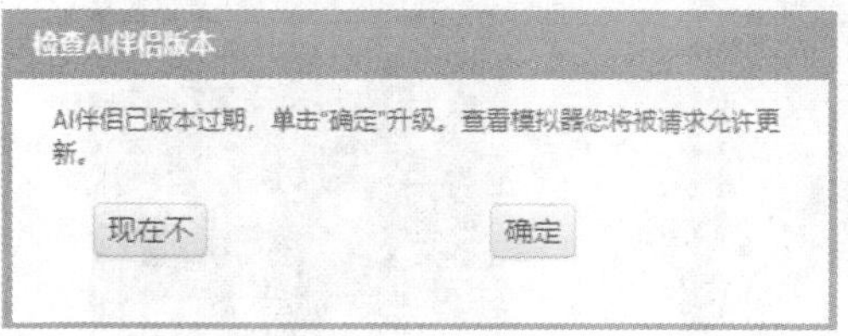

图 1.17　检查 AI 伴侣版本

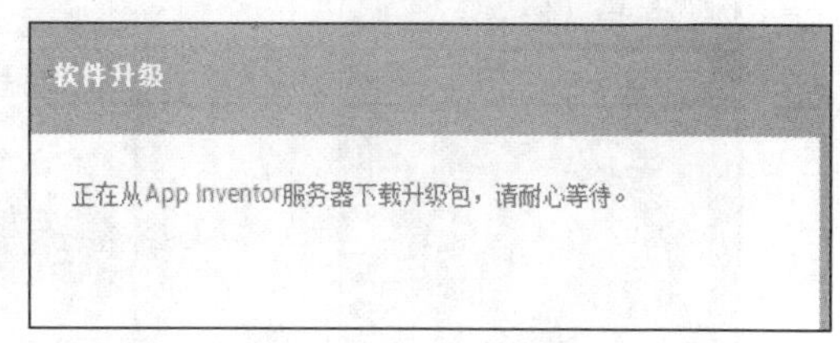

图 1.18　“软件升级”界面

出现图 1.19 所示的界面后，把屏幕切换到模拟器界面，如图 1.20（a）所示。单击“OK”按钮，接着单击“Install”按钮，如图 1.20（b）所示，开始更新模拟器中的 AI 伴侣程序。更新完成后的界面如图 1.20（c）所示，单击“Done”按钮（不要单击“Open”按钮），然后返回升级完成提示界面，单击“升级完成”按钮，AI 伴侣程序会自动在模拟器中启动，并将 App 下载到模拟器中运行，如图 1.21 所示。

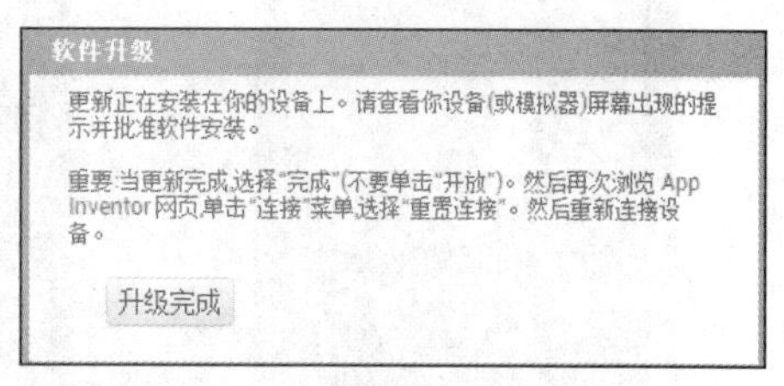

图 1.19　升级完成提示界面

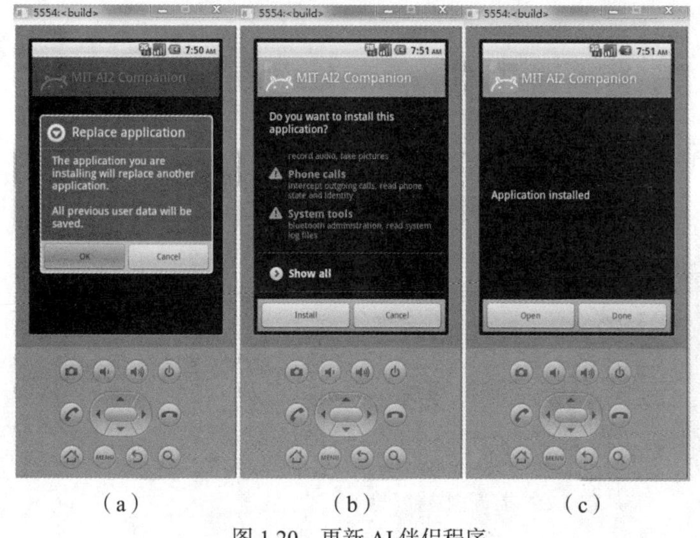

（a）　（b）　（c）

图 1.20　更新 AI 伴侣程序

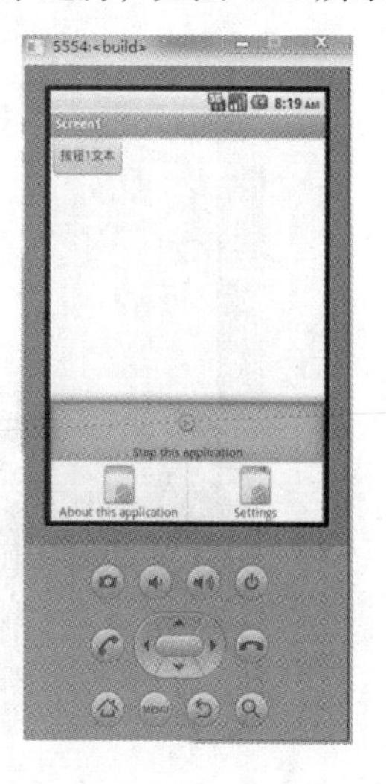

图 1.21　运行 App

此时，就可以在模拟器中调试 App，并可根据需要返回网页进行修改。修改的内容会被实时更新到模拟器。

（1）开发方式 2 特别适合在教学中使用。

（2）在 2016 年 2 月更新的版本中，“帮助”菜单中增加了“更新 AI 伴侣（Update the companion）”和“查看 AI 伴侣版本信息（Companion information）”子菜单。

如果 AI 伴侣不是最新版本，而且更新不成功，可以应用下面的方法进行手动安装。

① 启动模拟器，如图 1.22 所示。

② 单击模拟器中的“ ”按钮，返回模拟器主界面，单击模拟器屏幕下面中间的功能按钮“ ”，如图 1.23 所示。

③ 在图 1.24 所示界面中，单击“Browser”图标，或在图 1.23 所示界面中单击屏幕右下角的搜索图标，打开浏览器，如图 1.25 左侧所示。

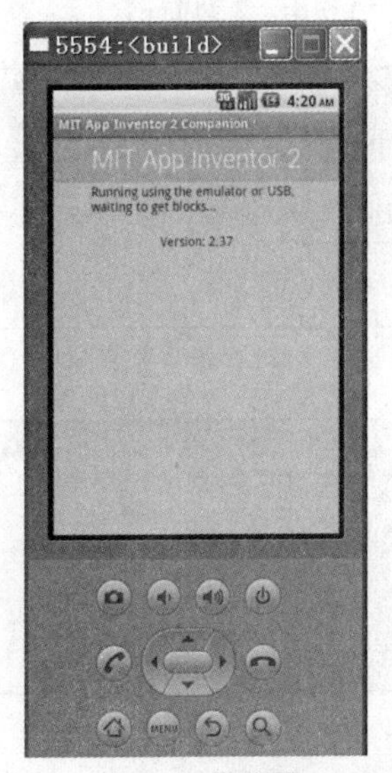

图 1.22　模拟器

图 1.23　模拟器主界面

图 1.24　模拟器应用界面

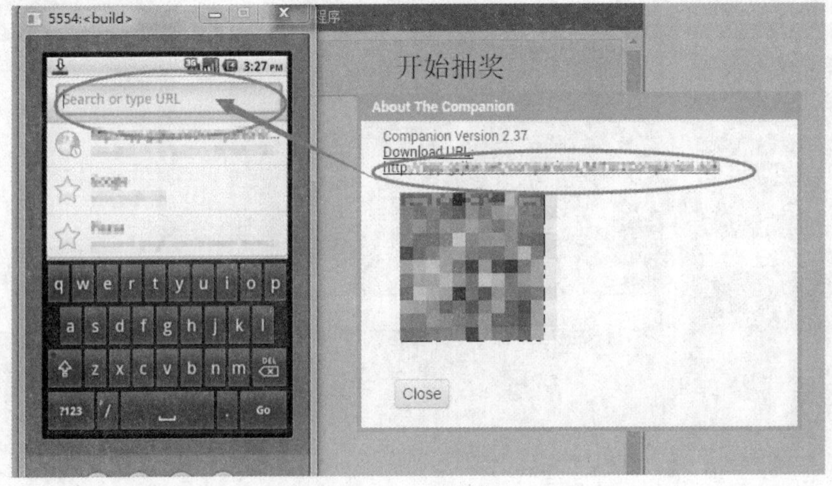

图 1.25　打开浏览器

④ 在 AI 开发界面中选择“帮助”菜单的“AI 伴侣信息”选项，然后将图 1.25 右侧所示的网址输入左边模拟器的地址栏，输入完毕后单击地址栏右侧的箭头按钮，如图 1.26 所示。

⑤ 模拟器将退出浏览器并下载 AI 伴侣，如图 1.27 所示。

图 1.26　输入地址

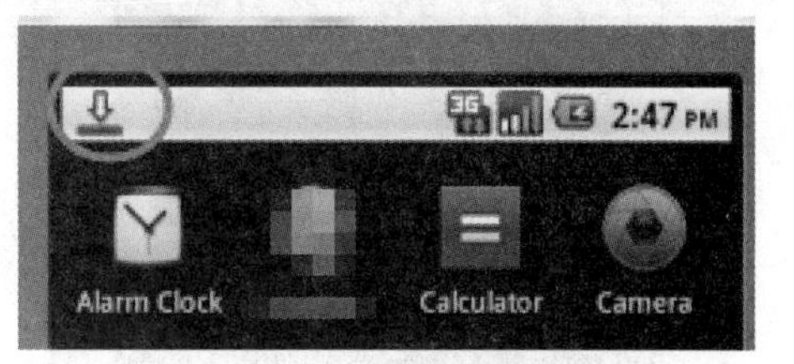

图 1.27　下载 AI 伴侣

往下拖曳模拟器左上角的下载图标，可以看见 AI 伴侣的下载进度，如图 1.28 所示。

⑥ 下载完成后的屏幕如图 1.29 所示，单击其中的“MITAI2Companion.apk”，将出现图 1.30 所示的“Replace application”对话框。

图 1.28　下载进度

图 1.29　下载完成

图 1.30　“Replace application”对话框

⑦ 单击“OK”按钮，出现图 1.31 所示的安装界面，单击“Install”按钮开始安装。安装完成后的屏幕如图 1.32 所示，单击“Open”或“Done”按钮。

最后再重新连接一下模拟器就可以了。

3. 没有 Wi-Fi，使用 USB 和安卓设备进行开发

在有安卓设备，但是没有 Wi-Fi 的情况下，可以使用 USB 进行开发，具体步骤如下。

步骤 1：在计算机上安装“App Inventor 2 Setup”安装包。

详细过程见开发方法 2 的步骤 1。

步骤 2：下载并安装“MIT App Inventor 2 Companion”。

详细过程见开发方法 1 的步骤 1。

步骤 3：启动“aiStarter”。

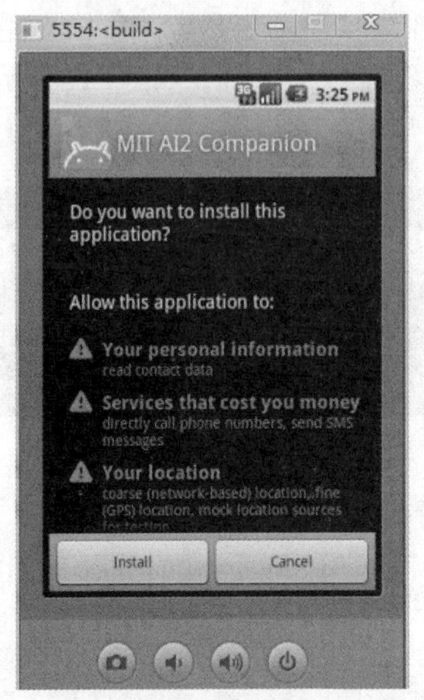

图 1.31　安装界面

图 1.32　安装完成

详细过程见开发方法 2 的步骤 2。

步骤 4：在安卓设备上设置 USB 连接（打开“USB 调试”）。

在安卓设备的“设置”→“开发者选项”中，确保“USB 调试”处于被允许状态。在 Android 3.2 或以前版本的设备上，可以通过“设置”→“应用”→“开发者选项”进行设置。

步骤 5：连接计算机和安卓设备。

使用 USB 将安卓设备连接到计算机，并确保设备作为一个“大规模存储设备”（不是“媒体设备”）使用。此外还可能需要安装安卓设备驱动程序和停用其他手机助手软件。

步骤 6：测试连接。

打开 AI 项目，然后选择“连接”菜单中的“USB”选项，连接安卓设备，如图 1.33 所示。

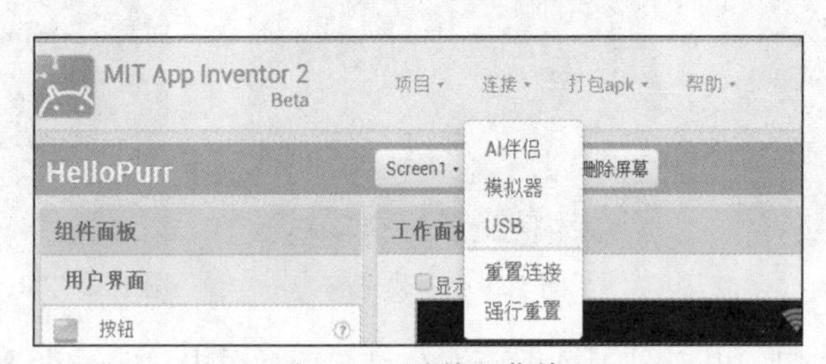

图 1.33　“连接”菜单

此外，还可以借助第三方的 Android 虚拟环境在 Windows、Linux 和 macOS 等操作系统下测试运行 Android 应用程序。例如，BlueStacks 是一个可以让 Android 应用程序运行在 Windows 系统或 macOS 系统上的软件。Genymotion 是一套完整的工具，它提供了 Android 虚拟环境，支持 Windows、Linux 和 macOS 等操作系统，容易安装和使用。

4. Chromebook 上运行 MIT App Inventor

Chromebook 是 Google 公司推出的网络笔记本电脑，即利用 Chrome OS 的笔记本电脑。这是一种全新的笔记本电脑，号称“完全在线”，能提供完善的网络应用服务。详细安装方法请参考官方网络文档。

1.4　App Inventor 界面

启动 AI 后，如果登录的账号还没有创建任何项目，开发环境会进入项目管理界面，如图 1.34 所示（图中界面是 AI 官方网站截图，国内网站可能会缺少一些功能）。

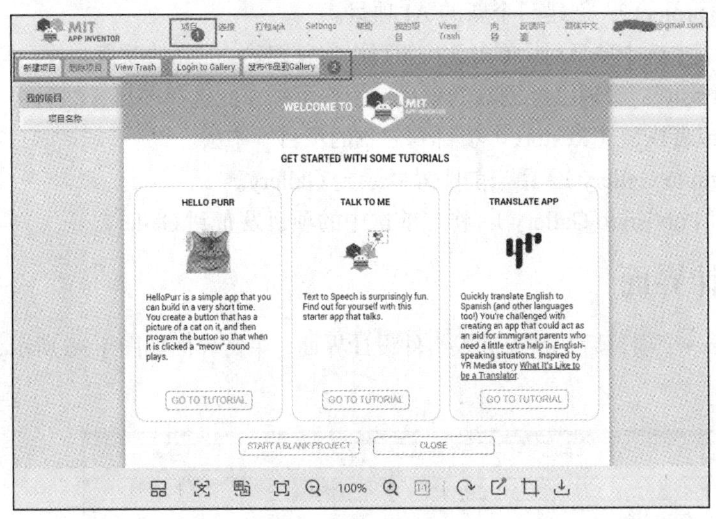

图 1.34　项目管理界面

1.4.1　项目管理界面

（1）在“项目”菜单（见图 1.34 中①）中，用户主要可以完成项目的新建、删除、导入、导出、保存等操作。其主要功能以列表的形式显示，如图 1.35 所示。

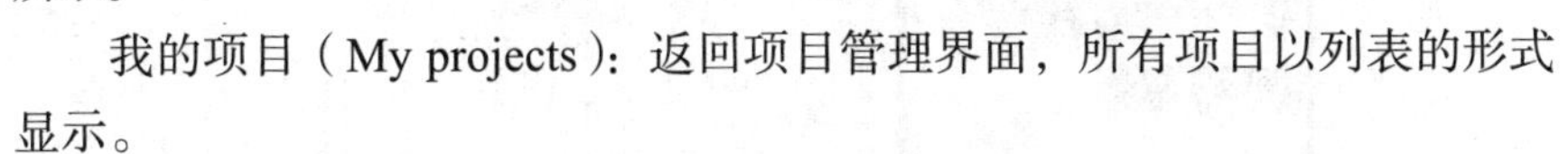

我的项目（My projects）：返回项目管理界面，所有项目以列表的形式显示。

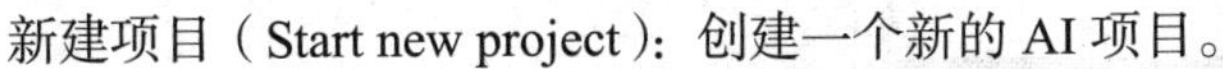

新建项目（Start new project）：创建一个新的 AI 项目。

导入项目：可以导入由 AI 创建的项目（扩展名为“.aia”）。AI 早前版本创建的项目无法被直接导入，用户可以将其扩展名由“.zip”修改为“.aia”再导入，但只能导入界面设计部分，代码块部分不能被导入。

导入模板：从远程服务器导入项目，官网提供了“HelloPurr”模板。

删除项目：在项目列表中选中项目后，选择此选项可以将其删除。

保存项目：在项目设计过程中保存项目。

另存项目：把项目以另一个名称保存，不会覆盖原项目。

检查点：在项目设计过程中创建多个项目点，便

项目 ▾ 连接 ▾	Projects ▾ Connect ▾ Build ▾ Help ▾
我的项目	My projects
新建项目	Start new project
导入项目(.aia)	Import project (.aia) from my computer ...
导入模板(.aia)	Import project (.aia) from a repository ...
删除项目	Delete Project
保存项目	Save project
另存项目	Save project as ...
检查点	Checkpoint
导出项目(.aia)	Export selected project (.aia) to my computer
导出所有项目	Export all projects
上传密钥	Import keystore
下载密钥	Export keystore
删除密钥	Delete keystore

图 1.35　“项目”菜单中英文对照

于回到以前设计的某个状态。

导出项目：将选中的项目导出到本地计算机。

导出所有项目：将当前账号下的所有项目导出到本地计算机。建议读者经常采用此方法把项目备份到自己的计算机。

上传密钥：在制作 Android 应用签名等时需要用到，这里用默认生成的即可。

（2）在项目管理工具栏（见图 1.34 中②）中，用户可以完成新建项目、删除项目等操作。

新建项目（Start new project）：创建一个新的 AI 项目。

删除项目：在项目列表中选中项目后，单击此按钮可以将其删除。删除的项目会放到垃圾箱中。

查看垃圾箱（View Trash）：管理已经删除的项目。用户可以在此选择项目，然后将其彻底删除（Delete From Trash）或者恢复（Restore）项目到“我的项目”中去。

登录到 Gallery（Login to Gallery）：用当前账号登录到 Gallery。

发布作品到 Gallery（Publish to Gallery）：将当前选中的项目发布到 Gallery。

1.4.2 组件设计界面

新建一个项目或打开一个项目后，系统进入组件设计界面，中文界面如图 1.36 所示，英文界面如图 1.37 所示。

图 1.36 组件设计中文界面

组件设计界面主要由以下七大部分组成。

（1）导航菜单（见图 1.36 和图 1.37 中①）：包括项目（Projects）、连接（Connect）、打包 apk（Build）、设置（Settings）、帮助（Help）、我的项目（My Projects）、查看垃圾箱（View Trash）、向导（Guide）、反馈问题（Report an Issue）和语言菜单。

部分菜单介绍如下。

① 连接（Connect）：包括 AI 伴侣（AI Companion）、模拟器（Emulator）、USB、刷新伴侣屏幕（Refresh Companion Screen）、重置连接（Reset Connection）、强行重置（Hard Reset）等选项。

图 1.37　组件设计英文界面

② 打包 apk（Build）：包括打包 apk 并显示二维码（App(provide QR code for .apk)）和打包 apk 并下载到计算机（App(save .apk to my computer)）。

③ 设置（Settings）：包括关闭登录到 AI 服务器后自动加载上次打开的项目（Disable Project Autoload）和启用 Kindle 新出字体 OpenDyslexic（Enable OpenDyslexic）。

（2）工具菜单（见图 1.36 和图 1.37 中②）：包括切换屏幕、增加屏幕（Add Screen...）、删除屏幕（Remove Screen）、发布作品到 Gallery（Publish to Gallery）、组件设计（Designer）和逻辑设计（Blocks）按钮。

（3）组件面板（见图 1.36 和图 1.37 中③）：包括用户界面（User Interface）、界面布局（Layout）、多媒体（Media）、绘图动画（Drawing and Animation）、地图（Maps）、传感器（Sensors）、社交应用（Social）、数据存储（Storage）、通信连接（Connectivity）、乐高机器人（LEGO® MINDSTORMS®）、试验性质（Experimental）、扩展组件（Extension）。

（4）工作面板（见图 1.36 和图 1.37 中④）：进行界面设计的地方，相当于安卓设备的屏幕，包括手机屏幕和非可视组件部分。

（5）组件列表（见图 1.36 和图 1.37 中⑤）：以列表方式显示当前屏幕用到的所有组件，可以选择某个组件并对其进行重命名或删除操作。

（6）组件属性（见图 1.36 和图 1.37 中⑥）：选择组件列表中的某个组件或屏幕后，显示该组件或屏幕的所有属性。

（7）素材管理器（见图 1.36 和图 1.37 中⑦）：用于管理图片、音频和视频等素材。可以上传文件，选择某个素材后，可以下载或删除该素材。

1.4.3　逻辑设计界面

单击“逻辑设计（Blocks）”按钮可以进入逻辑设计界面，即搭积木式编程界面“块编辑器”，中文块编辑器如图 1.38 所示，英文块编辑器如图 1.39 所示。

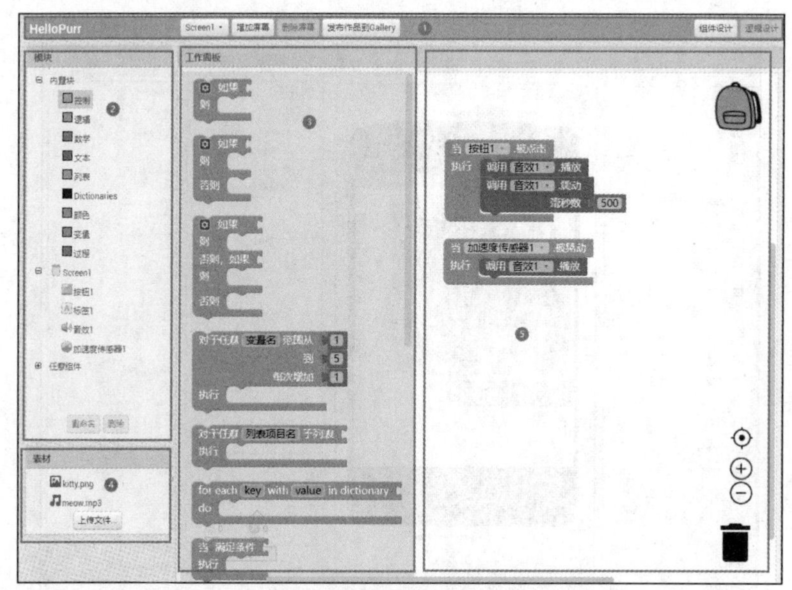

图 1.38　中文块编辑器

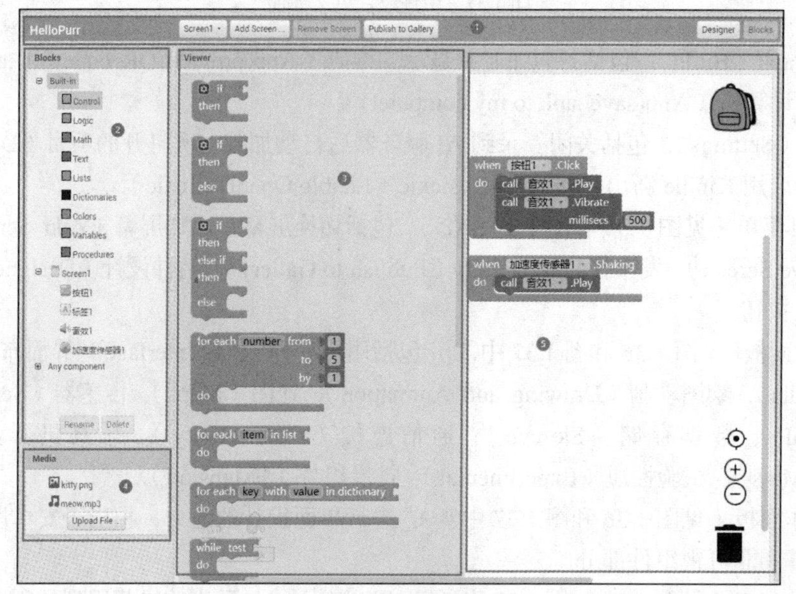

图 1.39　英文块编辑器

块编辑器主要由五大部分组成。

（1）工具菜单（见图 1.38 和图 1.39 中①）：包括切换屏幕、增加屏幕（Add Screen...）、删除屏幕（Remove Screen）、发布作品到 Gallery（Publish to Gallery）、组件设计（Designer）和逻辑设计（Blocks）按钮。

（2）模块窗口（见图 1.38 和图 1.39 中②）：包括内置块（Built-in）（公用的模块）、组件块和任意组件（Any component）。

（3）抽屉（见图 1.38 和图 1.39 中③）：从模块窗口中选择某个模块或组件后，弹出抽屉，显示对应模块或组件的命令代码块、事件代码块和赋值代码块等。

（4）素材管理器（见图 1.38 和图 1.39 中④）：用于管理图片、音频和视频等素材。可以上传文件，选择某个素材后，可以下载或删除该素材。

（5）工作面板（见图 1.38 和图 1.39 中⑤）：进行块编辑的地方，底部有警告信息和“垃圾桶”。

下面进一步介绍模块窗口。

（1）内置块：包括控制（Control）、逻辑（Logic）、数学（Math）、文本（Text）、列表（Lists）、字典（Dictionaries）、颜色（Colors）、变量（Variables）和过程（Procedures）九大类别。不同类别的模块用不同的颜色进行标识，详细的使用方法将在后续章节中介绍。

（2）组件块：当前屏幕里面用到的所有组件都会被显示在这里。选中某个组件后，会在右边弹出抽屉，显示该组件所有的命令代码块、事件代码块和赋值代码块，可以根据需要将其拖曳到工作面板中进行搭积木式编程。大部分组件块都有这 3 种类型的代码块，分别以不同的颜色进行显示。

① 命令代码块（深紫色）：命令代码块用于执行某一组件的行为，一般使用“调用（call）……”语句，如图 1.40 所示。例如，播放音乐、视频，回到主页。

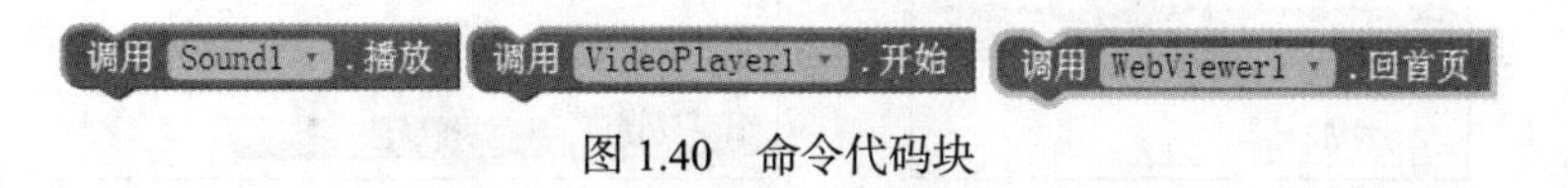

图 1.40　命令代码块

② 事件代码块（土黄色）：事件代码块一般使用“当（when）……”语句，是每一组拼图的最外层，如图 1.41 所示。它可以包括一个或多个其他类型的代码块。一个事件代码块被触发后，它包含的一系列代码块将被执行。

图 1.41　事件代码块

③ 赋值代码块（深绿色）：赋值代码块用于取得组件的属性值和对组件属性进行重新赋值。该代码块分为两种类型，一种是取值代码块，如图 1.42 所示，另一种是重赋值代码块，如图 1.43 所示。

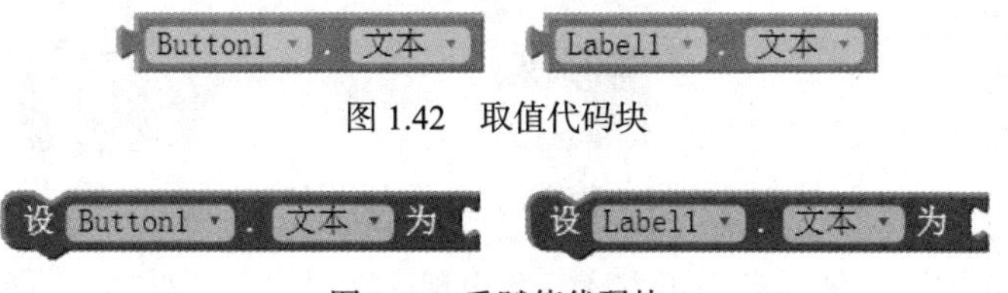

图 1.42　取值代码块

图 1.43　重赋值代码块

在组件的属性中，大部分既能在组件设计中进行属性值设置，也可以在逻辑设计中进行属性值设置，但部分属性值只能在组件设计中设置或只能在逻辑设计中通过属性的赋值代码块进行设置。

1.4.4　代码块的操作方法

代码块的操作方法详述如下。

（1）代码块中的下三角符号。在逻辑设计中，很多代码块中有下三角符号，单击此处可以进行不同的选择。图 1.44（a）所示为选择不同的按钮组件，图 1.44（b）所示为选择“按钮 1”的不同属性。

（2）代码块左上角的蓝色正方形。单击蓝色正方形可以增加或修改代码块的部件。单击蓝色正方形后会弹出一个抽屉，用户可以通过拖曳抽屉左边的部件到抽屉右边的块中来增加选项，或把右边的部件拖曳到左边来删除选项，如图1.45所示。

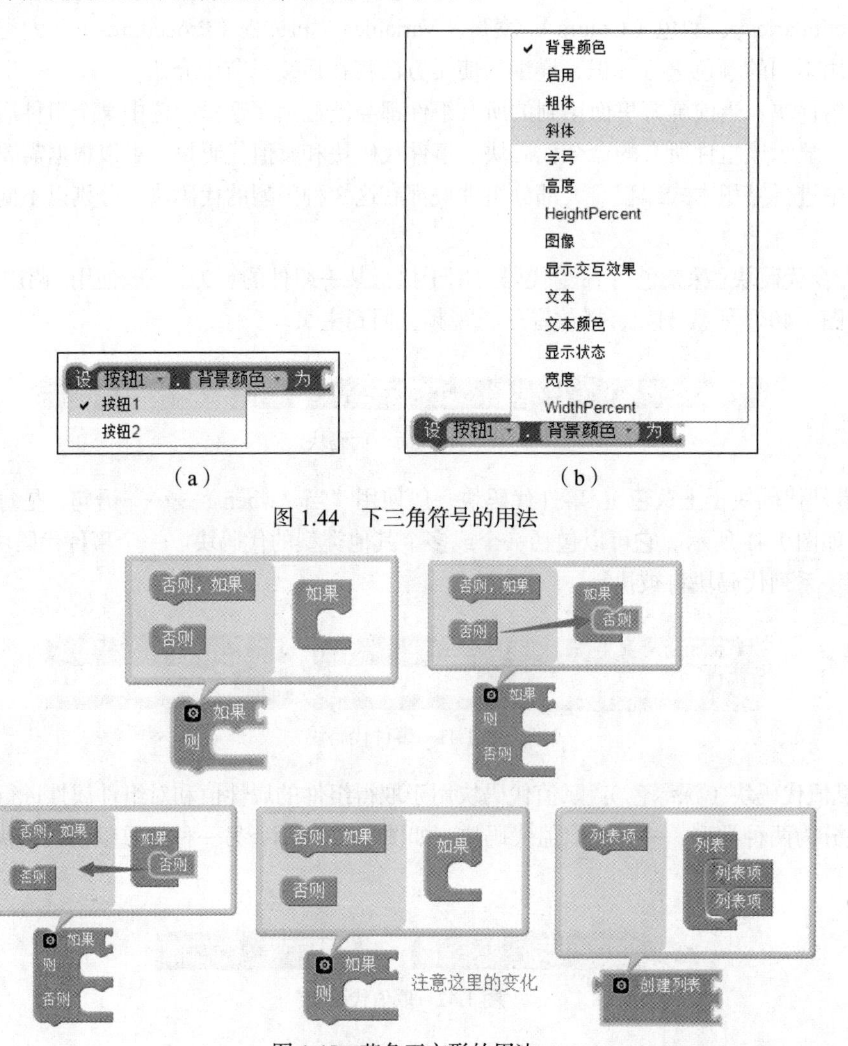

图1.44　下三角符号的用法

图1.45　蓝色正方形的用法

（3）淡粉色小正方形。淡粉色小正方形一般出现在变量定义、循环、过程定义中的过程名称和参数等中。单击淡粉色小正方形会弹出取得对应变量值和修改对应变量值两个部件，可以将其拖到工作面板中，如图1.46所示。

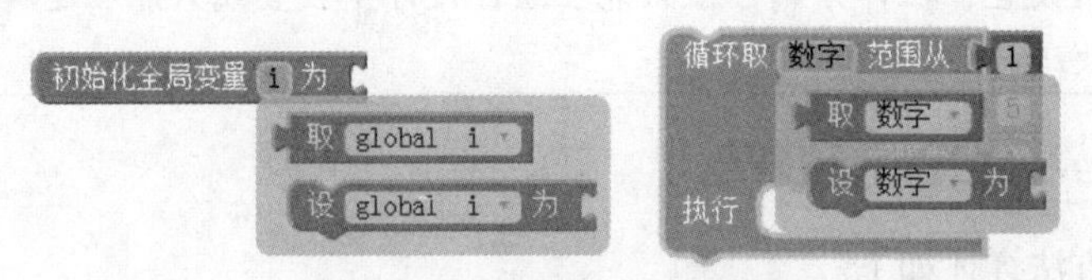

图1.46　淡粉色小正方形的用法

（4）在工作面板中，用鼠标右键单击不同的模块，分别弹出图1.47所示的快捷菜单。通过这些快捷菜单，用户可以复制代码块、添加注释、内嵌输入项、折叠代码块、禁用代码块、删除代码块和预览代码块功能等。

① 复制代码块：进行代码的复制。当在某个代码块上面单击鼠标右键，并从弹出的快捷菜单中单击“复制代码块”命令后，将复制出对应代码块（包括该代码块内部的所有代码块）的一个副本，如图 1.48 所示。

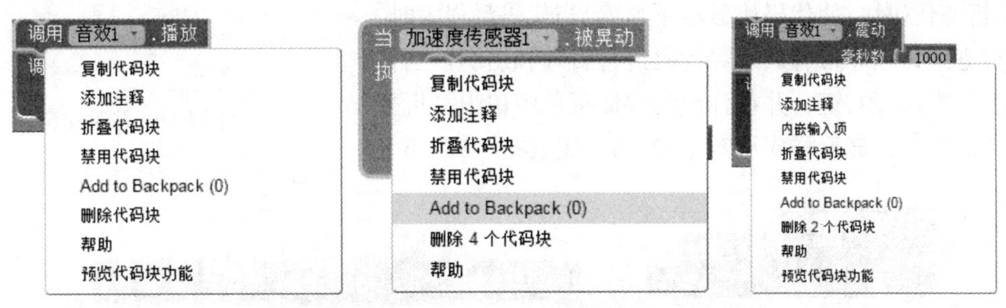

图 1.47 在代码块上单击鼠标右键弹出的快捷菜单

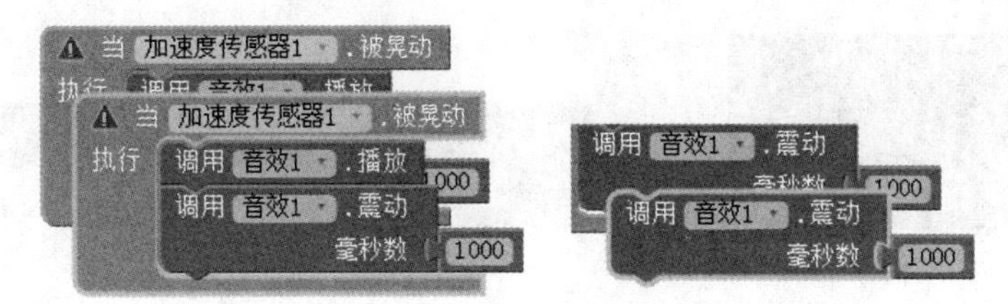

图 1.48 复制代码块

复制出一个代码块的副本后，有些代码块左上角会出现带感叹号的红色三角形，表示该代码块在当前屏幕出现了两次，程序是不能决定执行哪个代码块的，所以需要按实际情况进行修改。

② 添加注释：对代码进行注释说明，程序在运行的时候会忽略注释的内容。当在某个代码块上面单击鼠标右键，并从弹出的快捷菜单中单击“添加注释”命令后，该代码块左上角会多出一个蓝色圆圈，里面有个问号，如图 1.49（a）所示。单击该问号，会弹出一个文本框，可以输入注释的内容，如图 1.49（b）所示。

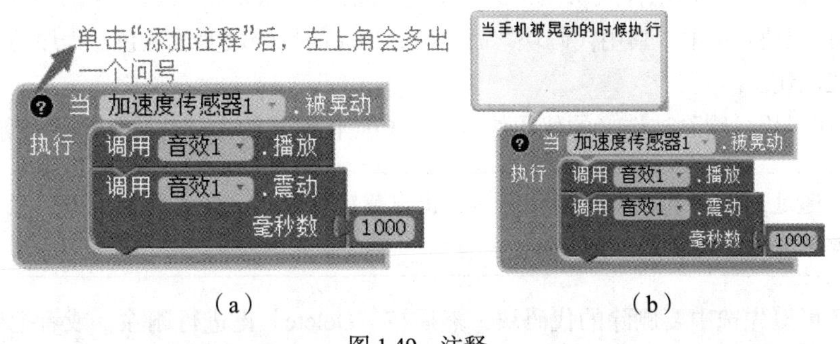

（a）　　　　（b）

图 1.49 注释

添加注释后，再到对应代码块上单击鼠标右键，快捷菜单中会出现“删除注释”命令，如图 1.50 所示。单击“删除注释”命令可以删除掉对应代码块的注释内容。

③ 内嵌输入项：此命令用于把有多个选项的代码块放到一行上，显示样式从图 1.51（a）变

成图 1.51（b），从图 1.51（c）变成图 1.51（d）。

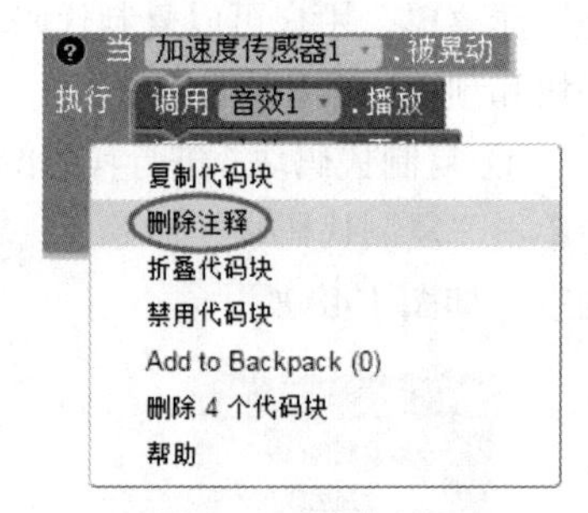

图 1.50 删除注释

在内嵌输入项的代码块上单击鼠标右键，快捷菜单中将会出现“外挂输入项”命令，单击“外挂输入项”命令后，显示样式从图 1.51（b）变成图 1.51（a），从图 1.51（d）变成图 1.51（c）。

④ 折叠代码块：使代码块显示更紧凑。当代码量很大时，通过这种方式可以非常有效地对代码进行管理和组织。当在代码块上单击鼠标右键，并在弹出的快捷菜单中单击“折叠代码块”命令后，显示样式从图 1.52（a）变成图 1.52（b）。

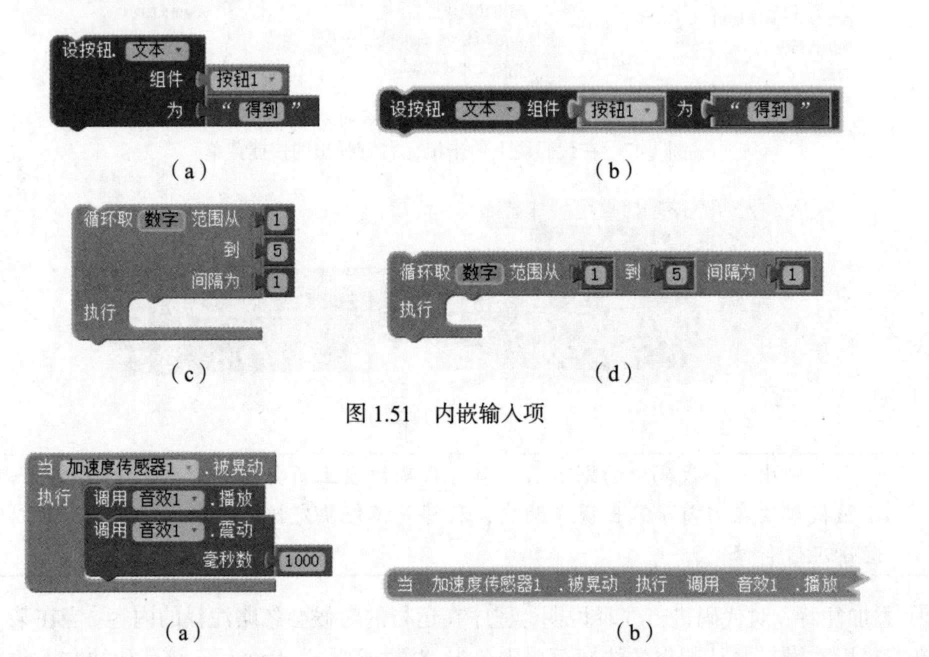

图 1.51 内嵌输入项

图 1.52 折叠代码块

在折叠后的代码块上单击鼠标右键，弹出的快捷菜单中将会出现“展开代码块”命令，单击“展开代码块”命令后，显示样式从图 1.52（b）变成图 1.52（a）。

⑤ 禁用代码块：单击“禁用代码块”命令后，相应的代码块变成灰色。程序运行的时候会忽略被禁用的代码块。

⑥ 删除代码块：删除被选择的代码块，同时相应代码块的内部代码块也会被删除。

注意

通过这种方式删除代码块时不会出现删除提示，一定要特别小心。代码块被删除之后是无法恢复的。

此外，还可以先选中要删除的代码块，然后按“Delete”键进行删除，或者把要删除的代码块拖到“垃圾桶”图标上面，如图 1.53 所示。通过这两种方式删除代码块时都会出现删除确认对话框，如图 1.54 所示，单击“确定”按钮即可删除。

⑦ 预览代码块功能：开发的时候如果连接了 AI 伴侣或模拟器，可以执行选择的代码。

⑧ 帮助：打开组件对应的帮助网页。

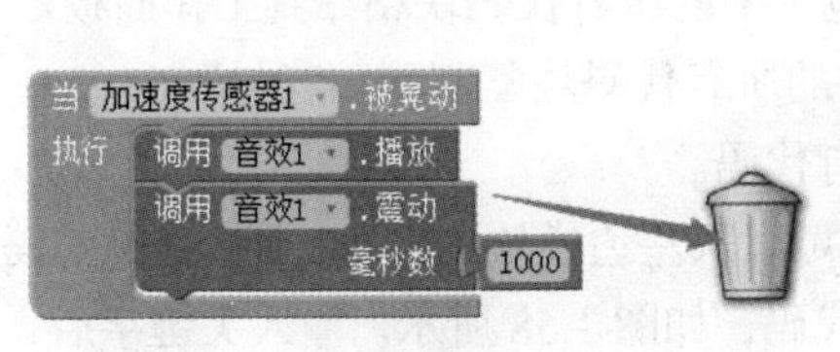

图 1.53　删除代码块

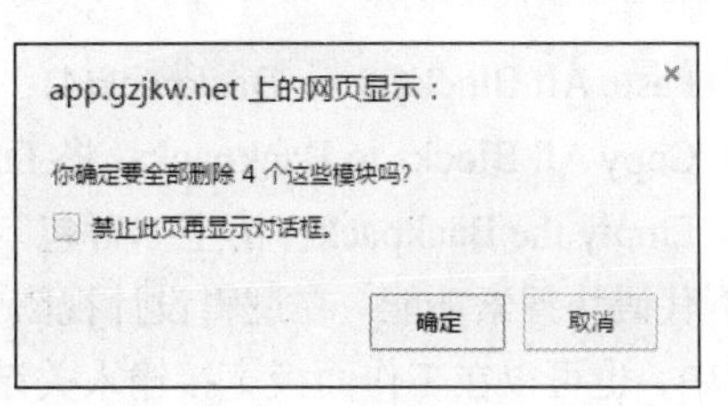

图 1.54　删除确认对话框

⑨ Add to Backpack(0)：将代码复制到“背包”中，通过“背包”可以把代码块从一个项目或屏幕复制到另外的项目或屏幕，即实现代码的跨项目复制和跨屏复制。“Add to Backpack(0)”括号中的数字代表“背包”中代码块的个数。将代码块复制到“背包”后，单击图 1.55（a）右上角的“背包”图标，在弹出的抽屉里面可以看到刚才复制进去的代码，如图 1.55（b）所示。

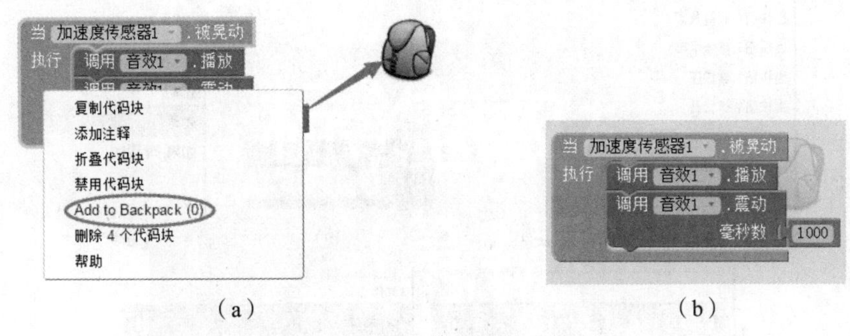

（a）　　　　（b）

图 1.55　代码复制

代码被复制到“背包”后，可以在当前屏幕或者其他屏幕或项目中粘贴“背包”中的代码块。操作方法如下：切换到需要粘贴代码块的屏幕或其他项目的屏幕，单击“背包”图标，然后把“背包”中要复制出来的代码块拖曳到工作面板即可，如图 1.56 所示。

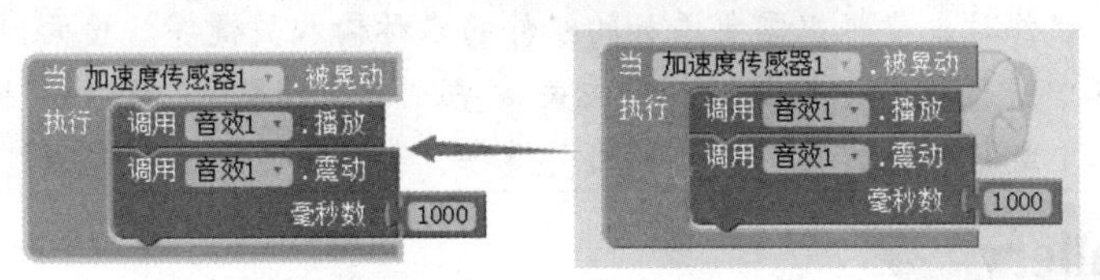

图 1.56　从“背包”中复制代码块

（5）在工作面板中的空白处单击鼠标右键将会出现图 1.57 所示的快捷菜单。

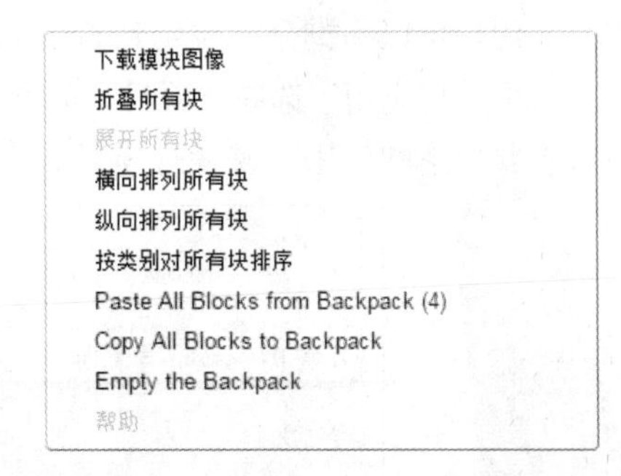

图 1.57　在工作面板空白处单击鼠标右键出现的快捷菜单

① 下载模块图像：将代码块以图像的形式下载到本地计算机，方便本地查看。

② 折叠所有块：将所有代码块折叠显示。

③ 展开所有块：将所有代码块展开显示。只有对折叠的代码块可使用此命令。

④ 横向排列所有块：将所有代码块按照从左到右、从上往下的顺序进行横向整齐排列。

⑤ 纵向排列所有块：将所有代码块按照从上往下、从左到右的顺序进行纵向整齐排列。

⑥ 按类别对所有块排序：按照代码块的类别进行排序。

⑦ Paste All Blocks from Backpack(4)：将“背包”中的所有代码块粘贴到工作面板。

⑧ Copy All Blocks to Backpack：将工作面板中的所有代码块复制到“背包”中。

⑨ Empty the Backpack：清空“背包”中的所有代码。

⑩ 代码块搜索功能。在逻辑设计视图中，除了可以从左边模块（Blocks）中拖曳代码块到工作面板中，也可以在工作面板直接输入关键字搜索代码，如图 1.58 所示。输入关键字后，系统会自动匹配当前可添加的代码块，然后用户可从搜索的结果中选择添加，或按“↑”“↓”键选择需要添加的代码块，然后按“Enter”键添加。图 1.58（b）所示的代码块就是通过选择图 1.58（a）中的“当按钮 1.被慢点击”添加进来的。

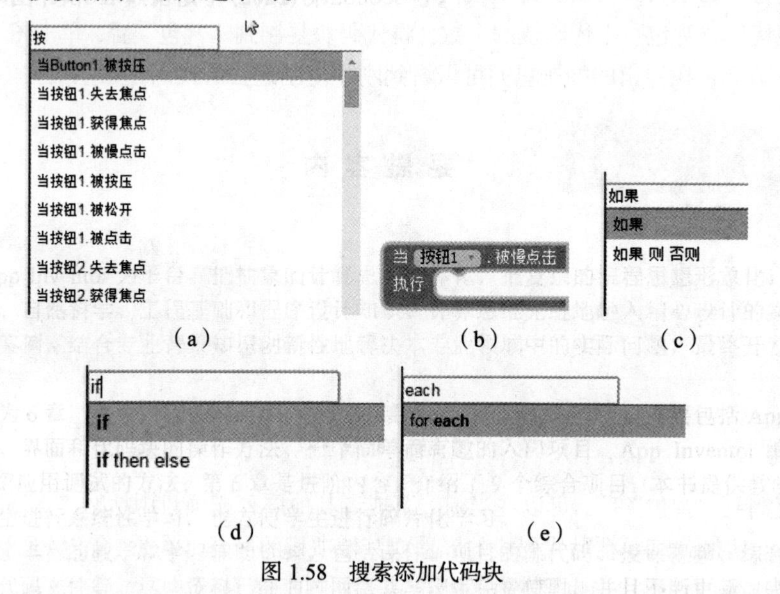

图 1.58　搜索添加代码块

注意　搜索组件时，要根据需要添加的组件的名称输入关键字。搜索内置块时，如果是在中文版本中进行搜索，需要输入中文关键字，如“如果”“循环”“绝对值”；如果是在英文版本中进行搜索，需要输入英文关键字，如“if”“each”“abs”。

1.4.5 Gallery

Gallery 是 App Inventor 集成用来分享用户的应用（包括源文件）和探索别人的 App 源代码的工具。用户可以一键分享应用到 Gallery，也可一键打开其他人分享的应用并修改它。

（1）分享应用：选择“项目”菜单下“我的项目”选项，或单击菜单栏中的“我的项目”，然后选中要分享的应用，或者打开某个应用，如图 1.59 所示。

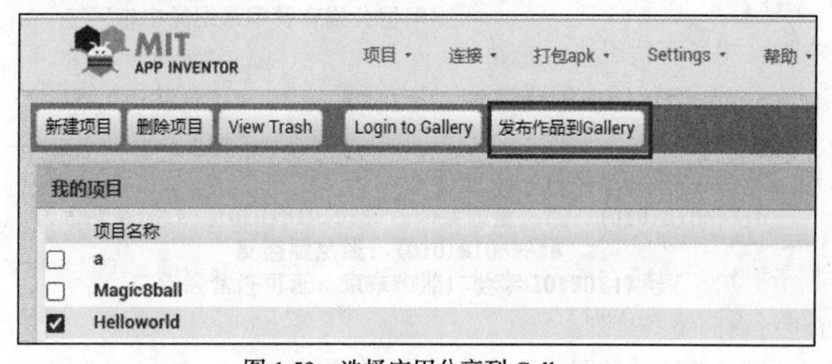

图 1.59　选择应用分享到 Gallery

单击“发布作品到 Gallery”按钮，弹出图 1.60 所示的界面。用户输入应用说明等内容，上传一张应用的图片后，单击“Submit”按钮即可分享应用。

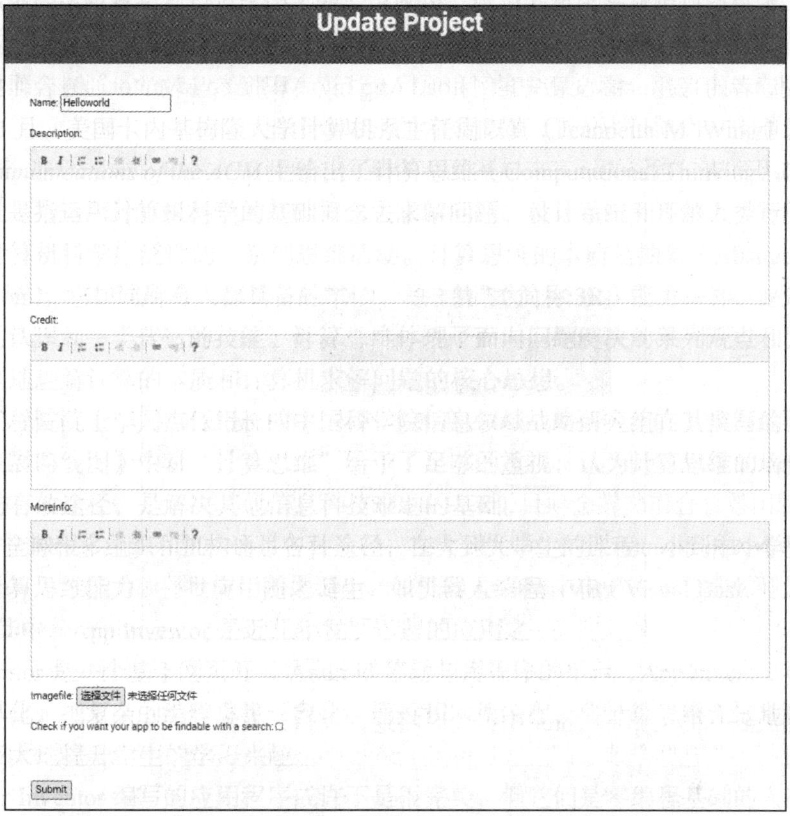

Update Project

Name: Helloworld

Description:

Credit:

MoreInfo:

Imagefile: 选择文件 未选择任何文件

Check if you want your app to be findable with a search: ☐

Submit

图 1.60　设置被分享的应用

分享成功后，将跳转到用户分享的应用的列表，如图 1.61 所示。

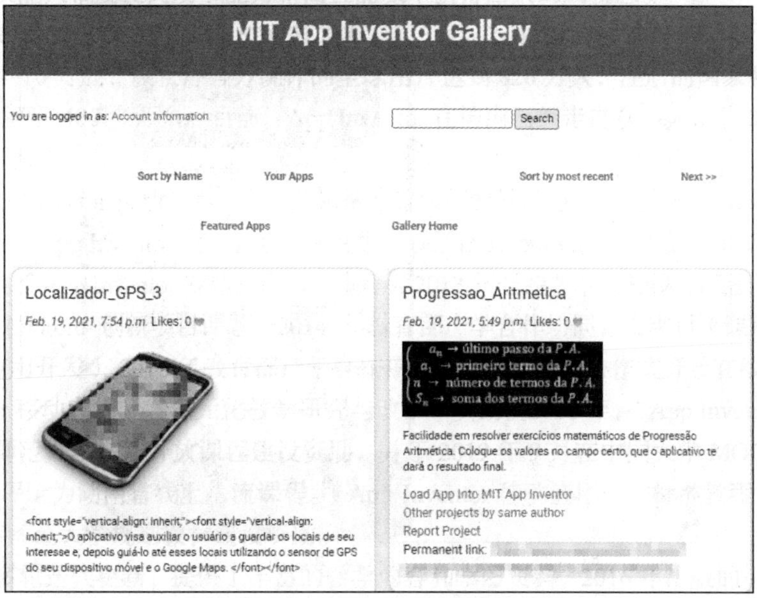

MIT App Inventor Gallery

You are logged in as: Account Information　　Search

Sort by Name　Your Apps　Sort by most recent　Next >>

Featured Apps　Gallery Home

Localizador_GPS_3

Feb. 19, 2021, 7:54 p.m. Likes: 0

<font style="vertical-align: inherit;"><font style="vertical-align: inherit;">O aplicativo visa auxiliar o usuário a guardar os locais de seu interesse e, depois guiá-lo até esses locais utilizando o sensor de GPS do seu dispositivo móvel e o Google Maps. </font></font>

Progressao_Aritmetica

Feb. 19, 2021, 5:49 p.m. Likes: 0

a_n → último passo da P.A.
a_1 → primeiro termo da P.A.
n → número de termos da P.A.
S_n → soma dos termos da P.A.

Facilidade em resolver exercícios matemáticos de Progressão Aritmética. Coloque os valores no campo certo, que o aplicativo te dará o resultado final.

Load App Into MIT App Inventor

Other projects by same author

Report Project

Permanent link:

图 1.61　被分享的应用的列表

（2）使用 Gallery 中的应用：单击项目管理工具栏中的“Login to Gallery”按钮，将出现其他人分享的应用列表，如图 1.61 所示。

在这里，用户可以浏览感兴趣的应用。单击右边的“Next”可以浏览更多的应用，或者在搜索文本框中输入关键字，单击“Search”按钮进行搜索，然后在搜索结果中查看应用。如果要使用某个应用，单击应用介绍文字中的“Load App Into MIT App Inventor”链接即可，如图 1.62 所示。

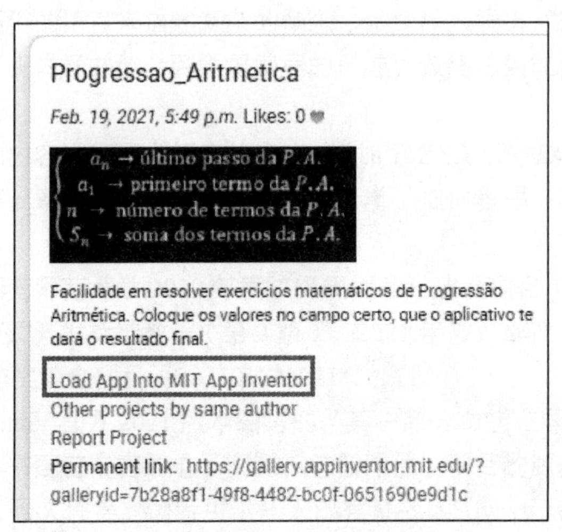

图 1.62　应用介绍文字

应用将加载到你的 App Inventor 中，此时将返回项目开发界面，如图 1.63 所示。

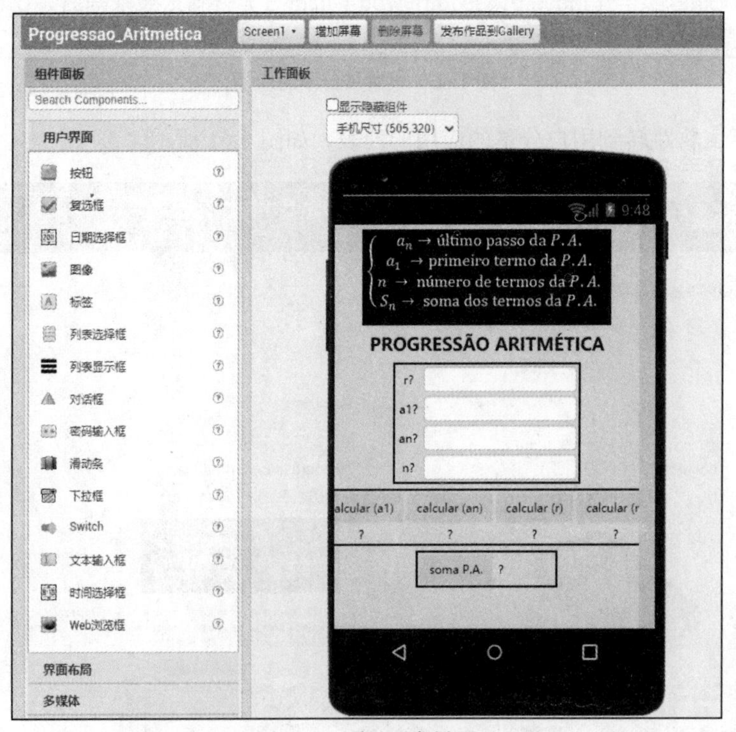

图 1.63　项目开发界面

Gallery 功能在国内的服务器上暂时还不能使用。

1.5　课程学习方法

App Inventor 移动应用开发属于工科范畴，是一门实践性强的课程。只有把理论知识同具体实际相结合，才能正确回答实践提出的问题，因此，学习本课程的时候最重要的一点就是要动手练习、亲自实践。成功的秘诀就是练习、练习、再练习。

《荀子·劝学篇》中写道：“故不积跬步，无以至千里；不积小流，无以成江海。骐骥一跃，不能十步；驽马十驾，功在不舍。锲而舍之，朽木不折；锲而不舍，金石可镂。”意思是：不积累一步半步的行程，就没有办法到达千里之远；不积累细小的流水，就没有办法汇成江海；好的马一下也不能跳出十步远，差的马连走十天，也能走很远，它的成功在于不放弃；如果刻几下就停下来了，即使是一块朽木，你也刻不动它；然而只要你一直刻下去，哪怕是金属、石头，都能雕刻成功。这就是说，成功的秘诀不在于一蹴而就，而在于持之以恒。

在编程类课程的学习中，正如《荀子·劝学篇》中阐明的道理，代码块的积累既是一个从量变到质变的过程，又体现了劳动价值、劳动之美。成功的关键在于坚持。

1.6　实　　验

实验 1：在 MIT 或国内云开发服务平台注册账号。

实验 2：搭建好实验环境，熟悉 AI 的主要界面和代码块的操作方法。

第2章

创建一个简单的项目——你好猫猫

本章主要通过一个简单的例子让读者了解 AI 开发和发布应用的流程，使读者对 AI 有整体的认识。

2.1 项目：你好猫猫

在完成本节的学习之后，用户就可以开始创建自己的应用了。每当我们搭建了新的开发环境，通常运行的第一个程序就是显示“Hello World”，以此来证明开发环境已经搭建成功。使用 App Inventor，即便是创建最简单的应用，也可以实现声音的播放及对屏幕触摸的响应，而不只是显示文字。想想都令人感到兴奋，那么，让我们马上开始吧！第一个应用是“你好猫猫（HelloPurr）”，如图 2.1 所示。当你触摸这只猫时，它会发出“喵呜”声，手机也会随之震动；当你摇晃它时，它也将发出声音。

图 2.1 HelloPurr 应用

2.1.1 新建项目

（1）登录 AI 服务器（参考 1.3 节）后，单击“新建项目”按钮，如图 2.2 所示。

（2）在弹出的“新建项目”对话框中输入项目的名称，如“HelloPurr”，单击“确定”按钮，如图 2.3 所示，完成项目的创建。

图 2.2 单击“新建项目”按钮

图 2.3 “新建项目”对话框

项目创建成功后，系统自动进入项目设计界面，如图 2.4 所示。

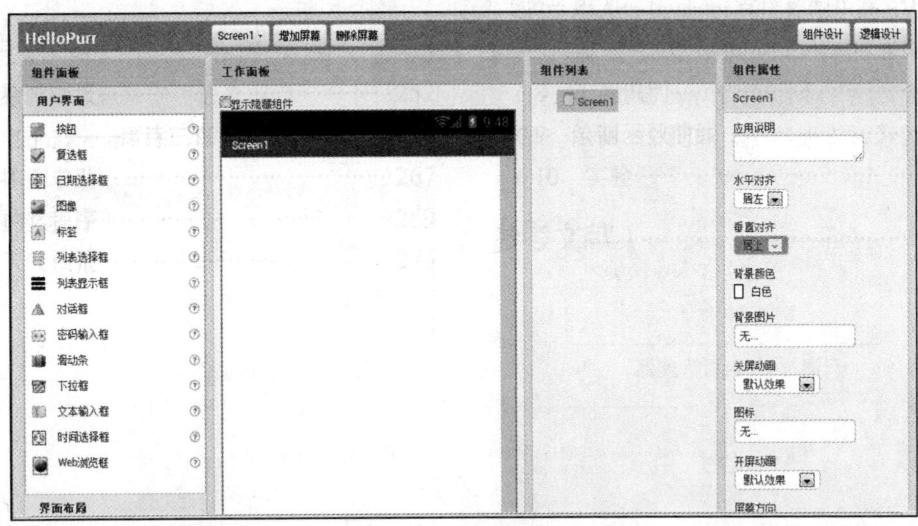

图 2.4　项目设计界面

2.1.2　界面设计

HelloPurr 应用中需要两个可视组件（可以理解为在应用中可见的组件）：按钮（Button）组件上有一张猫的图片；标签（Label）组件用于显示文字“Pet the Kitty!”。此外，还需要一个非可视的声音（Sound）组件，用来播放声音，如猫的叫声；还要添加一个加速度传感器（AccelerometerSensor）组件，用于检测设备是否被摇动。

（1）增加按钮组件。在“组件面板”的“用户界面”中将“按钮”拖曳到“工作面板”的“Screen1”中，如图 2.5 所示。

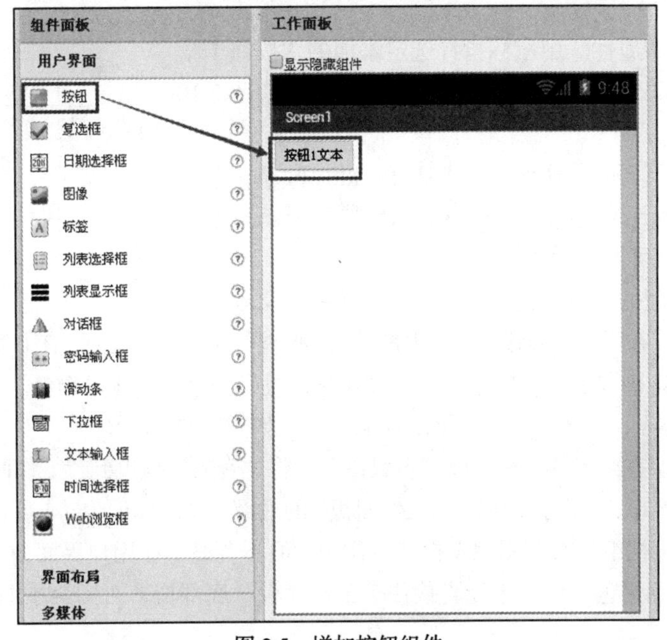

图 2.5　增加按钮组件

（2）上传猫的图片和叫声素材。单击素材管理器中的“上传文件”按钮，如图 2.6 所示。在弹出的“上传文件”对话框中单击“选择文件”按钮，如图 2.7 所示。然后在“打开”对话框中把目录切换到素材所在的文件夹“你好猫猫”，选择“kitty.png”，单击“打开”按钮，如图 2.8 所示。返回“上传文件”对话框，单击“确定”按钮，开始上传图片到远程服务器。上传成功后，图片名将会出现在素材管理器中，如图 2.9 所示。按照同样的方式上传猫的叫声素材“meow.mp3”。

图 2.6　素材管理器

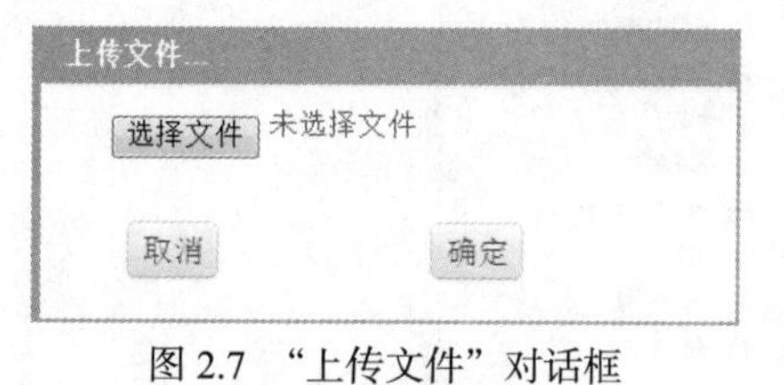

图 2.7　“上传文件”对话框

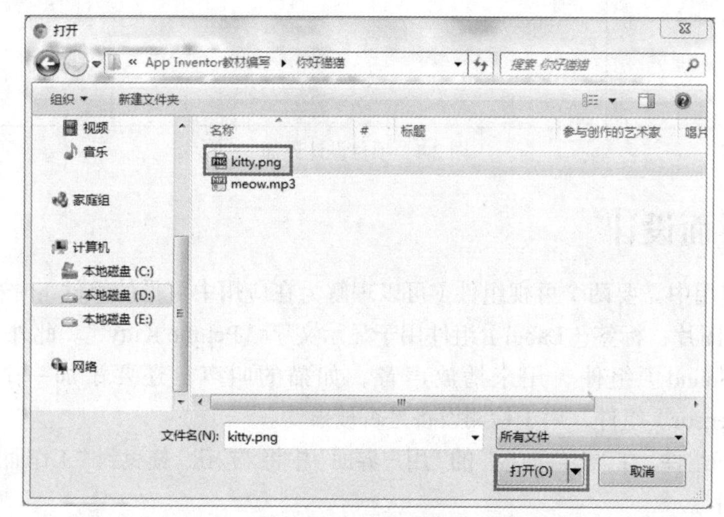

图 2.8　“打开”对话框

（3）修改按钮的属性。用鼠标指针选定添加的“按钮 1”，在“组件属性”中修改“图像”和“文本”两个属性，如图 2.10 所示。

图 2.9　素材管理器

单击“图像”下面的选择框，从中选择“kitty.png”，单击“确定”按钮完成图片的选择，图片将显示在按钮上面。单击“上传文件”按钮也可上传素材。

把“文本”下面的文本框里原有的内容“按钮 1 文本”删掉。

（4）增加标签。在“组件面板”的“用户界面”中将“标签”拖曳到“工作面板”的“Screen1”中。用鼠标指针选定被添加的“标签 1”，在“组件属性”中修改“背景颜色”为“品红”，“字号”为“32”，在“文本”文本框中输入“Pet the kitty!”，如图 2.11 所示。

（5）增加音效。在“组件面板”的“多媒体”中将“音效”拖曳到“工作面板”的“Screen1”中。无论把它放在哪里，它都会出现在“工作面板”的底部，并被标记为“非可视组件（Non-visible components）”。非可视组件在应用中发挥特定作用，但不会显示在用户界面中。（要添加非可视组件，必须将其拖曳到黑色框内，不能直接往“工作面板”底部拖，否则会添加不上。）

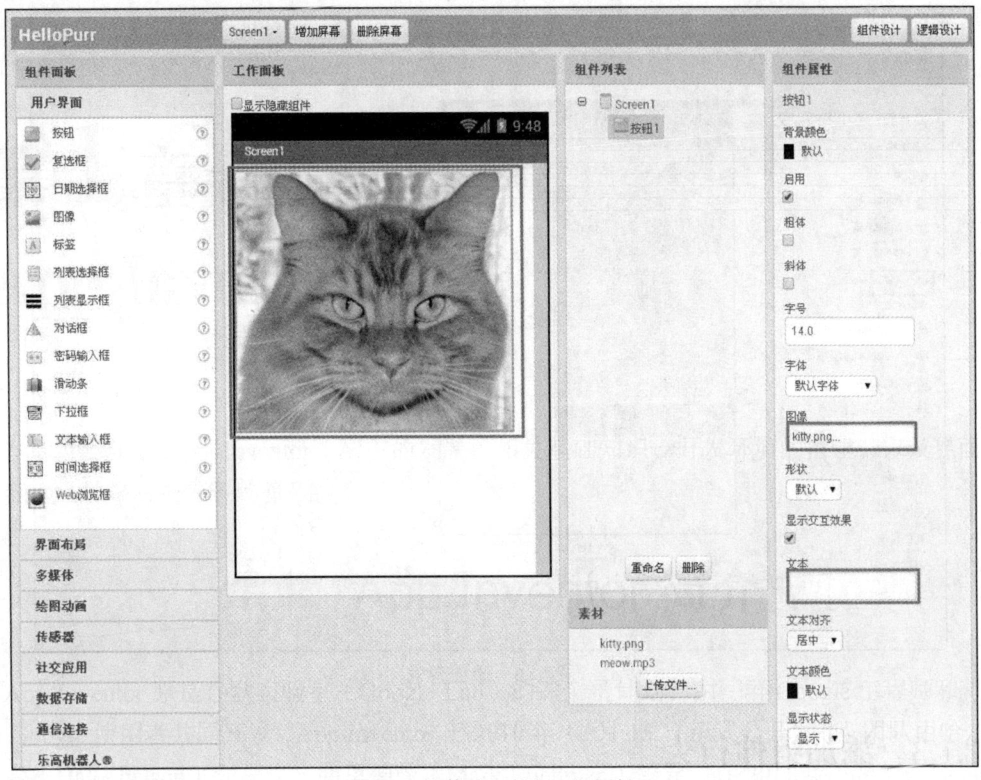

图 2.10　修改“按钮 1”属性

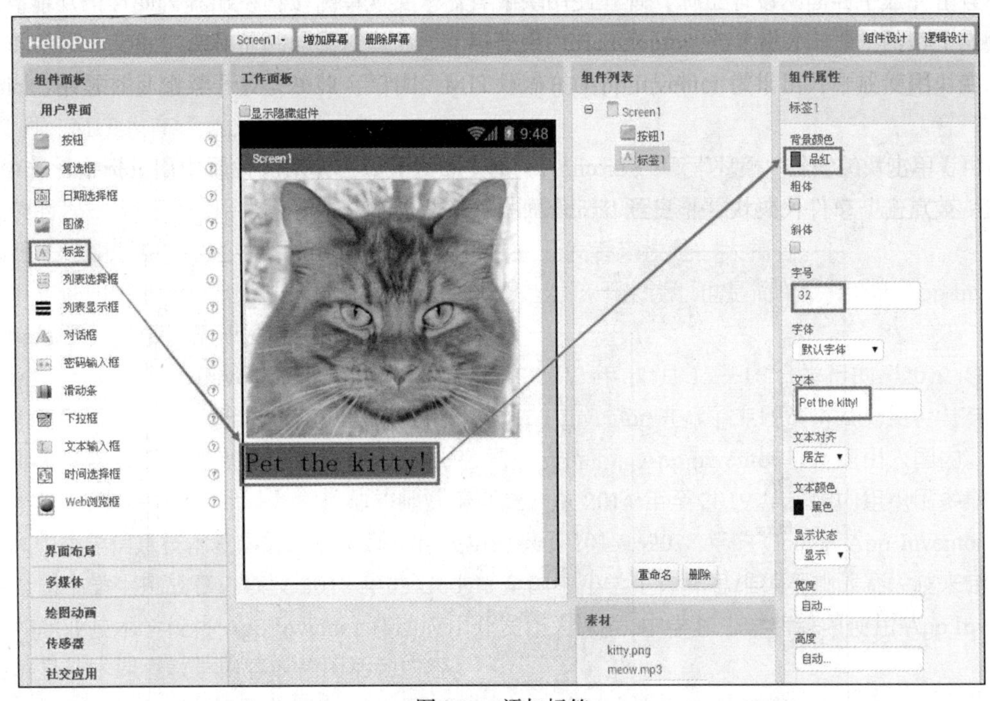

图 2.11　添加标签

然后用鼠标指针选定被添加的“音效 1”，在“组件属性”中的“源文件”选择框中选择声音文件“meow.mp3”，如图 2.12 所示。

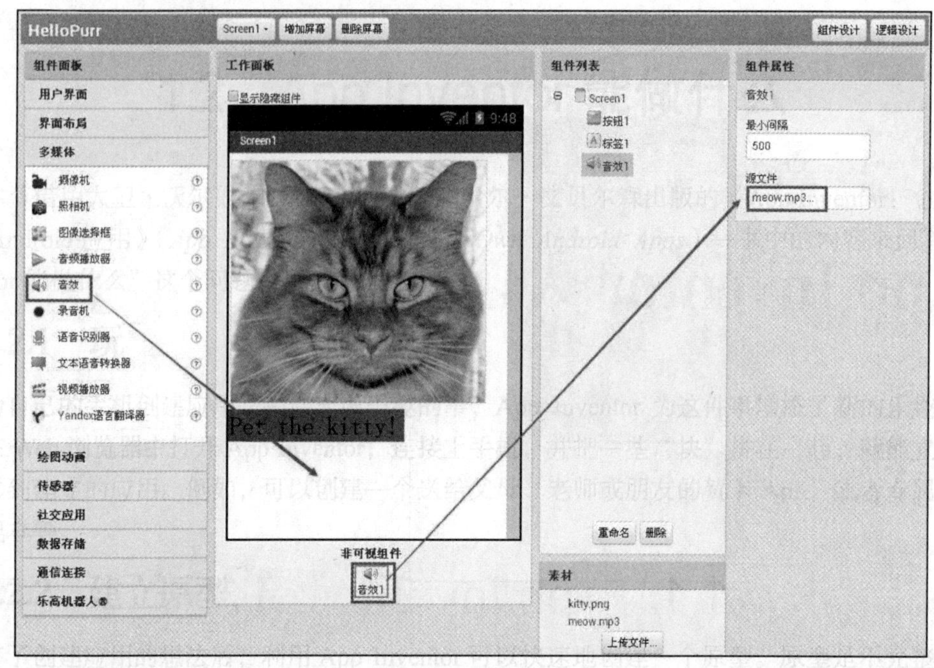

图 2.12　添加音效

2.1.3　添加组件行为

以上完成了界面的设计工作，现在使用块编辑器来实现单击按钮发出猫的叫声的功能。单击界面右上角的“逻辑设计”按钮切换到块编辑器。

在块编辑器中，可以为组件设定行为：做什么及何时做。此处是让小猫图片在被用户点击时播放声音。

（1）单击块编辑器“模块”下“Screen1”中的“按钮 1”，在弹出的抽屉中用鼠标指针选中“当按钮 1.被点击”事件代码块并拖曳到“工作面板”中，如图 2.13 所示。

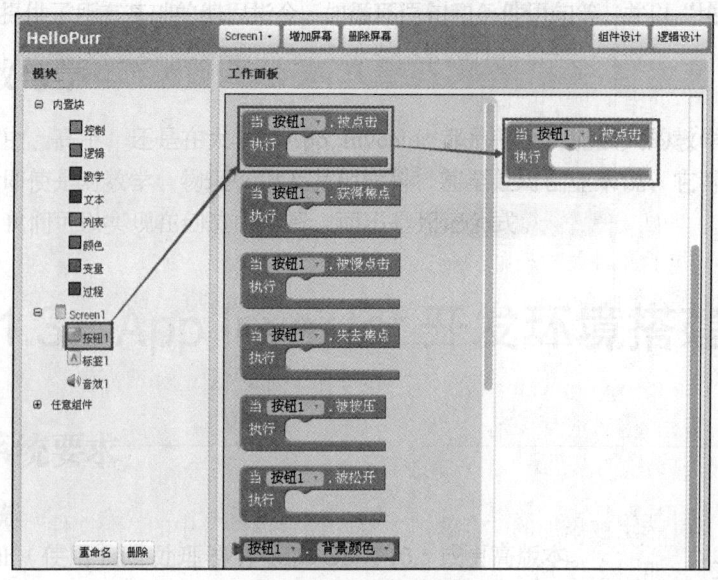

图 2.13　增加按钮事件

（2）按同样的方法，从“音效 1”的代码块中选择“调用音效 1.播放”命令代码块，并拖曳到“按钮 1”的被点击事件里面，如图 2.14 所示。

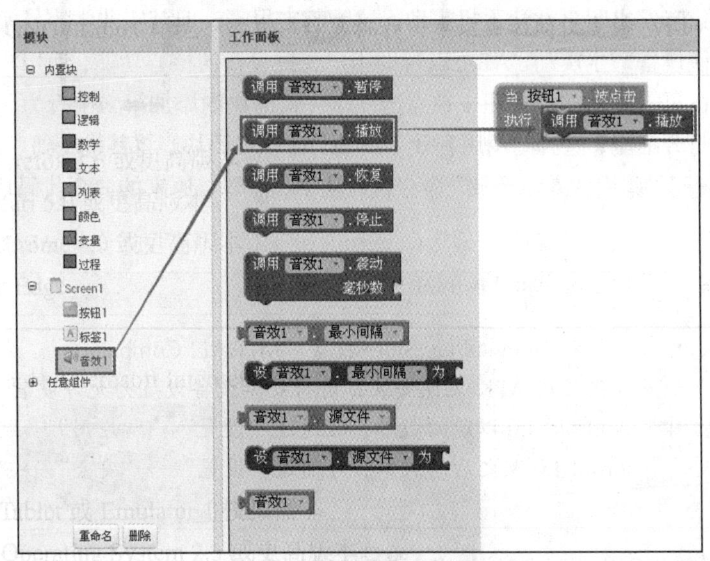

图 2.14　添加调用音效代码块

2.1.4　测试应用

在开发中，每当向应用中添加了新模块，就要进行测试，以确保一切功能运行正常，这非常重要。在测试设备上点击前面添加的按钮（或在模拟器上单击它），如果能听到猫叫声，恭喜你，你的第一个应用创建成功了！

这里可以参考 1.3 节来连接测试设备。用模拟器测试的结果如图 2.15 所示。

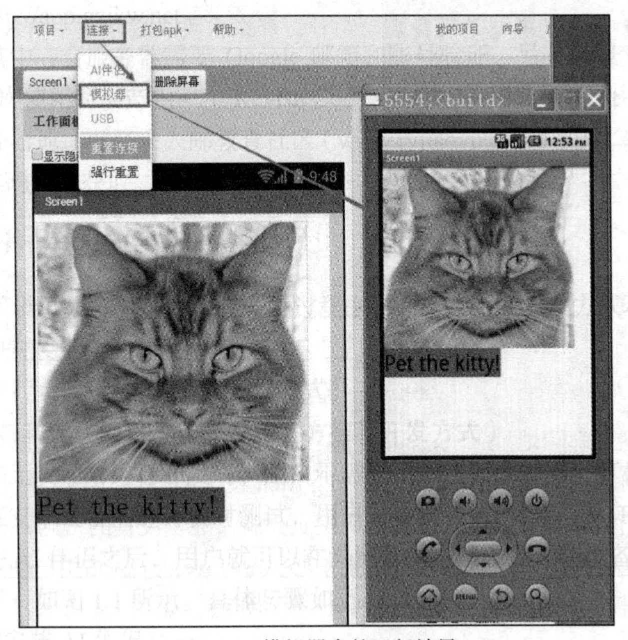

图 2.15　模拟器中的运行效果

2.1.5 添加震动效果

点击按钮让猫咪发出叫声并让手机震动。这听起来很难，但其实非常容易实现，因为播放声音的组件也可以使设备产生震动。AI 可以帮助用户挖掘设备的核心功能，而用户无须考虑它们如何实现震动。现在只需要向“当按钮 1.被点击”事件代码块内添加第二个行为。进入块编辑器，单击“音效 1”，打开抽屉，选择“调用音效 1.震动”命令代码块，将其拖曳到“当按钮 1.被点击”事件代码块内，置于“调用音效 1.播放”命令代码块下，恰好与原来的命令代码块吻合，如图 2.16 所示。

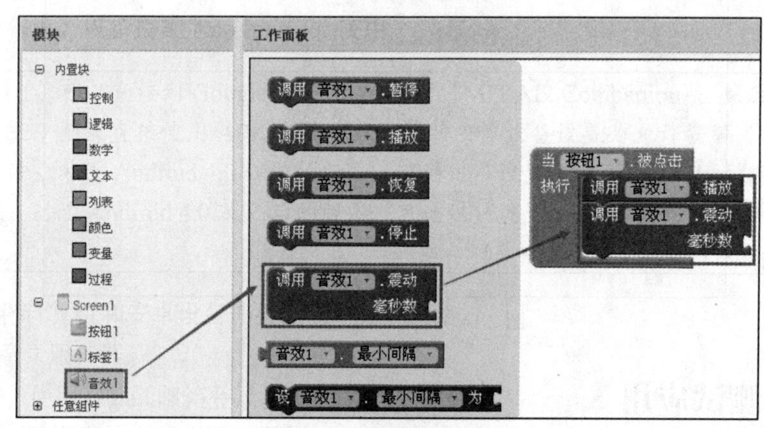

图 2.16　添加震动效果

在“调用音效 1.震动”命令代码块的右下角标注有“毫秒数”。块上的开放插槽表示需要插入其他块来设定行为的具体方式。本例中，需要设定“调用音效 1.震动”命令代码块的震动时长。以毫秒（千分之一秒）为单位输入时长，毫秒是多数编程语言中惯用的时长单位。如果想让设备震动半秒，那么需要在数学块中输入“500”。

打开“数学（Math）”抽屉，其中的第一个块是“0”，这就是数学块，将其拖曳到“毫秒数”后面，如图 2.17 所示。

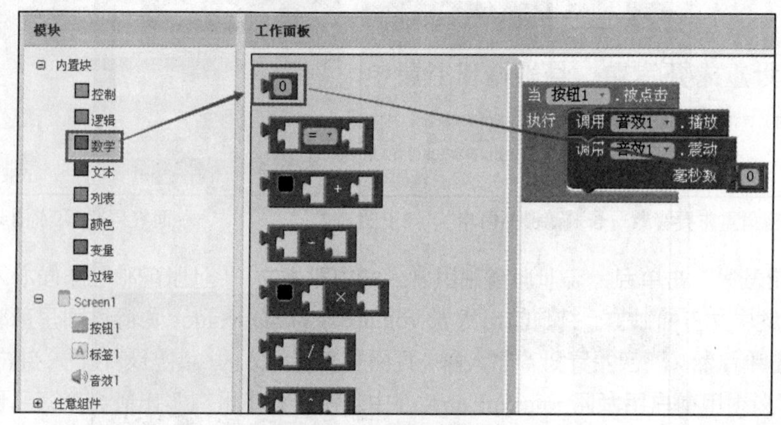

图 2.17　添加数字块“0”

单击数字“0”，输入新值“500”，如图 2.18 所示。

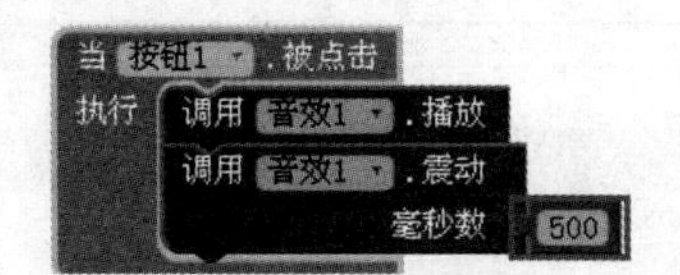

图 2.18　将默认值“0”改为“500”

测试：点击设备上的按钮，用户不仅会听到猫叫声，还会感觉到半秒的设备震动。

测试震动效果只能在安卓设备上进行，模拟器上无法实现。

2.1.6　添加摇晃设备发出猫叫声功能

现在添加最后一项功能：摇晃设备时播放猫叫声。为此，需要用到加速度传感器（AccelerometerSensor）组件，它可以检测到设备的摇晃或移动。

（1）在项目设计界面中，展开“组件面板”中的“传感器”，拖曳“加速度传感器”到“工作面板”的“Screen1”中，该组件会出现在“工作面板”底部的“非可视组件”区域，如图 2.19 所示。

图 2.19　添加“加速度传感器”

（2）添加事件处理程序。进入块编辑器，打开“加速度传感器 1”的抽屉，拖曳“当加速度传感器 1.被晃动”事件代码块，如图 2.20 所示。

再从“音效 1”的抽屉中选择“调用音效 1.播放”命令代码块，并拖曳到“当加速度传感器 1.被晃动”插槽内。最后，HelloPurr 的完整代码块如图 2.21 所示。

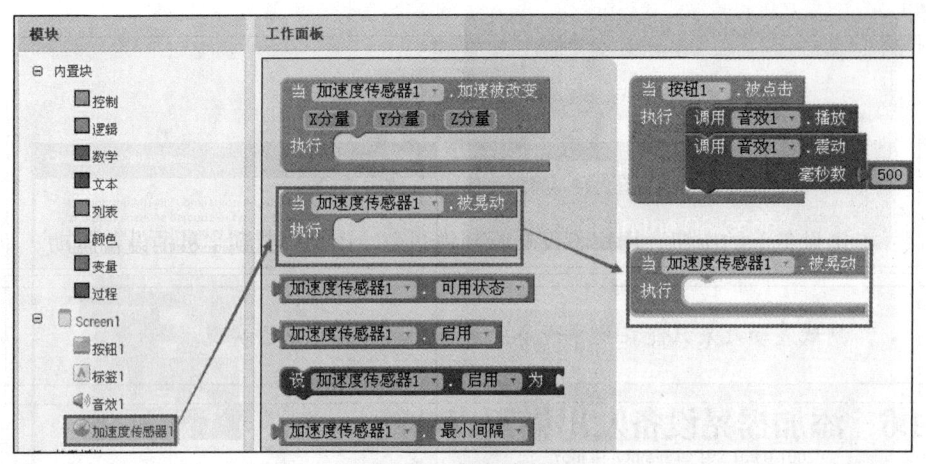

图 2.20 添加事件

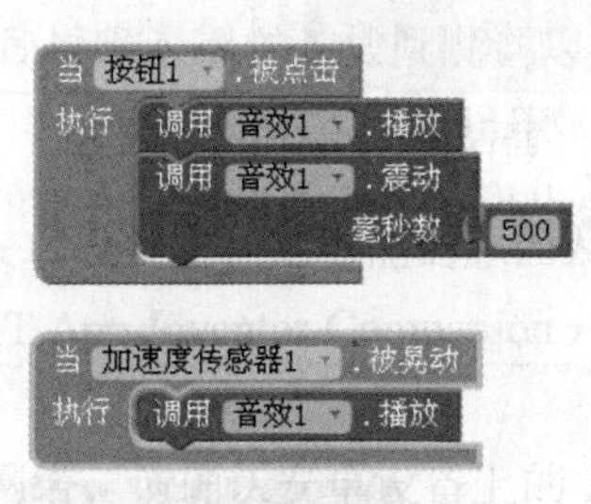

图 2.21 HelloPurr 代码块

2.1.7 打包和下载应用

至此，整个项目创建完成。如果用户想把应用分享给朋友或发布到应用市场，就需要把应用打包成 APK 文件。AI 提供了“打包 apk 并显示二维码”和“打包 apk 并下载到电脑”两种打包方式，如图 2.22 所示。

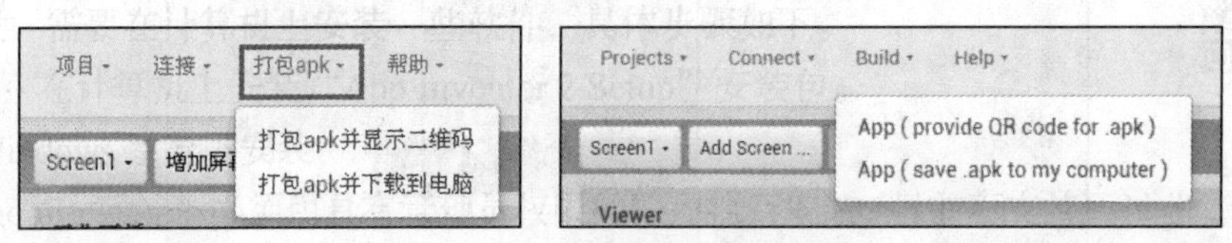

图 2.22 打包功能的中英文菜单

方式一：选择“打包 apk 并显示二维码”选项，窗口中出现打包进度条，如图 2.23 所示，打包过程大约需要一分钟。进度条消失几秒后，会显示打包应用的二维码，如图 2.24 所示。在安卓设备上用条码扫描软件扫描二维码之后，就可以下载了。

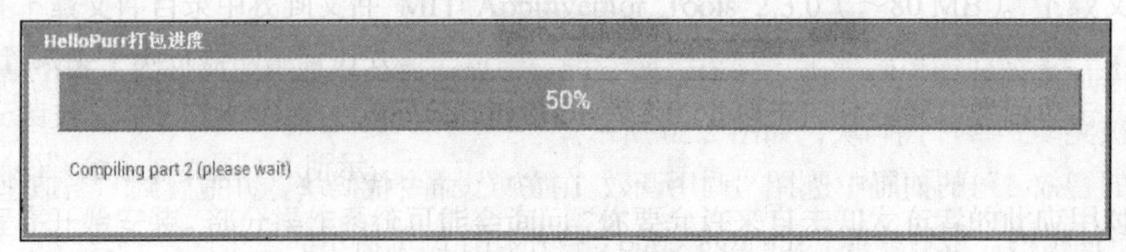

图 2.23 打包进度条

图 2.24　生成的二维码

方式二：选择“打包 apk 并下载到电脑”选项，可将项目打包为 APK 文件并下载到本地计算机，如图 2.25 和图 2.26 所示。

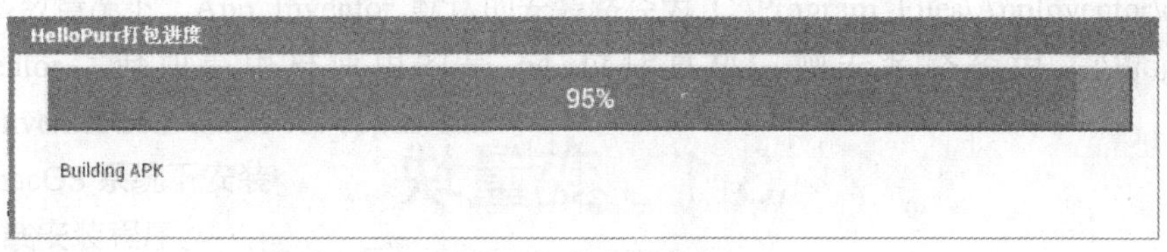

图 2.25　打包进度条

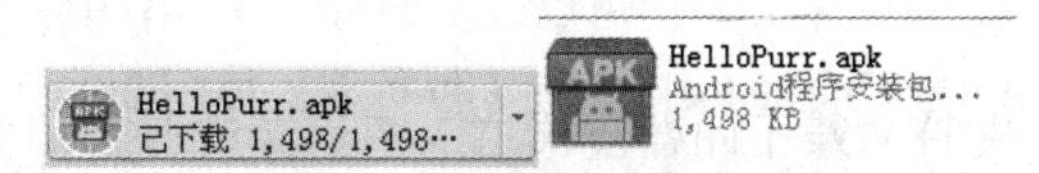

图 2.26　下载到本地计算机

APK 文件被下载下来后，默认保存在当前操作系统用户文档中的“Downloads（下载）”目录下面。用户可以将 APK 文件分享给其他人。至此，整个项目开发的过程全部完成。

2.2　实　验

实验：参照“HelloPurr”项目设计“动物世界”应用并发布。要求至少使用 4 种动物，当点击或触摸某个动物时，动物发出对应的叫声。

课后讨论：通过本章的学习，你有什么好的想法想通过 App Inventor 来实现？读者可以结合自己的专业和生活来思考。

第3章 App Inventor编程基础

本章主要介绍App Inventor的模块，并通过模块介绍程序设计的基本思想。模块分为内置块、组件块和任意组件三大部分。内置块包括变量块、控制块、逻辑块、数学块、文本块、列表块、字典块、颜色块和过程块。组件块对应界面设计中用到的组件的属性、行为和事件。任意组件可以用于实现对组件的动态修改。

3.1 变量块

变量是在内存中占据一定存储单元、值可以改变的量。在AI中，必须先声明变量，然后才可以使用它。AI的变量块（Variables Blocks）有5种类型，如图3.1所示。

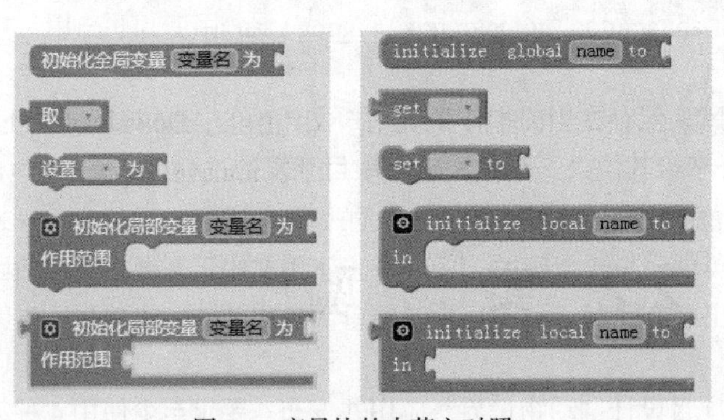

图3.1 变量块的中英文对照

在AI中，变量包括全局变量和局部变量两种。

3.1.1 全局变量的定义和使用

全局变量的定义：图3.1所示的“初始化全局变量……为……（initialize global name to）”块用于创建全局变量，拖曳该块到工作面板中，单击“我的变量”可以修改变量名称。

变量命名规则：必须以英文字母、下画线或中文开头，可包括英文字母、下画线、数字和中文，例如，“Sum”“S1”“求和”“，”“_a2”都为合法的变量名，“%s34”“56bal”就是非法的变量名。

在《现代汉语词典》中，“规则”的意思是“规定出来供大家共同遵守的制度或章程”。规则意识是建立在教育基础之上的，是一种默契，也是一种习惯。规则是在一定的环境内形成的法律、法规、规章制度、道德规范、人文情怀等，并被接受和广泛遵守。没有规矩不成方圆。无论是在编程课程学习中还是在日常生活中，我们每个人都需要养成规则意识。

全局变量可以用在应用的所有过程及事件处理函数中，是一个独立的块，可以接收任何类型的值。在应用的运行过程中，用户可以在应用的任何部分对全局变量的值进行引用和修改。用户任何时候都可以对变量进行重命名，所有引用过该变量原有名称的块将自动更新。

初始化全局变量：定义好全局变量之后，需要对全局变量进行初始化。AI 中的变量类型有数字、文本、逻辑、列表、颜色。在应用中可根据需要将变量初始化为相应的类型。全局变量的定义和初始化如图 3.2 所示。

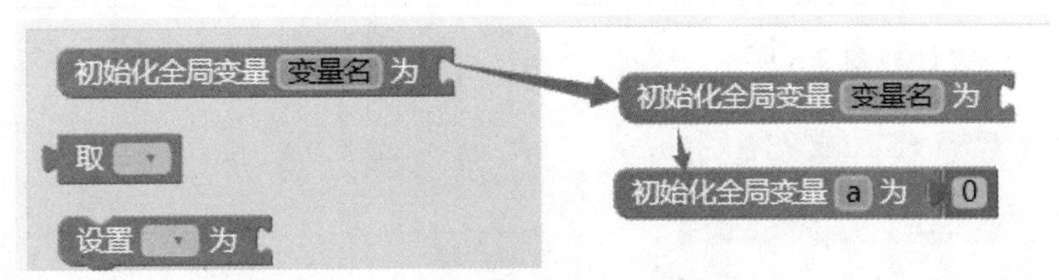

图 3.2 全局变量的定义和初始化

取全局变量的值：使用“取……”块可以获取定义过的任何变量的值，单击块中下拉按钮可选择要获取的变量名称，如图 3.3 所示。

修改变量的值：使用“设……为……”块可修改变量的值。在“设”后面选取要修改的变量，在“为”后面放置修改后的数学块，如图 3.4 所示。

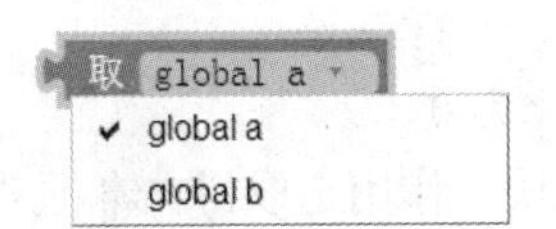

图 3.3 取全局变量的值

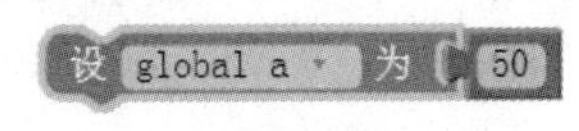

图 3.4 修改变量的值

例 3.1 简单计算器

定义一个简单的计算器，可以让用户输入两个数，并计算出这两个数的和。

下面看如何用 App Inventor 来实现这个功能。

在程序设计中，大部分程序都可以看成是由输入、处理、输出 3 部分组成的。对应到要实现的计算器，分析结果如下。

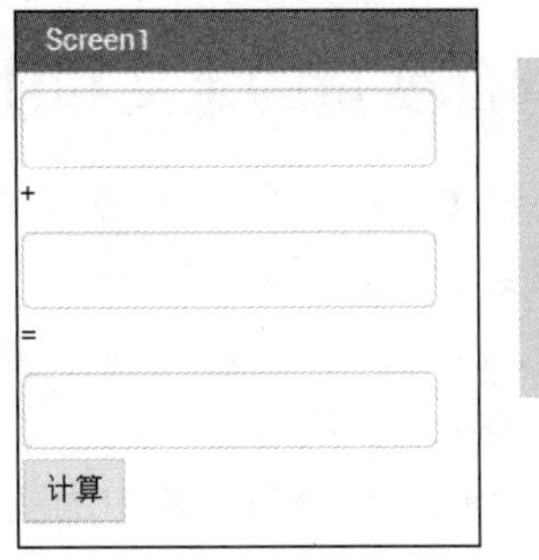

图 3.5 计算器界面

输入：两个数。

处理：计算两个数的和。

输出：把计算出来的和展示给用户。

对应到 App Inventor：输入（文本输入框组件）、计算（求和）（按钮，逻辑设计）、输出（文本输入框组件或标签）。

项目中的界面设计会用到 3 个文本输入框、2 个标签和 1 个按钮，如图 3.5 所示。用户分别在前面 2 个文本框中输入 2 个数后，点击“计算”按钮，结果将显示在第三个文本输入框中。组件说明如表 3.1 所示。

表 3.1　　　　组件说明

组　　件	所属组件组	命　　名	用　　途	属　　性
文本输入框	用户界面	TextBox1	输入第一个加数	默认
文本输入框	用户界面	TextBox2	输入第二个加数	默认
文本输入框	用户界面	TextBox3	显示和	默认
按钮	用户界面	Button1	求两个数的和	文本：计算
标签	用户界面	Label1	显示加号	文本：+
标签	用户界面	Label2	显示等号	文本：=

计算器的逻辑设计如图 3.6 所示。

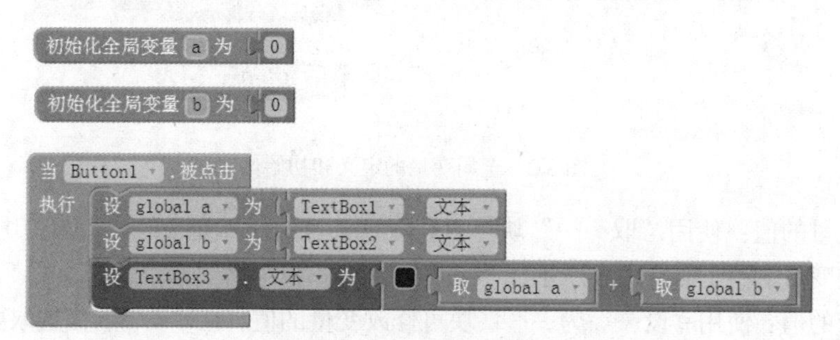

图 3.6　计算器的逻辑设计

代码说明如下。

（1）代码中首先声明了两个全局变量 a 和 b，并初始化为 0。

（2）其中“TextBox1.文本”是文本输入框组件的代码块，作用是取得文本框“TextBox1”中的值。

（3）当按钮被点击时，将 TextBox1 的文本内容赋值给 a，将 TextBox2 的文本内容赋值给 b，最后将 a+b 的和作为 TextBox3 的文本内容。

3.1.2　局部变量的定义和使用

局部变量的定义：图 3.1 所示的“初始化局部变量……为……(initialize local name to - in (do))”块用于创建局部变量。该块是一个可扩展块，用于在过程或事件处理函数中创建一个或多个只在局部有效的变量。因此，每当过程或事件处理函数开始运行时，这些变量都被赋予同样的初始值。它的有效作用范围仅限于块内。

用户可以在任何时候修改该块中的变量名，程序中那些引用了对应变量原有名称的块将会自动更新。

拖曳该块到工作面板中，默认创建一个局部变量。如果需要定义多个局部变量，就单击该块左上角的蓝色正方形，在打开的抽屉里面拖曳左边的参数块到右边输入项即可增加局部变量，拖曳输入项中的参数块到左边区域即可删除此局部变量，如图 3.7 所示。

初始化局部变量：方法与初始化全局变量类似。拖曳对应的类型块到局部变量后的插槽，并修改初值即可，如图 3.8 所示。

使用局部变量：在局部变量的作用范围内可以使用相应局部变量。将鼠标指针移动到局部变量名称上，将弹出图 3.9 所示的“取……”和“设……为……”两个块，其中“取……”用于获取变量的值，“设……为……”用于修改变量的值。单击或拖曳相应的块即可将其添加到“工作面板”中。

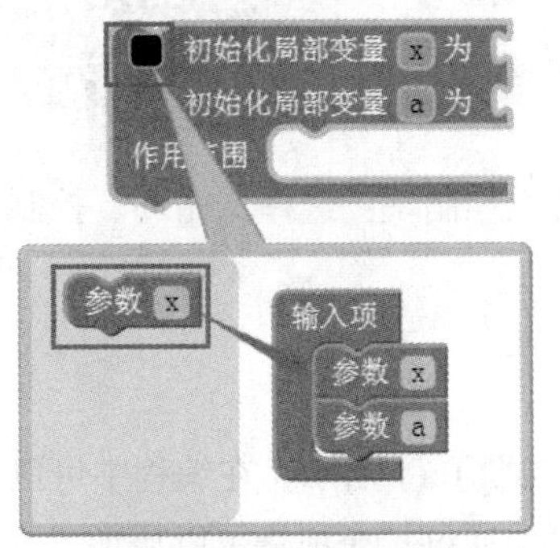

图 3.7　定义局部变量

图 3.8　初始化局部变量

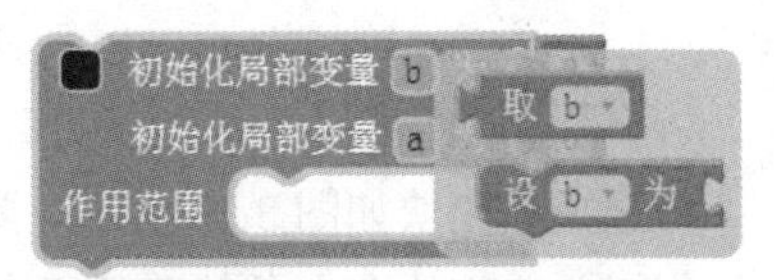

图 3.9　使用局部变量

下面通过局部变量来实现例 3.1 的计算器，详细代码块如图 3.10 所示。

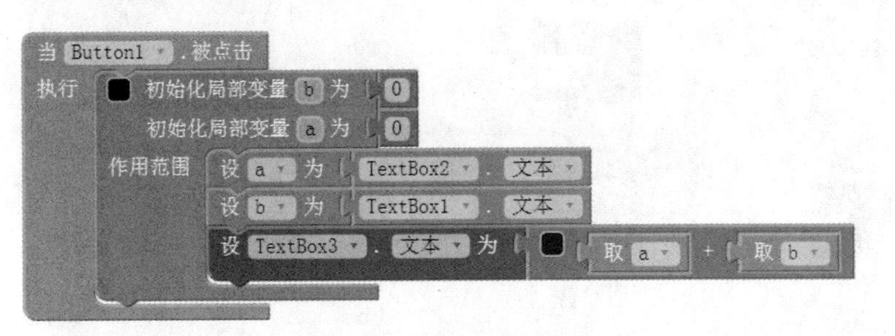

图 3.10　计算器的代码块

3.1.3　带有返回值的局部变量块的使用

带有返回值的局部变量块（initialize local name to-in (return)）是一个可扩展块，仅适用于在有返回值的过程块中创建一个或多个局部有效的变量，因此每当过程开始运行时，这些变量都被赋予同样的初始值。

不同于上面讲到的（执行指令）块，这是一个有返回值的块，其中只能插入表达式，表达式是有返回值的。图 3.11 所示的代码块返回局部变量 c 的平方根。

图 3.11　带有返回值的局部变量

3.2　控制块

在 AI 中，一个代码块（此处指处在同一个块内的语句）按照从上到下的顺序被执行，这就是最基本的顺序结构。

然而，现实中有可能出现这样的情况：有些指令可能要根据具体情况决定是否执行；有些指令则可能需要被重复执行多次。这两种情况分别对应选择结构和循环结构。

顺序结构、选择结构和循环结构是程序设计的 3 种基本结构。已经证明：任何可解问题的解决过程都是由这 3 种结构有限次组合而成的。

控制块（Control Blocks）是 AI 编程的基本结构，主要包括流程控制块：选择、循环、控制屏幕的相关操作等。

3.2.1 选择

选择代码块如图 3.12 所示，默认为“如果……则……”，如图 3.12（a）所示。在编程中可以根据需要单击块左上角的蓝色正方形扩充项目，如图 3.12（b）所示，通过扩充项目可以添加“否则”和“否则，如果”。因此，选择代码块具有 3 种基本结构，如图 3.13 所示。在具体应用中还可以根据需要加入多个扩充项目。

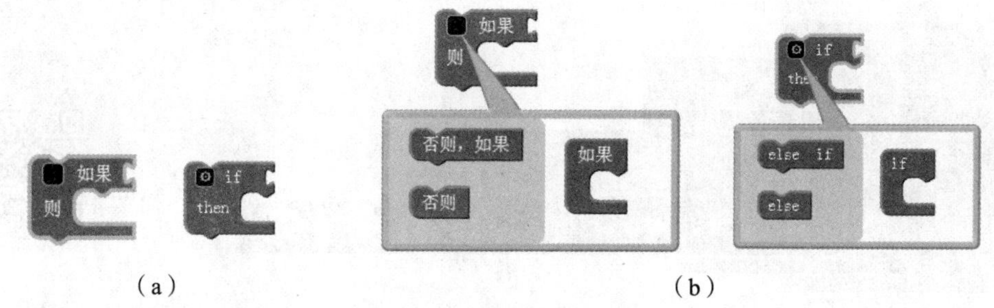

图 3.12　选择结构的中英文对照

（1）使用“如果……则……”进行条件测试：如果测试结果为真（T），则按顺序执行“则”右边的块；如果测试结果为假（F），则跳过这些块。单分支选择结构流程图如图 3.14 所示。

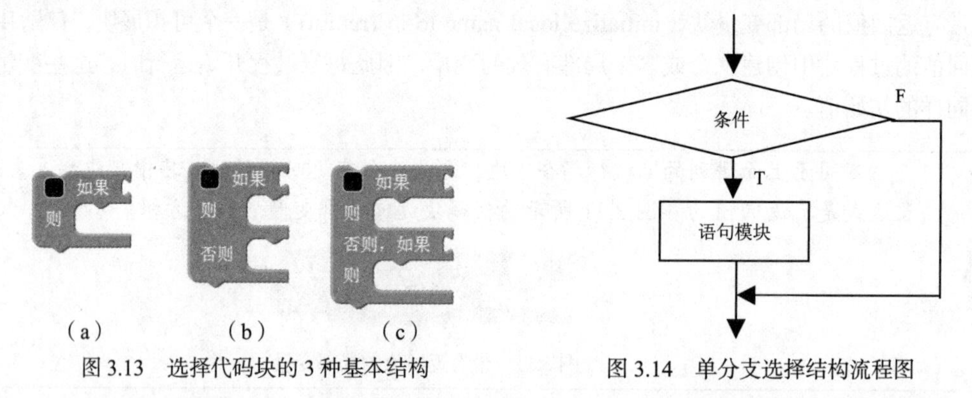

图 3.13　选择代码块的 3 种基本结构　　图 3.14　单分支选择结构流程图

微课

（2）使用“如果……则……否则……”进行条件测试：如果测试结果为真（T），则按顺序执行“则”右边的块；如果测试结果为假，则按顺序执行“否则”右边的块。双分支选择结构流程图如图 3.15 所示。

（3）使用“如果……则……否则，如果……则……”进行条件测试：如果测试结果为真（T），则按顺序执行第一个“则”右边的块；否则进行下一步的条件测试，如果测试结果为真（T），则按顺序执行第二个“则”右边的块，否则按顺序执行最后一个“否则”右边的块。多分支选择结构流程图如图 3.16 所示。

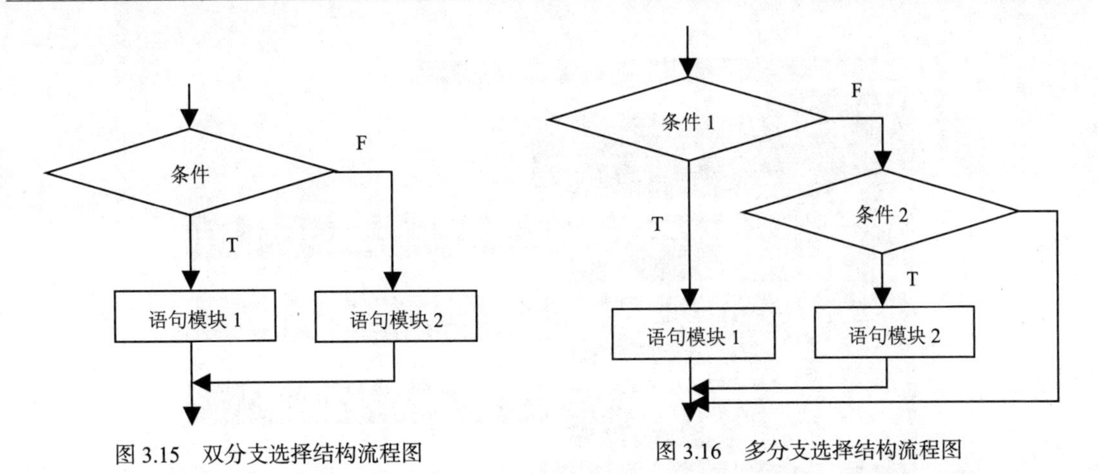

图 3.15　双分支选择结构流程图　　　图 3.16　多分支选择结构流程图

例 3.2　成绩等级判定

开发一个 App，实现在用户输入一个成绩并点击判定按钮后输出成绩对应等级。判定规则如下：如果成绩大于或等于 90 分，则等级判定为优秀；如果成绩大于或等于 80 分并且小于 90 分，则等级判定为良好；如果成绩大于或等于 70 分并且小于 80 分，则等级判定为中等；如果成绩大于或等于 60 分并且小于 70 分，则等级判定为及格；如果成绩小于 60 分，则等级判定为不及格。

下面首先分析该项目的输入、处理和输出。

输入：成绩。

处理：按照给定的判定规则判断成绩的等级。

输出：输出成绩的等级。

对应到 App Inventor：输入（文本输入框组件）、成绩等级（按钮，逻辑设计）、输出（文本输入框组件或标签）。

项目运行效果如图 3.17 所示。

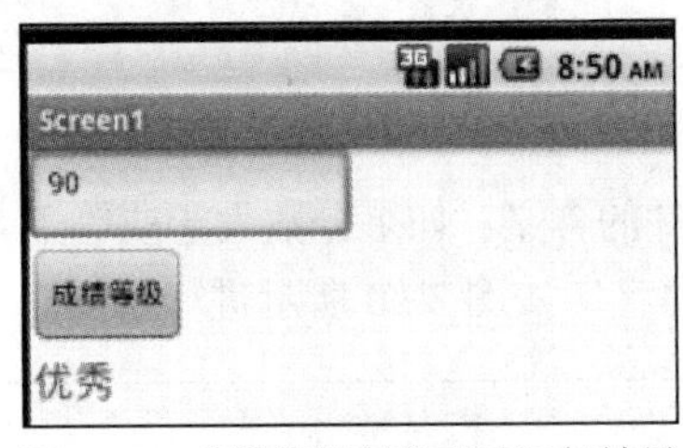

图 3.17　成绩等级判定项目运行效果

界面设计中用到了 1 个文本输入框、1 个按钮和 1 个标签组件。组件说明如表 3.2 所示。

表 3.2　组件说明

组　件	所属组件组	命　名	用　途	属　性
文本输入框	用户界面	文本输入框 1	供用户输入分数	默认
按钮	用户界面	按钮 1	成绩等级判定	文本：成绩等级
标签	用户界面	标签 1	显示等级	文本：空（删除掉原有文本，不输入任何内容）

项目代码块如图 3.18 所示。

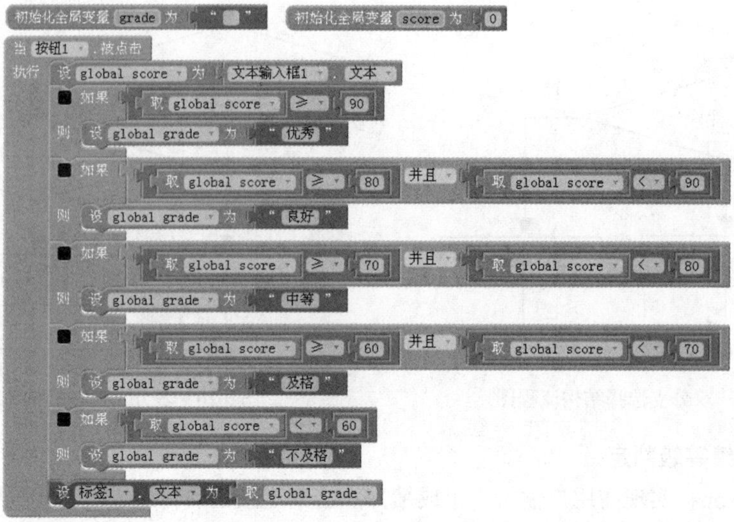

图 3.18　项目代码块

代码说明如下。

（1）用于条件判断的“大于或等于”“小于”等关系运算符按图 3.19 所示进行添加。关系运算符可以通过单击“=”右侧的下拉按钮，在弹出的下拉列表框中进行选择。

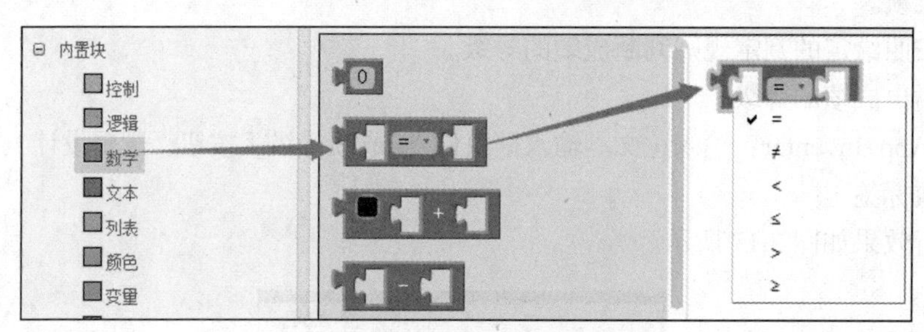

图 3.19　添加关系运算符

（2）第二个“如果”块中条件的含义：如果分数大于或等于 80，并且小于 90，则等级为“良好”。这里用到的逻辑运算符“并且”按图 3.20 所示进行添加。

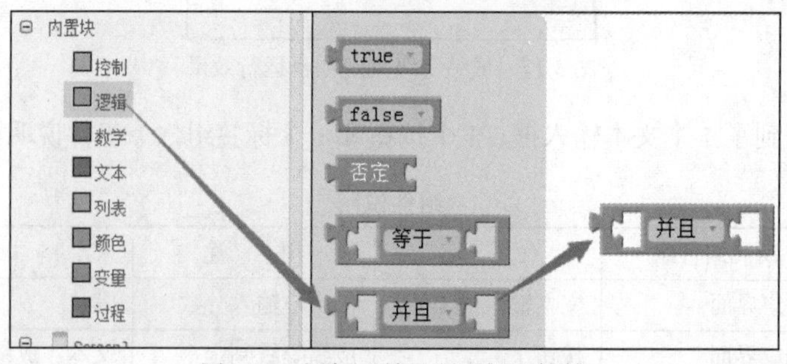

图 3.20　添加“并且”逻辑运算符

这里实现成绩等级判定采用了 5 个“如果……则……”块，下面将其改写成嵌套的条件选择块，如图 3.21 所示。

```
初始化全局变量 grade 为 " "        初始化全局变量 score 为 0
当 按钮1 .被点击
执行 设 global score 为 文本输入框1 . 文本
     如果 取 global score ≥ 90
     则 设 global grade 为 "优秀"
     否则，如果 取 global score ≥ 80
     则 设 global grade 为 "良好"
     否则，如果 取 global score ≥ 70
     则 设 global grade 为 "中等"
     否则，如果 取 global score ≥ 60
     则 设 global grade 为 "及格"
     否则 设 global grade 为 "不及格"
     设 标签1 . 文本 为 取 global grade
```

图 3.21　通过嵌套结构实现成绩等级判定

和 App Inventor 中的选择块一样，人生道路上既存在“鱼与熊掌不可兼得”的情形，又存在面临多种选择的情形，不同的选择对应的结果也大不相同。因此，我们在学习中要运用科学知识和马克思主义理论不断增强自身辨识能力，树立正确的人生观和价值观，从而在今后的人生道路上做出正确的选择。

微课

3.2.2　循环

在 AI 中存在计数循环（for）、逐项循环（for…in list）、条件循环（while）和字典循环（for…with…in dictionary）4 种循环结构，如图 3.22 所示。

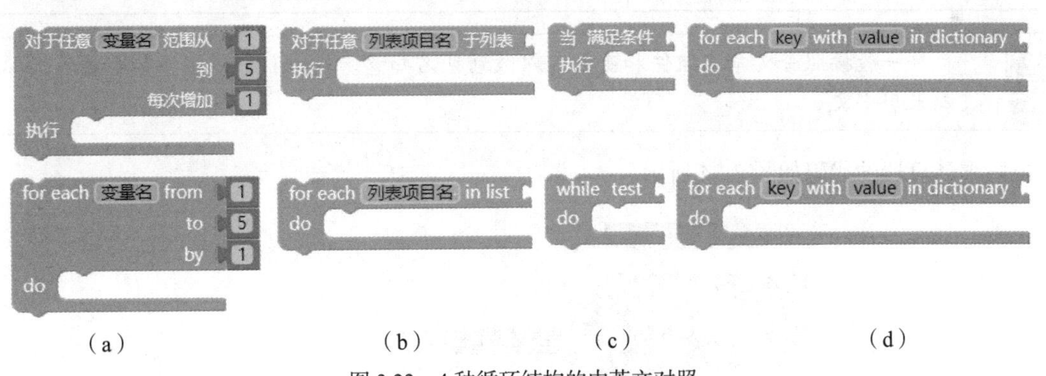

（a）　（b）　（c）　（d）

图 3.22　4 种循环结构的中英文对照

（1）计数循环是从循环计数变量的起始值（如 1）开始执行循环体内语句块的，如图 3.22（a）所示，执行完成后，循环计数变量增加循环间隔指定的增量（如 1），然后重复执行循环体，直到终止值（如 5）。

例 3.3　阶乘计算器 1

如何设计阶乘计算器？

问题 1：用户输入 1 个数值 n，怎样计算 n 的阶乘？

分析：

0! =1

5! =1×2×3×4×5

6！=1×2×3×4×5×6

n！=1×2×3×…×*n*

问题 2：用户界面如何设计？

用户输入 *n*，程序计算阶乘，并显示结果。

对应到 App Inventor：输入（文本输入框组件）、计算阶乘（按钮，逻辑设计）、输出（标签）。

界面设计如图 3.23 所示，用到了 1 个文本输入框、1 个按钮和 1 个标签组件。

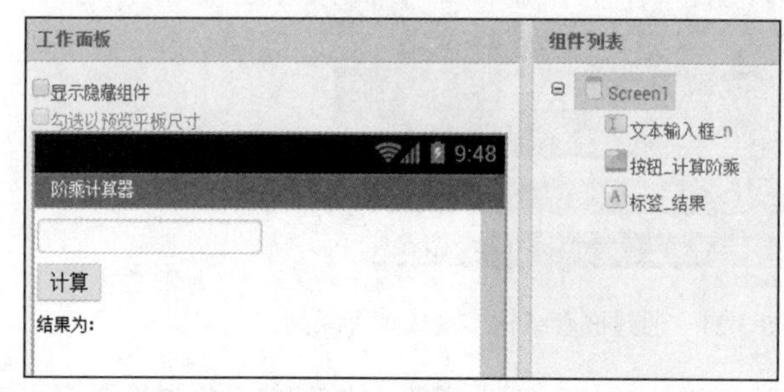

图 3.23　计数循环实例——阶乘计算器

组件说明如表 3.3 所示。

表 3.3　组件说明

组　件	所属组件组	命　名	用　途	属　性
文本输入框	用户界面	文本输入框_n	输入正整数 *n*	默认
按钮	用户界面	按钮_计算阶乘	计算 *n*!	文本：计算
标签	用户界面	标签_结果	显示结果	文本：结果为:

注意　一般按照含义命名组件和变量，以做到见名知意。在 AI 中，组件和变量的名称可以采用中文。

阶乘计算器的代码如图 3.24 所示。

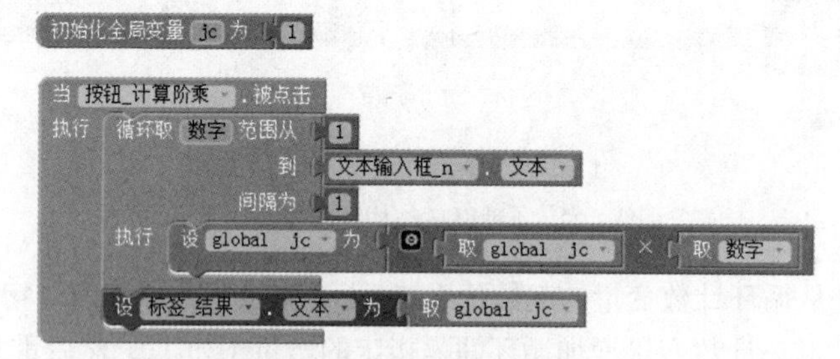

图 3.24　阶乘计算器的代码 1

程序被编写完成后，用户需要验证程序的正确性。

连续计算几个阶乘，看看结果是否都正确。当第一次输入 5 时，程序正确地计算出了 5 的阶乘；但当输入 4 时，阶乘计算出现错误，如图 3.25 所示，正确结果应该是 24。分析后发现程序在计算 4 的阶乘时把 5 的阶乘也乘上了。是什么原因造成了这样的结果？

回到图 3.24 所示的代码，原来计算阶乘的全局变量 jc 在每次计算之前未被初始化，这是很多初学编程的人容易犯的错误，一定要注意。修改后的代码如图 3.26 所示。

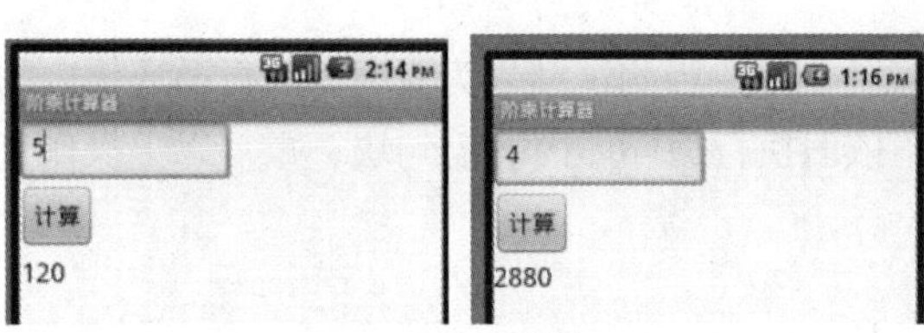
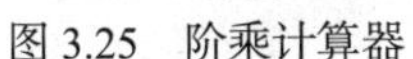
图 3.25　阶乘计算器

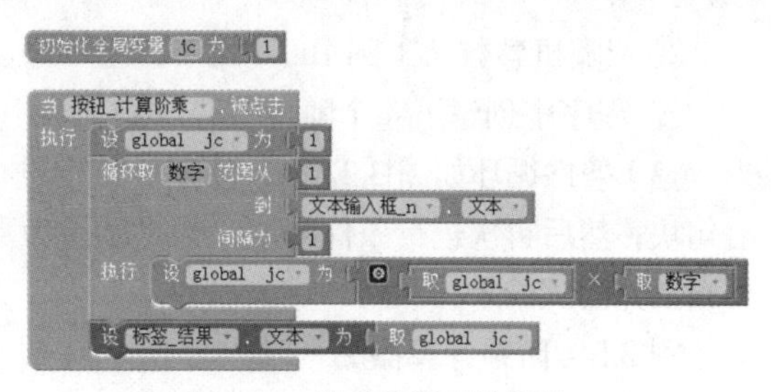
图 3.26　阶乘计算器的代码 2

（2）逐项循环如图 3.22（b）所示，是针对列表中的每一项重复执行相同的操作。其中“列表项目名”代表正在参与运算的列表项。

例 3.4　随机数求和

随机产生 4 个数，并计算 4 个数的和。界面设计如图 3.27 所示。

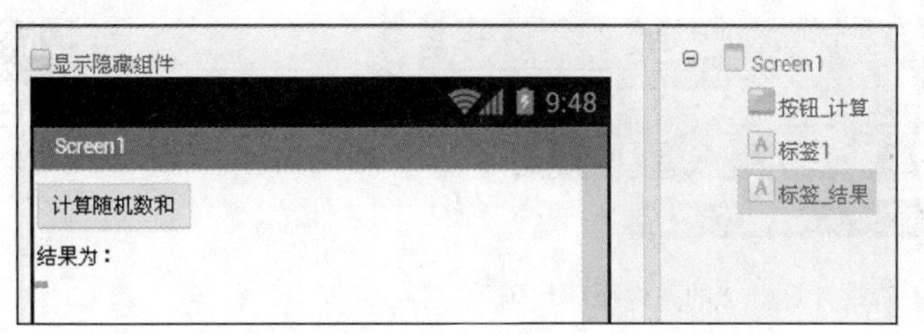
图 3.27　逐项循环实例——随机数求和

界面设计中用到了 1 个按钮和 2 个标签组件。组件说明如表 3.4 所示。

表 3.4　组件说明

组　件	所属组件组	命　名	用　途	属　性
按钮	用户界面	按钮_计算	计算随机数的和	文本：计算随机数和
标签	用户界面	标签 1	提示	文本：结果为：
标签	用户界面	标签_结果	显示结果	文本：空

逻辑设计如图 3.28 所示。

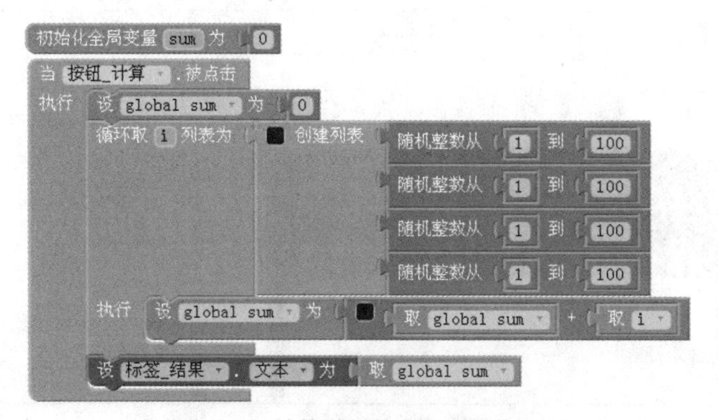
图 3.28　计算随机数的和逻辑代码

代码说明如下。

① 首先定义了全局变量 sum，用来记录求和的结果。

② 每次计算开始时将全局变量 sum 初始化为 0，避免将上一次的计算结果带到下一次计算。

③ “随机整数从 1 到 100”用于产生一个 1 到 100 的随机整数。

④ 程序中创建了 4 个随机数存放到列表中。

（3）条件循环如图 3.22（c）所示，首先进行条件测试，当测试结果为真时，执行循环体内的语句块；然后再次进行条件测试，如果结果为真，依旧执行循环体内的语句块；重复以上操作直到当条件测试结果为假时，跳出循环。

例 3.5　阶乘计算器 2

将例 3.3 中的循环修改成条件循环。

代码如图 3.29 所示。

图 3.29　阶乘计算器 2 的条件循环代码

代码说明：计算阶乘的时候，循环首先进行条件测试，判断 i 是否小于或等于 n，当测试结果为真时，执行循环体内的语句块，循环控制变量 i 增加 1；然后再次进行条件测试，如果结果为真，依旧执行循环体内的语句块；重复以上操作直到当条件测试结果为假时，跳出循环。

（4）字典循环如图 3.22（d）所示，它对字典中的每个键值条目运行 do 节中的块。使用给定的变量 key 和 value 来引用当前字典条目的键和值。用户可以根据需要更改 key 和 value 本身的名称。

例 3.6　水果价格查询

在文本输入框中输入水果名称，点击查询按钮，输出水果价格。界面设计如图 3.30 所示。

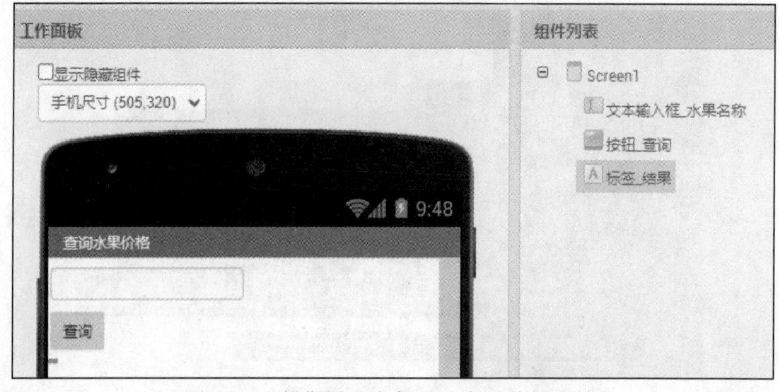

图 3.30　字典循环实例——水果价格查询

界面设计中用到了 1 个文本输入框、1 个按钮和 1 个标签组件。组件说明如表 3.5 所示。

表 3.5　　组件说明

组　　件	所属组件组	命　　名	用　　途	属　　性
Screen	屏幕	Screen1	应用主屏幕	标题：查询水果价格
文本输入框	用户界面	文本输入框_水果名称	输入要查询的水果名称	提示：请输入水果名称 文本：空
按钮	用户界面	按钮_查询	从字典中查询水果价格	文本：查询
标签	用户界面	标签_结果	显示结果	文本：空

逻辑设计如图 3.31 所示。

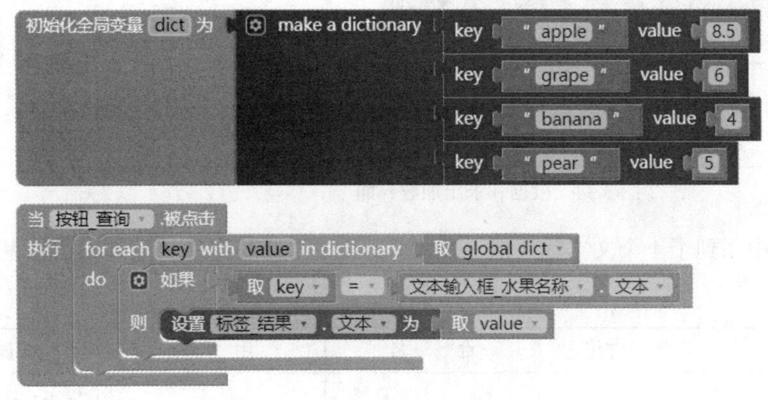

图 3.31　查询水果价格逻辑代码

代码说明如下。

① 首先定义全局变量 dict，并创建字典（make a dictionary），如图 3.32 所示。字典用来存放水果名称和价格。

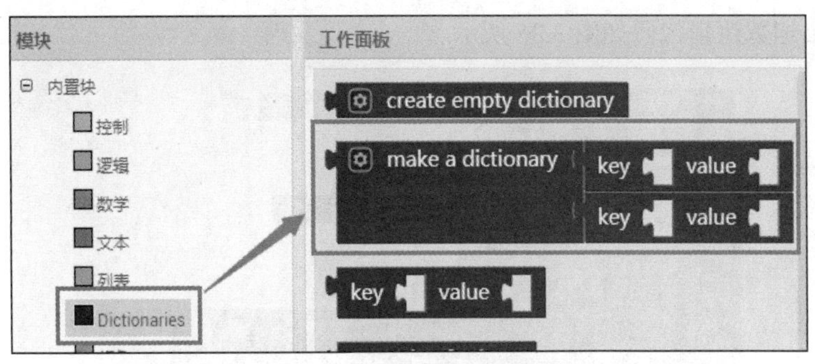

图 3.32　创建字典示意图

② 当用户输入水果名称，点击查询按钮后，每次从字典中按顺序取出一对 key 和 value，即水果的名称和价格，然后判断 key 值是否为用户输入的值，如果相等，则在标签上显示对应的 value 值（水果的价格）。

3.2.3　break

使用计数循环（for）、逐项循环（for...in list）或条件循环（while）时，使用 break 来提前退出循环。程序在执行到 break 时，将退出循环，并执行循环块后的语句。break 块如图 3.33 所示。

图 3.33　break 块

例 3.7　根据和求出加数

已知和 S，求使 1+2+…+m 大于或等于 S 的最小 m。

在文本输入框中输入和 S，点击计算按钮，输出使 1+2+…+m 大于或等于 S 的最小 m。界面设计如图 3.34 所示。

图 3.34　根据和求出加数界面

界面设计中用到了 1 个文本输入框、1 个按钮和 1 个标签组件。组件说明如表 3.6 所示。

表 3.6　组件说明

组　件	所属组件组	命　名	用　途	属　性
文本输入框	用户界面	文本输入框_和	输入和 S	提示：输入和 S 文本：空
按钮	用户界面	按钮_计算	求 1+2+…+m 大于等于 S 的最小 m	文本：计算
标签	用户界面	标签_结果	显示结果	文本：空

根据和求出加数逻辑代码如图 3.35 所示。

```
初始化全局变量 total 为 0        初始化全局变量 i 为 0
初始化全局变量 sum 为 0
当 按钮_计算 .被点击
执行  设置 global total 为 文本输入框_和 . 文本
      设置 global i 为 0
      设置 global sum 为 0
      当 满足条件 真
      执行  设置 global i 为 取 global i + 1
            设置 global sum 为 取 global sum + 取 global i
            如果 取 global sum ≥ 取 global total
            则 break
      设置 标签_结果 . 文本 为 取 global i
```

图 3.35　根据和求出加数逻辑代码

代码说明如下。

① 定义全局变量 total，用来记录用户输入的和 S；sum 用来记录求和的结果；i 用来记录当前加数。

② 每次计算开始时将全局变量 sum 初始化为 0，避免将上一次的计算结果带到下一次计算。

total 从文本输入框中取得用户输入的值。

③ 在 while 循环中，每次给变量 i 增加 1，把 i 的值累加到 sum 上，然后判断 sum 是否大于或等于 total，如果是则退出循环，执行循环块之后的模块，否则继续循环。

④ 输出 i，即要求的 *m*。

3.2.4　条件返回

条件返回块如图 3.36 所示。运行条件返回块“如果……则……否则……（if…then…else）”，首先进行条件测试，如果测试结果为真，按顺序执行“则”右边的块，得到结果并将值返回；如果测试结果为假，执行“否则”右边的块，得到结果并将值返回。

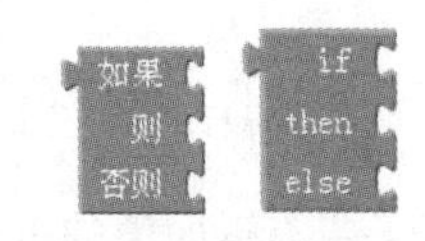

图 3.36　条件返回块

微课

例 3.8　计算标准体重

计算标准体重时常常会用到 Broca 改良公式，其计算方法如下。

男生：标准体重=（身高−100）×0.90

女生：标准体重=（身高−105）×0.92

实际体重大于标准体重 10%～20%为过重，大于标准体重 20%以上为肥胖，小于标准体重 10%～20%为瘦，小于标准体重 20%以上为严重消瘦。

本例制作的 App 要实现的功能：根据用户输入的身高和性别，计算出标准体重。界面设计如图 3.37 所示。

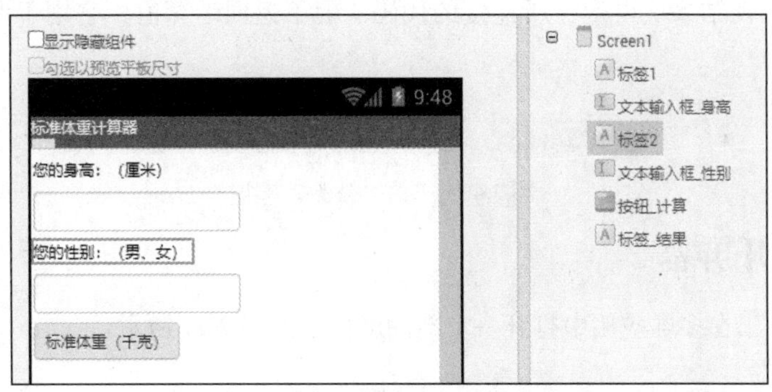

图 3.37　标准体重计算器界面

界面设计中用到了 1 个按钮、2 个文本输入框和 3 个标签组件。组件说明如表 3.7 所示。

表 3.7　组件说明

组　件	所属组件组	命　名	用　途	属　性
按钮	用户界面	按钮_计算	计算标准体重	文本：标准体重（千克）
标签	用户界面	标签 1	提示	文本：您的身高：（厘米）
标签	用户界面	标签 2	提示	文本：您的性别：（男、女）
标签	用户界面	标签_结果	显示结果	文本：空
文本输入框	用户界面	文本输入框_身高	输入身高	默认
文本输入框	用户界面	文本输入框_性别	输入性别	默认

逻辑设计如图 3.38 所示。

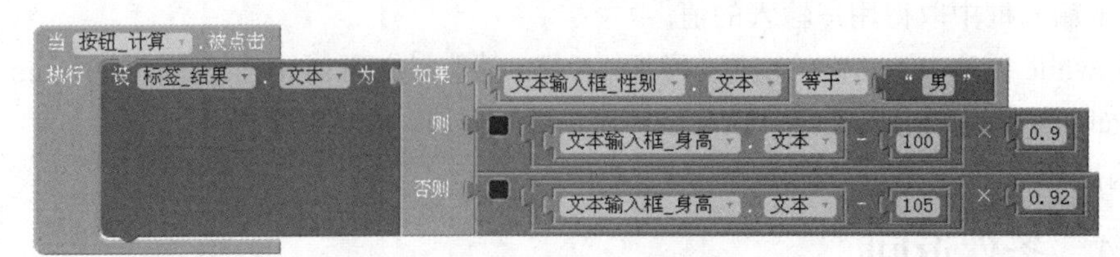

图 3.38　计算标准体重逻辑代码

3.2.5　带有返回值的执行模块

带有返回值的执行模块用于执行“执行（do）”区域中的代码块并返回一条语句，以实现在赋值前插入并执行某个过程的功能，如图 3.39 所示。该模块经常被用在过程中。

图 3.39　带有返回值的执行模块

3.2.6　求值但忽视结果

使用求值但忽视结果块可运行所连接的代码块但不返回运算值，它用于调用求值过程，如图 3.40 所示。

图 3.40　求值但忽视结果块

3.2.7　打开屏幕

打开屏幕块用于在多屏应用中打开一个新的屏幕，如图 3.41 所示。

图 3.41　打开屏幕模块

例 3.9　屏幕之间的切换

首先在第一个屏幕添加 1 个标签和 1 个按钮，组件说明如表 3.8 所示。

表 3.8　组件说明

组　件	所属组件组	命　名	用　途	属　性
按钮	用户界面	按钮_下一页	屏幕切换，进入下一页	文本：下一页
标签	用户界面	标签 1	提示	文本：这是第一个屏幕

屏幕 1 的界面如图 3.42 所示。

图 3.42　屏幕 1 的界面

然后单击“组件设计”中的“增加屏幕”按钮，添加一个新的屏幕，并命名为“Screen2”。在屏幕 2 中添加 1 个标签和 1 个按钮，组件说明如表 3.9 所示。

表 3.9　组件说明

组　件	所属组件组	命　名	用　途	属　性
按钮	用户界面	按钮_上一页	屏幕切换，返回上一页	文本：上一页
标签	用户界面	标签 1	提示	文本：这是第二个屏幕

屏幕 2 的界面如图 3.43 所示。

图 3.43　屏幕 2 的界面

屏幕 1 的代码如图 3.44 所示。

屏幕 2 的代码如图 3.45 所示。

图 3.44　屏幕 1 的代码

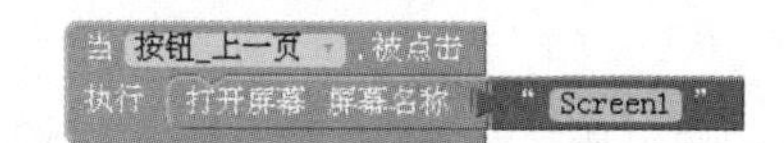

图 3.45　屏幕 2 的代码

3.2.8　打开屏幕并传值

打开屏幕并传值块用于在多屏应用中开启一个新的屏幕，并向其传入初始值，在打开的屏幕中可以用获取初始值块取得传入的值，如图 3.46 所示。

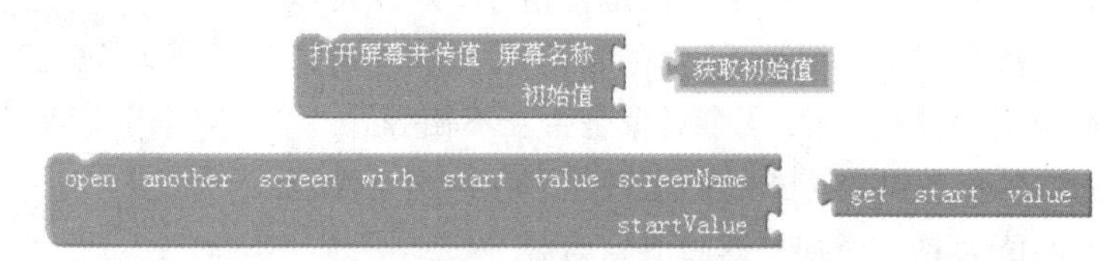

图 3.46　打开屏幕并传值块和获取初始值块

例 3.10　打开屏幕并传值

修改例 3.9 中屏幕 1 的代码，如图 3.47 所示，使得当打开屏幕 2 时，传递值 100 给屏幕 2。

修改例 3.9 中屏幕 2 的代码，如图 3.48 所示，使得当打开屏幕 2 时，修改标签 1 的文本为屏幕 1 传递过来的值。

图 3.47 修改屏幕 1 的代码

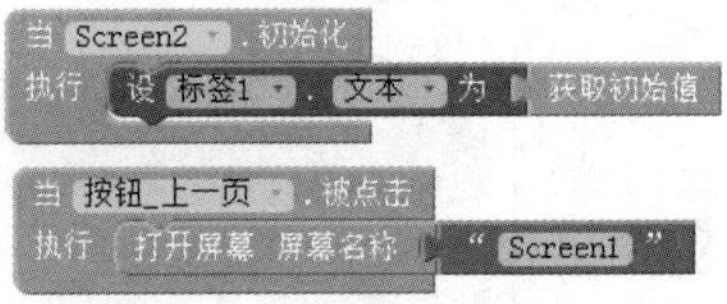

图 3.48 修改屏幕 2 的代码

3.2.9 其他控制块

其他控制块如图 3.49 所示。

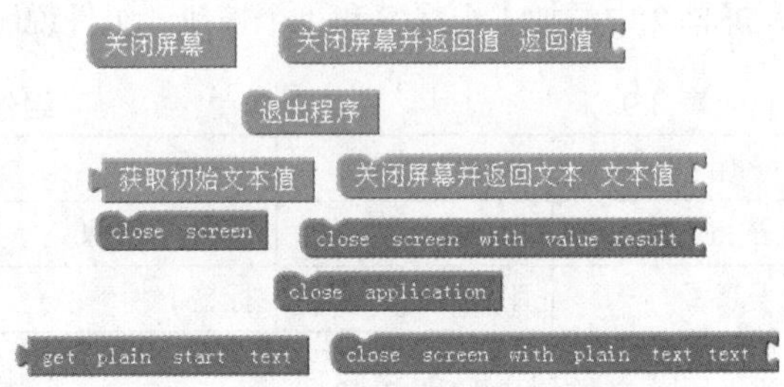

图 3.49 其他控制块的中英文对照

关闭屏幕（close screen）：关闭当前屏幕。

关闭屏幕并返回值（close screen with value）：关闭当前屏幕并向打开此屏幕者返回结果。

退出程序（close application）：关闭所有屏幕并终止程序运行。

获取初始文本值（get plain start text）：屏幕被其他应用启动时获取传入的文本值，如果调用者没有传入内容，则返回空文本值。对于多屏应用，一般更多采用获取初始值的方式，而非获取初始文本值的方式。

关闭屏幕并返回文本（close screen with plain text）：关闭当前屏幕，并向打开此屏幕的应用返回文本。此命令用于为非 App Inventor 活动返回文本，对于 App Inventor 多屏应用，则多采用关闭屏幕并返回值的方式，而不采用关闭屏幕并返回文本的方式。

3.3 逻辑块

主要的逻辑块（Logic Blocks）如图 3.50 所示。

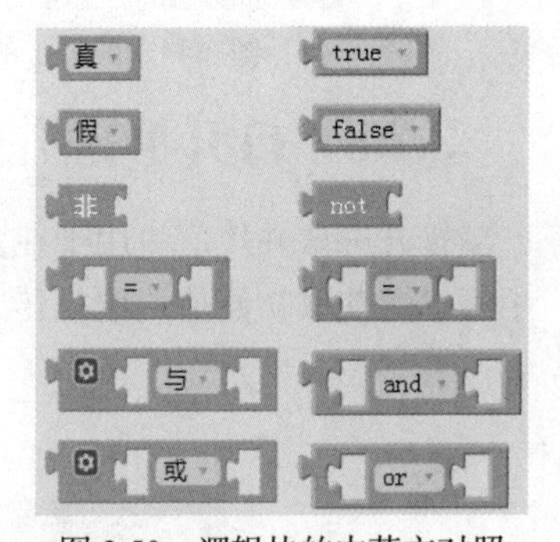

图 3.50 逻辑块的中英文对照

真（true）：布尔常量“真”，表示某种情况成立。

假（false）：布尔常量“假”，表示某种情况不成立。

非（not）：如果输入项为假则返回真值；如果输入项为真则返回假值。

等于（=）：用于判断等号左右两个对象是否相等，对象可以是任意类型，不限于数字。单击“等于”右侧的下拉按钮还可以选择逻辑运算“不等于”，用于判断两个对象是否互不相等。

与（and）：测试两个逻辑表达式的值是否都为真，当且仅当两者都为真时，返回值为真；否则，返回值均为假。

或（or）：测试两个逻辑表达式的值中是否有一个为真，只要有一个为真，则返回值为真。

3.4 数学块

主要的数学块（Math Blocks）如图 3.51 所示。

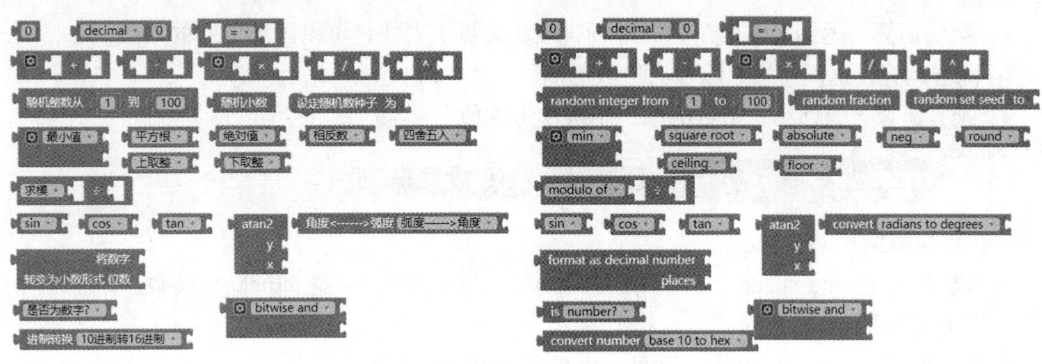

图 3.51　数学块的中英文对照

（1）

基本数学块，默认值为 0，可以是任何正数或负数（包括小数）。双击“0”后就可以改变其中的数值。

微课

（2）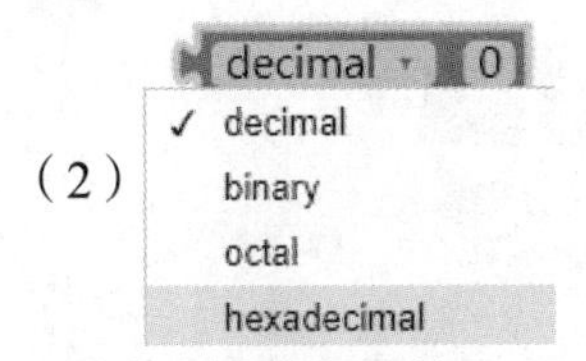

不同进制形式的数。

decimal：十进制数。

binary：二进制数。

octal：八进制数。

hexadecimal：十六进制数。

（3）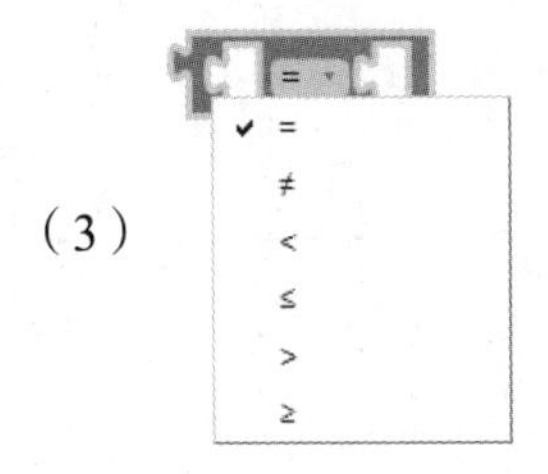

关系运算符共 6 种。

=：如果两边的值相等，则返回真，否则返回假。

≠：如果两边的值不相等，则返回真，否则返回假。

>：如果左边的值大于右边的值，则返回真，否则返回假。

≥：如果左边的值大于或等于右边的值，则返回真，否则返回假。

<：如果左边的值小于右边的值，则返回真，否则返回假。

≤：如果左边的值小于或等于右边的值，则返回真，否则返回假。

（4）

算术运算符共 5 种。

+：加法运算，返回左右两数之和。单击左上角蓝色正方形可以添加更多的加数。

-：减法运算，返回左边数减去右边数的值。

×：乘法运算，返回左右两个数的乘积。该块为可扩展块，可以添加更多的乘数。

/：除法运算，返回左边数除以右边数的商。

^：乘方运算，返回第一个数的第二个数次方的值。

（5） 随机整数从 1 到 100　随机小数　设定随机数种子 为

产生随机数的块共 3 种。

随机整数（random integer）：返回给定两个值（包括两个值）之间的随机整数，限于 2^{30} 内。默认范围 1 到 100。

随机小数（random fraction）：返回一个 0 到 1 的随机小数。

设定随机数种子（random set seed to）：每个种子数会生成固定的随机数。示例代码如图 3.52 所示，如果用户在文本框中输入一个固定的数，则生成的随机数是固定的。

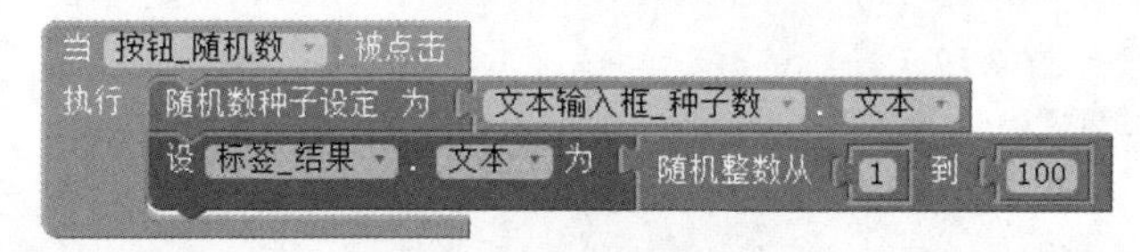

图 3.52　设定随机数种子

（6）数学函数共 10 种。

最小值（min）：返回一组数字中的最小值。该块为可扩展块，可以添加更多的数字。通过单击“最小值”右侧的下拉按钮可选最大值。

最大值（max）：返回一组数字中的最大值。该块为可扩展块，可以添加更多的数字。

平方根（sqrt）：返回给定数的平方根。

绝对值（abs）：返回给定数的绝对值。

相反数（-）：返回给定数的相反数，即正变负，负变正。

上取整（ceiling）：返回大于或等于给定数的最小整数。

对−5.7 执行上取整后返回−5 而不是−6，对 5.7 执行上取整后返回 6。

四舍五入（round）：返回一个整数，如果对应数的小数部分<0.5，则返回该数的整数部分；如果对应数的小数部分≥0.5，则返回整数部分的值+1。

下取整（floor）：返回小于或等于给定数的最大整数。例如，对−5.7 执行下取整后返回−6 而不是−5；对 5.6 执行下取整后返回 5。

e 的乘方（e^）：对于给定的数 x，求 e（2.71828……）的 x 次方。

自然对数（ln）：返回给定数的自然对数，即以 e 为底的对数。

（7）
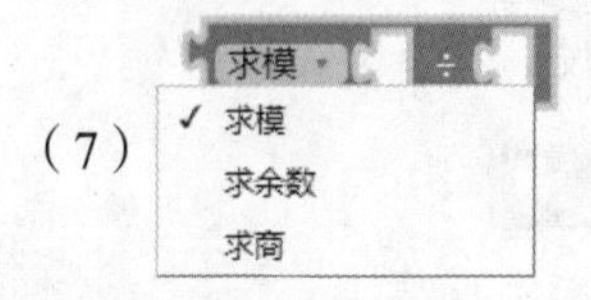

模运算共 3 种。

求模（modulo）：模数与除数正负相同。对于给定的两个正数 a、b，求模与求余数的结果是相同的。例如，模数（11, 5）=1，模数（−11, 5）=4，模数（11, −5）=−4，模数（−11, −5）=−1。

求余数（remainder）：余数（*a*,*b*）的返回值为 *a* 除以 *b* 所得的余数。余数（*a*,*b*）的结果的正负与 *a* 一致。例如，余数（11,5）=1，余数（−11,5）=−1，余数（11, −5）=1，余数（−11, −5）=−1。

求商（quotient）：进行除法运算，返回商的整数部分。例如，商数（11,5）=2，商数（−11,5）=−2。

（8）

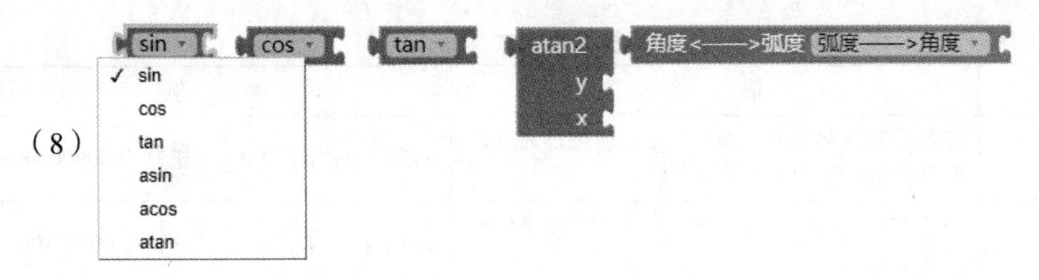

三角函数和反三角函数共 9 种。

sin：正弦函数，返回给定角度的正弦值。

cos：余弦函数，返回给定角度的余弦值。

tan：正切函数，返回给定角度的正切值。

asin：反正弦函数，返回给定值的反正弦函数的角度值。

acos：反余弦函数，返回给定值的反余弦函数的角度值。

atan：反正切函数，返回给定值的反正切函数的角度值。

atan2：反正切函数 2，对于给定的 *x* 与 *y* 坐标，返回 *y*/*x* 的反正切函数值。其范围为(−180, +180)。

弧度——>角度（convert radians to degrees）：对于给定的弧度值，将其换算成角度值，范围为 [0, 360]。

角度——>弧度（convert degrees to radians）：对于给定的角度值，将其换算成弧度值，范围为 [−π, +π]。

（9）将数字 转变为小数形式 位数

将数字设为小数形式。

对于给定的数字，设定其小数点后面的位数，位数值必须是非负的整数，超出位数的小数部分将依据四舍五入的原则进位，不足的位数将添 0 补齐。

（10）是否为数字?

判断对象是否为数字。

如果给定的对象为数字，则返回值为真，否则为假。

（11）

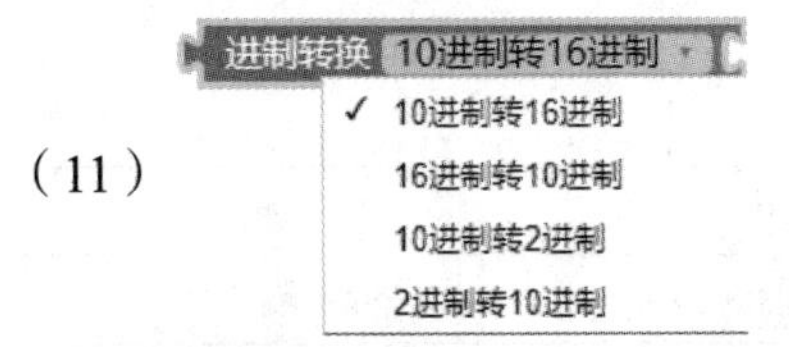

进制之间的转换。

可以将数从十进制转换为十六进制，从十六进制转换为十进制，从十进制转换为二进制，从二进制转换为十进制。

（12）

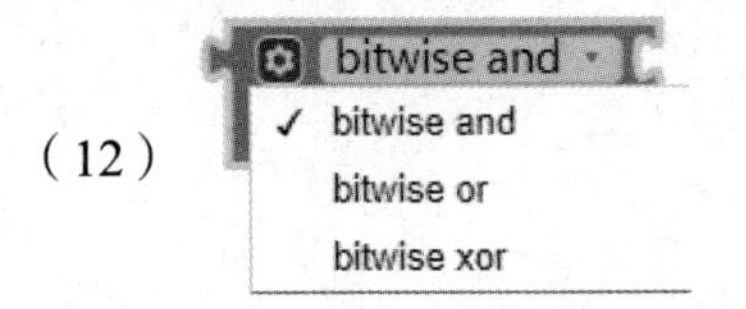

位运算符共 3 个：and、or、xor，分别表示位与、位或、位异或。进行运算的时候，先将数转化为二进制数，然后按位进行运算。计算方法如表 3.10 所示。其中 *a*=00110000，*b*=00001100，*a*、*b* 均为二进制数。

表 3.10　　位运算计算方法

运算符	描　述	实　例
and	参与运算的两个值，如果两个相应位都为 1，则该位的结果为 1，否则为 0	a and b 输出结果 0，二进制为 00000000
or	只要对应的两个二进位有一个为 1，结果位就为 1	a or b 输出结果 60，二进制为 00111100
xor	当两对应的二进位相异时，结果为 1	a xor b 输出结果 60，二进制为 00111100

图 3.53 所示代码的计算结果分别为 1019 和 11。

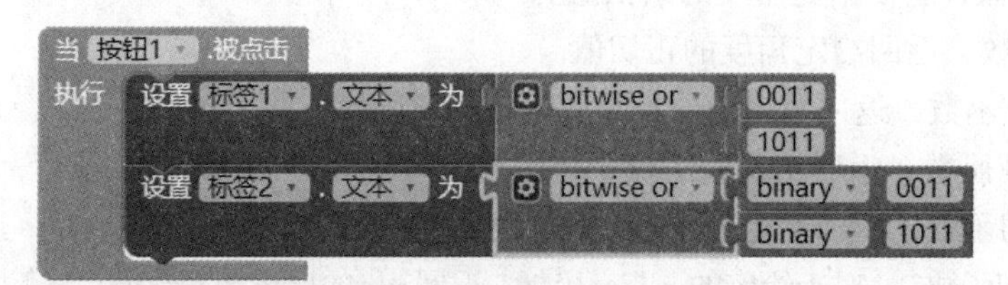

图 3.53　位运算计算实例

逻辑运算符有时候只需一个操作数就能确定整个表达式的值，位运算的运算规则要求两个操作数都参与计算，才能确定整个运算结果。位运算规则告诉我们做很多事情的时候需要两手抓，两手都要抓好，如果某一方面没有做好，可能会影响整个事情的结局。

例 3.11　闰年计算器

判断某一年是否为闰年的条件：①非整百年数除以 4，无余数的为闰年，有余数的不是闰年；②整百年数除以 400，无余数的为闰年，有余数的不是闰年。

微课

输入：年份。

处理：根据判断闰年的条件判定输入的年份是否为闰年。

输出：是否为闰年。

对应到 App Inventor：输入（文本输入框组件）、计算（按钮，逻辑设计）、输出（标签）。

闰年计算器使用到的组件说明如表 3.11 所示。

表 3.11　　组件说明

组　件	所属组件组	命　名	用　途	属　性
文本输入框	用户界面	文本输入框_年份	输入年份	提示：输入年份
按钮	用户界面	按钮_判断闰年	计算年份是否为闰年	文本：判断闰年
标签	用户界面	标签_结果	输出年份是否为闰年	文本：结果为：

界面设计如图 3.54 所示。

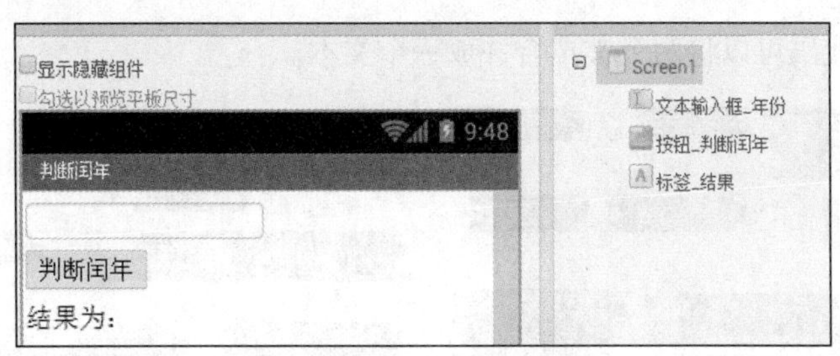

图 3.54　闰年计算器的界面

闰年计算器的代码如图 3.55 所示。

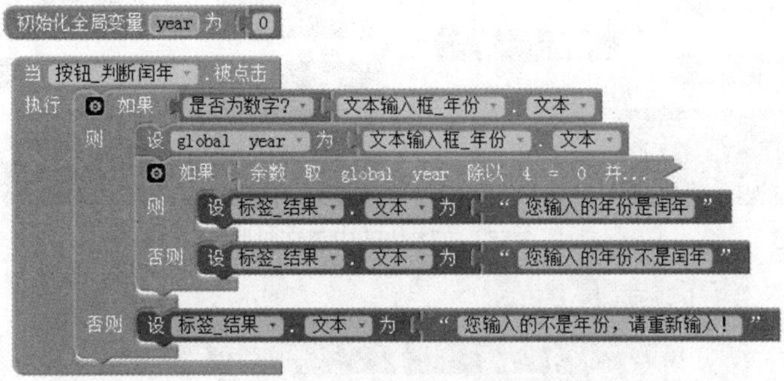

图 3.55　闰年计算器的代码

图 3.56 所示的是条件判断部分（判断闰年）的详细代码。

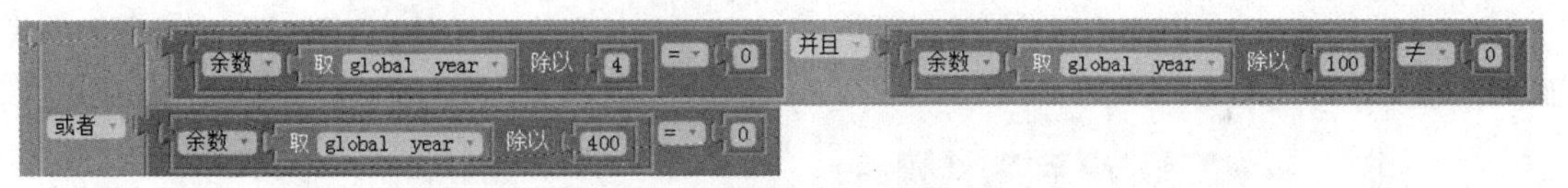

图 3.56　判断闰年的代码

运行效果如图 3.57 所示。

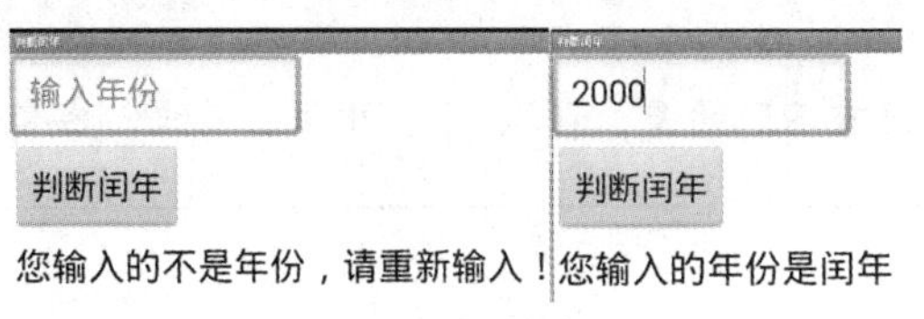

图 3.57　运行效果

3.5　文本块

文本块（Text Blocks）是与字符串操作相关的代码块，如图 3.58 所示。

（1）

字符串文本：可以包含任何字符（字母、数字或其他特殊字符），在 AI 中被视为文本对象。

（2）

合并字符串（join）：将给定的若干个字符串连接成一个新字符串。例如，通过图 3.59 所示的代码可以将两个文本合并成一个文本。

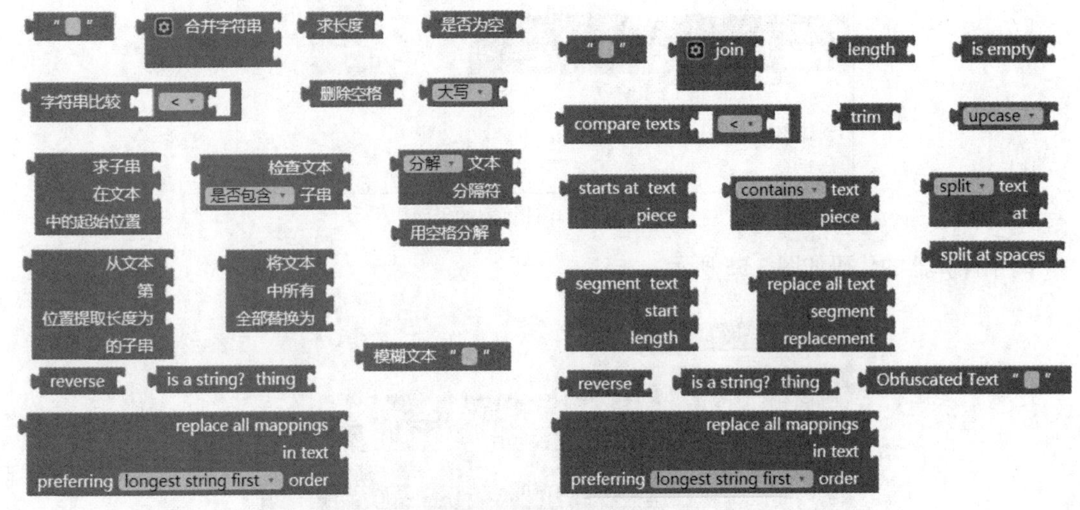

图 3.58　文本块的中英文对照

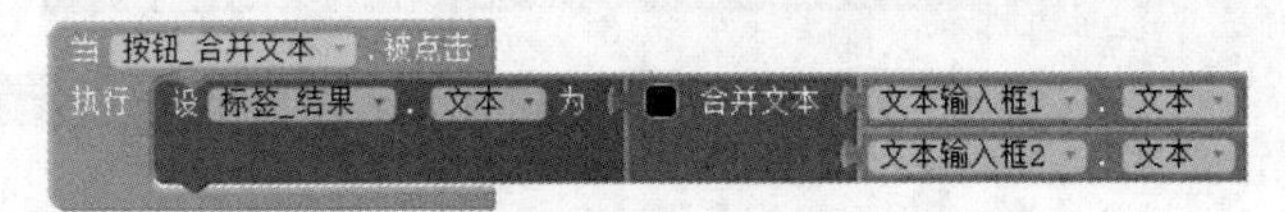

图 3.59　合并文本

（3）求长度

求长度（length）：返回字符串中包含的字符个数（包括空格）。例如，通过图 3.60 所示的代码可以求文本的长度。

图 3.60　求文本长度

与其他编程语言不同的是，在 AI 中，中文、英文、半角、全角的字符长度均为 1。

（4）是否为空

是否为空（is empty）：判断字符串是否包含字符，当字符串长度为 0 时，其返回值为 true，否则为 false。例如，通过图 3.61 所示的代码可以检查文本输入框 1 中的文本是否为空。

图 3.61　检查文本是否为空

（5）

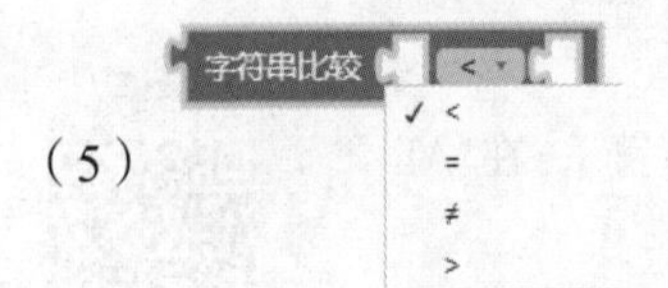

字符串比较（compare texts）：包括“<”“>”“=”“≠”，返回两个字符串的顺序关系。按照字典顺序（即字母表的顺序），越靠后面的值越大，同一个字母，大写 < 小写；返回值为 true

或 false。例如，通过图 3.62 所示的代码可以比较文本输入框 1 中的文本和文本输入框 2 中的文本。

图 3.62　比较文本大小

（6）删除空格

删除空格（trim）：对给定字符串进行删除首尾空格操作。例如，通过图 3.63 所示的代码可以删除文本输入框 1 中的文本首尾空格。

图 3.63　删除首尾空格

（7）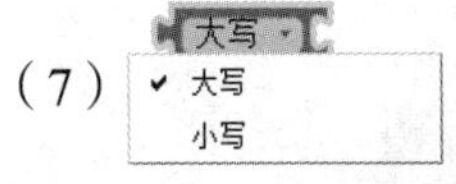

大写（upcase）：将字符串中所有字母转换为大写字母并返回。

小写（downcase）：将字符串中所有字母转换为小写字母并返回。

例如，通过图 3.64 所示的代码可以将文本输入框 1 中的文本字母全部转换为大写。

图 3.64　转换字符串为大写

（8）求子串 在文本 中的起始位置

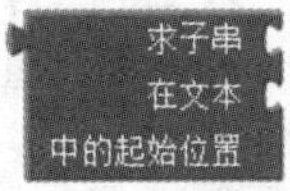

求子串位置（starts at）：求子串在文本中的起始位置，返回一个数字，如果子串没有在文本中出现，则返回值为 0。例如，子串“ana”在“banana”中的位置为 2。通过图 3.65 所示的代码可以求文本输入框 1 中的文本在文本输入框 2 中的文本中的起始位置。

图 3.65　求子串位置

（9）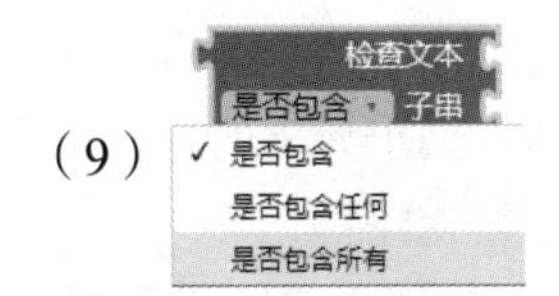

检查文本是否包含子串（contains）：如果文本包含子串则返回值为 true，否则为 false。例如，通过图 3.66 所示的代码可以检查文本输入框 1 中的文本是否包含文本输入框 2 中的文本。

图 3.66　检查文本是否包含子串

检查文本是否包含任何子串链（contains any）：子串链为列表，如果子串链中的任何一个或多个字符串在被检查文本中出现，则返回 true；否则返回 false。图 3.67 所示代码可以检查文本“How do you do”中是否包含“do”，或者“my”。表达式的返回值为 true。

图 3.67　检查文本是否包含任何子串链

检查文本是否包含所有子串链（contains all）：如果子串链中的所有字符串都在被检查文本中出现，则返回 true；否则返回 false。图 3.68 所示代码可以检查文本“How do you do”中是否包含“do”和“my”。表达式的返回值为 false。

图 3.68　检查文本是否包含所有子串链

（10）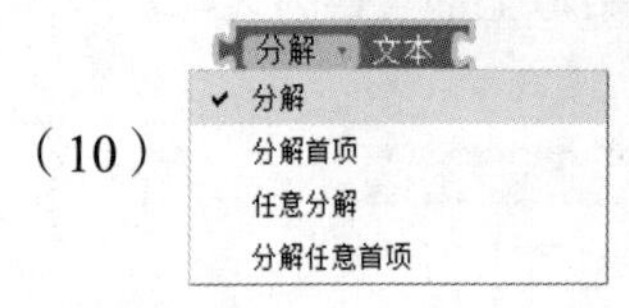

分解文本（split）：以指定文本作为字符串，将字符串分解为不同片段，并生成一个列表作为返回结果。例如，以逗号“,”分解“one,two,three”，将返回列表“one two three”。通过图 3.69 所示的代码可以用文本输入框 2 中的文本作为分隔符，分解文本输入框 1 中的文本。

图 3.69　分解文本

分解首项（split at first）：在首次出现分隔符的位置将给定文本分解为两部分，并返回包含分隔符位置前、后两部分内容的列表。例如，分解字符串“苹果,香蕉,樱桃”，以逗号“,”作为分隔符，将返回一个包含两项的列表，其中第一项的内容为“苹果”，第二项的内容为“香蕉,樱桃”。

任意分解（split at any）：以列表中的任意一项作为分隔符，将给定文本分解为列表，并将列表作为处理结果返回。例如，分解字符串“苹果,香蕉,樱桃”，以一个含有两个元素的列表作为分隔符，其中第一项为逗号“,”，第二项为“果”，则返回列表为“苹 香蕉 樱桃”。

分解任意首项（split at first of any）：以列表中任意项作为分隔符，在首次出现分隔符的位置将给定文本分解为两项列表。例如，以“香，苹”作为分隔符分解“我喜欢苹果香蕉苹果葡萄”，将返回一个两项列表——“我喜欢”和“果香蕉苹果葡萄”。

（11）用空格分解

用空格分解（split at spaces）：以空格为分隔符，将给定文本分解为若干部分，并以列表的形式返回。例如，通过图 3.70 所示的代码可以用空格将文本输入框 1 中的文本分隔成若干部分。

图 3.70　用空格分解文本

（12）

提取子串（segment）：以指定长度、指定位置从指定文本中提取文本片段。例如，通过图 3.71 所示的代码可以从文本输入框 1 中文本的第 3 个字符开始，提取长度为 4 的子串。

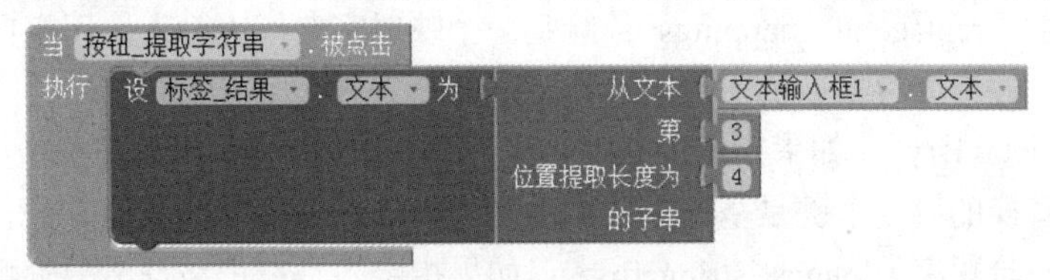

图 3.71　提取子串

（13）

替换所有（replace all）：用给定的替换字符串替换给定文本中的所有指定子串，并返回替换后的新文本。例如，用“Hannah”替换“She loves eating. She loves writing. She loves coding”中的所有“She”，得到的结果是“Hannah loves eating. Hannah loves writing. Hannah loves coding”。

把文本输入框 1 中的所有“a”替换为“b”，对应的逻辑代码如图 3.72 所示。

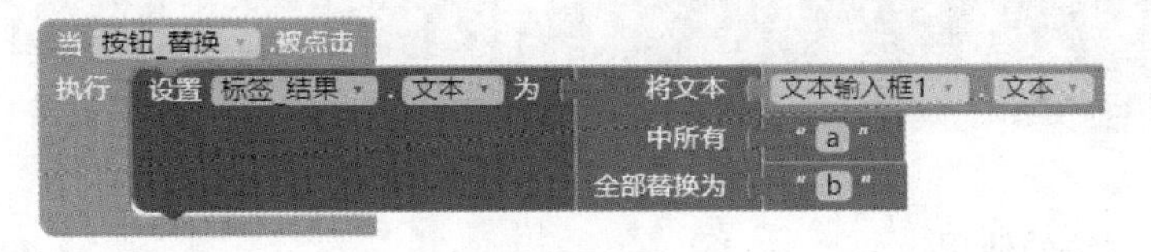

图 3.72　文本替换

（14）

混淆文本（Obsfucated Text）：像文本框一样产生文本，不同的是这个文本不容易被发现，通常用于分发机密信息等。例如，通过图 3.73 所示的代码可以产生“How are you!”文本。

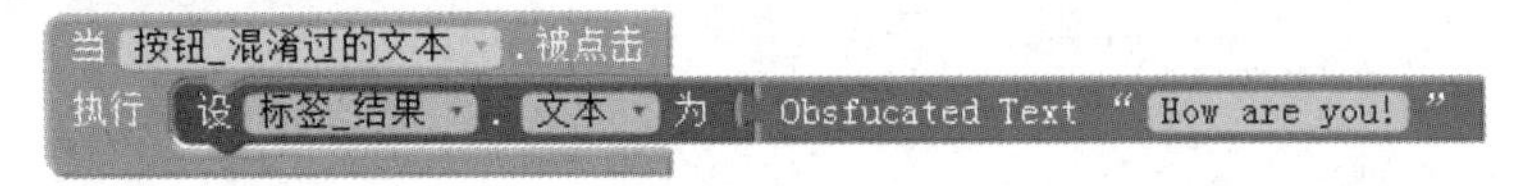

图 3.73　混淆文本

（15）

反转文本（reverse）：反转给定的文本。例如，“you”反转为“uoy”。图 3.74 所示代码可将把文本输入框 1 中的文本反转。

图 3.74　反转文本

（16）

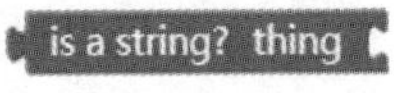

是否为字符串（is a string）：如果 thing 是文本对象，则返回 true，否则返回 false。图 3.75 所

示代码将判断文本输入框 1 中的文本是否为字符串。

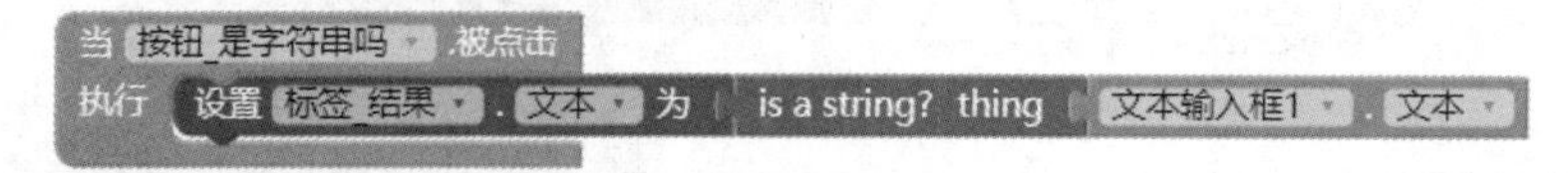

图 3.75　是否为字符串

（17）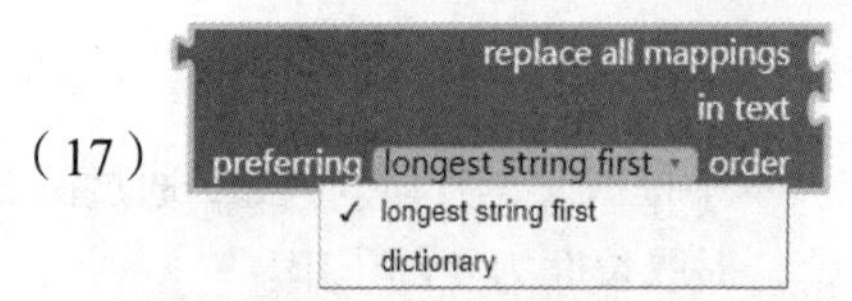

替换所有映射（replace all mappings）：给定一个映射字典作为输入，用字典中的相应值替换文本中对应的键，并返回替换后的文本。

字典顺序（dictionary）：如果指定的是字典顺序，则在一个键条目是另一个键条目的子字符串的情况下，要替换的第一个键是基于字典中的条目顺序的（最早的键将首先被替换）。

最长字符串一阶顺序（longest string first）：如果指定的是最长字符串一阶顺序，则在一个键条目是另一个键条目的子字符串的情况下，要替换的第一个键是较长的键。

图 3.76 所示代码输出的结果分别是“I love Ir mom”和“I love my mom”。

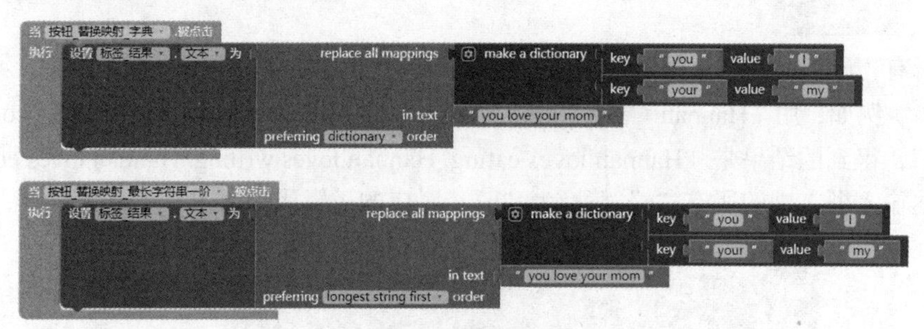

图 3.76　替换所有映射

例 3.12　文本块的使用

完善本节所讲的代码例子，最终效果如图 3.77 所示。

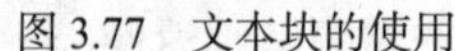

图 3.77　文本块的使用

程序中用到了 2 个文本输入框、2 个标签和 17 个按钮组件，组件说明如表 3.12 所示。

表 3.12　　组件说明

组　件	所属组件组	命　名	用　途	属　性
文本输入框	用户界面	文本输入框 1	输入第 1 个文本	文本：How are you?
文本输入框	用户界面	文本输入框 2	输入第 2 个文本	文本：How do you do!
标签	用户界面	标签 1	提示	文本：结果：
标签	用户界面	标签_结果	提示	文本：空
按钮	用户界面	按钮_合并文本	合并文本	文本：合并文本
按钮	用户界面	按钮_求长度	求文本长度	文本：求长度
按钮	用户界面	按钮_是否为空	判断文本是否为空	文本：是否为空
按钮	用户界面	按钮_比较文本	比较文本大小	文本：比较文本
按钮	用户界面	按钮_删除空格	删除文本首尾空格	文本：删除空格
按钮	用户界面	按钮_大写	将文本中的字母转换为大写	文本：大写
按钮	用户界面	按钮_求子串	求子串在文本中的位置	文本：求子串
按钮	用户界面	按钮_检查文本	检查文本是否包含子串	文本：检查文本
按钮	用户界面	按钮_分解	指定分隔符分解文本	文本：分解
按钮	用户界面	按钮_用空格分解	用空格分解文本	文本：用空格分解
按钮	用户界面	按钮_提取字符串	指定长度和起始位置提取文本	文本：提取字符串
按钮	用户界面	按钮_替换	替换文本	文本：替换
按钮	用户界面	按钮_混淆过的文本	混淆过的文本	文本：混淆过的文本
按钮	用户界面	按钮_反转文本	反转文本	文本：反转文本
按钮	用户界面	按钮_是否为字符串	判断是否为字符串	文本：是否为字符串
按钮	用户界面	按钮_替换映射_字典	以指定字典替换映射	文本：替换映射_字典
按钮	用户界面	按钮_替换映射_最长字符串	以指定最长字符串一阶顺序替换映射	文本：替换映射_最长字符串

具体代码汇总如图 3.78 所示。

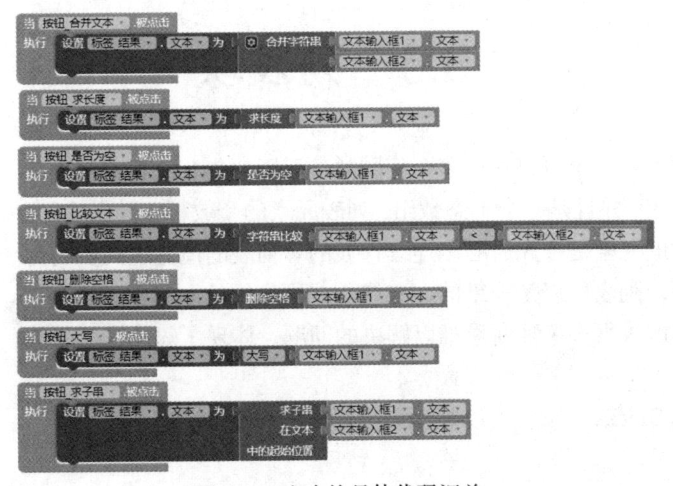

图 3.78　文本块具体代码汇总

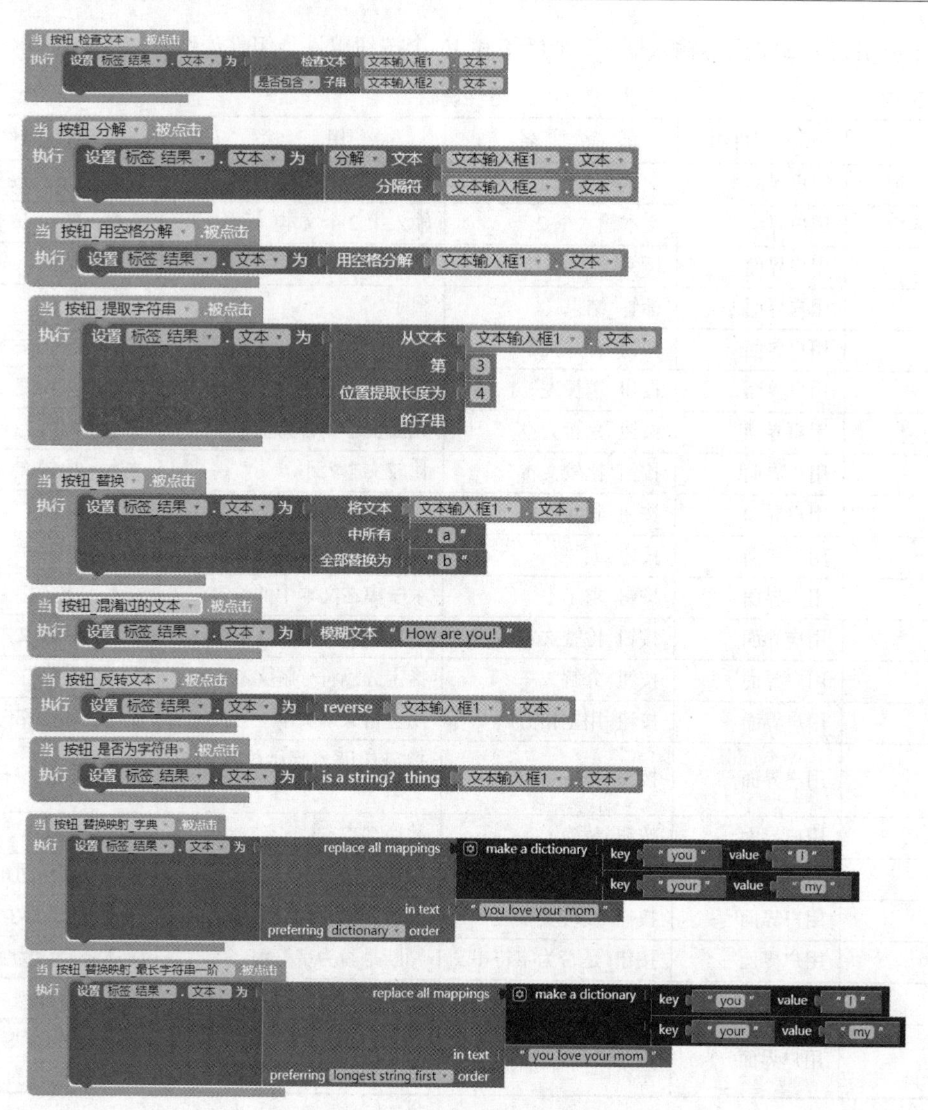

图 3.78　文本块具体代码汇总（续）

3.6　列表块

在 AI 中，列表是一个可以存放多个相同类型元素的集合，它相当于其他编程语言中的数组，并且是一个动态数组，列表元素的个数可以动态增加。在内存中，列表中的元素是按先后顺序连续存放的。列表的值通过列表名称和它的索引值引用。列表可以是一维的、二维的或更高维的。

通过列表能够解决很多单独变量难以解决的问题，体现了集体在解决某些问题时的优势。

列表块（Lists Blocks）如图 3.79 所示。

图 3.79　列表块的中英文对照

（1）创建空列表

创建空列表（create empty list）：创建一个没有任何元素的空列表，后面可以为其添加元素。该块为可扩展块，单击左上角蓝色正方形可以添加列表项。图 3.80 所示代码定义了一个类型为列表的全局变量 a。

（2）创建列表

创建列表（make a list）：创建一个列表，如果不提供任何数据，则创建空列表，后面可以为其添加元素。单击左上角蓝色正方形可以添加更多的列表项。

一维列表：通过图 3.81 所示的代码可以创建一个一维列表，其名称为 studentname，列表中有 5 个有效值。列表的索引从 1 开始，索引和值的对应关系如表 3.13 所示。

初始化全局变量 a 为 创建空列表

图 3.80　创建空列表

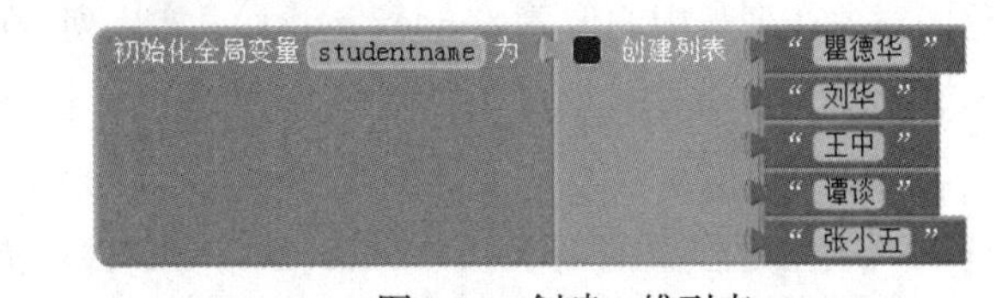

图 3.81　创建一维列表

表 3.13　一维列表索引

索引	1	2	3	4	5
列表项	瞿德华	刘华	王中	谭谈	张小五

二维列表：通过图 3.82 所示的代码可以创建一个二维列表，其名称为 Stu_info，列表中有 4 行数据，每行中的数据又是一个列表。列表行和列的索引均从 1 开始，对应关系如表 3.14 所示。

图 3.82　创建二维列表

表 3.14　　二维列表索引

索　引	1	2
1	2014001	瞿德华
2	2014002	刘华
3	2014003	王中
4	2014004	谭谈

（3）追加列表项 列表 item

追加列表项（add items to list）：向列表的末尾添加列表项。通过图 3.83 所示的代码向列表 studentname 中增加一个列表项。

图 3.83　添加列表项

（4）求列表长度 列表

求列表长度（length of list）：返回列表中包含的列表项数。

（5）列表是否为空？ 列表

列表是否为空（is list empty）：如果列表为空，则返回值为真，否则为假。

（6）随机选取列表项 列表

随机选取列表项（pick a random item）：从列表中随机选取一项。

（7）检查列表 中是否含对象

检查列表中是否含对象（is in list）：如果列表中包含列表项，则返回值为真，否则为假。

（8）求对象 在列表 中的位置

返回对象在列表中的位置（index in list）：如果列表项不在列表中，则返回 0。

（9）选择列表 中索引值为 的列表项

选取列表指定位置的列表项（select list item）：求指定位置的列表项，索引值从 1 开始。

（10）在列表 的第 项处插入列表项

插入列表项（insert list item）：在指定位置插入列表项。

（11）将列表 中索引值为 的列表项替换为

替换列表指定位置的列表项（replace list item）：替换列表中指定位置（索引值）的列表项。

（12）删除列表 中第 项

删除列表项（remove list item）：删除指定位置（索引值）的列表项。

（13）将列表 中所有项追加到列表 中

追加列表项（append to list）：将列表 2 中的所有项添加到列表 1 的末尾。添加后，列表 1 将包括所有新加入的元素，而列表 2 不发生变化。

（14）复制列表 列表

复制列表（copy list）：创建列表的副本，包括其中的所有子列表。

（15）对象是否为列表? 对象

是否为列表（is a list）：检查对应对象是否为列表类型。如果是，则返回值为真，否则为假。

（16）列表转换为CSV行 列表

列表转换为 CSV 行（list to csv row）：将列表转换为表格中的一行数据，并返回表示行数据的 CSV（逗号分隔值）文本。数据行中的每一项都被当作一个字段，在 CSV 中文本用双引号进行标识，各数据项以逗号分隔，且每行末尾均无换行符。

例如，列表转换为CSV行 列表 取 global studentname 将返回："瞿德华","刘华","王中","谭谈","张小五"。

又如，列表转换为CSV行 列表 取 global Stu_info 将返回："(2014001 瞿德华)","(2014002 刘华)", "(2014003 王中)","(2014004 谭谈)"。

（17）列表转换为CSV表 列表

列表转换为 CSV 表（list to csv table）：将列表按照行优先的方式转换成一个表格。数据行中的每一项都可看成一个字段，在 CSV 中文本用双引号进行标识，在返回的字符串文本中，数据项中各项以逗号分隔，而各数据行则以 CRLF（\r\n）分隔。

例如，列表转换为CSV表 列表 取 global studentname 的返回内容如下。

```
"瞿德华"
"刘华"
"王中"
"谭谈"
"张小五"
```

又如，列表转换为CSV表 列表 取 global Stu_info 的返回内容如下。

```
"2014001","瞿德华"
"2014002","刘华"
"2014003","王中"
"2014004","谭谈"
```

（18）CSV行转换为列表 文本

CSV 行转换为列表（list from csv row）：将文本解析为 CSV 格式的行以产生字段列表。例如，将“"a","b","c","d"”转换为列表会产生“["a","b","c","d"]”。它是“列表转换为 CSV 行”的逆过程。

（19） CSV表转换为列表 文本

CSV 表转换为列表（list from csv table）：将 CSV（逗号分隔值）格式的表格解析为一个列表的行，每行中又是一个字段的列表，是“列表转换为 CSV 表”的逆过程。

（20） 在键值对 中查找关键字 如未找到则返回 “ not found ”

根据键值查询（lookup in pairs）：在类字典结构的列表中查找信息。本操作需要 3 个输入值：一个键值对（key-value）列表、一个关键字，以及一个找不到时的提示信息。此处的键值对列表中的元素本身必须是包含两个元素的列表。查找键值对就是要在列表中找到第一个键值对（子列表），它的键（第一个元素）与给定的关键字相同，并返回其值（第二个元素）。

例如， 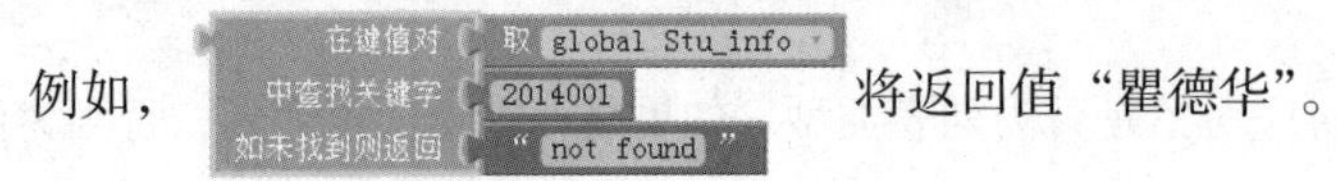

将返回值“瞿德华”。

（21） reverse list list

反向列表（reverse）：将列表的顺序反转，得到列表的副本。例如，reverse([1,2,3])返回[3,2,1]。

（22） join items using separator list

用分隔符连接（join items using separator）：通过指定的分隔符连接指定列表中的所有元素，从而产生文本。

例 3.13 一维列表和二维列表的使用

本例主要介绍访问一维列表和二维列表的方法，特别是访问二维列表的方法。其界面设计如图 3.84 所示。用户输入列表索引后，点击“取一维列表中的值”按钮可以取得列表中指定索引项的内容并显示到标签上。用户输入列表的行和列后，点击“取二维列表中的值”按钮可以取得二维列表中相应行和列的列表项的值。此外还有给一维列表增加列表项、求列表长度等功能。

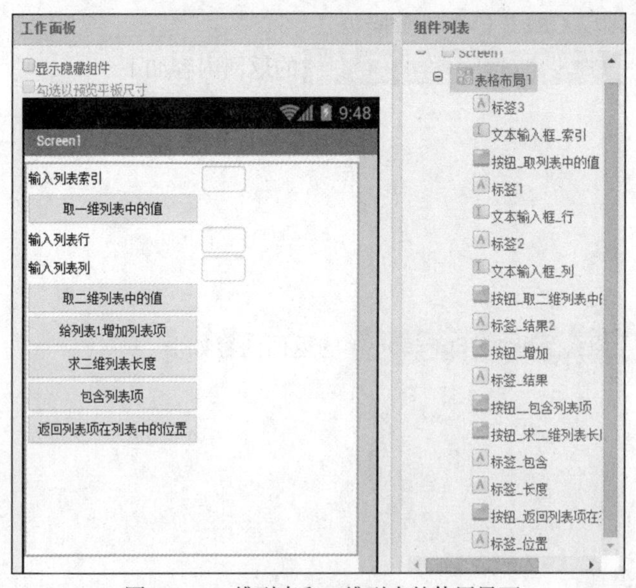

图 3.84 一维列表和二维列表的使用界面

程序的组件说明如表 3.15 所示。

表 3.15　组件说明

组　件	所属组件组	命　名	用　途	属　性
表格布局	界面布局	表格布局 1	放置组件	列数：2 行数：11
标签	用户界面	标签 3	提示用户	文本：输入列表索引
文本输入框	用户界面	文本输入框_索引	输入一维列表的索引	文本：空
按钮	用户界面	按钮_取列表中的值	取列表中指定索引的值	文本：取一维列表中的值
标签	用户界面	标签_结果	显示查询的列表项内容	文本：空
标签	用户界面	标签 1	提示用户	文本：输入列表行
文本输入框	用户界面	文本输入框_行	输入需要访问的列表项在二维列表中的行	文本：空
标签	用户界面	标签 2	提示用户	文本：输入列表列
文本输入框	用户界面	文本输入框_列	输入需要访问的列表项在二维列表中的列	文本：空
按钮	用户界面	按钮_取二维列表中的值	取列表中指定行和列的值	文本：取二维列表中的值
标签	用户界面	标签_结果 2	显示查询的列表项内容	文本：空
按钮	用户界面	按钮_增加	给列表 1 增加列表项	文本：给列表 1 增加列表项
按钮	用户界面	按钮_求二维列表长度	求二维列表长度	文本：求二维列表长度
标签	用户界面	标签_长度	显示二维列表的长度	文本：空
按钮	用户界面	按钮_包含列表项	判断一维列表中是否包含某个列表项	文本：包含列表项
标签	用户界面	标签_包含	显示结果	文本：空
按钮	用户界面	按钮_返回列表项在列表中的位置	返回某个列表项在一维列表中的位置	文本：返回列表项在列表中的位置
标签	用户界面	标签_位置	显示结果	文本：空

运行效果如图 3.85 所示。

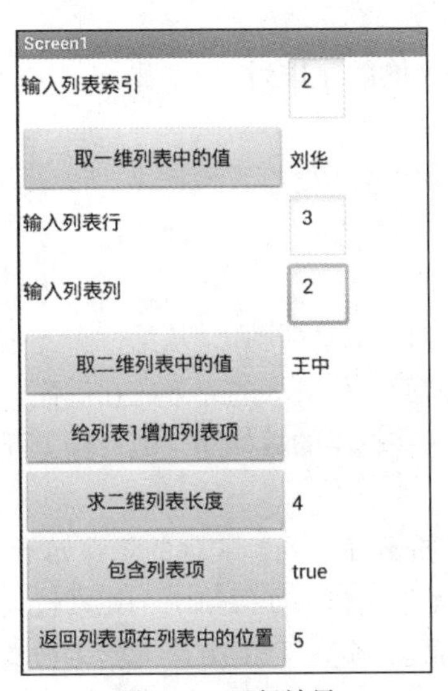

图 3.85　运行效果

逻辑设计如图 3.86 所示。

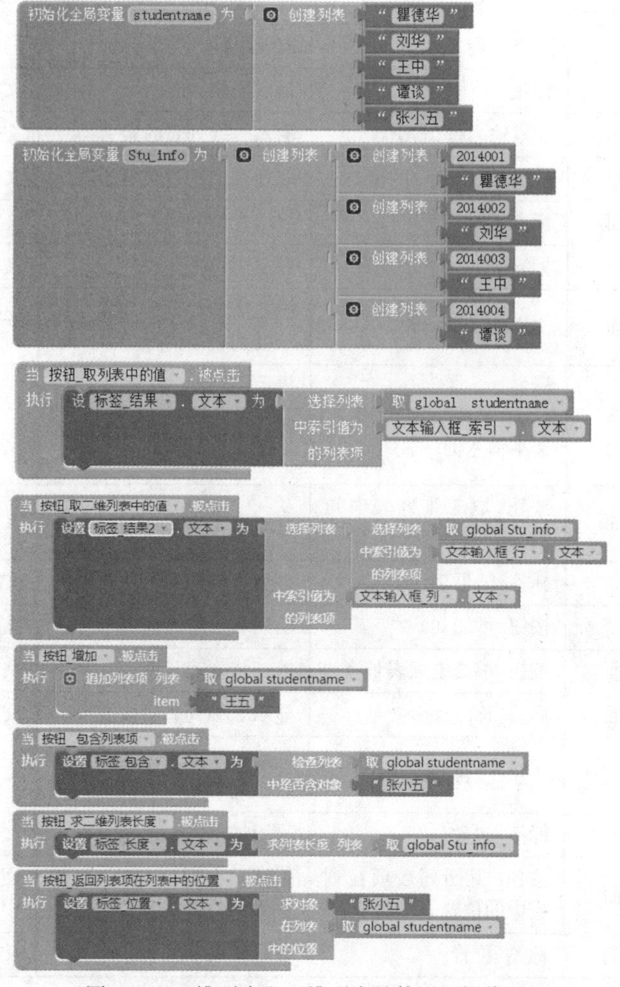

图 3.86　一维列表和二维列表的使用逻辑代码

例 3.14　排序

给定 10 个数，要求按从小到大的顺序排列，并输出排序过程。

排序算法有很多，经典的排序算法主要有冒泡排序、选择排序、插入排序、归并排序、快速排序等。下面采用冒泡排序实现本例的排序。

冒泡排序思想：按照题目要求采用升序排列，从第一个元素开始，对列表中两两相邻的元素进行比较，将值较小的元素放在前面，值较大的元素放在后面，一轮比较完毕，最大的数沉到底部成为列表中的最后一个元素，一些较小的数如同气泡一样上浮一个位置。n 个数，经过 n−1 轮比较后完成排序。

假定有 10 个数的序列，要求按升序排列，实现的步骤如下。

（1）第 1 个元素与其后一个元素比较，如果第 1 个元素较大，则两个元素交换位置，依次比较到第 10 个元素，最终将最大的数交换到了第 10 个元素的位置。

（2）重复步骤（1），依次比较到第 9 个元素，最终将次大的数交换到第 9 个元素的位置。

（3）重复步骤（1），依次比较到第 8 个元素，最终将第三大的数交换到第 8 个元素的位置。

……

（9）第 1 个元素与第 2 个元素比较。

界面设计如图 3.87 所示。一共使用了 3 个组件：2 个标签和 1 个按钮。组件说明如表 3.16 所示。

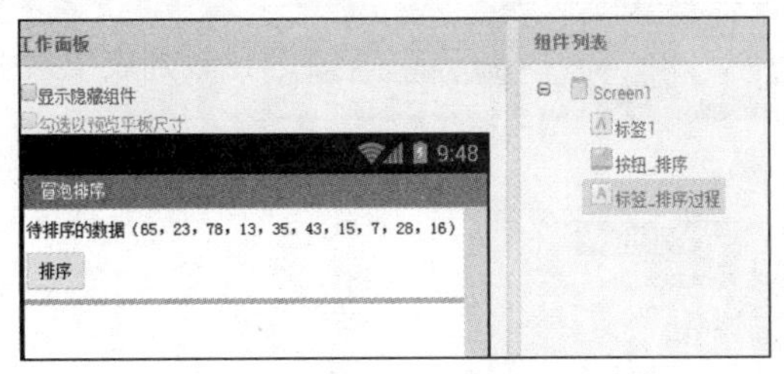

图 3.87　排序界面

表 3.16　　组件说明

组　件	所属组件组	命　名	用　途	属　性
Screen	默认屏幕	Screen1		允许滚动：选择 标题：冒泡排序
标签	用户界面	标签 1	提示用户	文本：待排序的数据（65，23，78，13，35，43，15，7，28，16）
按钮	用户界面	按钮_排序	执行排序算法	文本：排序
标签	用户界面	标签_排序过程	显示每一步排序结果	文本：空

排序的代码块如图 3.88 所示。

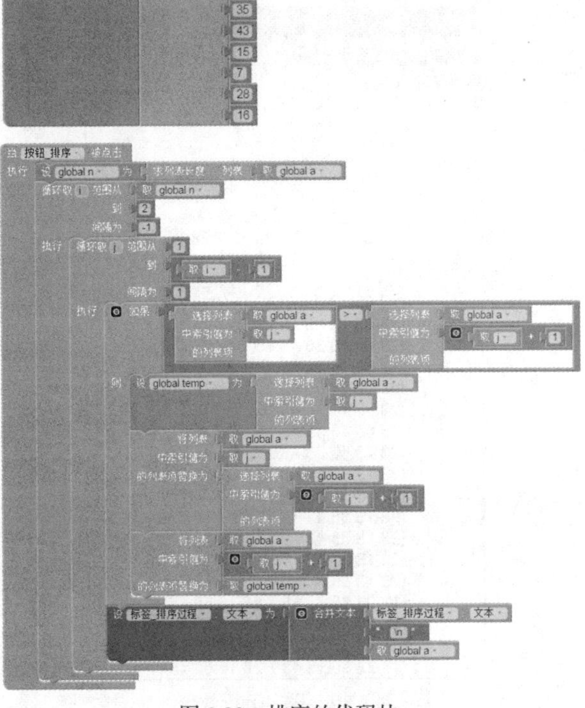

图 3.88　排序的代码块

代码说明如下。

（1）代码中采用了双层循环，外层循环控制变量 i 有两个作用：①用来控制排序中比较的轮数，如果列表中有 *n* 个数，则比较 *n*−1 轮；②控制每一轮需参加比较的数的个数，如第一轮为 *n*，第二轮为 *n*−1，最后一轮为 2。内层循环控制变量控制每一轮的比较。

（2） 比较列表中索引为 j 和 j+1 的列表项的值的大小。

（3） 交换列表中的两个数。首先把索引为 j 的列表项放到中间变量 temp 中，然后将索引为 j 的列表项用索引为 j+1 的列表项替换，最后将索引为 j+1 的列表项用 temp 的值替换。

请思考，如果这里没有

这个中间变量，结果会怎么样？

（4） 将每一步的排序结果显示到标签。后面的合并文本（在文本块中）用于将当前的排序结果连接到前面的结果上。“\n”起到换行的作用。

排序运行效果如图 3.89 所示。

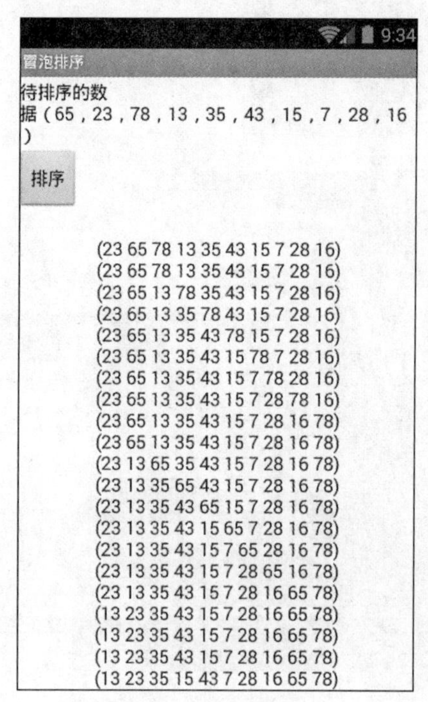

图 3.89　排序运行效果

3.7　字典块

字典块（Dictionaries Blocks）如图 3.90 所示。

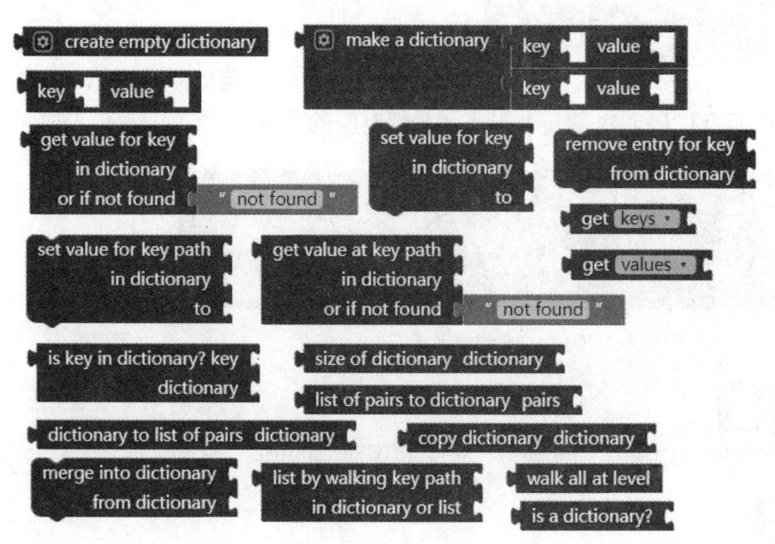

图 3.90　字典块

字典是将一个值（通常称为键）与另一个值关联起来的数据结构。显示字典的常见方式是使用 JavaScript 对象表示法（JSON），例如：

```
{
  "id":  1,
  "name":  "Tim the Beaver",
  "school": {
    "name": "Massachusetts Institute of Technology"
  },
  "enrolled": true,
  "classes": ["6.001", "18.01", "8.01"]
}
```

上面的示例显示了在 JSON 中，键（之前带引号的文本）可以映射到不同类型的值。允许的类型为数字、文本、其他字典、布尔值和列表。用 JSON 构建的示例字典在块语言中可以按以下方式构建，如图 3.91 所示。

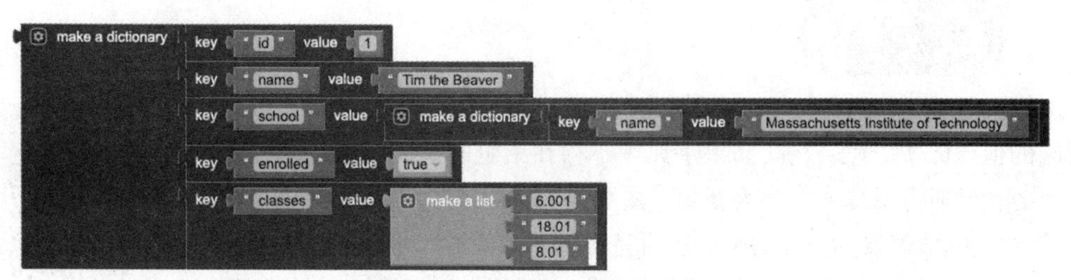

图 3.91　块语言中字典的构建

（1）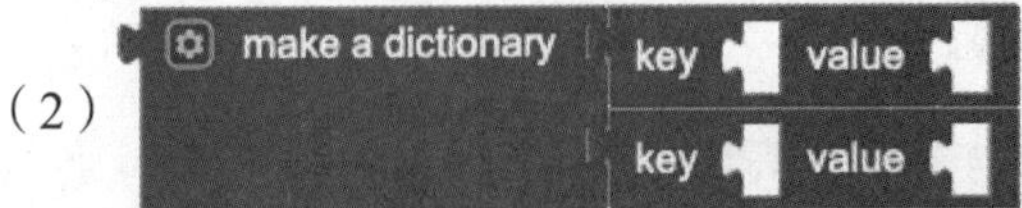

创建空字典（create empty dictionary）：创建没有任何键值对的字典。可以使用 set value for key 块将键值对添加到空字典中。也可以单击左上角蓝色正方形添加键值对。create empty dictionary 块也可以变成一个 make a dictionary 块。

（2）

创建字典（make a dictionary）：可以使用一组键值对创建字典，也可以使用 set value for key 添加其他键值对。图 3.92 所示代码创建了几个国家和首都对应的字典。

图 3.92　创建字典

（3）

键值对：用于构造字典的专用块。一个是键，一个是键对应的值。

（4）

由键获取值（get value for key）：检查字典是否包含给定键的对应值。如果包含，则返回对应值；否则返回 not found 参数对应的字符串。此行为类似于 lookup in pairs 块。图 3.93 所示代码为在字典 dict 中根据键“中国”获取对应的值，得到的值为“北京”。

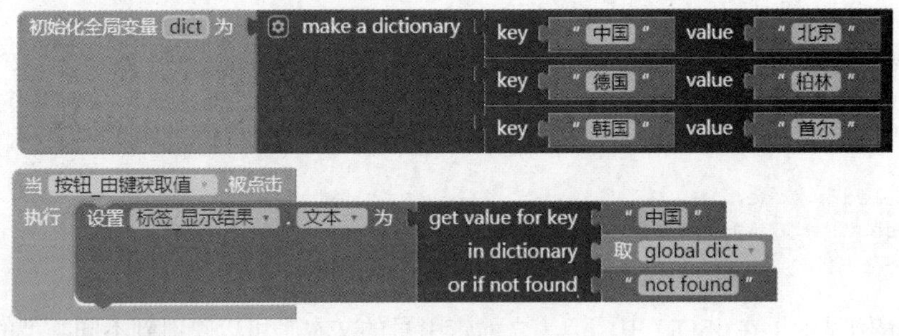

图 3.93　由键获取值

（5）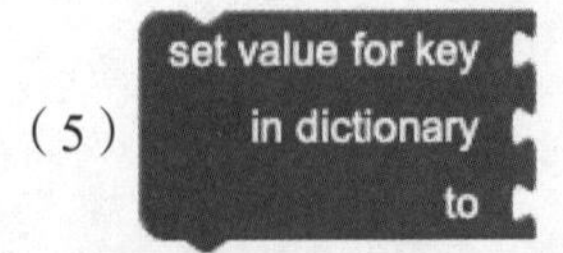

由键设置值（set value for key）：通过在字典中给定的键（key）去设置对应的值（to 后的参数）。如果字典中不存在给定的键，则将创建一个新的映射；否则将现有值替换为新值。图 3.94 所示代码为先将字典 dict 中“日本”对应的值修改为“Tokyo”，然后将键值对{"朝鲜":"平壤"}添加到字典中。最后 dict 的内容为{"中国":"北京","日本":"Tokyo","韩国":"首尔","朝鲜":"平壤"}。

图 3.94　由键设置值

（6）remove entry for key / from dictionary

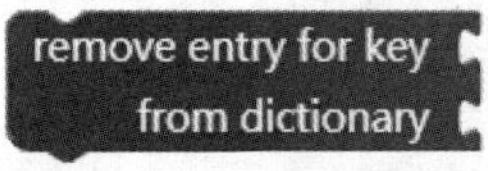

由键删除条目（remove entry for key）：删除字典中给定键的键值对。如果字典中不存在对应的键条目，则不修改字典。图 3.95 所示代码将删除字典 dict 中“日本”对应的条目。

图 3.95　由键删除条目

（7）get value at key path / in dictionary / or if not found “not found”

在关键路径上获取值（get value at key path）：get value for key 的更高级版本。它不是获取特定键的值，而是获取通过数据结构表示的路径的有效键和数字的列表。get value for key 块等效于 get value at key path 块在指定 key 路径长度为 1 时的情形。

例如，JSON 代码如下。

```
{
  "id":  1,
  "name":  "Tim the Beaver",
  "school": {
    "name": "MIT"
  },
  "enrolled": true,
  "classes": ["6.001", "18.01", "8.01"]
}
```

其对应的字典块如图 3.96 所示。

图 3.97 所示的两个块都将返回"Tim the Beaver"。

get value at key path 使用 path 提供的内容从初始字典开始遍历数据结构，以检索嵌套在复杂数据结构中的值，可用于处理来自 Web 服务的 JSON 数据。从初始输入开始，get value at key path 使用 key path 中的第一个元素，并检查它是不是一个键（如果输入是字典）或索引（如果输入是列表）。如果是，则将选择对应项目作为输入，然后继续检查 key path 的下一个元素，直到整个路径完成（此时返回最后匹配位置的内容）或"not found"参数为止。

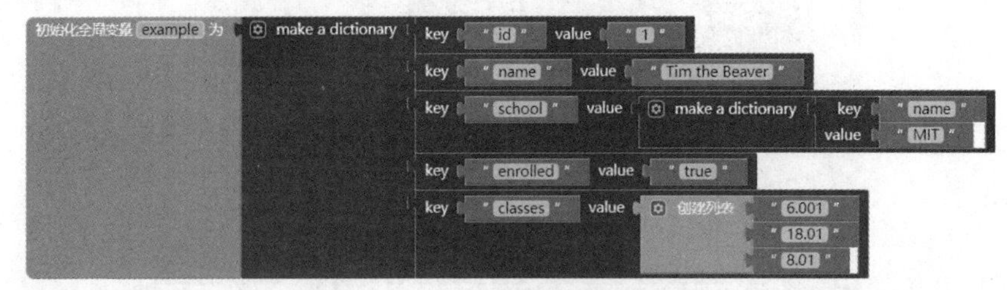

图 3.96　JSON 代码对应的字典块

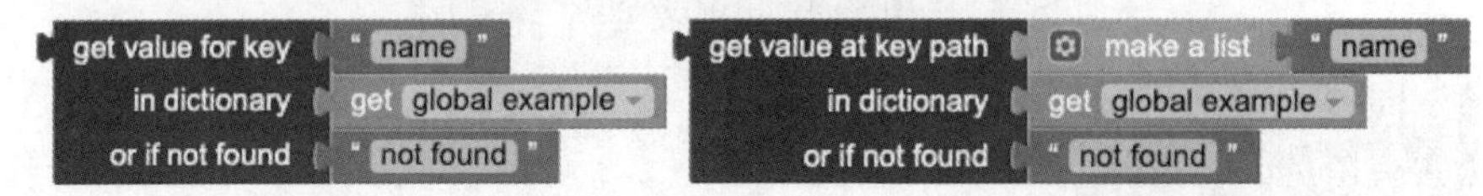

图 3.97　get value for key 和 get value at key path 比较

例如，图 3.96 对应的 JSON 字典使用 get value at key path 将产生结果"MIT"，如图 3.98 所示。

当字典和列表被混合使用时，允许路径包括表示元素的索引。例如，如果我们想知道 Tim 参加的第二堂课，我们可以按照图 3.99 所示的方法做，返回值为"18.01"。

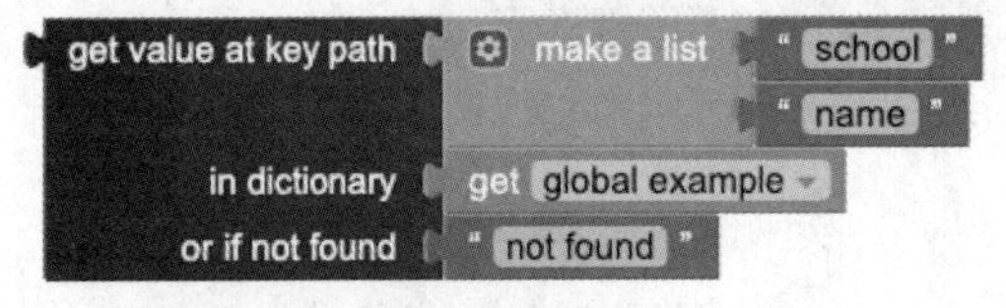

图 3.98　get value at key path 的使用 1

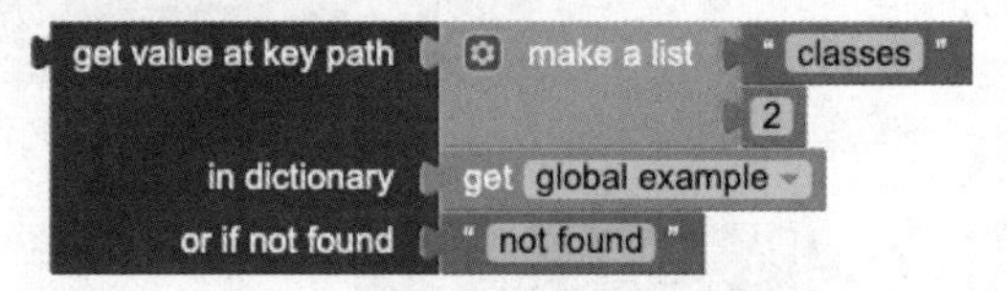

图 3.99　get value at key path 的使用 2

（8）set value for key path / in dictionary / to

设置关键路径的值（set value for key path）：在数据结构中的指定 key path 位置更新值。它的过程与 get value at key path 的过程相反。除最后一个键外，该路径必须有效，如果最后一个键不存在，则该键将创建到新值的映射；否则将现有值替换为新值。图 3.100 所示代码首先将“MIT”替换为“HUNNU”，然后在“school”下创建键值对“city”和“Changsha”。

当 按钮_在关键路径上设置值1 .被点击
执行 set value for key path 创建列表 "school" "name"
in dictionary 取 global example
to "HUNNU"
设置 标签_显示结果 . 文本 为 取 global example

当 按钮_在关键路径上设置值2 .被点击
执行 set value for key path 创建列表 "school" "city"
in dictionary 取 global example
to "Changsha"
设置 标签_显示结果 . 文本 为 取 global example

图 3.100　set value for key path 的使用

（9）get keys

获取键（get keys）：返回字典中关键字（key）的列表。

（10）get values

获取值（get values）：返回字典中包含的值的列表。修改列表中值的内容也会在字典中进行相应修改。

（11）is key in dictionary? key dictionary

查询键是否在字典中（is key in dictionary?）：测试字典中是否存在某关键字，如果存在则返回 true，否则返回 false。图 3.101 所示代码将返回 true。

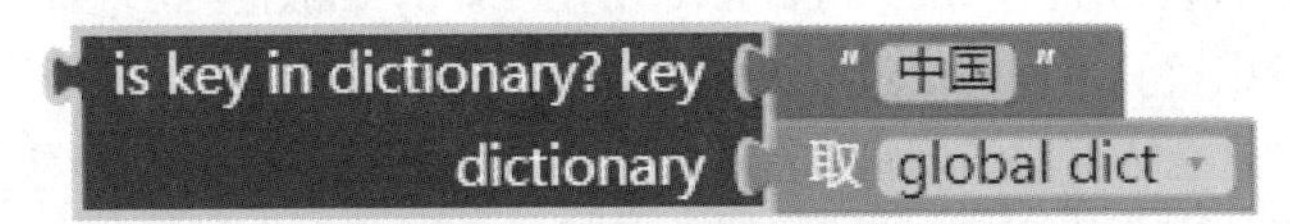

图 3.101　查询键是否在字典中

（12）size of dictionary dictionary

字典大小（size of dictionary）：返回字典中存在的键值对的数量。例如，size of dictionary dictionary 取 global dict 将返回 3。

（13）list of pairs to dictionary pairs

关联列表转换为字典（list of pairs to dictionary）：将形式为(key1 value1) (key2 value2)…的关联列表转换为键值映射的字典。因为字典能比关联列表提供更好的查找性能，所以如果要对数据结构执行许多操作，建议先使用此块将关联列表转换为字典。图 3.102 所示代码将返回{"张山":"湖南","李四":"广东"}。

图 3.102　关联列表转换为字典

（14）dictionary to list of pairs dictionary

字典转换为关联列表（dictionary to list of pairs）：将字典转换为关联列表。该块与 list of pairs to dictionary 过程相反。

（15）copy dictionary dictionary

复制字典（copy dictionary）：对给定的字典进行深拷贝。深拷贝意味着所有值都将以递归方式复制，更改副本中的值不会更改原始值。

（16）merge into dictionary from dictionary

合并字典（merge into dictionary）：将键值对从一个字典复制到另一个字典中，如果与原字典有相同的键，则覆盖相应值，否则添加新的键值对。

（17）is a dictionary?

测试是不是字典（is a dictionary?）：测试是不是字典，如果是字典，则返回 true，否则返回 false。

（18）list by walking key path in dictionary or list

根据关键路径列表游走（list by walking key path）：工作方式类似于 get value at key path，但是返回的是一个列表，而不是单个值。它的工作方式是从给定的字典开始，按给定的路径沿着对象树往下游走。它的路径可以由 3 种主要类型组成：字典键、列表索引和 walk all at level 块。如果提供了键或索引，则在对象树中的对应点采用指定路径。如果指定 walk all at level，则依次跟踪该点的每个值（广度优先），然后从该路径的下一个元素继续游走。与整个路径匹配的任何元素都将添加到输出列表中。

（19）walk all at level

全程游走（walk all at level）：walk all at level 是在 list by walking key path 的键路径中使用的专用块。当在游走过程中遇到此块时，将探索该级别的每个项目。对于字典，这意味着将访问每个值；对于列表，将访问列表中的每个项目。该块可用于从字典的项目列表中聚合信息，如图 3.103 所示。

第一个代码块返回的结果是["Tim","Beaver"]，第二个代码块返回的结果是["Beaver", "Smith", "Doe"]。

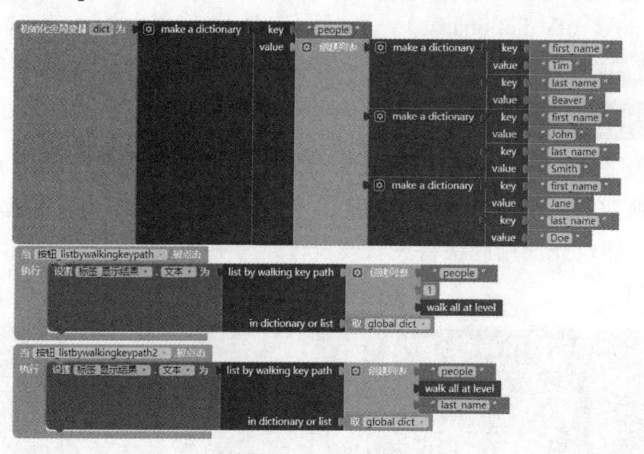

图 3.103　聚合信息

例 3.15　字典的使用方法

本例根据前面介绍的字典使用方法，制作一个完整的应用。界面设计如图 3.104 所示。

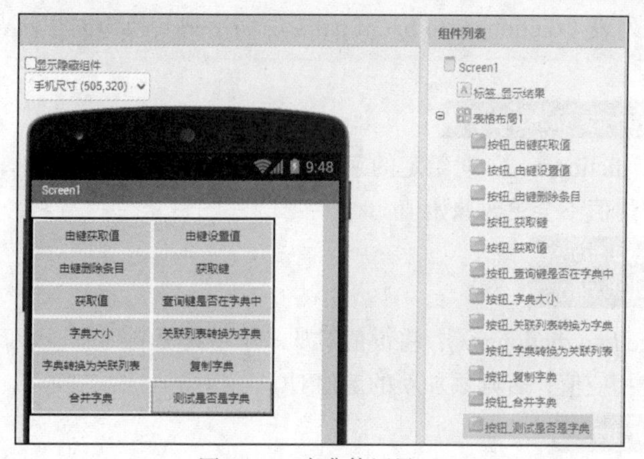

图 3.104　字典使用界面

程序的组件说明如表 3.17 所示。

表 3.17　　组件说明

组　件	所属组件组	命　名	用　途	属　性
Screen	默认屏幕	Screen1		允许滚动：勾选
标签	用户界面	标签_显示结果	显示运行结果	文本：空
表格布局	界面布局	表格布局 1	放置按钮	列数：2，行数：6
按钮	用户界面	按钮_由键获取值	测试 get value for key 功能	文本：由键获取值
按钮	用户界面	按钮_由键设置值	测试 set value for key 功能	文本：由键设置值
按钮	用户界面	按钮_由键删除条目	测试 remove entry for key 功能	文本：由键删除条目
按钮	用户界面	按钮_获取键	测试 get keys 功能	文本：获取键
按钮	用户界面	按钮_获取值	测试 get values 功能	文本：获取值
按钮	用户界面	按钮_查询键是否在字典中	测试 is key in dictionary?功能	文本：查询键是否在字典中
按钮	用户界面	按钮_字典大小	测试 size of dictionary 功能	文本：字典大小
按钮	用户界面	按钮_关联列表转换为字典	测试 list of pairs to dictionary 功能	文本：关联列表转换为字典
按钮	用户界面	按钮_字典转换为关联列表	测试 dictionary to list of pairs 功能	文本：字典转换为关联列表
按钮	用户界面	按钮_复制字典	测试 copy dictionary 功能	文本：复制字典
按钮	用户界面	按钮_合并字典	测试 merge into dictionary 功能	文本：合并字典
按钮	用户界面	按钮_测试是不是字典	测试 is a dictionary?功能	文本：测试是不是字典

逻辑设计如图 3.105 所示。

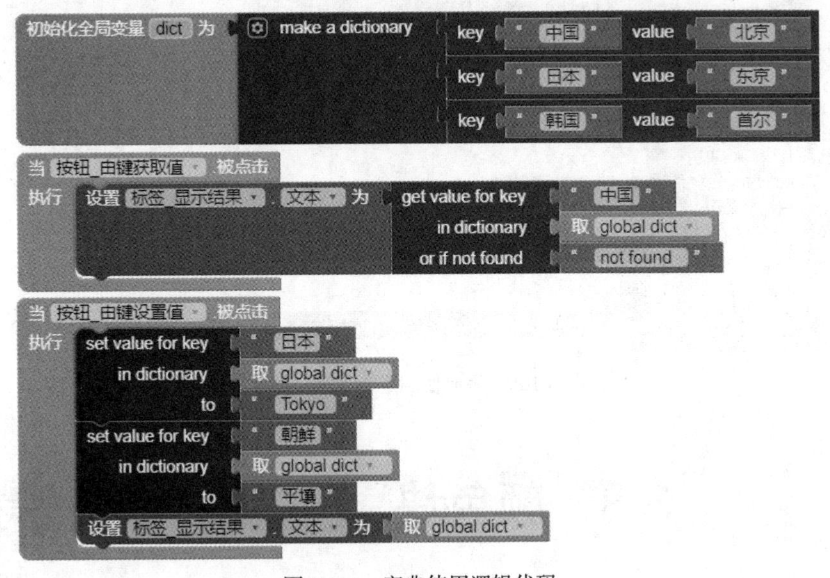

图 3.105　字典使用逻辑代码

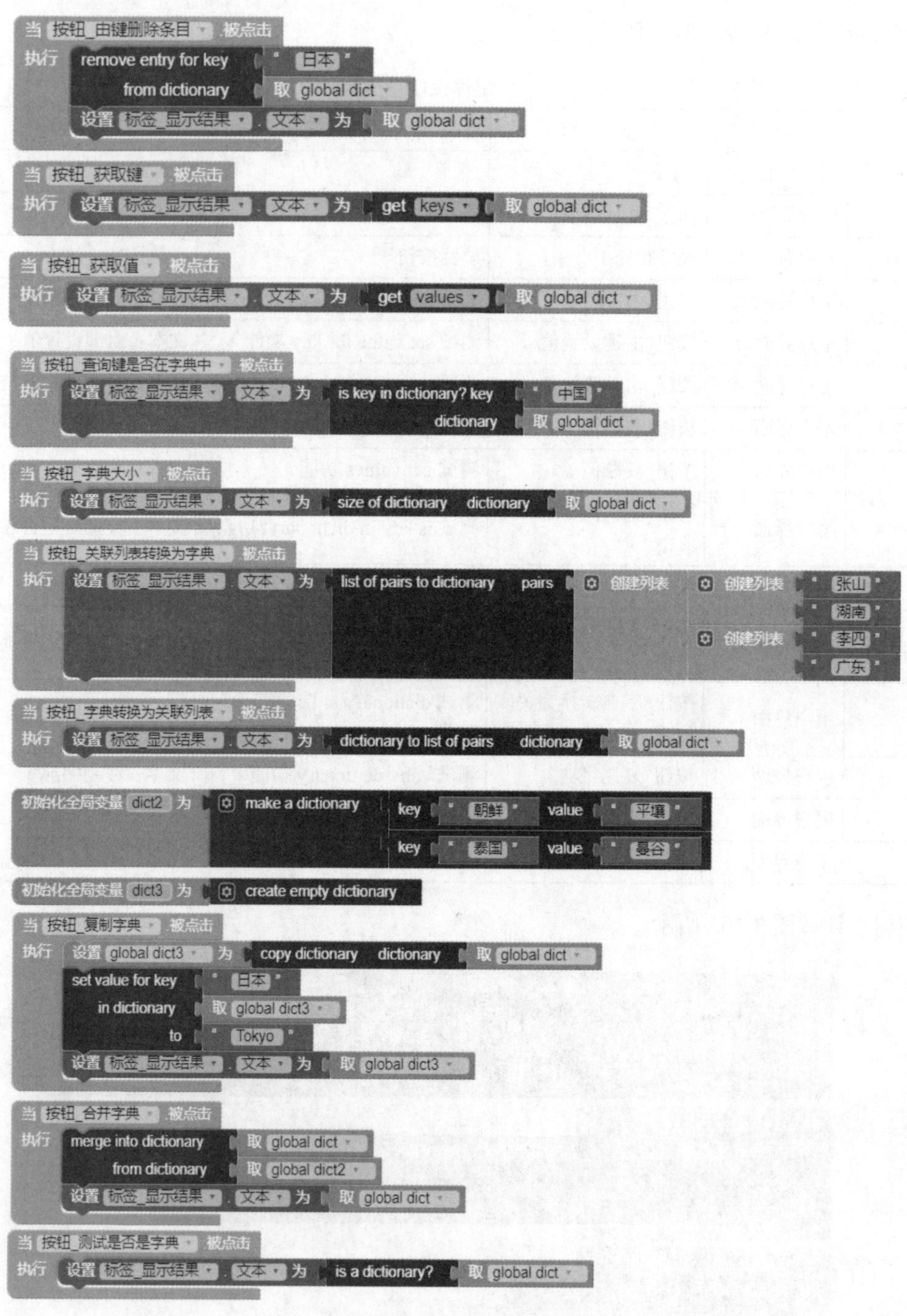

图 3.105　字典使用逻辑代码（续）

3.8　颜色块

主要的颜色块（Colors Blocks）如图 3.106 所示。

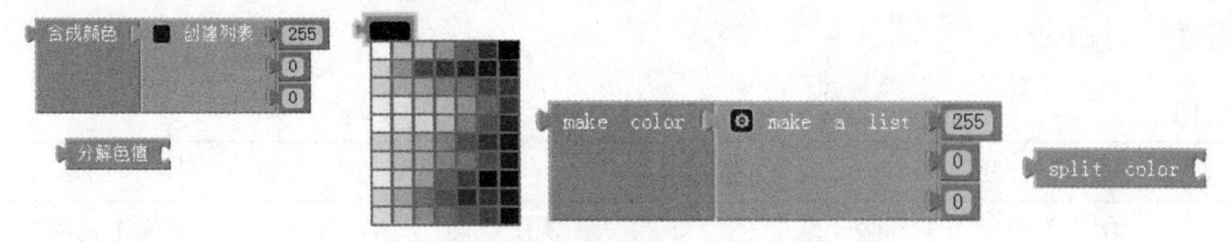

图 3.106　颜色块的中英文对照

（1）

基本色块：单击可以打开调色板（有 70 个色块的调色格子）选取颜色。

（2）

合成颜色（make color）：返回由指定红、绿、蓝三色值及透明度值合成的颜色。列表中的第一个插槽代表 R（红色）值，第二个代表 G（绿色）值，第三个代表 B（蓝色）值，R、G、B 的取值范围为 0～255。列表中第四个插槽为可选项，代表 alpha（透明度）值或颜色的饱和度，默认的 alpha 值为 100，用户在列表块中可尝试设置不同的 alpha 值，看看颜色的变化。

（3）分解色值

分解色值（split color）：返回含红、绿、蓝色值及透明度值（0～255）的列表。

例 3.16　颜色生成器

RGB 颜色模型是工业界的一种颜色标准，通过改变红色（R）、绿色（G）、蓝色（B）3 个颜色通道及它们之间的叠加来得到各式各样的颜色。这个标准所涵盖的颜色几乎包括了人类视力所能感知的所有颜色，是目前运用最广的颜色系统之一。

RGB 颜色模型为图像中每一个像素的 R、G、B 分量分配一个 0～255 的强度值。例如，纯红色的 R 值为 255、G 值为 0、B 值为 0；灰色的 R、G、B 3 个值相等（除了 0 和 255）；白色的 R、G、B 值都为 255；黑色的 R、G、B 值都为 0。在 RGB 图像中，将这 3 种颜色按照不同的比例混合，就可以在屏幕上重现 16777216 种颜色。

其他的颜色模型主要有 HSV、HSI、CHL、Lab、CMYK 等。

任务要求：用户输入 R、G、B 3 个色值和透明度后，系统即可以合成一种颜色，并将合成的颜色应用到某个组件上；分解色值功能可以把一种颜色分解成 R、G、B 和透明度 4 个值。

界面设计如图 3.107 所示，可以实现合成颜色和分解色值功能。

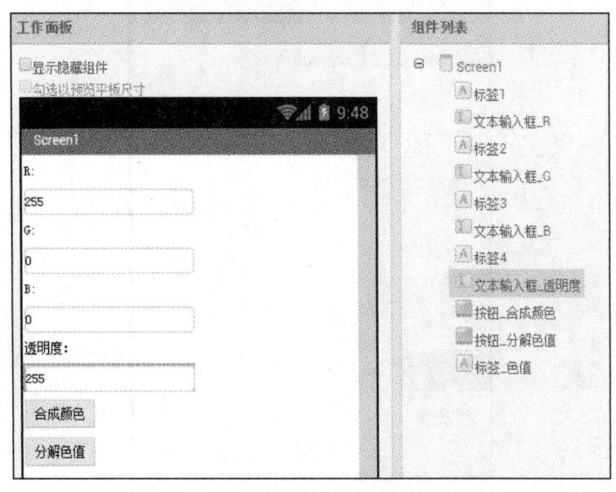

图 3.107　合成颜色与分解色值界面

其组件说明如表 3.18 所示。

表 3.18　　组件说明

组　　件	所属组件组	命　　名	用　　途	属　　性
标签	用户界面	标签 1	提示用户	文本：R:
文本输入框	用户界面	文本输入框_R	供用户输入红色分量值	提示：0～255 文本：255
标签	用户界面	标签 2	提示用户	文本：G:
文本输入框	用户界面	文本输入框_G	供用户输入绿色分量值	提示：0～255 文本：0
标签	用户界面	标签 3	提示用户	文本：B:
文本输入框	用户界面	文本输入框_B	供用户输入蓝色分量值	提示：0～255 文本：0
标签	用户界面	标签 4	提示用户	文本：透明度：
文本输入框	用户界面	文本输入框_透明度	供用户输入透明度值	文本：255
按钮	用户界面	按钮_合成颜色	合成颜色	文本：合成颜色
按钮	用户界面	按钮_分解色值	分解色值	文本：分解色值
标签	用户界面	标签_色值	显示分解色值后的颜色分量值	文本：空

代码如图 3.108 所示。

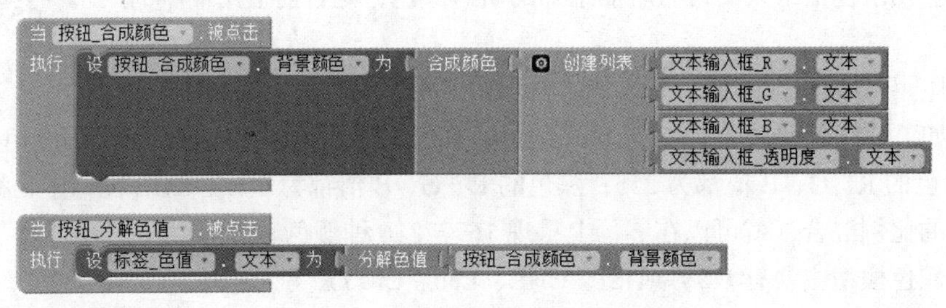

图 3.108　合成颜色与分解色值的代码

运行效果如图 3.109 所示。

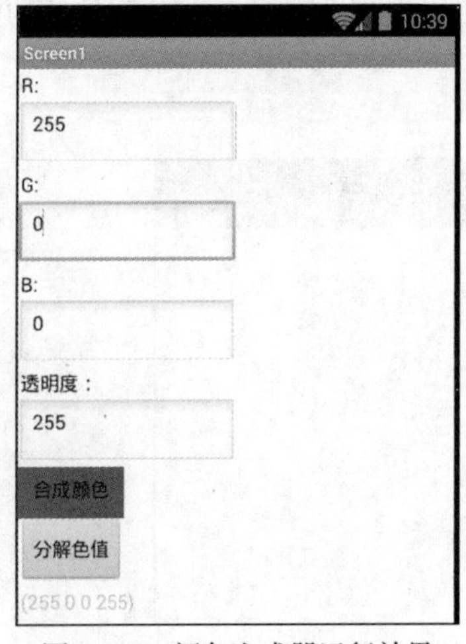

图 3.109　颜色生成器运行效果

3.9　过程块

过程是存放在某个名称之下的一系列块的组合，这个名称就是用户所创建的过程块（Procedures Blocks）的名称。在计算机科学中，过程也被称作函数或方法。在开发中如果需要反复使用一个块，通过定义过程可减少代码冗余。过程可以有返回值，也可以没有。一个过程可以没有或者有多个参数。一般来说，一个过程实现一项功能，如交换两个数、排序、判断一个数是否为素数等。

（1）

无返回值的过程（procedure do）：可扩展块，可以带参数，也可不带参数，如果需要参数，可单击蓝色正方形添加。

一旦过程被创建完成，在过程块的抽屉中将自动生成一个调用块 调用 Sum n，用户可以使用该块来调用相应过程。

例 3.17　阶乘计算器 3

用过程来实现例 3.3 中计算阶乘的过程。

逻辑设计如图 3.110 所示。

```
初始化全局变量 jc 为 1
定义过程 Factorial n
执行语句 设 global jc 为 1
        循环取 i 范围从 1
                  到 取 n
                间隔为 1
        执行 设 global jc 为 取 global jc × 取 i
当 按钮_计算阶乘 .被点击
执行 调用 Factorial
          n 文本输入框_n . 文本
     设 标签_结果 . 文本 为 取 global jc
```

图 3.110　阶乘计算器的逻辑代码

代码说明：因为该过程无返回值，所以这里采用了全局变量，通过全局变量返回结果。

（2）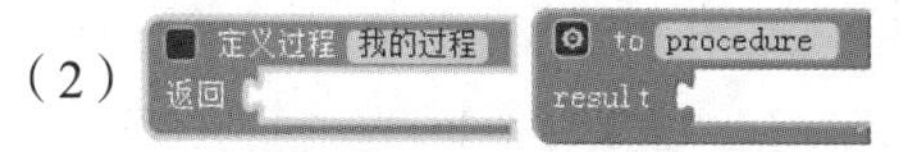

带有返回值的过程（procedure result）：与上面的过程定义一样，只是这里的过程将返回一个结果。该模块一般和控制块中带有返回值的执行模块配合使用。

例 3.18　阶乘计算器 4

在例 3.17 中，计算阶乘的结果是通过全局变量 jc 获得的。下面将其改为带有返回值的过程，由过程返回值返回结果，如图 3.111 所示。

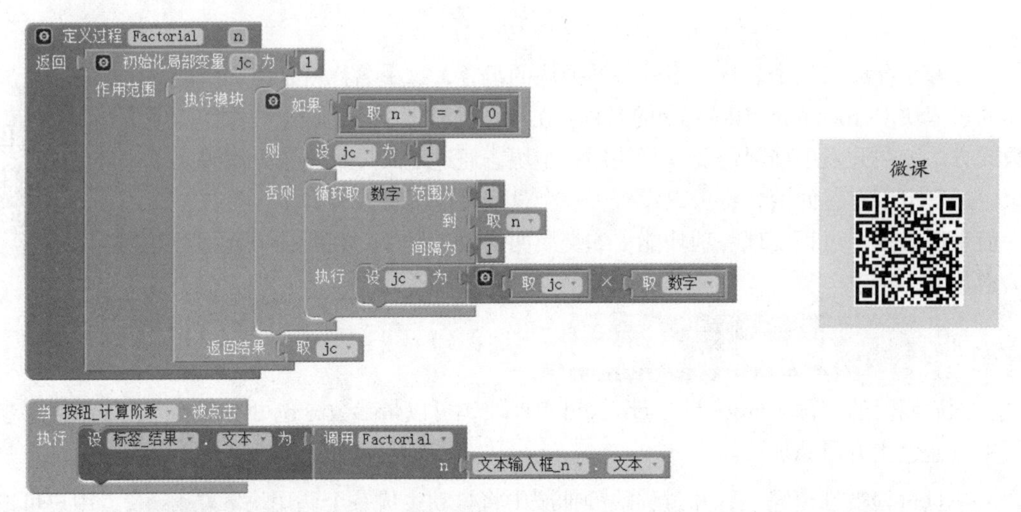

图 3.111　带有返回值的过程

过程体现了分而治之的思想，讲究的是分工合作。在程序中，一个过程实现一项小的功能，多个过程联合起来实现一项或多项复杂的功能。同样的道理，在我们的学习、生活中，同学之间要相互帮助，各取所长，各司其职，增强团结，养成合作意识。现代社会，随着生产力不断发展，社会分工越来越细，劳动形态日益复杂。一个人很难成事，一项工作需要多个部门和员工合作完成，一样产品需要多家企业分工合作制造，团队的精诚合作越来越重要。例如，美国波音公司的 747 型客机由 13.25 万个主要零部件组成，这些零部件由全世界的 545 家供应商生产。

3.10　递　归

如果调用的过程中，函数又直接或间接地调用自己，则该调用被称为递归调用。其中，直接调用函数自己被称为直接递归调用，而通过调用别的函数再间接调用函数自己被称为间接递归调用。

递归通常把一个大型复杂的问题层层转化为一个与原问题相似的规模较小的问题来求解，递归策略只需少量的程序就可描述出解题过程所需要的多次重复计算，大大地减少了程序的代码量。

例如，阶乘的递归可以定义为

$$n! = \begin{cases} 1 & n = 0 \\ n(n-1)! & n > 0 \end{cases}$$

其中 $n=0$ 叫递归的边界条件，是递归函数退出递归的出口。$n>0$ 时，$n!=n(n-1)!$ 叫递归函数或递归方程。

边界条件和递归方程是递归函数的两个要素。递归函数只有具备了这两个要素，才能在有限次计算后得出结果。

例 3.19　阶乘计算器 5

用递归来实现例 3.18 中计算阶乘的过程。

逻辑设计如图 3.112 所示。

图 3.112　用递归实现计算阶乘的逻辑代码

3.11　组　件　块

在模块的 Screen 下的组件块是动态变化的。在组件设计中用到的所有组件都会被显示到这里，单击某个组件会弹出一个抽屉，包含该组件所具有的行为、事件和属性等。组件的用法将在第 4 章详细介绍。

3.12　任意组件

任意组件是用 App Inventor 进行高级编程时要用到的一项非常重要的功能，可以实现对某个组件属性的动态修改，或成批地修改多个组件的属性。例如，在游戏编程中，可以将一组 imageSprite（图像精灵）编入列表；在程序运行过程中，通过对列表项的操作可以动态修改组件状态。任意组件的用法将在第 4 章详细介绍。

3.13　项目：一元二次方程求根

设计一个 App，求一元二次方程 $ax^2+bx+c=0$ 的实根，a、b、c 从键盘输入。

首先需要判断输入的 a、b、c 是否构成一元二次方程，然后根据 b^2-4ac 是否大于 0 来求方程的根。具体方法如下。

利用一元二次方程根的判别式（$\Delta=b^2-4ac$）可以判断方程的根的情况。

一元二次方程 $ax^2+bx+c=0$（$a\neq0$）的根与根的判别式有如下关系：

$$\Delta=b^2-4ac$$

① 当 $\Delta>0$ 时，方程有两个不相等的实数根——$\frac{-b \pm \sqrt{b^2-4ac}}{2a}$。

② 当 $\Delta=0$ 时，方程有两个相等的实数根——$-\frac{b}{2a}$。

③ 当 $\Delta<0$ 时，方程无实数根，但有两个共轭复根。

对应到 App Inventor，界面设计如图 3.113 所示，主要用到了水平布局组件、文本输入框组件、标签组件和按钮组件。

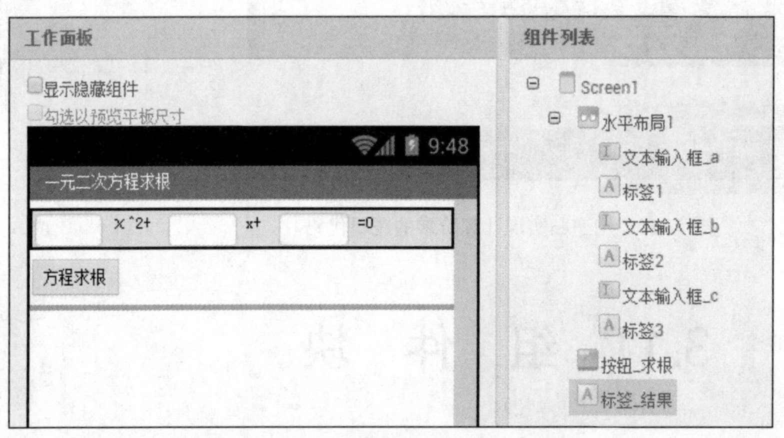

图 3.113　一元二次方程求根 App 的界面

其组件说明如表 3.19 所示。

表 3.19　组件说明

组　件	所属组件组	命　名	用　途	属　性
水平布局	界面布局	水平布局 1	按行放置多个组件	标题：一元二次方程求根
文本输入框	用户界面	文本输入框_a	方程系数 a	提示：输入 a 文本：空
标签	用户界面	标签 1	方程的二次项	文本：x^2+
文本输入框	用户界面	文本输入框_b	方程系数 b	提示：输入 b 文本：空
标签	用户界面	标签 2	方程的一次项	文本：x+
文本输入框	用户界面	文本输入框_c	方程系数 c	提示：输入 c 文本：空
标签	用户界面	标签 3	方程右边	文本：=0
按钮	用户界面	按钮_求根	执行方程求根	文本：方程求根
标签	用户界面	标签_结果	显示方程的根或错误信息	文本：空

一元二次方程求根的代码如图 3.114 所示。

代码说明如下。

（1）用来判断输入的 a、b、c 是否全为数字和 a 是否为 0。

（2）和表示 $\Delta>0$ 时，计算方程的两个不相等的实数根。

（3）表示 $\Delta=0$ 时，计算方程的两个相等的实数根。

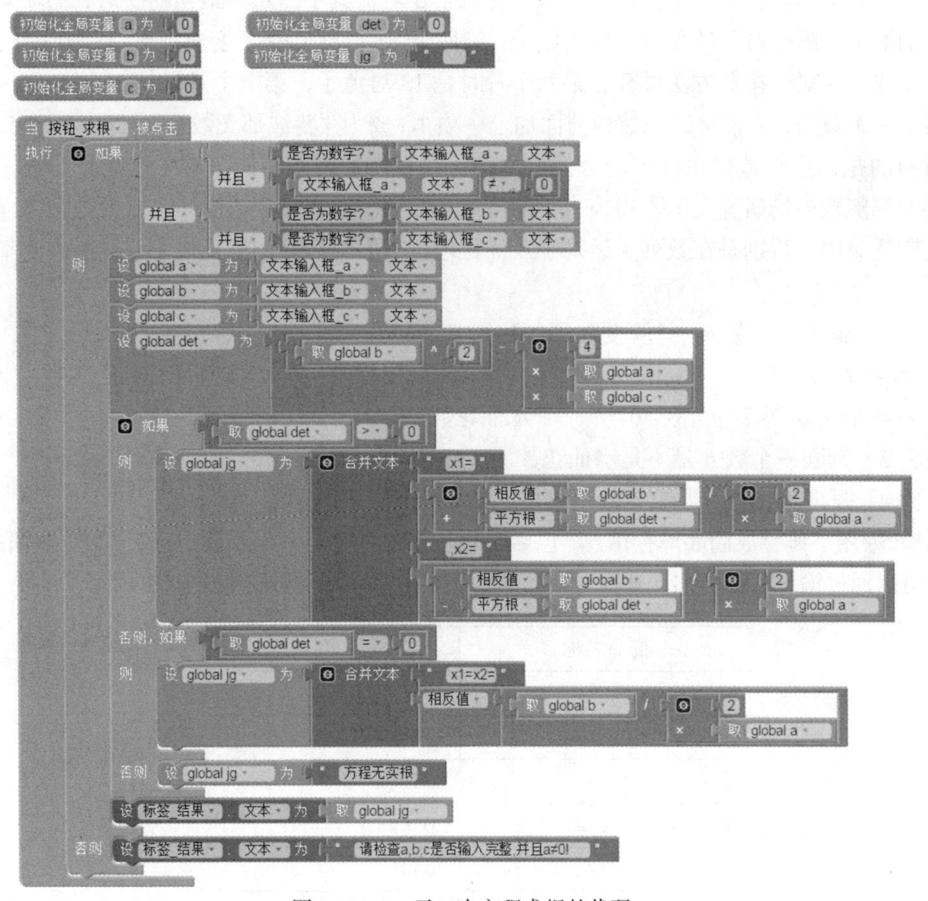

图 3.114　一元二次方程求根的代码

程序运行效果如图 3.115 所示。

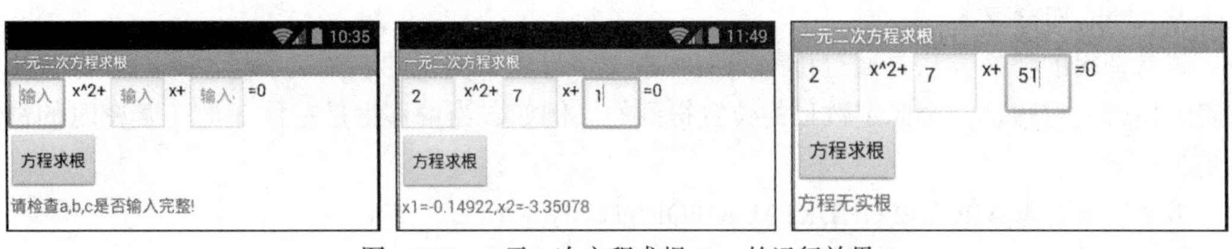

图 3.115　一元二次方程求根 App 的运行效果

3.14 实　验

实验 1：用户输入 3 个数后，系统输出 3 个数中最大的数。

列昂纳多·斐波那契（Leonardo Fibonacci，约 1170—1250）是意大利著名数学家。他的著作《算盘书》中有许多有趣的问题，流传最广的问题是著名的“兔子繁殖问题”：如果每对兔子每月繁殖一对兔子，而兔子在出生后第二个月就有生殖能力，试问一对兔子一年能繁殖多少对兔子？可以这样思考：第一个月后，即第二个月时，1 对兔子变成了 2 对兔子，其中一对是它本身，另一对是它生下的幼兔；第三个月时 2 对兔子变成了 3 对，其中一对是最初的一对，另一对是它刚生下来的幼兔，第三对是幼兔长成的大兔子；第四个月时，3 对兔子变成了 5 对；第五个月时，5 对兔子变成了 8 对。按此方法推算，第六个月时是 13 对兔子，第七个月时是 21 对兔子……斐波那契得到一个数列，人们将这个数列前面加上一项 1，成为“斐波那契数列”，即 1,1,2,3,5,8,13…。出人意料的是，这个数列在许多场合都会出现，在数学的许多不同分支中都能碰到它。世界上有关斐波那契数列的研究文献多得惊人，斐波那契数列不仅在初等数学中占重要地位，而且其理论已被广泛应用，特别是在数列、运筹学及优化理论方面为数学家们提供了一片施展才华的广阔空间。

实验 2：输入一个数 n，计算斐波那契数列 n 项的值。

水仙花数是指一个 3 位正整数，其各位数字的立方和等于该正整数，例如，407=4×4×4+0×0×0+7×7×7，故 407 是一个水仙花数。

实验 3：判断一个数 n 是不是水仙花数。

实验 4：反向输出用户从文本输入框输入的字符串。

实验 5：用字典存放商品库存信息，包括商品名称和对应的库存数量，允许添加更多商品信息，且用户可以通过输入商品名称，查询对应商品的库存信息，示例数据如下。

商品名称	库存数量
垃圾袋	500
洗衣粉	330
手套	854
毛巾	265
消毒液	348
清洁球	250

在密码学中，恺撒密码（Caesar Cipher），或称恺撒加密、恺撒变换、变换加密，是一种简单且广为人知的加密技术。

恺撒密码的替换方法是通过排列明文和密文字母表来实现的。密文字母表是通过将明文字母表向左或向右移动一个固定数目的位置得到的。例如，当偏移量是左移 3 时（解密时的密钥就是 3）：

明文字母表为 ABCDEFGHIJKLMNOPQRSTUVWXYZ；

密文字母表为 DEFGHIJKLMNOPQRSTUVWXYZABC。

使用时，加密者查找明文字母表中需要加密的消息中每一个字母的所在位置，并且写下密文字母表中对应的字母。解密者则根据事先已知的密钥反过来操作，得到原来的明文。举例如下：

明文为 THE QUICK BROWN FOX JUMPS OVER THE LAZY DOG；

密文为 WKH TXLFN EURZQ IRA MXPSV RYHU WKH ODCB GRJ。

实验 6：实现加密过程，即用户在 App 中输入明文后，输出加密后的密文。

实验 7：用过程来实现判定一个输入的数是否为素数。

实验 8：修改例 3.14，待排序的数据由用户自己添加。

实验 9：实现一个简单的记事本，包括查找、替换和统计字符个数等功能。

实验 10：实现计算机中的“标准型”计算器。

第4章 组件

本章主要介绍App Inventor的组件。这些组件是进行AI开发的基础，用户一定要熟练使用。

在AI中，组件被分为可视组件和非可视组件。可视组件是指在App运行后能够被看见的组件，如按钮、标签和文本输入框等。可视组件常用于设计App的界面。非可视组件在应用中发挥特定作用，但不会被显示在用户界面中，如传感器组件和声音组件等。

组件一般都有属性和行为（方法），通过设置每个组件的属性值和对事件响应的行为，可以组合形成独特的App。属性是组件自身所具有的性质，如按钮的宽度、高度和颜色等。行为是组件自身所拥有的能力。例如，一个具体的人，他可以做行走、说话等动作。

App可以看作一系列事件响应的集合，App的行为事件包括用户触发事件，如滑屏、点击按钮等，以及系统定义的其他事件，如App被启动、来电、位置改变等。表4.1所示为App Inventor的常见事件类型。

表4.1　App Inventor的常见事件类型

事件类型	例　子
用户触发事件	当用户点击按钮1，执行……
系统初始化事件	当App被启动，执行……
时间事件	当过了500ms，执行……
动画事件	当两个对象碰撞时，执行……
外部事件	当收到一条短信时，执行……

App Inventor的组件主要包括用户界面、界面布局、多媒体、绘图动画、Maps（地图）、传感器、社交应用、数据存储、通信连接、乐高机器人、试验性质和Extension（扩展组件）十二大类，如图4.1所示。

图4.1　组件面板

在介绍组件之前，介绍一下 Screen。

4.1　Screen

用 App Inventor 创建一个项目后，在“组件设计”的“工作面板”中默认会创建一个 Screen。它是包含程序中所有其他组件的组件。Screen 相当于手机的屏幕，是进行用户界面设计的地方。它是一个容器，其上可以放置“组件面板”中的组件，如图 4.2 所示。

Screen 组件的主要属性如图 4.3 所示。

图 4.2　Screen

图 4.3　Screen 组件的主要属性

应用说明（AboutScreen）：对 App 的说明，不会被显示在用户界面上。当从系统菜单中选择“关于此应用程序”选项时，应用说明相关内容将出现。

强调色（AccentColor）：仅在设计视图中有效。这是新版本 Android 中用于突出显示和装饰用户界面的装饰颜色。受此属性影响的包括由对话框组件、日期选择框组件和其他组件创建的对话框。

水平对齐（AlignHorizontal）：屏幕中放置的组件在水平方向上的对齐方式，包括“1”（居左）、“2”（居中）、“3”（居右）3 种可选方式。

垂直对齐（AlignVertical）：屏幕中放置的组件在垂直方向上的对齐方式，包括“1”（居上）、“2”（居中）、“3”（居下）3 种可选方式。如果屏幕可滚动，则垂直对齐不起作用。

应用名称（AppName）：手机在安装应用程序时显示的名称。如果 AppName 为空，则默认设置为项目的名称。

背景颜色（BackgroundColor）：Screen 的背景颜色，可以单击其下颜色框选取合适的颜色或自定义颜色。如果背景图片已设置，则颜色变化将不可见。

背景图片（BackgroundImage）：用图片作为 Screen 的背景。如果同时设置背景图片和背景颜色，则只有背景图片可见。

块工具包（BlocksToolkit）：表示屏幕子集的 JSON 字符串。模板应用程序的作者可以使用它来控制项目中可用的组件、设计器属性和块。

关屏动画（CloseScreenAnimation）：关闭当前屏幕时的过渡效果。

高度（Height）：仅在逻辑设计视图中可用，返回以像素为单位的屏幕高度（y 尺寸）。

图标（Icon）：APK 程序安装到手机后，在手机里显示的程序图标。PNG 或 JPEG 格式图像，尺寸最大为 1024 像素×1024 像素。图像过大可能会导致编译或安装应用程序失败。

开屏动画（OpenScreenAnimation）：用于切换到另一个屏幕的动画。有效的选项为默认效果（default）、渐隐效果（fade）、缩放效果（zoom）、水平滑动（slidehorizontal）、垂直滑动（slidevertical）和无动画效果（none）。

主色（PrimaryColor）：用作 Android 主题（Theme）部分的主色，包括为 Screen 标题栏着色。

暗主色（PrimaryColorDark）：将“主题”（Theme）属性指定为“Dark”时使用的主色。它适用于许多元素，包括 Screen 标题栏。

屏幕方向（ScreenOrientation）：设定屏幕显示的方向，包括不设方向（默认）、锁定竖屏（只能以竖屏方式显示）、锁定横屏（只能以横屏方式显示）、自动感应（利用方向传感器自动设置屏幕方向）和用户设定（根据用户手机设置显示）。

允许滚动（Scrollable）：设置是否允许屏幕滚动。

以 JSON 格式显示列表（ShowListsAsJson）：如果勾选此复选框（默认），则列表将以 JSON / Python 表示形式显示为字符串，如[1,"a",true]；如果不勾选此复选框，则列表将以 LISP 表示形式显示，如(1 a true)。

此属性仅出现在 Screen1 中，Screen1 的值决定应用程序中所有屏幕的行为。

状态栏显示（ShowStatusBar）：设置是否显示状态栏。状态栏是屏幕最上方的栏，即显示电量、时间等的区域。

窗口大小（Sizing）：如果设置为自动调整，则屏幕布局将使用设备的实际分辨率；如果设置为固定，则将为单个固定尺寸的屏幕创建屏幕布局并自动缩放。

此属性仅出现在 Screen1 中，并控制应用程序中所有屏幕的大小。

主题（Theme）：设置应用程序的主题。主题只能在编译时设置，并且 AI 伴侣会在实时开发过程中近似更改。此属性的选项如下。

- Classic：与旧版本的 App Inventor 相同。
- Device Default：主题与设备上运行的 Android 版本相同，且将“主色”用于活动栏。
- Black Title Text：Device Default 主题，但标题文本为黑色。
- Dark：Device Default 主题，使用暗主色。

标题（Title）：设置屏幕上端标题栏显示的内容。

标题展示（TitleVisible）：设置是否显示屏幕上端的标题栏。

教程 URL（TutorialURL）：在左侧面板中打开 URL（打开后即可切换），适用于将嵌入式教程作为项目一部分的项目。出于安全原因，此处只能使用 AI 官网上托管的或从 URL 缩短器链接到的教程，其他 URL 将被自动忽略。

版本编号（VersionCode）：设置程序版本号。

版本名称（VersionName）：设置程序版本名称。

宽度（Width）：仅在逻辑设计视图中可用，返回以像素为单位的屏幕宽度（x 尺寸）。

用户既可以在“组件属性”中可视化地设定 Screen 的属性，也可以在块编辑器中通过代码设置和获取属性值。

Screen 的事件主要有图 4.4 所示的七类。

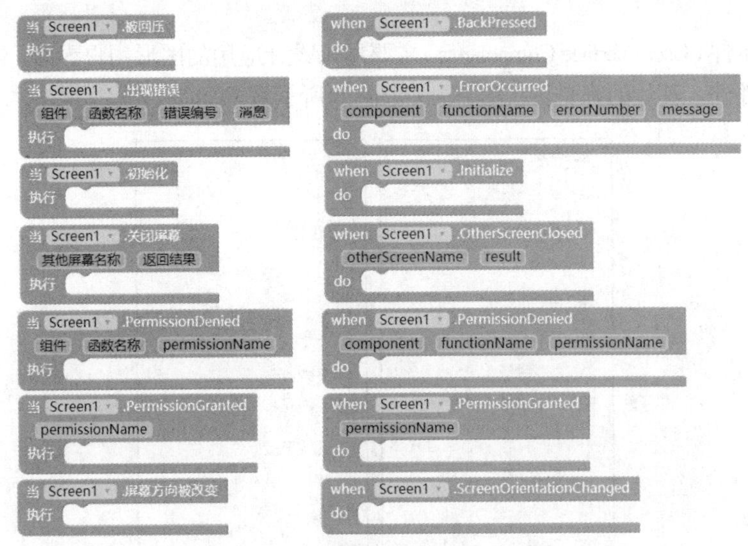

图 4.4 屏幕事件的中英文对照

被回压（BackPressed）：用户点击设备上的返回键时触发的事件。

出现错误（ErrorOccurred）：错误发生时引起的事件。只有一些错误会引发这种事件。对于这些错误，系统默认会显示一条通知。用户可以使用此事件处理程序来规定与默认行为不同的错误行为。

初始化（Initialize）：屏幕初始化时触发的事件，并且每个屏幕仅运行一次。

关闭屏幕（OtherScreenClosed）：当另外的屏幕被关闭，返回当前屏幕时触发的事件。

PermissionDenied：当用户拒绝所需权限时触发的事件。

PermissionGranted：当用户授予所需权限时触发的事件。仅当授予权限以响应 AskForPermission()方法时，才触发此事件。

屏幕方向改变（ScreenOrientationChanged）：屏幕方向被改变时触发事件。

Screen 的方法有两个，如图 4.5 所示。

图 4.5 Screen 方法

AskForPermission(permissionName)：要求用户授予对敏感信息的访问权限，如 ACCESS_FINE_LOCATION。此方法通常用作 PermissionDenied 事件的一部分。如果用户许可，则 PermissionGranted 事件将被触发。如果用户拒绝，则 PermissionDenied 事件将被触发。

最佳做法是仅在需要时才执行此操作。除非获得相应许可对用户的应用行为至关重要，并且必须事先获得许可（如导航应用的定位服务），否则用户不应在 Initialize 事件中使用 AskForPermission()方法。

隐藏键盘（HideKeyboard）：隐藏软键盘。

4.2 用户界面组件

用户界面组件（User Interface Components）主要用来设计应用的图形用户界面，包括 15 个组件，除了对话框组件外，其他的都是可视组件，如图 4.6 所示。

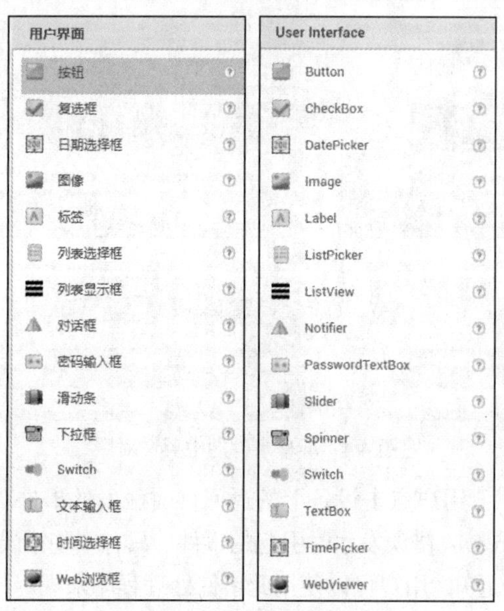

图 4.6　用户界面组件

4.2.1　按钮

用户通过触摸按钮（Button）来完成应用中的某些动作。按钮可以感知用户的触摸；按钮的某些特性可被改变，如“启用”属性可以决定按钮是否能够感知到触摸。

按钮组件的主要属性如图 4.7 所示。

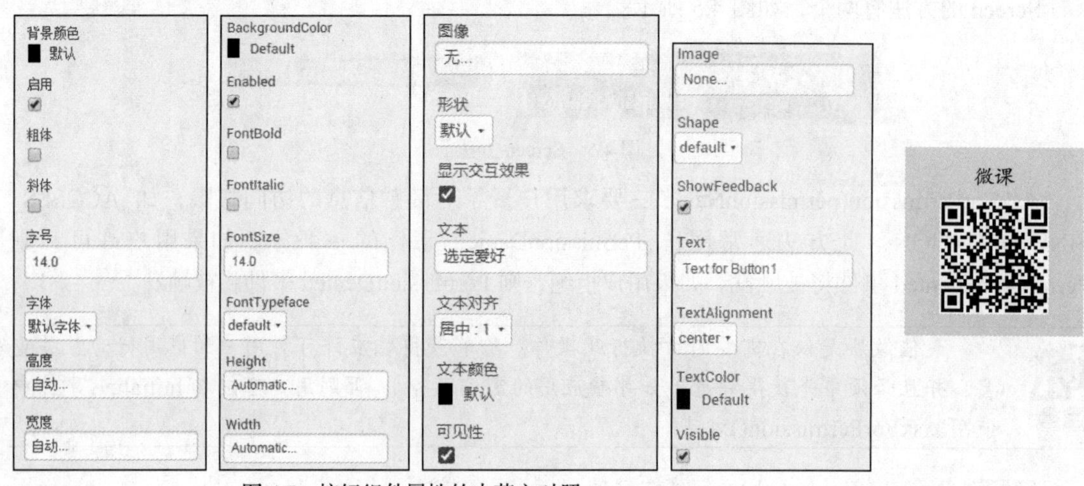

图 4.7　按钮组件属性的中英文对照

背景颜色（BackgroundColor）：用于设置按钮的背景颜色。

启用（Enabled）：如果勾选该复选框，则用户触摸按钮时将触发某些事件，否则触摸时不会触发任何事件。

粗体（FontBold）：如果勾选该复选框，则按钮上的文本将显示为粗体文字。

斜体（FontItalic）：如果勾选该复选框，则按钮上的文本将显示为斜体文字。

字号（FontSize）：设置按钮上文字的大小，数值越大，文字越大。

字体（FontTypeface）：设置按钮上文字的字体，只能在组件设计视图中设置。

高度（Height）：设置按钮的高度（垂直方向的大小）。有 4 种可选择的类型，即自动（根据按钮上的文字大小进行自动设置）、充满（除去垂直方向上其他组件所占高度后，按钮在垂直方向上充满整个屏幕；如果垂直方向上有多个组件的“高度”属性被设置为充满，则除去垂直方向上“高度”属性设置为非充满的组件所占的高度后，将剩余高度平均分配给“高度”属性设置为充满的组件至垂直方向上充满整个屏幕）、像素（输入具体的数字）、百分比（按钮高度占屏幕高度的百分比）。

宽度（Width）：设置按钮的宽度（水平方向的大小）。有 4 种可选择的类型，具体使用方法与高度类似。

图像（Image）：设置按钮上所显示的图像。

形状（Shape）：设置按钮的外形，包括默认、圆角、矩形、椭圆，只能在组件设计视图中设置。

显示交互效果（ShowFeedback）：如果按钮被设置了背景图，那么勾选该复选框，点击时按钮颜色变浅；否则按钮无变化。

文本（Text）：设置按钮上显示的文本内容。

文本对齐（TextAlignment）：包括居左、居中、居右，只能在组件设计视图中设置。

文本颜色（TextColor）：设置按钮上文本的颜色。

可见性（Visible）：设置组件在用户界面上是否可见。如果勾选此复选框，则其值为 true；否则其值为 false。

用户既可以在“组件属性”中可视化地设定按钮的属性，也可以在块编辑器中通过代码设置和获取属性值。

按钮的事件如图 4.8 所示。

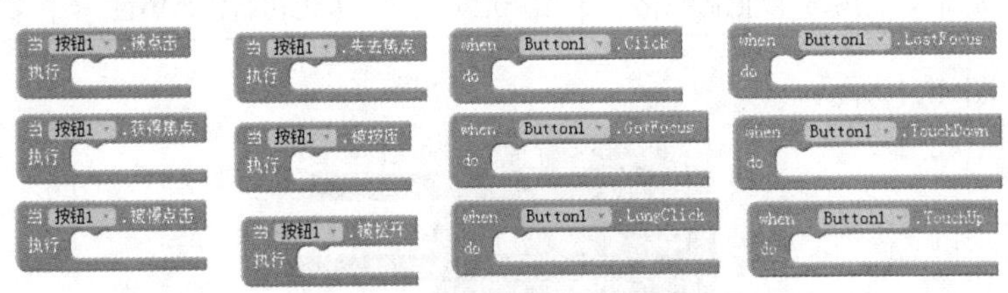

图 4.8　按钮事件的中英文对照

被点击（Click）：用户按下并松开按钮时触发。

获得焦点（GotFocus）：按钮成为焦点组件时触发。

被慢点击（LongClick）：用户按住按钮等待几秒再松开时触发。

失去焦点（LostFocus）：按钮失去焦点时触发。

被按压（TouchDown）：按钮被按下时触发。

被松开（TouchUp）：按钮被松开时触发。

如果用户点击按钮（相当于按下鼠标左键并快速松开），将会依次触发按钮的“被按压”“被松开”和“被点击”事件。

如果用户慢点击按钮（相当于按下鼠标左键后等待几秒再松开），将会依次触发按钮的“被按压”“被慢点击”和“被松开”事件。

例 4.1　按钮事件触发机制

设计图 4.9 所示的界面，将鼠标指针移动到“事件触发机制”按钮上，按下鼠标左键并快速松开和按下鼠标左键后等待几秒再松开，观察标签上文字颜色的变化顺序。“颜色初始化”按钮用于把标签文字颜色初始化为黑色。按下鼠标左键并快速松开的运行效果如图 4.10 所示。

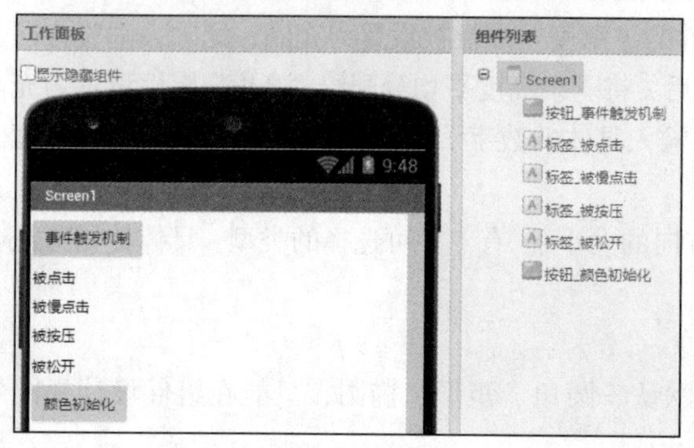

图 4.9　界面设计

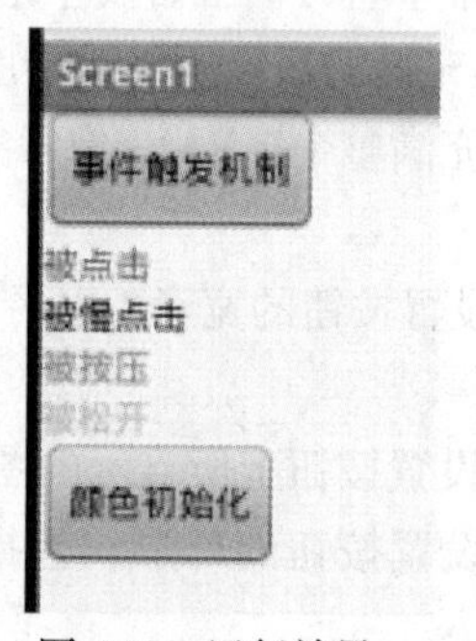

图 4.10　运行效果

组件说明如表 4.2 所示。

表 4.2　组件说明

组　件	所属组件组	命　名	用　途	属　性
按钮	用户界面	按钮_事件触发机制	演示按钮事件触发机制	文本：事件触发机制
标签	用户界面	标签_被点击	按钮被点击事件触发时显示颜色变化	文本：被点击
标签	用户界面	标签_被慢点击	按钮被慢点击事件触发时显示颜色变化	文本：被慢点击
标签	用户界面	标签_被按压	按钮被按压事件触发时显示颜色变化	文本：被按压
标签	用户界面	标签_被松开	按钮被松开事件触发时显示颜色变化	文本：被松开
按钮	用户界面	按钮_颜色初始化	用于把标签文字颜色初始化为黑色	文本：颜色初始化

逻辑设计如图 4.11 所示。

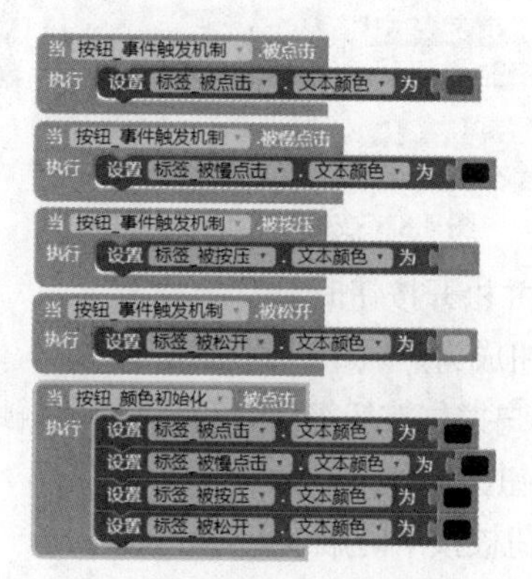

图 4.11　按钮事件触发机制逻辑代码

4.2.2　文本输入框

文本输入框（TextBox）是供用户输入文字的组件，其主要属性如图 4.12 所示。

微课

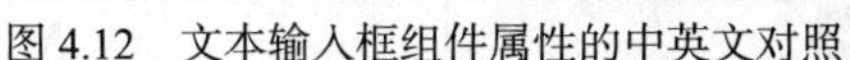
图 4.12　文本输入框组件属性的中英文对照

背景颜色（BackgroundColor）：设置文本输入框的背景颜色。

启用（Enabled）：设定用户是否可以在文本输入框中输入文本，如果勾选该复选框，则用户可以在文本输入框中输入文本，否则不能输入。

粗体（FontBold）：如果勾选该复选框，则文本输入框中的文本将显示为粗体文字。

斜体（FontItalic）：如果勾选该复选框，则文本输入框中的文本将显示为斜体文字。

字号（FontSize）：设置文本输入框中文字的大小。字号越大，文本输入框中的文字越大。

字体（FontTypeface）：设置文本输入框中文字的字体。只能从下拉列表中选择字体。该属性只能在组件设计视图中进行设置。

高度（Height）：设置文本输入框的高度（垂直方向的大小）。有 4 种可选择的类型，即自动（根据文本输入框中的文字大小进行自动设置）、充满（除去垂直方向上其他组件所占高度后，文本输入框在垂直方向上充满整个屏幕；如果垂直方向上有多个组件的“高度”属性被设置为充满，则除去垂直方向上“高度”属性设置为非充满的组件所占的高度后，将剩余高度平均分配给“高度”属性设置为充满的组件至垂直方向上充满整个屏幕）、像素（输入具体的数字）、百分比（文本输入框高度占屏幕高度的百分比）。

宽度（Width）：设置文本输入框的宽度（水平方向的大小）。有 4 种可选择的类型，具体使用方法与高度类似。

提示（Hint）：出现在文本框中的浅色文字，提示用户需要输入的内容。只有当“文本”属性值为空时才显示提示信息。

允许多行（MultiLine）：如果勾选该复选框，则文本输入框支持多行输入。在输入文本的过程中按“Enter”键实现换行。

仅限数字（NumbersOnly）：如果勾选该复选框，则文本输入框将只允许输入数字，包括小数点及前置的“-”（负号）。这些限定只适用于键盘输入。无论该复选框是否被勾选，在程序中都可以通过为文本输入框设定“文本”属性，设定文本输入框的内容为任何字符。

只读（ReadOnly）：文本输入框是否为只读。如果设置为只读（true），则用户不可向其中输入内容；如果不设置为只读（false），则可以输入内容。默认情况下是 false。

文本（Text）：设置文本输入框中显示的文本内容。

文本对齐（TextAlignment）：包括居左、居中、居右。该属性只能在组件设计视图中设置。

文本颜色（TextColor）：设置文本输入框中文本的颜色。

可见性（Visible）：设置该组件在用户界面中是否可见。如果勾选该复选框，则其值为真；若不勾选，则其值为假，用户不能看见对应组件。

微课

用户既可以在“组件属性”中可视化地设定文本输入框的属性，也可以在块编辑器中通过代码设置和获得属性值。

例 4.2　应用按钮和文本输入框实例

设计图 4.13 所示的界面，并实现点击按钮后将文本输入框中的文本大小变成原来的 2 倍，颜色修改为红色。

点击“确定”按钮后的运行效果如图 4.14 所示。

图 4.13　界面设计

图 4.14　运行效果

组件说明如表 4.3 所示。

表 4.3　　组件说明

组　件	所属组件组	命　名	用　途	属　性
文本输入框	用户界面	文本输入框 1	显示需修改的文字	文本：修改字体大小和颜色
按钮	用户界面	按钮 1	执行修改操作	文本：确定

代码如图 4.15 所示。

图 4.15　代码

4.2.3　列表显示框

列表显示框（ListView）用于显示文字元素组成的列表。列表的内容既可以用“元素字串”属性来设定，也可以在逻辑设计视图中使用代码块来定义。列表显示框属性如图 4.16 所示。

背景颜色（BackgroundColor）：列表显示框的背景颜色。

元素字串（ElementsFromString）：用一系列“,”（英文逗号）分隔的字符串来设置列表项，例如，“北京,上海,广州”构成 3 个列表项。

高度（Height）：设定列表的高度。

宽度（Width）：设定列表的宽度。

选中项（Selection）：设置列表显示框中被选中的列表项。

选中颜色（SelectionColor）：选中列表项时列表项的背景颜色。

显示搜索框(ShowFilterBar)：设置搜索框是否可见。如果可见，则其值为真；如果不可见，则其值为假。用户可以通过搜索框搜索列表显示框中的列表项。

文本颜色（TextColor）：设置列表项文本的颜色。

字号（TextSize）：指定列表显示框中列表项的文本字体大小。

可见性（Visible）：指定列表显示框在屏幕中是否可见。如果勾选该复选框，则可见；否则不可见。

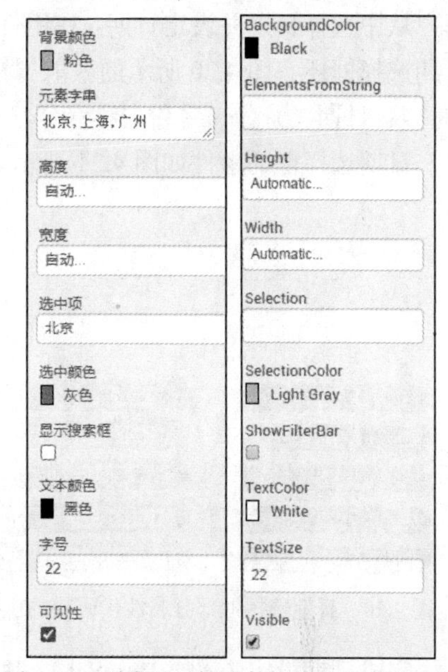

图 4.16　列表显示框组件属性的中英文对照

例 4.3　应用列表显示框实例

设计图 4.17 所示的界面。界面包括 1 个列表显示框和 1 个标签，当用户选择某个列表项时，将相应列表项显示到标签上。运行效果如图 4.18 所示。

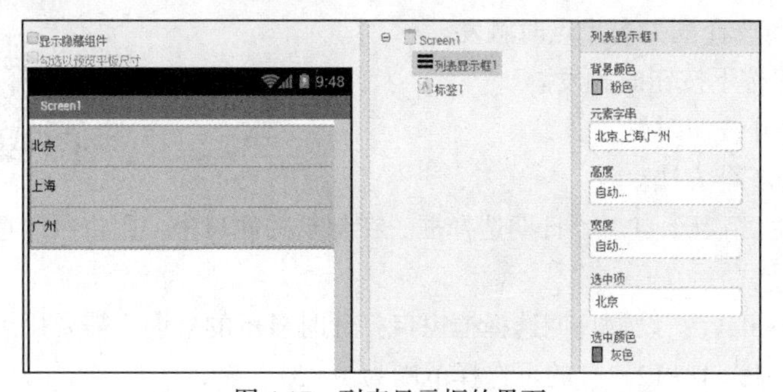

图 4.17　列表显示框的界面

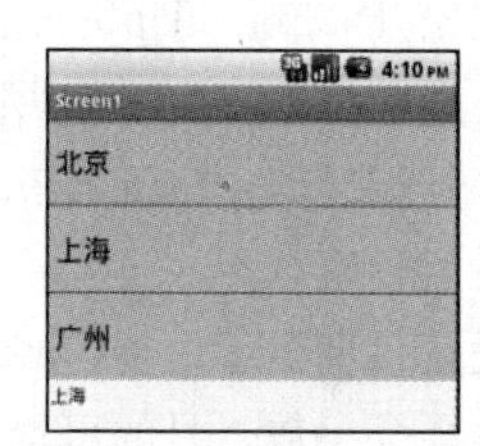

图 4.18　运行效果

组件说明如表 4.4 所示。

表 4.4　组件说明

组　件	所属组件组	命　名	用　途	属　性
列表显示框	用户界面	列表显示框 1	列表显示框	背景颜色：粉色 元素字串：北京,上海,广州 字号（TextSize）：22
标签	用户界面	标签 1	显示列表项内容	文本：空

代码如图 4.19 所示。

图 4.19　代码

4.2.4　日期选择框

日期选择框（DatePicker）在用户界面上被显示为一个按钮，被点击后将弹出一个窗口，允许用户从中选择日期并设定日期。在组件设计视图中，其组件属性和按钮一样。在逻辑设计视图中，日期选择框还有图 4.20 所示的获取属性值的代码块，分别获取日期选择框选定日期后的日期实例（时刻、日期、月份、月份名称和年度）。

日期选择框的事件如图 4.21 所示。

图 4.20　日期选择框部分属性代码块的中英文对照

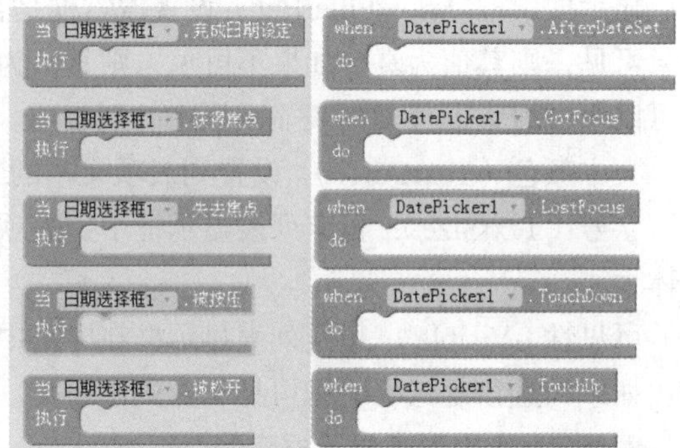

图 4.21　日期选择框事件的中英文对照

完成日期设定（AfterDateSet）：用户在组件窗口中选中日期并确认时触发。

获得焦点（GotFocus）：日期选择框成为焦点组件时触发。

失去焦点（LostFocus）：日期选择框失去焦点时触发。

被按压（TouchDown）：用户按下按钮时触发。

被松开（TouchUp）：用户松开按钮时触发。

微课

日期选择框有图 4.22 所示的 3 个方法。

打开选择框（LaunchPicker）：相当于点击了日期选择框。在弹出的窗口中，用户可以选择日期并设定日期。

设置日期显示（SetDateToDisplay）：设置日期选择框窗口打开时显示的日期。需要用到年、月、日 3 个参数，月的可选择范围为 1～12，日的可选择范围为 1～31。

从某时刻开始显示日期（SetDateToDisplayFromInstant）：通过调用计时器组件来设置日期选择框窗口打开时显示的日期。

例 4.4　应用日期选择框实例

设计图 4.23 所示的界面。界面包括 1 个按钮、1 个日期选择框、2 个标签。要求当用户点击日期选择框（在界面中呈现为“调用设置日期”按钮）时，弹出窗口显示的日期为用户设定的日期（如 20150316），并将系统当前日期显示到“标签 1”中；然后当用户点击日期选择框窗口中的“Set”按钮后，将日期和时刻分别显示到“标签 1”和“标签 2”中；此外添加日期选择框的“被按压”和“被松开”事件，分别实现改变“标签 1”的背景颜色。运行效果如图 4.24 所示。

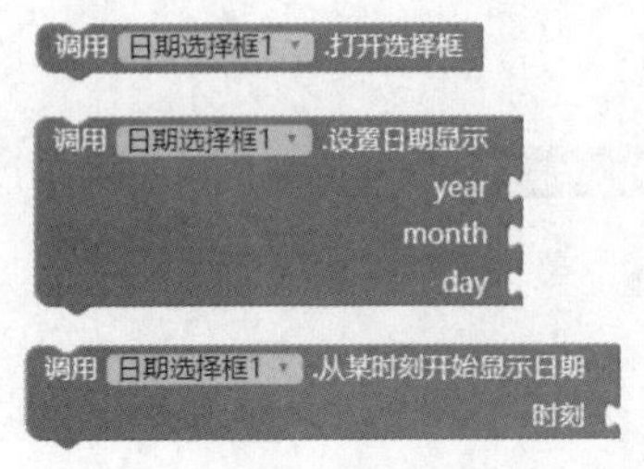

图 4.22　日期选择框的方法

图 4.23　界面设计

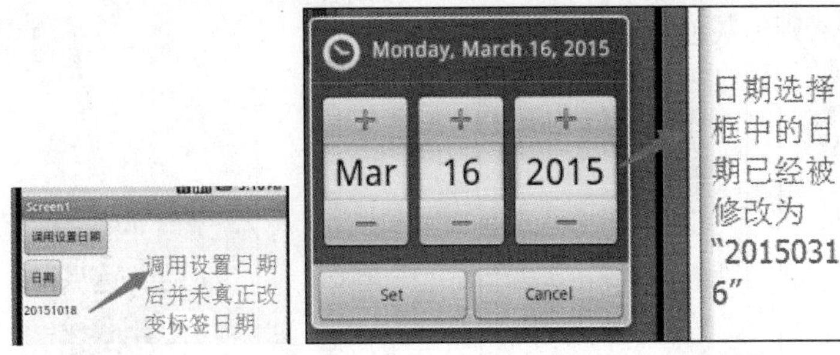

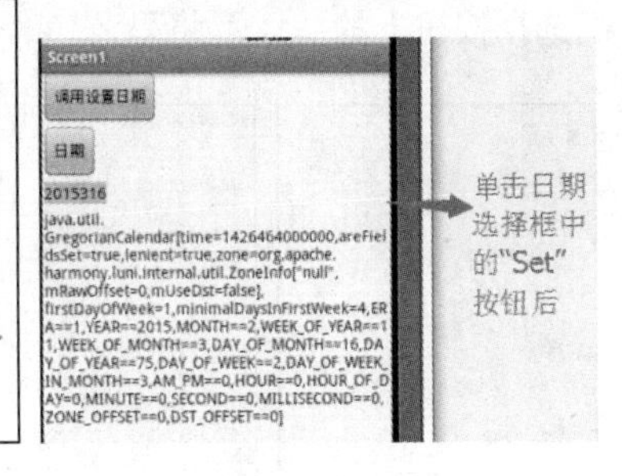

图 4.24　运行效果

组件说明如表 4.5 所示。

表 4.5　组件说明

组　　件	所属组件组	命　　名	用　　途	属　　性
按钮	用户界面	按钮 1	调用设置日期	文本：调用设置日期
日期选择框	用户界面	日期选择框 1	日期选择	文本：日期
标签	用户界面	标签 1	显示日期	文本：空
标签	用户界面	标签 2	显示时刻	文本：空

代码如图 4.25 所示。

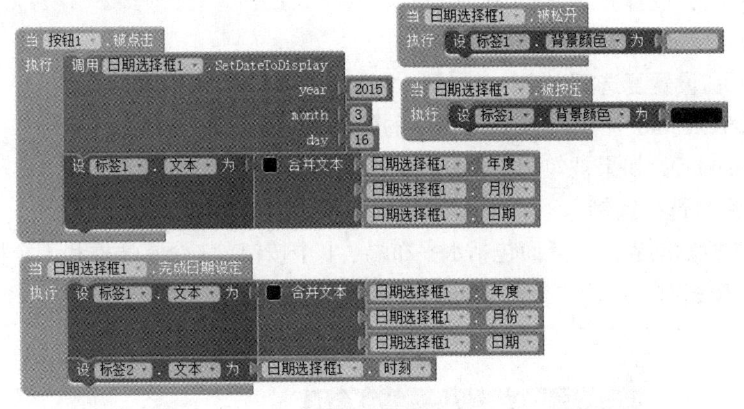

图 4.25　代码

4.2.5　时间选择框

时间选择框（TimePicker）是供用户选择和设定时间的，其用法与日期选择框类似。在设置时间显示（SetTimeToDisplay）方法中，小时（hour）的有效值为 0～23，分钟（minute）的有效值为 0～59。

4.2.6　复选框

复选框（CheckBox）供用户在两种状态中进行选择，如果勾选了复选框，则复选框的“选中”属性为 true，否则为 false。当用户触摸复选框时，将触发相应的事件。其主要属性如图 4.26 所示。

背景颜色（BackgroundColor）：设置复选框的背景颜色。

选中（Checked）：如果被勾选，其值为真（true），否则为假（false）。在被勾选状态下，复选框选择按钮上的“√”将呈蓝色，否则是灰色的。

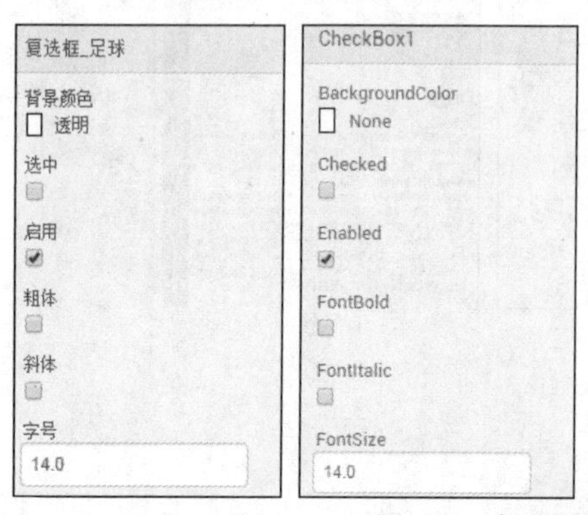

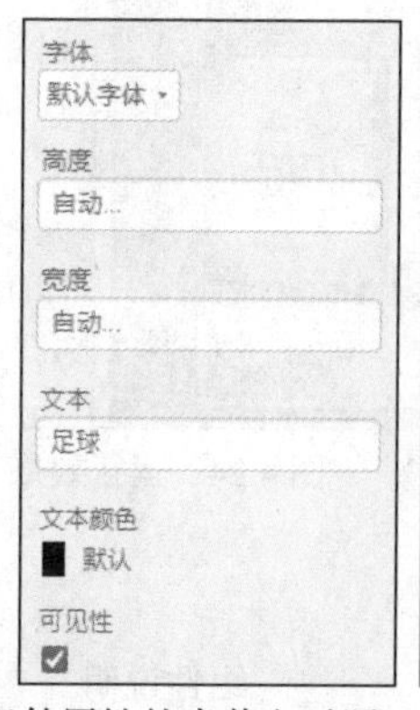

图 4.26　复选框组件属性的中英文对照

启用（Enabled）：如果没有勾选该复选框，则用户不能对其他复选框进行勾选择；如果勾选了该复选框，则用户可以对其他复选框进行勾选，用户的触摸会触发相关动作。

粗体（FontBold）：如果勾选该复选框，则复选框文本将显示为粗体文字。

斜体（FontItalic）：如果勾选该复选框，则复选框文本将显示为斜体文字。

字号（FontSize）：设置复选框文字的大小。字号越大，文字越大。

字体（FontTypeface）：设置复选框文字的字体，只能从相应下拉列表中进行选择。

高度（Height）：设置复选框的高度。

宽度（Width）：设置复选框的宽度。

文字（Text）：设置复选框文字内容。

文本颜色（TextColor）：设置复选框文字的颜色。

可见性（Visible）：如果被勾选，则复选框在用户界面上可见。

例 4.5　应用复选框实例

设计图 4.27 所示的界面。界面包括水平布局、1 个按钮、3 个复选框和 1 个标签。当用户点击“选定爱好”按钮时，用户选定的爱好将显示到标签上。

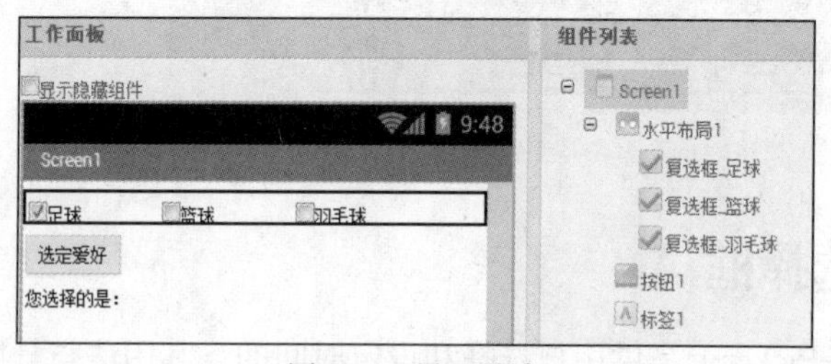

图 4.27　界面设计

运行效果如图 4.28 所示。

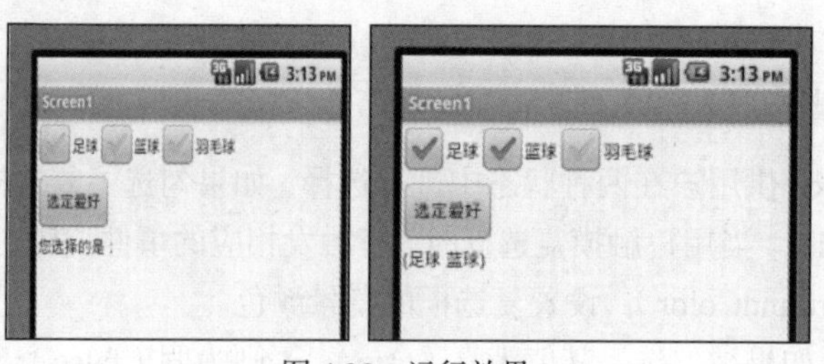

图 4.28　运行效果

组件说明如表 4.6 所示。

表 4.6　　　　　　　　　　　　　　组件说明

组　　件	所属组件组	命　　名	用　　途	属　　性
水平布局	界面布局	水平布局 1	按行放置多个组件	默认
复选框	用户界面	复选框_足球	选择项 1	选中：选择 文本：足球
复选框	用户界面	复选框_篮球	选择项 2	文本：篮球
复选框	用户界面	复选框_羽毛球	选择项 3	文本：羽毛球
按钮	用户界面	按钮 1	确定选择爱好	文本：选定爱好
标签	用户界面	标签 1	显示爱好	文本：您选择的是：

代码如图 4.29 所示。

复选框事件主要有 3 种，如图 4.30 所示。

状态被改变（Changed）：当用户触摸并松开复选框时触发事件。

获得焦点（GotFocus）：当复选框获得焦点时触发事件。

失去焦点（LostFocus）：当复选框失去焦点时触发事件。

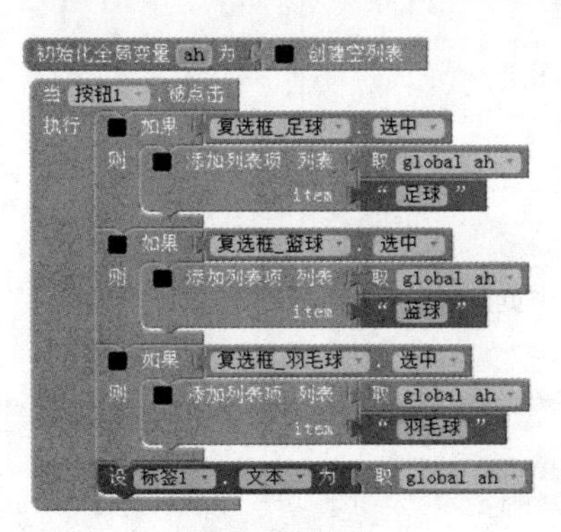

图 4.29　代码

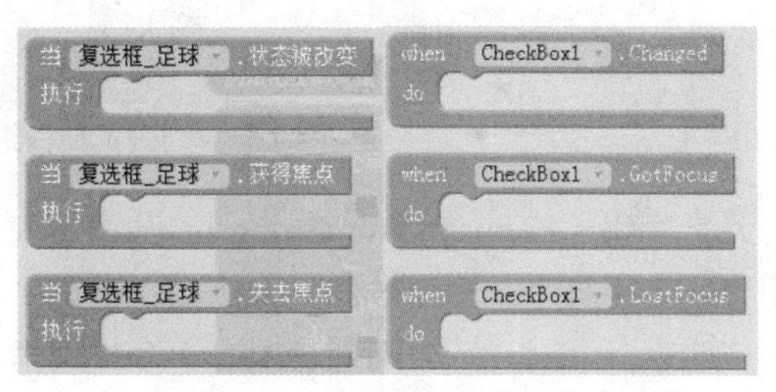

图 4.30　复选框事件的中英文对照

4.2.7　标签

标签（Label）用来显示文字，在运行程序时，只能通过代码修改标签内容，用户不能直接输入内容进行修改。其属性与文本输入框类似。

4.2.8　列表选择框

列表选择框（ListPicker）在用户界面上被显示为一个按钮，当被用户点击时，会显示一个列表供用户选择。用户可以在组件设计或逻辑设计中设置列表中的文字。列表选择框的主要属性如图 4.31 所示（从本小节开始，将不再叙述与前面组件类似的属性、事件）。

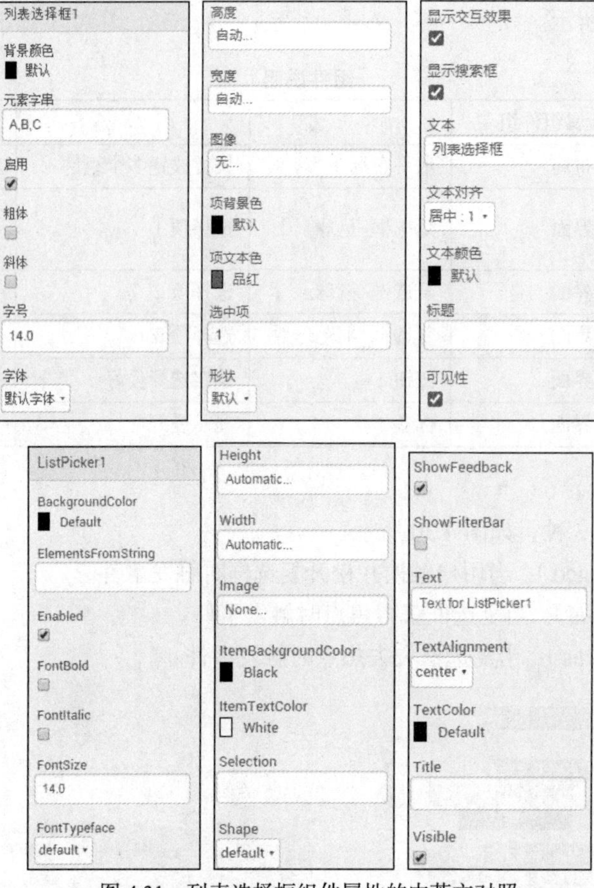

图 4.31　列表选择框组件属性的中英文对照

元素字串（ElementsFromString）：设置列表项内容，为字符串，用逗号分隔。例如，设置字符串“北京,上海,长沙”，则列表项有 3 个。这里的逗号必须是英文标点中的逗号。此外，在逻辑设计中，也可通过将组件的元素（Elements）设置为一个列表来设置列表项。

项文本色（ItemTextColor）：设置列表项的文本颜色。

选中项（Selection）：设置默认选中第几项。

显示搜索框（ShowFilterBar）：为列表添加搜索功能。

列表选择框的主要事件如图 4.32 所示。

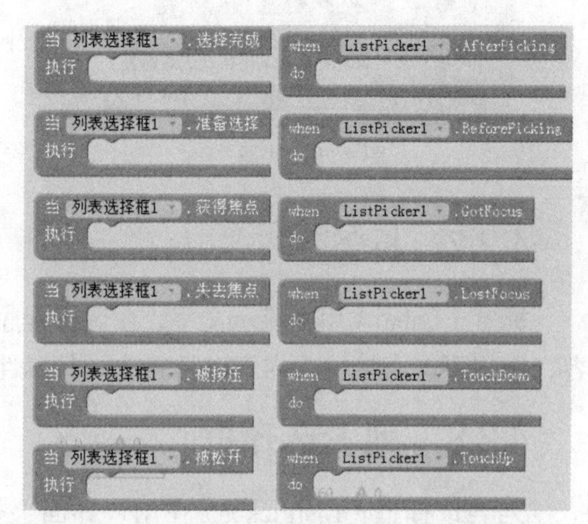

图 4.32　列表选择框事件的中英文对照

选择完成（AfterPicking）：当用户在列表选择框中选中某项时触发。此时被选中项及被选中项索引两个参数都被赋值。

准备选择（BeforePicking）：当用户点击列表选择框按钮时触发，此时列表尚未展开。

在列表选择框的逻辑设计视图里面有“设……元素……为”和“设……元素字串……为”两个属性代码块，如图 4.33 所示。

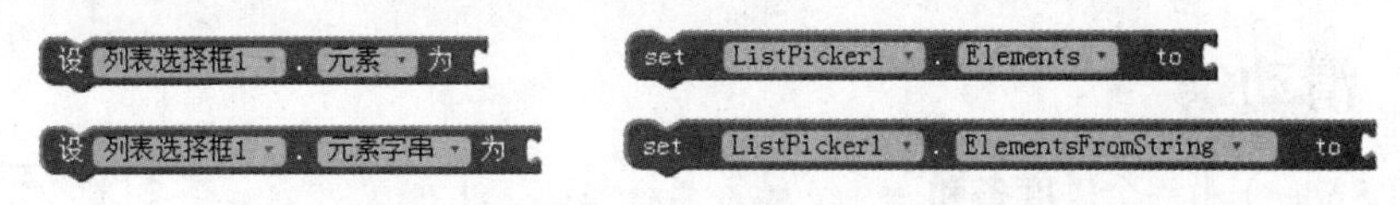

图 4.33　列表选择框部分属性代码块的中英文对照

用法如下。

设……元素……为：从列表中提取列表元素，后接列表型变量，用来在程序中动态设置列表项内容。

设……元素字串……为：后面接用英文逗号分隔的文本，用来在程序中动态设置列表项内容。

例 4.6　应用列表选择框实例

设计图 4.34 所示的应用界面，并实现当用户点击按钮时，动态地修改列表选择框中列表项的内容为“北京”“上海”“长沙”；当用户从列表选择框中完成选择后，将用户选择的列表项内容显示到标签上。

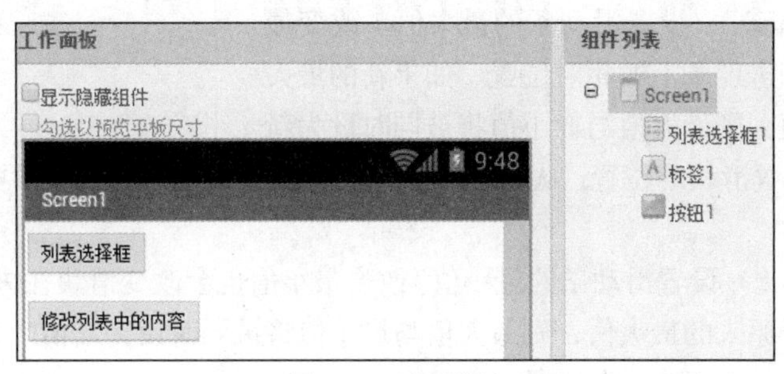

图 4.34　界面设计

组件说明如表 4.7 所示。

表 4.7　组件说明

组　件	所属组件组	命　名	用　途	属　性
列表选择框	用户界面	列表选择框 1	列表选择	ItemTextColor：品红 选中项：1 文本：列表选择框
标签	用户界面	标签 1	显示列表项	文本：空
按钮	用户界面	按钮 1	修改列表中的内容	文本：修改列表中的内容

代码如图 4.35 所示。

运行效果如图 4.36 所示。

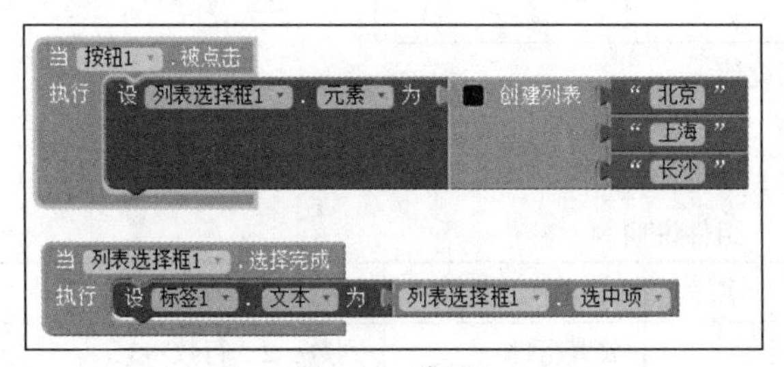

图 4.35　代码

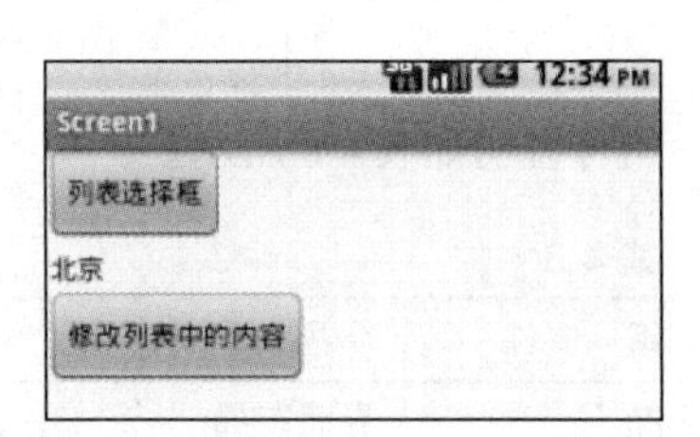

图 4.36　运行效果

4.2.9 滑动条

滑动条（Slider）由一个进度条和一个可拖曳的滑块组成。用户可以左右拖曳滑块来设定滑块位置，拖曳滑块将触发“位置改变”事件，并记录滑块位置。滑块位置的改变可以动态更新其他组件的某些属性，如改变文本输入框中文字的大小或球的半径等。

滑动条的主要属性如图 4.37 所示。

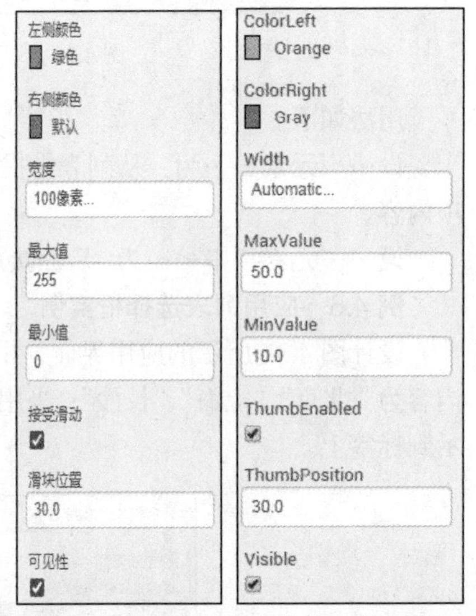

图 4.37　滑动条组件属性的中英文对照

左侧颜色（ColorLeft）：设置滑块左侧进度条的颜色。

右侧颜色（ColorRight）：设置滑块右侧进度条的颜色。

最大值（MaxValue）：设置滑动条的最大值。改变最大值也会改变滑块在进度条上的相对位置。如果新的最大值小于原来的最小值，则最大值与最小值将被同时设为新值。设定最大值将重置滑块的位置，从而触发“位置改变”事件。

最小值（MinValue）：设置滑动条的最小值。改变最小值也会改变滑块在进度条上的相对位置。如果新的最小值大于原来的最大值，则最大值与最小值将被同时设为新值。设定最小值将重置滑块的位置，进而触发“位置改变”事件。

接受滑动（ThumbEnabled）：是否显示滑块。

滑块位置（ThumbPosition）：设置滑块在进度条上的位置。如果位置值大于最大值，则位置值等于最大值；如果位置值小于最小值，则位置值等于最小值。

例 4.7　使用滑动条动态改变标签文本的颜色

设计图 4.38 所示的界面，实现通过拖曳红色、绿色、蓝色 3 个滑块动态改变标签文本的颜色。

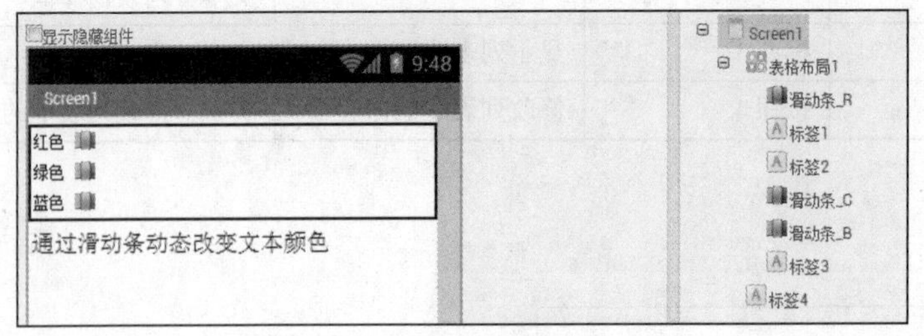

图 4.38　界面设计

组件说明如表 4.8 所示。

表 4.8　　组件说明

组　　件	所属组件组	命　　名	用　　途	属　　性
表格布局	界面布局	表格布局 1	放置组件	列数：2，行数：3

续表

组　件	所属组件组	命　名	用　途	属　性
滑动条	用户界面	滑动条_R	改变红色分量值	左侧颜色：红色 宽度：100 像素 最大值：255 最小值：0 滑块位置：30.0
标签	用户界面	标签 1	提示文字	文本：红色
滑动条	用户界面	滑动条_G	改变绿色分量值	左侧颜色：绿色 宽度：100 像素 最大值：255 最小值：0 滑块位置：30.0
标签	用户界面	标签 2	提示文字	文本：绿色
滑动条	用户界面	滑动条_B	改变蓝色分量值	左侧颜色：蓝色 宽度：100 像素 最大值：255 最小值：0 滑块位置：30.0
标签	用户界面	标签 3	提示文字	文本：蓝色
标签	用户界面	标签 4	示例文字	字号：20 文本：通过滑动条动态改变文本颜色

代码如图 4.39 所示。

运行效果如图 4.40 所示。

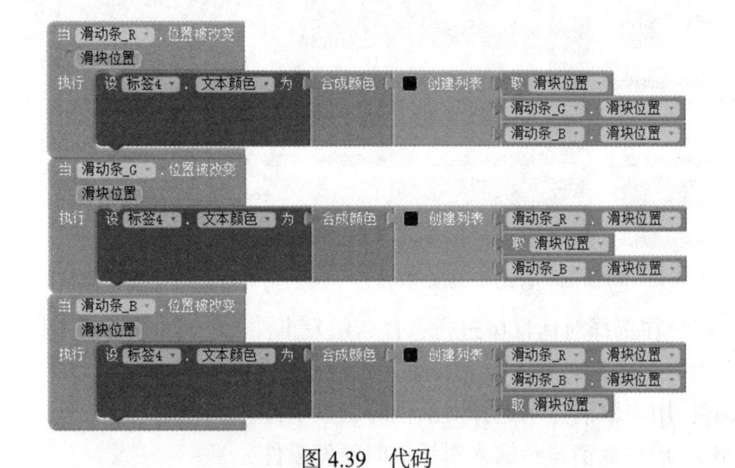

图 4.39　代码

图 4.40　运行效果

4.2.10　密码输入框

密码输入框（PasswordTextBox）供用户输入密码，且会隐藏用户输入的文字内容（以圆点代替字符）。

密码输入框组件与普通的文本输入框组件相同，只是不显示用户输入的字符。可以通过“文本”属性来设置或读取两种输入框中的文字内容，如果“文本”属性为空，则可以设置“提示”属性，来提示用户需要输入的内容。提示文字的颜色较浅。

微课

4.2.11 对话框

对话框（Notifier）用于显示警告、消息，以及临时性的通知，是非可视组件。

对话框属性如图 4.41 所示。

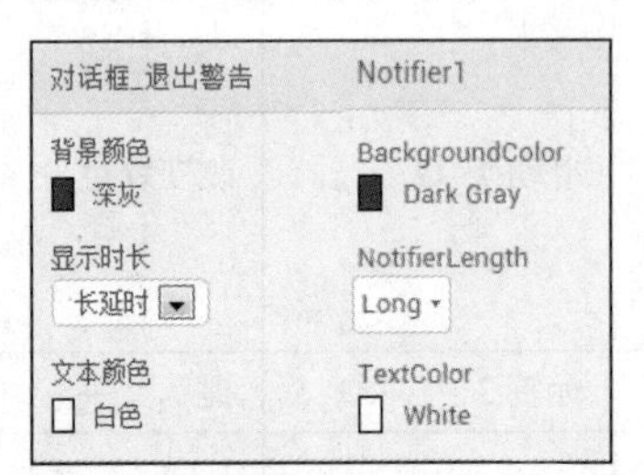

图 4.41 对话框组件属性的中英文对照

背景颜色（BackgroundColor）：设定警告的背景颜色（仅对警告对话框有效，对其他对话框无效）。

显示时长（NotifierLength）：设定警告显示的时间长短，有两个可选项——长延时、短延时（只能在组件设计中设置）。

文本颜色（TextColor）：设置警告的文字颜色（仅对警告对话框有效，对其他对话框无效）。

对话框有 4 个事件，如图 4.42 所示。

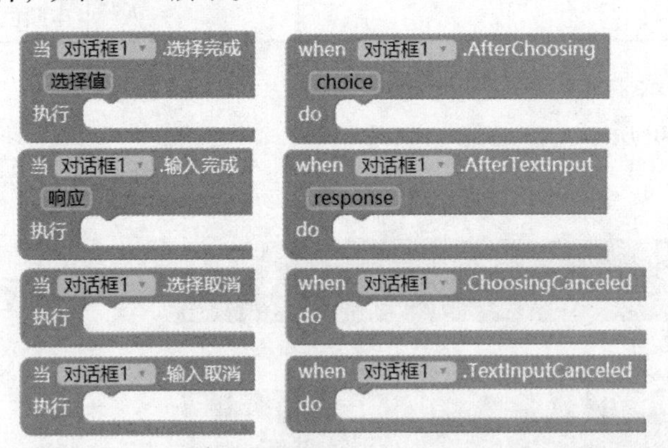

图 4.42 对话框事件的中英文对照

选择完成（AfterChoosing）：用户在选择对话框中进行选择后触发事件。

输入完成（AfterTextInput）：用户在输入对话框中完成输入时触发事件。

选择取消（ChoosingCanceled）：用户取消显示选择对话框时触发事件。

输入取消（TextInputCanceled）：用户取消显示输入对话框时触发事件。

对话框通过方法构建交互功能，主要方法如图 4.43 所示。

关闭进程对话框（DismissProgressDialog）：关闭先前显示的进程对话框。

错误日志（LogError）：将错误消息写入 Android 日志。有关如何访问日志，请参阅 Google Android 文档。

日志信息（LogInfo）：向 Android 日志中写入一条信息。

警告日志（LogWarning）：向 Android 日志中写入一条警告信息。

显示警告信息（ShowAlert）：显示一段临时性的警告文本，稍后将自动关闭。

显示选择对话框（ShowChooseDialog）：显示一个对话框和两个按钮，按钮的文本可以自己设定，如果允许撤销，会增加一个额外的“Cancel”（取消）按钮。用户可以选择点击其中一个按钮作为对系统的响应，将分别触发“选择完成”事件和“选择取消”事件。“选择完成”事件中的“选择值”参数是被点击按钮上的文本。

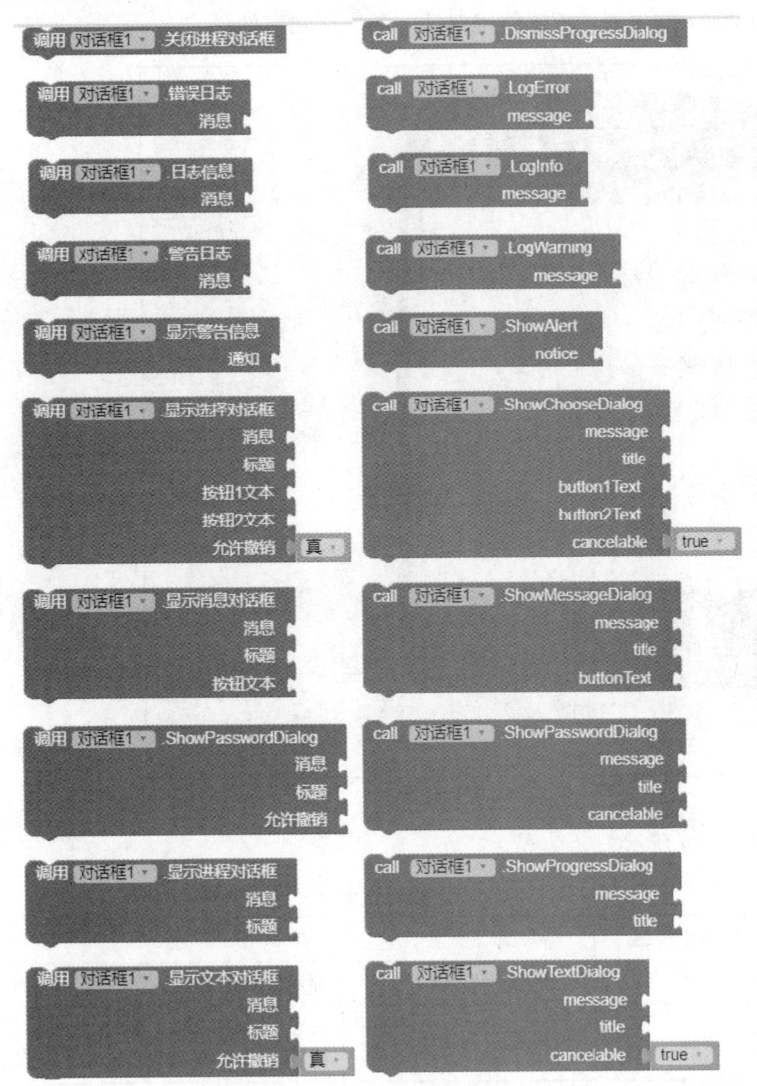

图 4.43 对话框方法的中英文对照

显示消息对话框（ShowMessageDialog）：显示一个警告对话框和一个按钮，用户点击按钮才能关闭对话框。

显示密码对话框（ShowPasswordDialog）：显示一个对话框，用户可以在其中输入密码（输入字符以“·”显示），点击按钮后，触发“输入完成”事件。如果允许撤销，会增加一个额外的“Cancel”（取消）按钮。如果用户点击“Cancel”按钮，会触发“输入取消”事件。

显示进程对话框（ShowProgressDialog）：用一个可选的标题和消息显示一个对话框（用空字

符串也可，将不会显示标题和消息）。该对话框包含一个旋转进度条，表示程序正在工作。用户不能关闭该对话框，必须调用关闭进程对话框（DismissProgressDialog）方法来关闭。

显示文本对话框（ShowTextDialog）：显示一个用户可以输入文本的对话框，用户可以输入文字来响应系统的提示，在输入完成之后将触发“输入完成”事件。如果允许撤销，将会增加一个额外的“Cancel”按钮。如果输入了文本，并且用户点击的是“OK”按钮，“输入完成”事件的“响应”（response）参数将是输入的文本。

例 4.8　对话框使用实例

设计图 4.44 所示的界面，正确使用对话框的方法和事件。

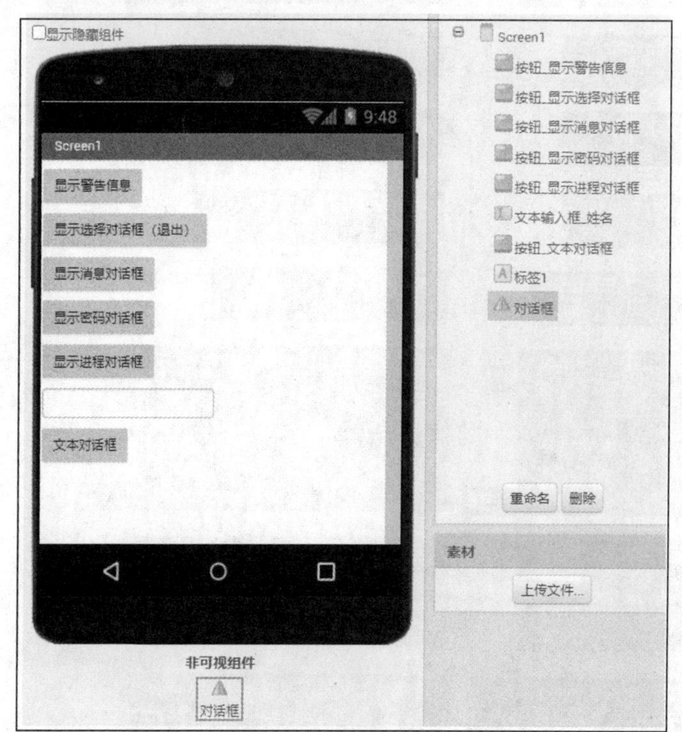

图 4.44　界面设计

组件说明如表 4.9 所示。

表 4.9　组件说明

组　件	所属组件组	命　名	用　途	属　性
按钮	用户界面	按钮_显示警告信息	显示警告信息	文本：显示警告信息
按钮	用户界面	按钮_显示选择对话框	显示选择对话框，退出应用	文本：显示选择对话框（退出）
按钮	用户界面	按钮_显示消息对话框	显示消息对话框	文本：显示消息对话框
按钮	用户界面	按钮_显示密码对话框	显示密码对话框	文本：显示密码对话框
按钮	用户界面	按钮_显示进程对话框	显示进程对话框	文本：显示进程对话框
文本输入框	用户界面	文本输入框_姓名	输入姓名	文本：空 提示：请输入姓名
按钮	用户界面	按钮_文本对话框	检查文本输入框中是否被输入姓名	文本：文本对话框

续表

组　　件	所属组件组	命　　名	用　　途	属　　性
标签	用户界面	标签 1	显示对话框执行中的信息	文本：空
对话框	用户界面	对话框	弹出对话框	

图 4.45 所示的代码可以实现图 4.46 所示的运行效果。

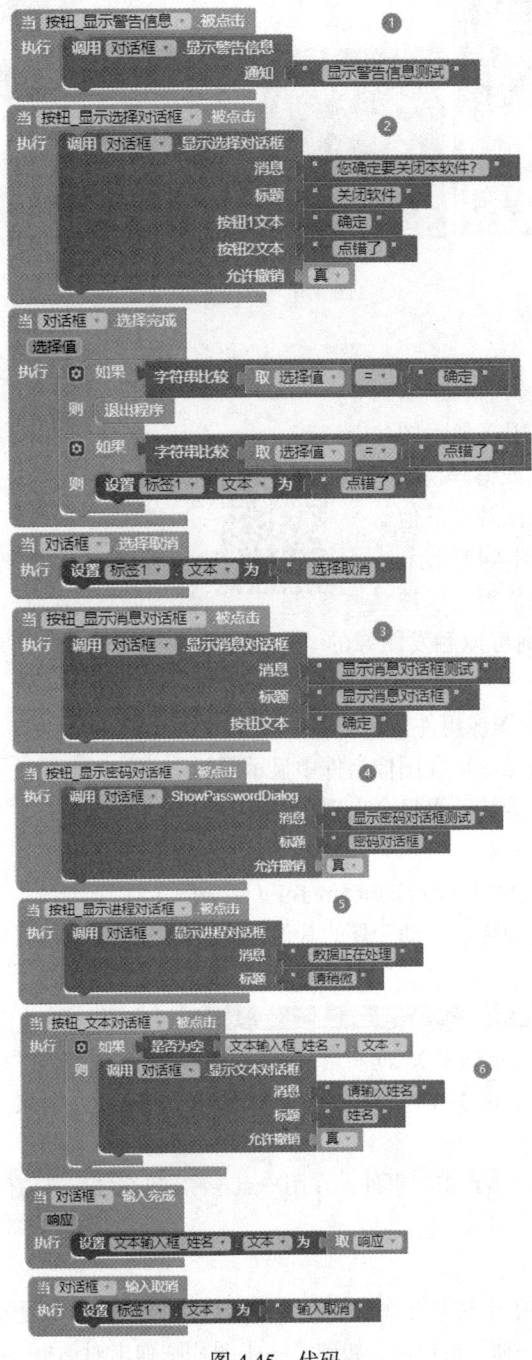

图 4.45　代码

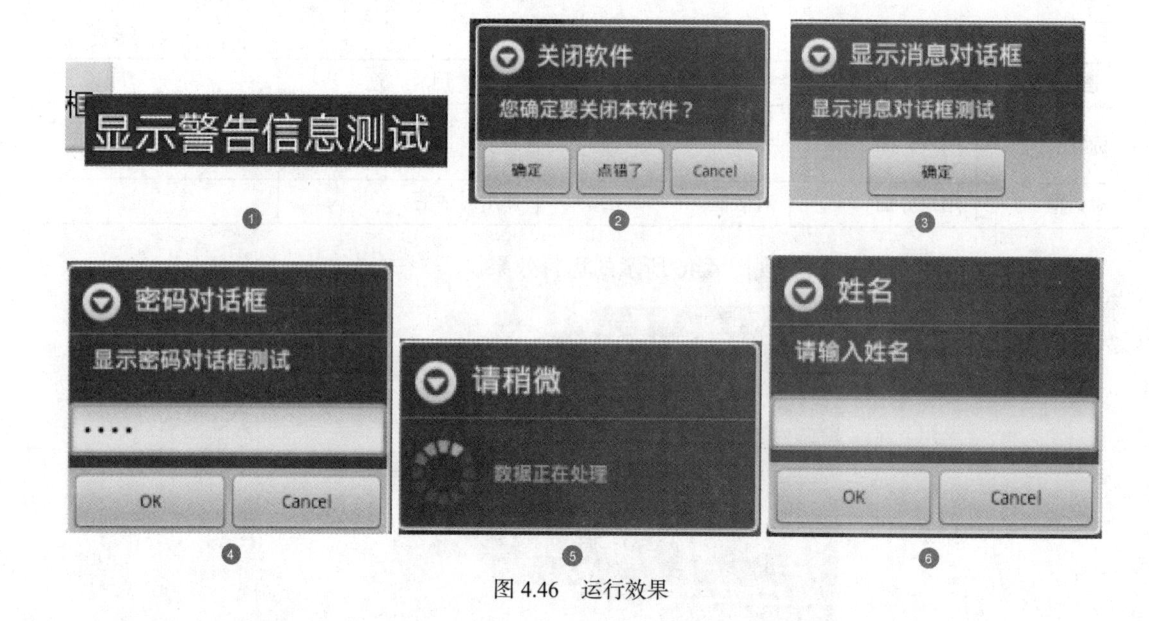

图 4.46　运行效果

4.2.12　图像

图像（Image）组件用于显示图像，用户可以在设计视图或编程视图中设置需要显示的图片及图片的其他外观属性。图像的属性如图 4.47 所示。

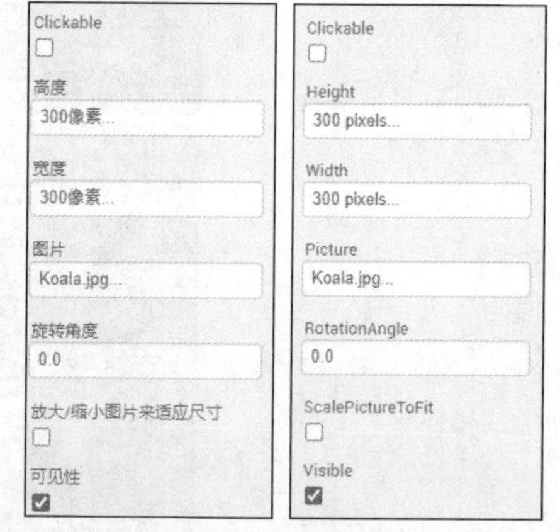

图 4.47　图像组件属性的中英文对照

Clickable：指定图像是否可以被点击。勾选该复选框，则可以触发图像的“被点击”事件。

图片（Picture）：设置图像组件显示的图像文件。

旋转角度（RotationAngle）：在图像组件中显示图片时，图片旋转的角度。此旋转效果只会出现在设备上，不会出现在模拟器上。

放大/缩小图片来适应尺寸（ScalePictureToFit）：图片高度或宽度属性被设置为除“自动”外的其他值时，勾选此复选框可以自动缩放图片，使其适合屏幕显示。

设 图像1 . 动画形式 为　set Image1 . Animation to 通过定义几种动作来实现简单的动画：图像缓慢向右滑入（ScrollRightSlow）、向右滑入（ScrollRight）、快速向右滑入（ScrollRightFast）、缓慢向左滑入（ScrollLeftSlow）、向左滑入（ScrollLeft）、快速向左滑入（ScrollLeftFast），以及停止（Stop）。

图像的事件只有一个“被点击”事件，在用户点击图像时触发。只有当“Clickable”复选框被勾选才会触发该事件。

例 4.9　图片幻灯片

在应用的素材管理器中上传几张图片，在图像组件中显示图片，通过“上一张”和“下一张”按钮切换图片。点击“上一张”按钮时，如到第一张图片则弹出对话框，提示“已到第一张图片”；

点击“下一张”按钮时，如到最后一张图片则弹出对话框，提示“已到最后一张图片”。

界面设计如图 4.48 所示。用到的图片读者可以自己从网上下载。

图 4.48　图片幻灯片界面设计

组件说明如表 4.10 所示。

表 4.10　组件说明

组　件	所属组件组	命　名	用　途	属　性
图像	用户界面	图像 1	显示图片	高度：300 像素 宽度：300 像素 图片：koala.jpg
水平布局	界面布局	水平布局 1	放置两个按钮	
按钮	用户界面	按钮_上一张	向前切换图片	文本：上一张
按钮	用户界面	按钮_下一张	向后切换图片	文本：下一张
对话框	用户界面	对话框 1	弹出对话框	

逻辑设计如图 4.49 所示。

代码说明如下。

全局变量 animator 是列表变量，用来存放图像的几种动画形式。

全局变量 imagename 是列表变量，用来存放素材管理器中的图片名称。

全局变量 index 为当前浏览到的图片的索引，即列表 imagename 中的索引。

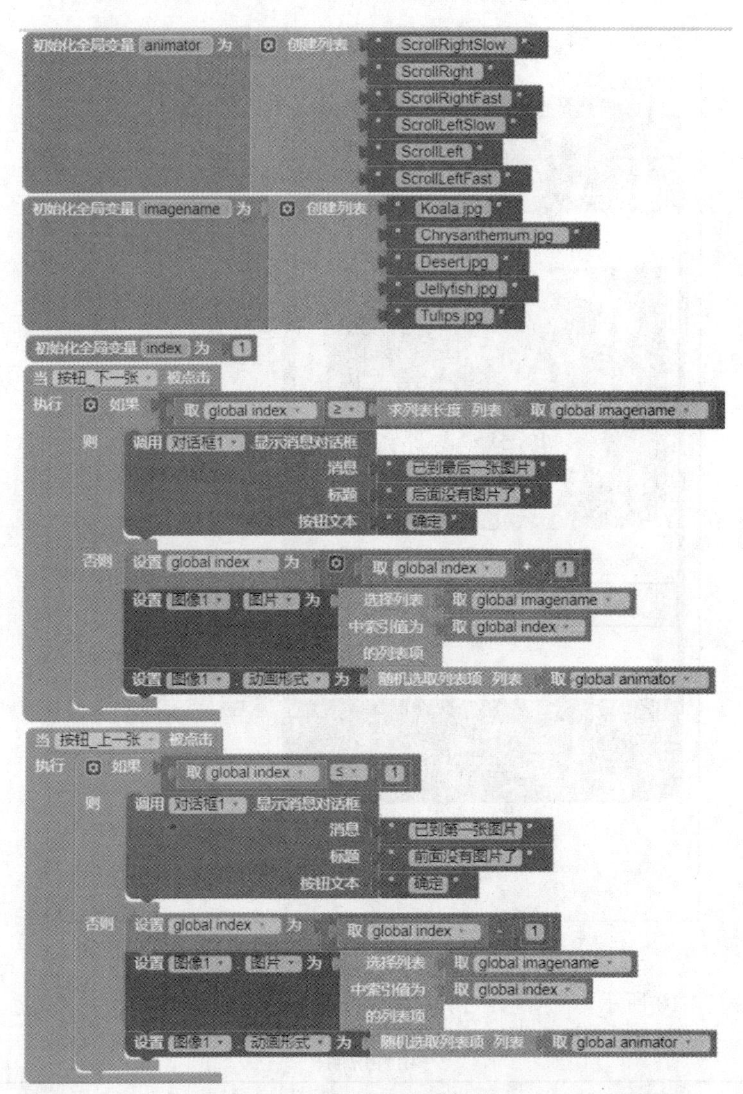

图 4.49　图片幻灯片逻辑代码

在“上一张”按钮的“被点击”事件中，首先判断索引是否小于或等于 1，如果是，则弹出显示消息对话框，提示“已到第一张图片”，否则 index 减 1，然后从 imagename 中取出索引对应的图片文件名，并给图像的图片属性赋值。最后从列表中随机选取一种动画形式进行设置。

在“下一张”按钮的“被点击”事件中，首先判断索引是否大于或等于 imagename 列表长度，如果是，则弹出显示消息对话框，提示“已到最后一张图片”，否则 index 加 1，然后从 imagename 中取出索引对应的图片名称，并给图像的“图片”属性赋值。最后从列表中随机选取一种动画形式。

在 App Inventor 中，经常将素材存放到列表中，然后通过按钮进行切换（此处的“上一张”“下一张”），此方法读者一定要理解并掌握，之后会有很多应用。

4.2.13　Web 浏览框

Web 浏览框（WebViewer）组件用于浏览网页，用户可以在组件设计或逻辑设计中设置默认的访问地址（URL），可以设定 Web 浏览框内的链接是否可以响应用户的点击而转到新的页面。用户可以在 Web 浏览框中填写表单。

Web 浏览框并非浏览器，当用户点击设备上的返回键时，将退出应用，而不是返回历史记录中的上一个页面。

Web 浏览框的属性如图 4.50 所示。

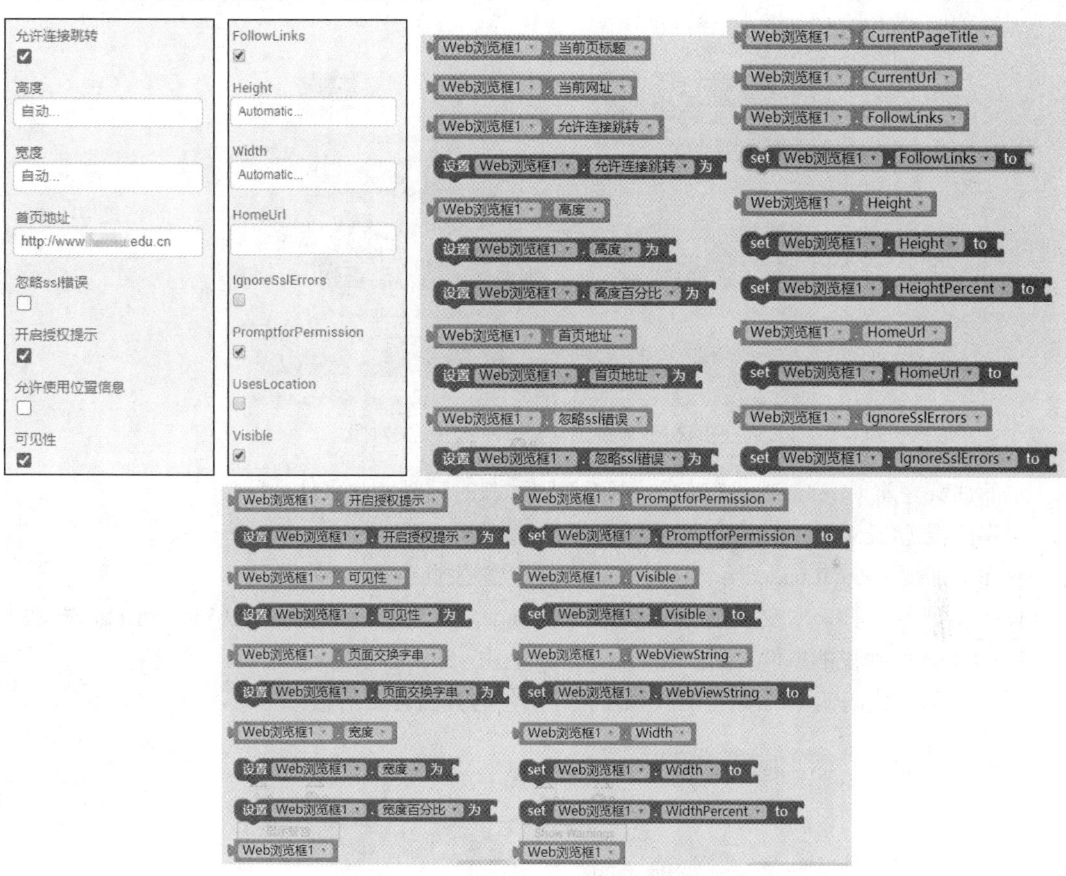

图 4.50　Web 浏览框组件属性的中英文对照

允许连接跳转（FollowLinks）：决定 Web 浏览框中的链接是否响应用户的点击而跳转到相应的页面。如果勾选该复选框，则可以使用后退及前进的方法来访问历史记录。

首页地址（HomeUrl）：设置 Web 浏览框打开时默认访问的页面地址。如果设置了首页地址，Web 浏览框将自动加载页面。

忽略 SSL 错误（IgnoreSslErrors）：决定是否忽略 SSL 错误。勾选该复选框，则忽略错误。勾选此复选框可以接收来自网站的自签名证书。

开启授权提示（PromptforPermission）：如果勾选该复选框，当用户访问定位 API（Application Programming Interface，应用程序接口）时，将提示用户授权访问定位 API；如果不勾选，则假定用户已经授权访问。

允许使用位置信息（UsesLocation）：决定是否允许应用使用 JavaScript 定位 API 权限。此属性只能在组件设计视图中设置。

可见性（Visible）：指定组件在屏幕上是否可见，复选框被勾选时可见，未被勾选时则隐藏。

当前页标题（CurrentPageTitle）：设置当前 Web 浏览框中的页面标题。

当前网址（CurrentUrl）：设置当前 Web 浏览框中页面的 URL，如果页面从首页转向后续链接，则其值不再是首页 URL。

页面交换字串（WebViewString）：可以实现应用和运行在 Web 浏览框中页面的 JavaScript 代码之间的通信。

Web 浏览框的事件如图 4.51 所示。

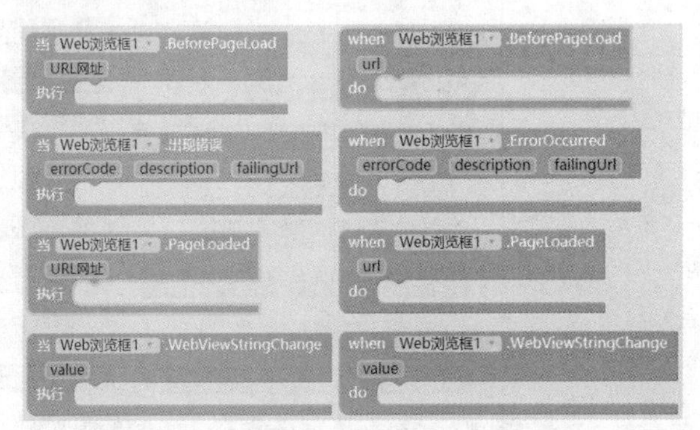

图 4.51　Web 浏览框事件的中英文对照

页面加载之前（BeforePageLoad）：页面即将加载时，触发此事件。

出现错误（ErrorOccurred）：当发生错误时，触发此事件。

页面已加载（PageLoaded）：页面加载完成后，触发此事件。

Web 浏览字符串改变（WebViewStringChange）：AppInventor.setWebViewString()方法从 JavaScript 调用时触发的事件。新 WebViewString 值由 value 参数指定。

图 4.52 所示代码使 Web 浏览框在触发相应事件时弹出警告信息。

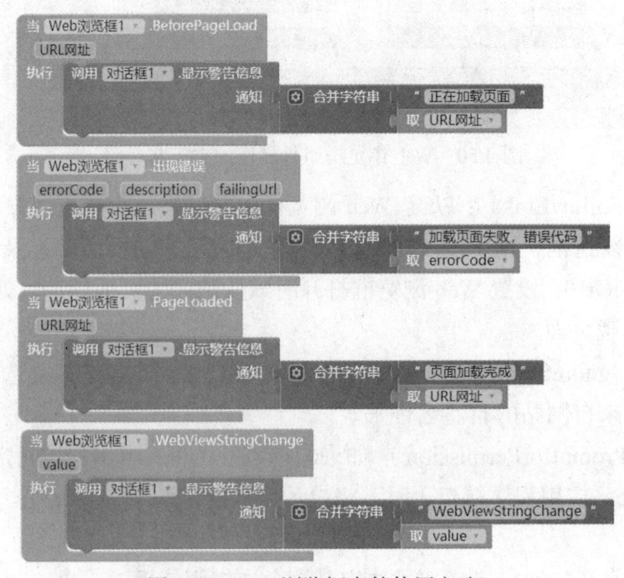

图 4.52　Web 浏览框事件使用方法

Web 浏览框的方法如图 4.53 所示。

图 4.53　Web 浏览框方法的中英文对照

检查可否后退（CanGoBack）：如果在历史记录列表中，Web 浏览框可以后退，则返回值为真。

检查可否前进（CanGoForward）：如果在历史记录列表中，Web 浏览框可以前进，则返回值为真。

清除缓存（ClearCaches）：清除内存和磁盘中的 Web 浏览缓存。

清除（ClearCookies）：清除 Web 浏览框的 Cookie。

清除位置信息（ClearLocations）：清除“存储的位置”信息。当在 Web 浏览框中使用地址位置 API 时，会根据每个 URL 提示最终用户是否授予访问其位置的权限。使用此方法清除所有位置的这类信息。

后退（GoBack）：回到历史记录列表中的前一页。如果不存在前一页，则不执行任何操作。

前进（GoForward）：前进到历史记录列表中的下一页，如果不存在下一页，则不执行任何操作。

回首页（GoHome）：加载首页，当首页的 URL 发生变化时，将自动加载页面。

访问网页（GoToUrl）：访问指定 URL 的网页。

重新加载（Reload）：重新加载当前页面。

运行 JavaScript（RunJavaScript）：在当前页面中运行 JavaScript。

停止加载（StopLoading）：停止加载页面。

例 4.10　简单网页浏览器

设计一个简单的网页浏览器，实现输入 URL、浏览网页、前进和后退等功能。运行效果如图 4.54 所示。

界面设计如图 4.55 所示。

图 4.54　运行效果

图 4.55　界面设计

该应用使用了 3 个按钮、1 个文本输入框、1 个 Web 浏览框、1 个水平布局和 1 个对话框。组件说明如表 4.11 所示。

表 4.11　　组件说明

组　件	所属组件组	命　名	用　途	属　性
水平布局	界面布局	水平布局 1	水平放置多个组件	宽度：充满
按钮	用户界面	按钮_后退	返回到前面一个网页	文本：后退
按钮	用户界面	按钮_前进	前进到下一个网页	文本：前进
文本输入框	用户界面	文本输入框_url	输入网址	文本：http://
按钮	用户界面	按钮_浏览	浏览网页	文本：浏览网页
Web 浏览框	用户界面	Web 浏览框 1	显示网页	首页地址：（略）
对话框	用户界面	对话框 1	提示网页加载情况	

代码如图 4.56 所示。

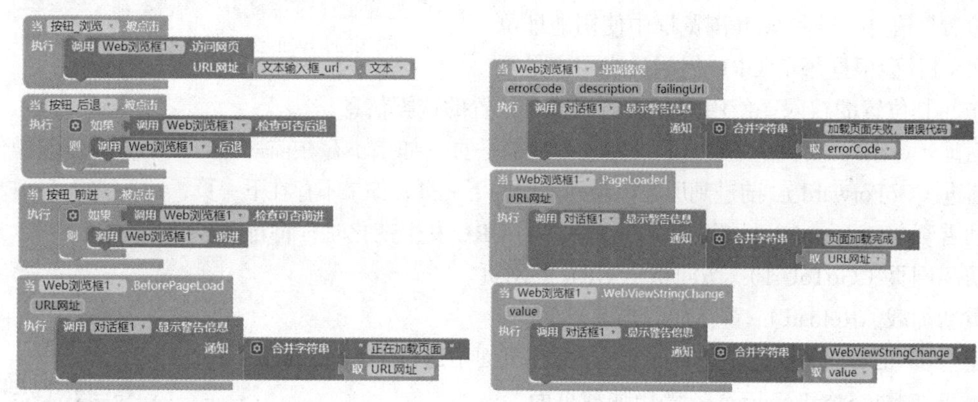

图 4.56　代码

4.2.14　下拉框

点击下拉框（Spinner）时将弹出下拉列表。列表中的元素可以在组件设计或逻辑设计中通过“元素字串”属性进行设置，该字串由一组以英文逗号分隔的字符串组成（如“选项 1,选项 2,选项 3”）；也可以在逻辑设计中将“元素”属性设置为某个列表。下拉框主要用于应用中一些固定值的选择。

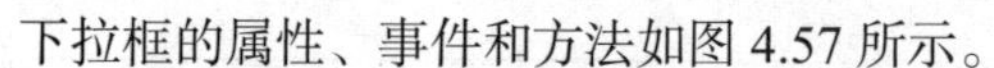

下拉框的属性、事件和方法如图 4.57 所示。

图 4.57　下拉框的属性、事件和方法的中英文对照

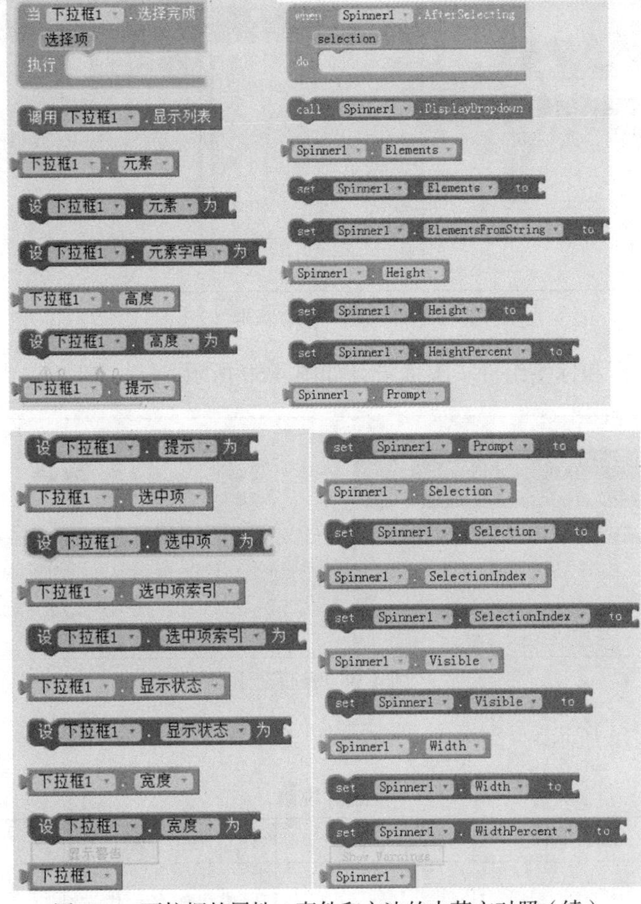

图 4.57　下拉框的属性、事件和方法的中英文对照（续）

下拉框的主要属性介绍如下。

元素字串（ElementsFromString）：用一组以英文逗号分隔的字符串来设置下拉列表中的元素。

提示（Prompt）：打开下拉列表时，显示在列表顶部的标题。

选中项（Selection）：返回下拉框中当前被选中的列表项的值。

元素（Elements）：从被指定的列表中返回列表元素。

选中项索引（SelectionIndex）：当前被选中的列表项的索引值，从 1 开始，如果没有列表项被选中，则该值为 0。

下拉框的主要事件介绍如下。

选择完成（AfterSelecting）：当用户从下拉列表中选中一项时触发。

下拉框的主要方法介绍如下。

显示列表（DisplayDropdown）：打开下拉列表以供选择，与用户点击下拉框的效果相同。

例 4.11　下拉框的使用——选择民族

在网上注册的时候，有很多信息是通过选择下拉列表项来进行设定的，如性别、民族等。在图 4.58 所示的运行效果中，在用户选择民族后，标签将显示选中项。

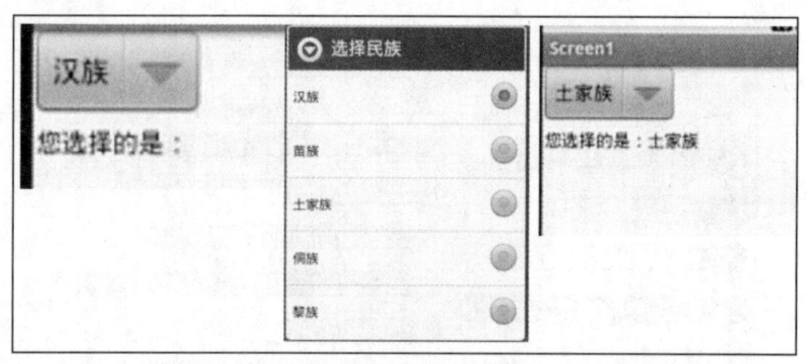

图 4.58　运行效果

该例使用了下拉框和标签组件，界面设计如图 4.59 所示。

图 4.59　界面设计

组件说明如表 4.12 所示。

表 4.12　组件说明

组　　件	所属组件组	命　　名	用　　途	属　　性
下拉框	用户界面	下拉框 1	提供民族名称供选择	元素字串：汉族,苗族,土家族,侗族,黎族…… 提示：选择民族
标签	用户界面	标签 1	显示选择的民族	文本：您选择的是：

代码如图 4.60 所示。

图 4.60　代码

4.2.15　转换开关

转换开关（Switch）组件可以检测用户的点击并更改其布尔值作为响应。它们在外观上与复选框相同。转换开关组件的属性和事件如图 4.61 所示。

转换开关具有打开（true）和关闭（false）状态。当转换开关在打开和关闭状态之间切换时，会引发状态被改变（Changed）事件。

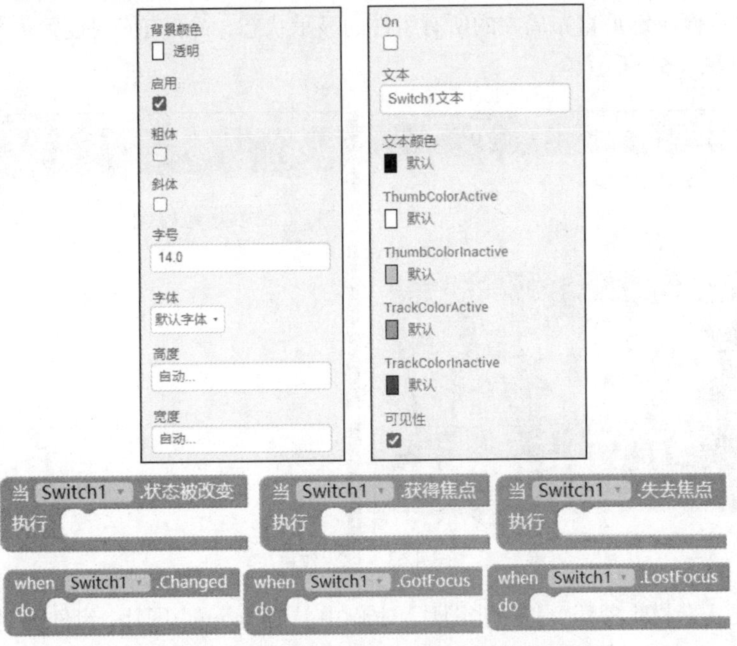

图 4.61　转换开关的属性和事件的中英文对照

转换开关的主要属性介绍如下。

开关（On）：如果开关处于打开状态，即对应复选框被勾选，则该属性值为真（true），否则为假（false）。

打开状态时“拇指”颜色（ThumbColorActive）：指定转换开关处于打开状态时的“拇指”颜色（组件设计视图中）。（ 底部的圆角矩形为轨道，上面小圆为“拇指”。）

关闭状态时“拇指”颜色（ThumbColorInactive）：指定转换开关处于关闭状态时的“拇指”颜色（组件设计视图中）。

打开状态时轨道颜色（TrackColorActive）：指定转换开关处于打开状态时的轨道颜色（组件设计视图中）。

关闭状态时轨道颜色（TrackColorInactive）：指定转换开关处于关闭状态时的轨道颜色（组件设计视图中）。

转换开关的主要事件介绍如下。

状态被改变（Changed）：用户将开关的状态从打开更改为关闭或相反。

获得焦点（GotFocus）：转换开关成为焦点组件时触发。

失去焦点（LostFocus）：转换开关失去焦点时触发。

例 4.12　转换开关的使用——显示隐藏界面

在很多应用中，有些内容可以根据用户的喜好显示或者隐藏，通过切换转换开关的状态来实现。图 4.62 所示的界面通过转换开关来决定是否

图 4.62　界面设计

显示垂直布局，从而决定垂直布局中的所有组件的显示状态，而没有必要设置每个组件的可见性。

运行效果如图 4.63 所示。

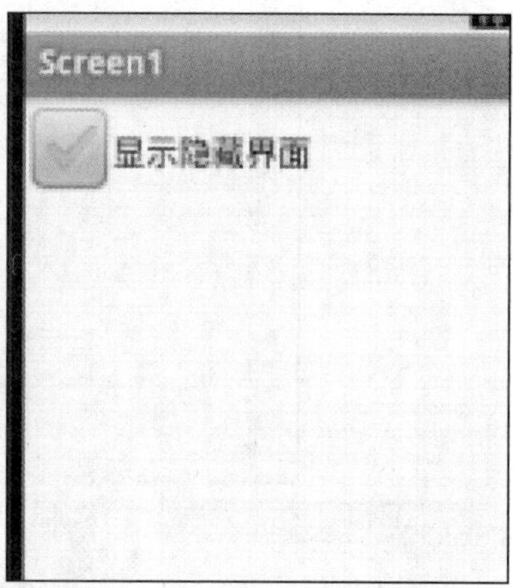

图 4.63　运行效果

该应用需要从素材管理器上传一张图片，本例中上传 “a.jpg” 图片。组件说明如表 4.13 所示。

表 4.13　组件说明

组　件	所属组件组	命　名	用　途	属　性
Switch	用户界面	Switch_显示隐藏界面	通过转换开关的 On 属性显示和隐藏垂直布局	文本：显示隐藏界面
垂直布局	界面布局	垂直布局 1	上面放置其他组件，如果垂直布局的可见性为真，则该组件里面的所有组件都会显示，否则不显示	
图像	用户界面	图像 1	显示一张图片	图片：a.jpg

逻辑设计如图 4.64 所示。

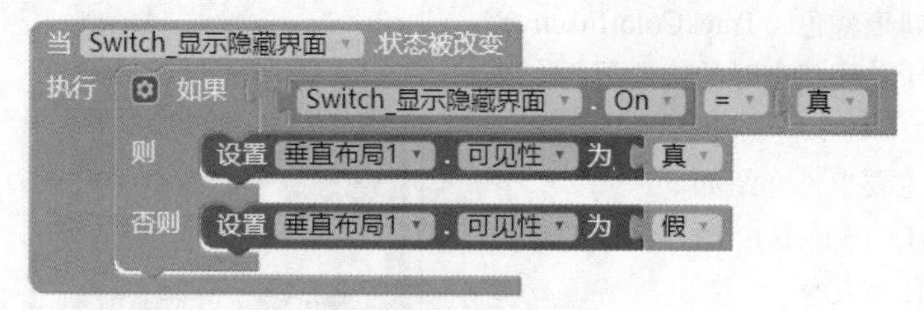

图 4.64　显示隐藏界面逻辑代码

4.3　界面布局组件

界面布局组件（Layout Components）是设计界面时用来设置组件排列规则的，包括水平布局、垂直布局和表格布局 3 种类型，如图 4.65 所示。

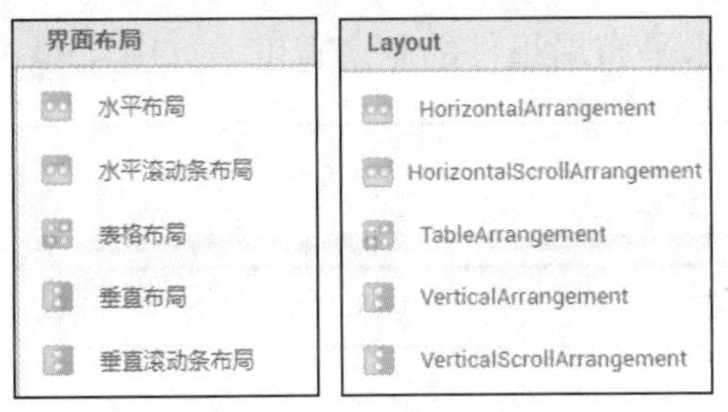

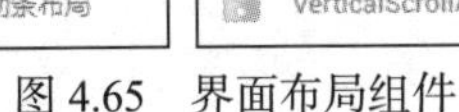
图 4.65　界面布局组件

4.3.1　水平布局

通过水平布局（HorizontalArrangement）组件可以实现内部组件自左向右的水平排列，其属性如图 4.66 所示。

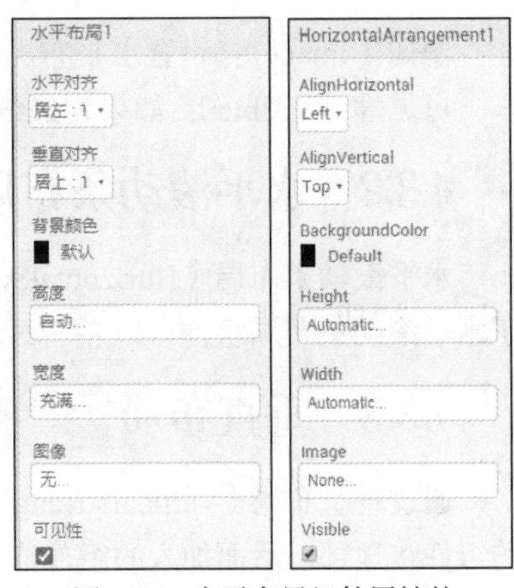

图 4.66　水平布局组件属性的中英文对照

水平对齐（AlignHorizontal）：设置水平方向上的对齐方式，包括居左、居中和居右 3 种对齐方式，在代码中分别用“1”“2”“3”表示这 3 种对齐方式。默认为居左。

垂直对齐（AlignVertical）：设置垂直方向上的对齐方式，包括居上、居中和居下 3 种对齐方式，在代码中分别用“1”“2”“3”表示这 3 种对齐方式。默认为居上。

背景颜色（BackgroundColor）：设置水平布局组件的背景颜色。

高度（Height）：设置水平布局组件的高度（y 方向的尺寸）。

如果水平布局组件的高度被设置为“自动”，当水平布局内部组件的高度均设为“充满”时，则水平布局组件的实际高度由水平布局内部组件的高度经计算后确定；当内部组件被设定了高度时，水平布局组件的高度取决于内部最高的那个组件的高度，如图 4.67（a）所示；当水平布局组件内部不包含组件时，其高度为 100 像素。

如果水平布局组件的高度被设置为“像素”或百分比，当内部组件的高度超过水平布局组件的高度时，内部组件不能被完全显示，如图 4.67（b）所示。

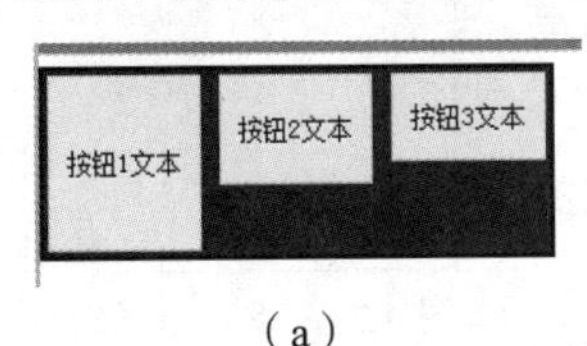

（a）　　（b）

图 4.67　水平布局组件的高度属性

宽度（Width）：设置水平布局组件的宽度（x 方向的尺寸）。

如果水平布局组件的宽度被设置为“自动”，其实际宽度为内部所有组件宽度之和；此时如果将内部组件宽度设为“充满”，则视同设为“自动”，如图 4.68 所示。

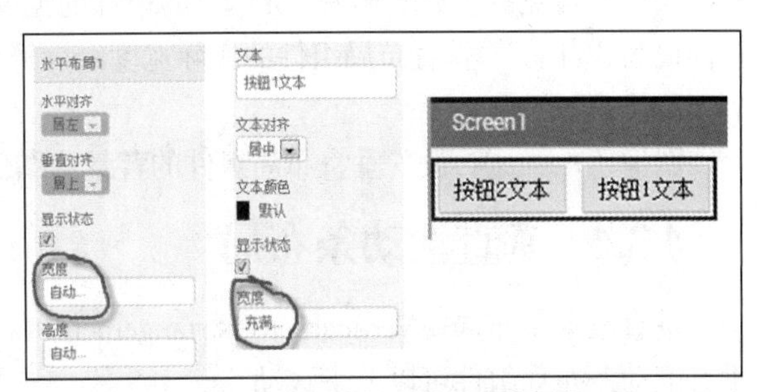

图 4.68　水平布局组件的宽度属性 1

如果水平布局组件的宽度被设置为“充满”或者某个具体数值，当某些内部组件的宽度被设为“充满”时，这些组件将充满水平布局组件的剩余宽度，如图 4.69 所示。

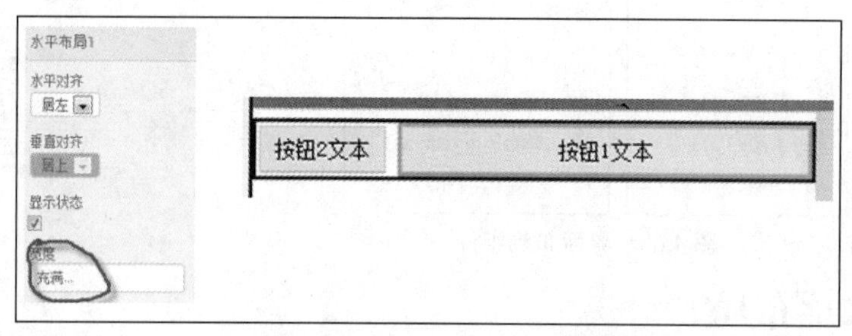

图 4.69　水平布局组件的宽度属性 2

图像（Image）：设置水平布局组件的背景为图像。

可见性（Visible）：如果勾选该复选框，则水平布局组件及其内部组件在用户界面中可见。

4.3.2　水平滚动条布局

水平滚动条布局（HorizontalScrollArrangement）组件的用法与水平布局组件的一样，区别在于水平滚动条布局组件可以左右滚动。

4.3.3　垂直布局

通过垂直布局（VerticalArrangement）组件可以实现内部组件自上而下的垂直排列，最先加入的组件在顶部，后面加入的组件依次向下排列。其属性如图 4.70 所示。

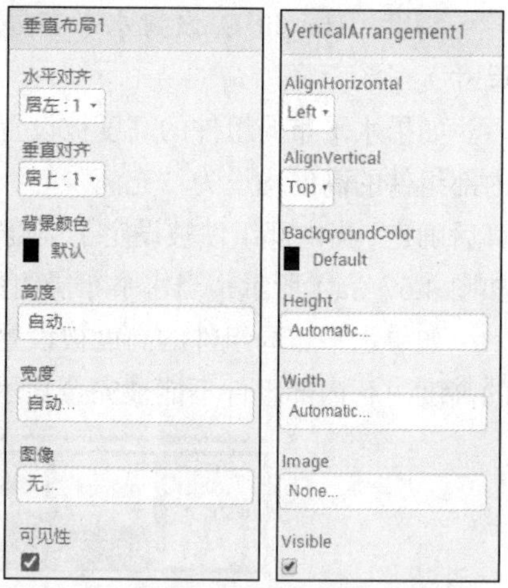

高度（Height）：设置垂直布局组件的高度（y 方向的尺寸）。

如果垂直布局组件的高度属性被设为“自动”，其实际高度为内部所有组件高度之和；此时如果内部组件高度被设为“充满”，则视同设为“自动”。

如果垂直布局组件的高度被设置为“充满”或某个固定值，则内部高度被设为“充满”的组件将充满垂直布局组件的剩余高度。

宽度（Width）：设置垂直布局组件的宽度（x 方向的尺寸）。

图 4.70　垂直布局组件属性的中英文对照

如果垂直布局组件宽度被设为“自动”，则其实际宽度取决于内部最宽的、宽度不为“充满”的组件的宽度；如果内部组件宽度都被设置为“充满”，则视同设为“自动”，垂直布局组件的实际宽度经计算后确定；如果内部不包含任何组件，则其宽度为 100 像素。

图像（Image）：设置垂直布局组件的背景为图像。

4.3.4　垂直滚动条布局

垂直滚动条布局（VerticalScrollArrangement）组件的用法与垂直布局组件的一样，区别在于垂直滚动条布局组件可以上下滚动。

4.3.5　表格布局

表格布局（TableArrangement）用于使内部组件按照表格方式排列。

在表格布局组件中，组件按照表格的行和列，即单元格排列；如果多个组件占据同一个单元格，则只有最后一个组件可见。在每一行，所有组件在垂直方向上居中对齐。表格布局组件的属性如图 4.71 所示。

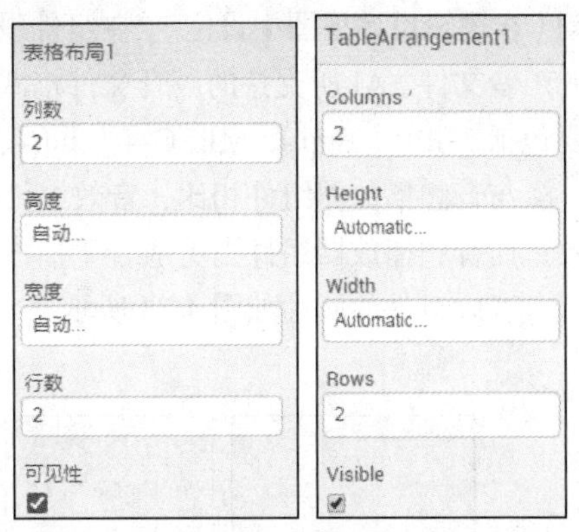

图 4.71　表格布局组件属性的中英文对照

列数（Columns）：设置表格布局中列的数量。

高度（Height）：设置表格布局组件行的高度（y 方向的尺寸）。

如果表格布局组件的高度被设置为“自动”，则表格布局中每行的高度取决于该行内最高的、高度不为“充满”的组件；如果行内组件的高度都被设为“充满”，则视同设为“自动”，表格布局组件行的高度经计算后确定。

宽度（Width）：设置表格布局组件列的宽度（x 方向的尺寸）。

表格布局中列的宽度取决于该列中最宽的组件。当内部组件宽度被设为“充满”时，视同设为“自动”。

行数（Rows）：设置表格中行的数量。

4.4　多媒体组件

多媒体组件（Media Components）包括音频录制及播放、视频录制及播放、照相机、语音识别和翻译等组件。这些组件与生活息息相关，极大地丰富了 App Inventor 的功能。多媒体组件如图 4.72 所示。

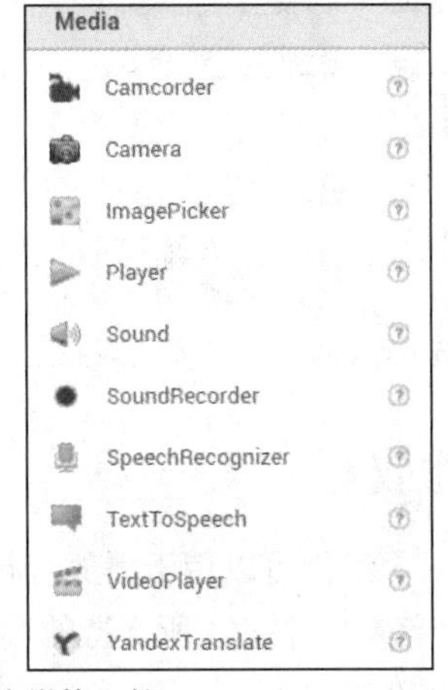

图 4.72　多媒体组件

4.4.1 音效

音效（Sound）组件可以用于播放声音文件，并使手机产生数毫秒的震动（在逻辑设计视图中设定）。在组件设计或逻辑设计中，都可以设定要播放的声音文件。AI 所支持的声音文件格式请参见安卓设备支持的媒体格式，主要包括 3GPP（.3gp）、MPEG-4（.mp4、.m4a）、MP3 等。

与音频播放器组件相比，音效组件更适合于播放短小的声音文件，如音效；而音频播放器组件则更适合于播放较长的音频文件，如歌曲。

音效组件的属性如图 4.73 所示。

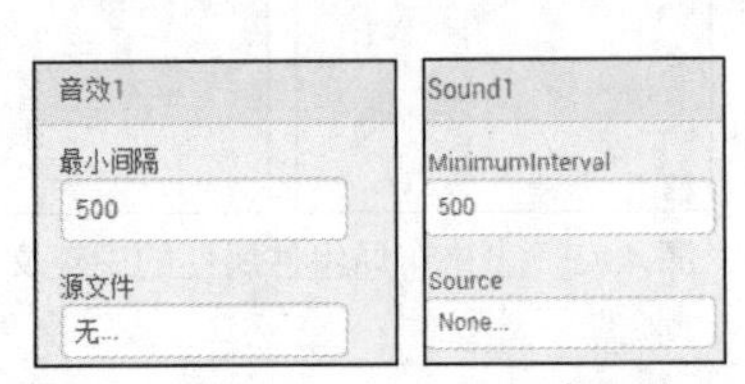

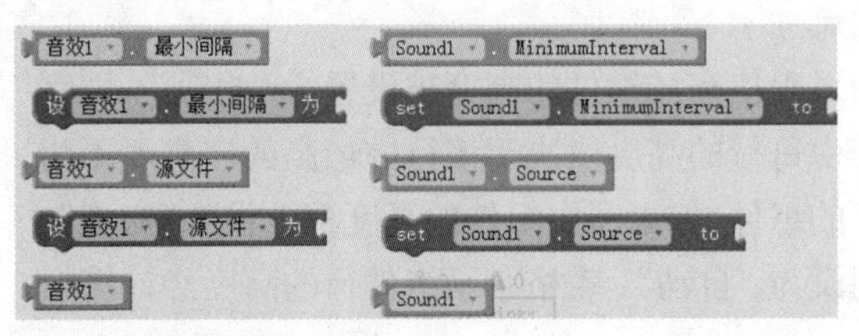

图 4.73　音效组件属性的中英文对照

最小间隔（MinimumInterval）：设置两次播放声音的最小时间间隔，如果正在播放声音，或在最小时间间隔内，则其他对“播放”方法的调用都将被忽略。

源文件：指定播放的声音文件。

音效组件的方法如图 4.74 所示。

暂停（Pause）：如果正在播放声音，暂停播放。

播放（Play）：播放声音。

恢复（Resume）：在暂停后继续播放声音。

停止（Stop）：如果正在播放声音，停止正在进行的播放。

震动（Vibrate）：设置手机震动的时长（毫秒数）。

通过图 4.75 所示的代码可以实现用户点击按钮后，播放声音和使手机产生震动。

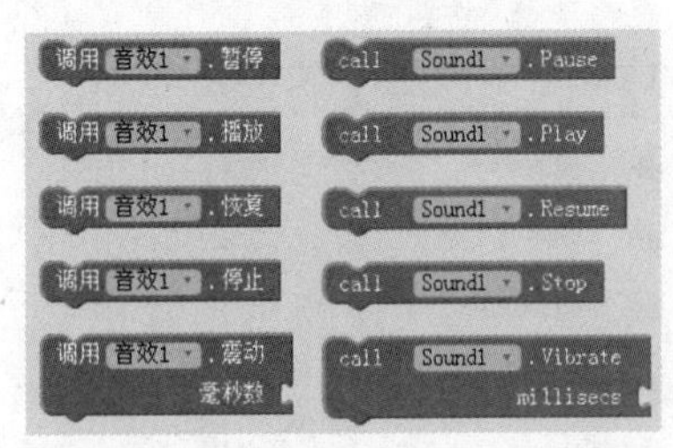

图 4.74　音效组件方法的中英文对照

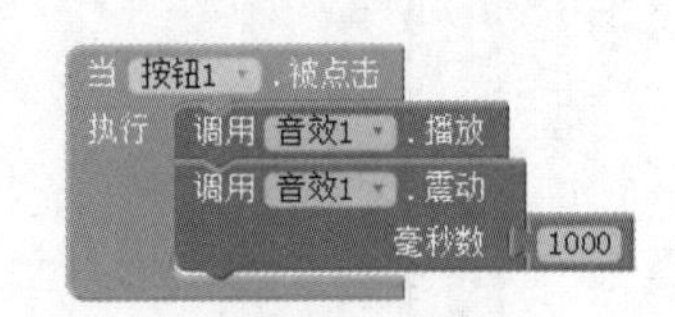

图 4.75　代码

4.4.2 音频播放器

音频播放器（Player）组件可以用于播放音频和控制手机的震动。在组件设计或逻辑设计中，用户可以设定要播放的音频文件。AI 所支持的音频文件格式请参见安卓设备支持的媒体格式，主要包括 3GPP（.3gp）、MPEG-4（.mp4、.m4a）、MP3 等。

音频播放器组件适合于播放长的音频文件。该组件的属性如图 4.76 所示。

循环播放（Loop）：如果勾选该复选框，将循环播放相应音频文件。

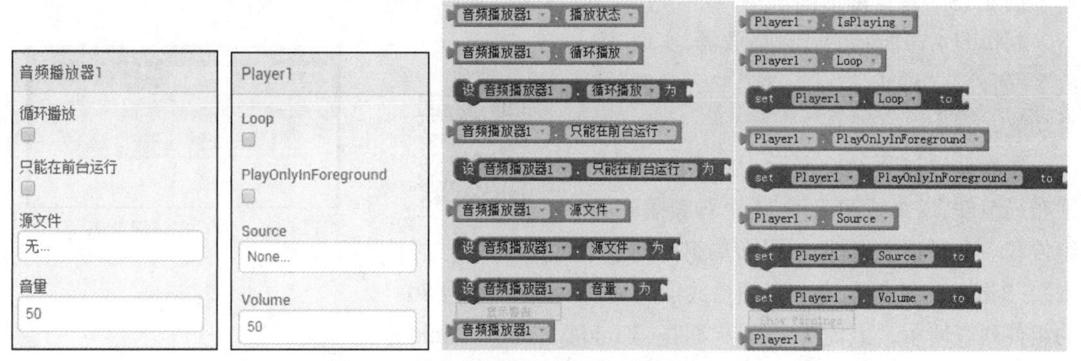

图 4.76　音频播放器组件属性的中英文对照

只能在前台运行（PlayOnlyInForeground）：如果勾选该复选框，当离开当前界面时，播放将暂停；如果不勾选（默认），则无论当前界面是否显示，播放都将持续下去。

源文件（Source）：指定播放的音频文件。

音量（Volume）：设置播放音量，范围从 0 到 100。

播放状态（IsPlaying）：当音频正在被播放时，其值为 true；其他情况下（未播放、暂停、停止等），其值均为 false。

音频播放器的事件有两个，如图 4.77 所示。

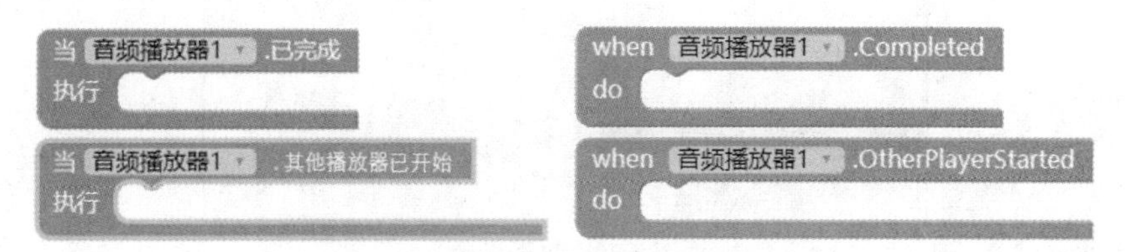

图 4.77　音频播放器事件的中英文对照

已完成（Completed）：已经播放到音频文件末尾时触发。

其他播放器已开始（OtherPlayerStarted）：当其他播放器开始播放时（当前播放器处于播放或暂停状态，但非停止状态）触发。

音频播放器的方法如图 4.78 所示。

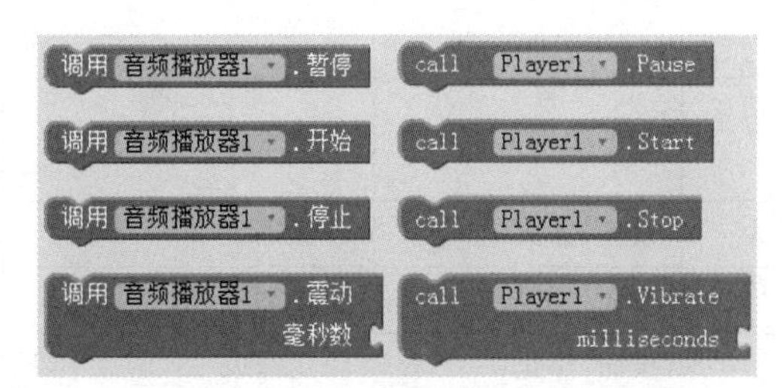

图 4.78　音频播放器方法的中英文对照

暂停（Pause）：暂停正在进行的播放。

开始（Start）：开始播放。如果此前处于暂停状态，则继续播放；如果此前处于停止状态，则从头开始播放。

停止（Stop）：停止正在进行的播放，并回到媒体文件的开头。

震动（Vibrate）：让手机震动指定的毫秒数。

例 4.13　音频播放器

制作图4.79所示的音频播放器，实现"播放""暂停""停止""上一首""下一首"5个功能。

图 4.79　音频播放器

界面设计如图 4.80 所示，用到了 1 个水平布局组件、5 个按钮组件、1 个音频播放器组件和一个对话框组件。水平布局组件的水平对齐方式为"居中"，Screen1 的标题为"音频播放器"，按钮名称如图 4.80 的组件列表所示，上传 3 个音频文件（1.mid、2.mid、3.mid）。

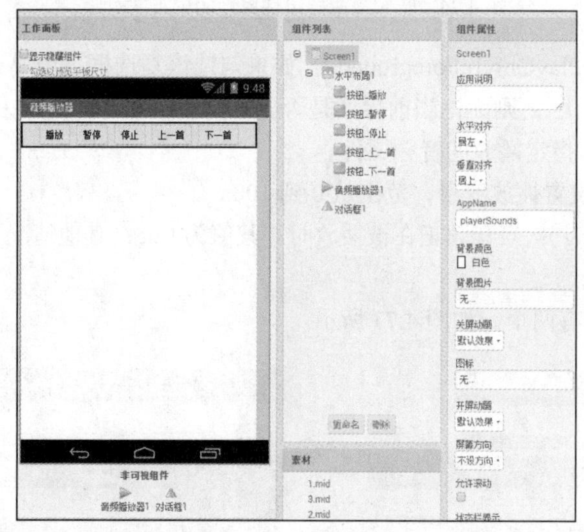

图 4.80　界面设计

组件说明如表 4.14 所示。

表 4.14　组件说明

组　件	所属组件组	命　名	用　途	属　性
Screen	默认屏幕	Screen1		水平对齐：居中 AppName：playerSounds 标题：音频播放器
水平布局	界面布局	水平布局 1	水平放置组件	水平对齐：居中 宽度：充满
按钮	用户界面	按钮_播放	开始播放	文本：播放
按钮	用户界面	按钮_暂停	暂停播放	文本：暂停
按钮	用户界面	按钮_停止	停止播放	文本：停止
按钮	用户界面	按钮_上一首	播放上一个音频文件	文本：上一首
按钮	用户界面	按钮_下一首	播放下一个音频文件	文本：下一首
音频播放器	多媒体	音频播放器 1	实现音频播放器的各种功能	源文件：1.mid
对话框	用户界面	对话框 1	提醒已经是最初或最后一个音频	

逻辑设计如下。

（1）定义两个全局变量，如图 4.81 所示。变量 sounds 初始化为列表，用来存放音频文件。变量 soundindex 为音频文件对应到列表中的索引。

图 4.81　定义全局变量代码

（2）初始化。当屏幕初始化时设置音频播放器的源文件，如图 4.82 所示。这样做的目的是在应用被启动的时候把所有的音频文件加载一遍，加快后面应用被启动的速度。

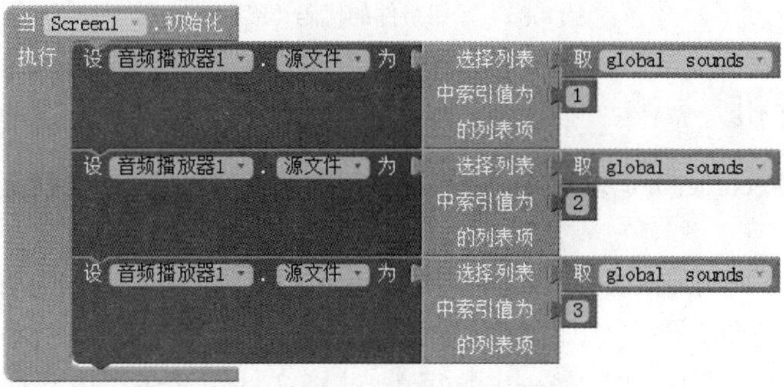

图 4.82　屏幕初始化代码

（3）按钮组件的代码如图 4.83 所示，分别用于实现“播放”“暂停”“停止”“上一首”和“下一首”功能。在实现“下一首”功能时，代码首先要取得当前正在播放的音频文件在列表中的索引，然后判断当前的索引是否到达列表的末尾，如果没有到达列表末尾，使当前的索引值加 1，并设置音频播放器的源文件为当前索引对应的音频文件和播放声音。实现“上一首”功能的代码与此类似。

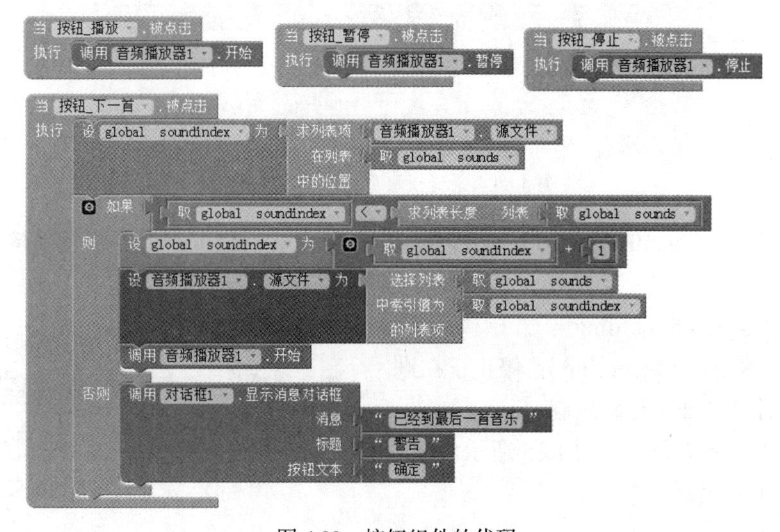

图 4.83　按钮组件的代码

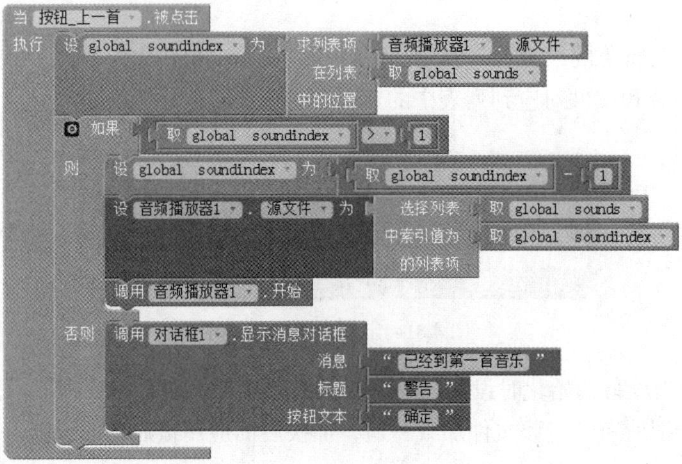

图 4.83　按钮组件的代码（续）

4.4.3　录音机

录音机（SoundRecorder）是录制音频的多媒体组件。录制完成后，系统会自动保存音频文件到特定的目录。

录音机组件只有一个 SavedRecording 属性，用户可以在该属性中填入字符串，以指定录制的音频文件的完整路径和文件名。如果没有指定此属性，录音机会自动创建一个文件名（如“app_inventor_*.3gp”，其中“*”是一串数字），并将文件保存在“内部存储/My Documents/Recordings”目录下。如果想指定路径和文件名，则需要按照“/sdcard/test/a.3gp”的格式，即文件名为“a.3gp”，保存在内部存储的“test”文件夹中。

录音机的事件有 3 个，如图 4.84 所示。

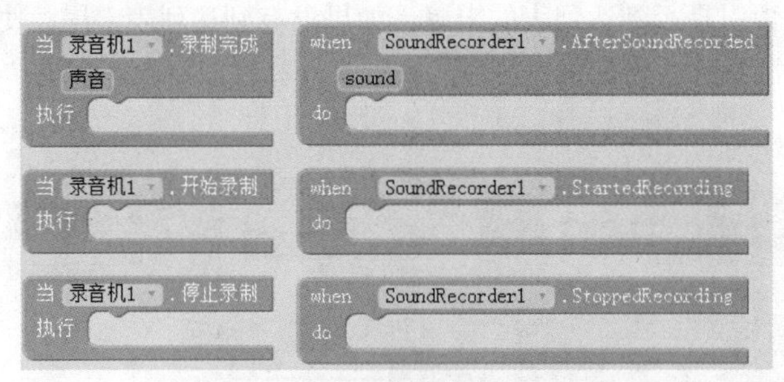

图 4.84　录音机事件的中英文对照

录制完成（AfterSoundRecorded）：当停止录制时触发，通过“声音”提供新建的音频文件的存放位置。

开始录制（StartedRecording）：开始执行录制，并可以随时停止。

停止录制（StoppedRecording）：停止正在进行的录制，然后可以重新开始录制。

录音机的方法有两个，如图 4.85 所示。

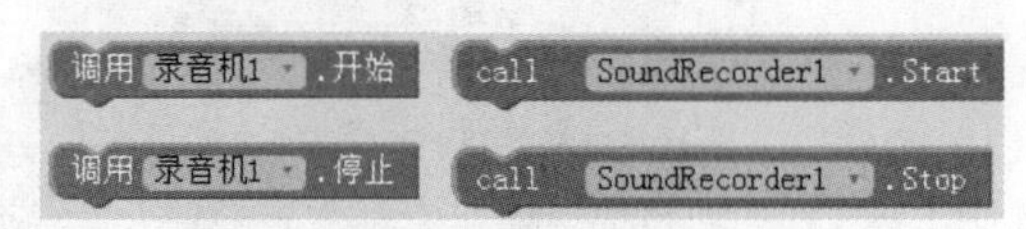

图 4.85　录音机方法的中英文对照

开始（Start）：开始录制。

停止（Stop）：停止录制。

例 4.14 录音机

制作图 4.86 所示的录音机，实现“开始录音”“停止录音”“播放录音”和“退出”4 个功能。

图 4.86 界面设计

组件说明如表 4.15 所示。

表 4.15 录音机组件说明

组　件	所属组件组	命　名	用　途	属　性
按钮	用户界面	按钮_开始录音	开始录音	文本：开始录音
按钮	用户界面	按钮_停止录音	停止录音	文本：停止录音
按钮	用户界面	按钮_播放录音	播放录音	文本：播放录音
按钮	用户界面	按钮_退出	退出应用	文本：退出
录音机	多媒体	录音机 1	录音	
音频播放器	多媒体	音频播放器 1	播放录音	

代码如图 4.87 所示。

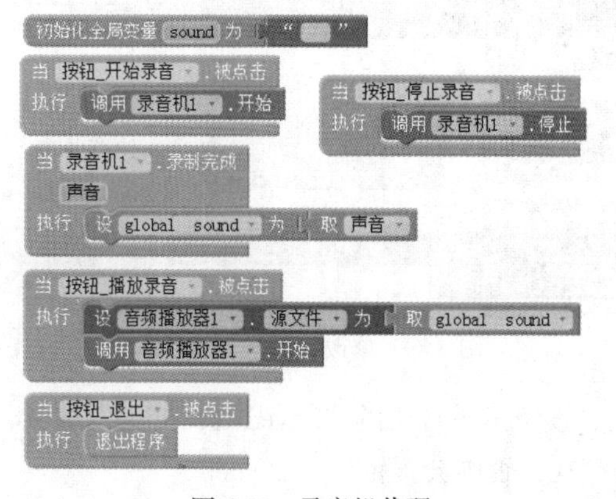

图 4.87 录音机代码

代码说明如下。

（1）全局变量 sound 用来存放录制的音频文件。

（2）这里没有指定 SavedRecording 属性，录音机会自动创建一个文件名（如“app_inventor_*.3gp”，其中“*”是一串数字），并将文件保存在“内部存储/My Documents/Recordings”目录下。

（3）开始录音后，要点击“停止录音”按钮才能结束录音，否则录音机持续录音。

（4）点击“开始录音”按钮后，就可以对着手机进行录音了，此时不会出现录音机界面。

下面完善该应用，增加指定保存路径和文件名的功能。需要增加一个文本输入框组件，其说明如表 4.16 所示。

表 4.16　文本输入框组件说明

组　件	所属组件组	命　名	用　途	属　性
文本输入框	用户界面	文本输入框_声音文件名	输入保存的声音文件名	提示：输入保存文件名 文本：myRecordsound

修改后的界面如图 4.88 所示。

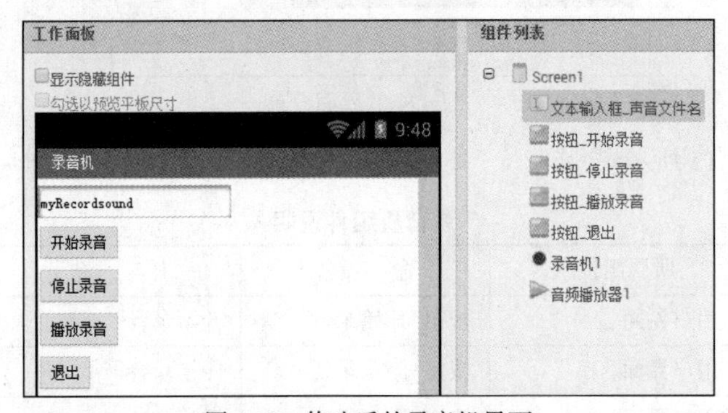

图 4.88　修改后的录音机界面

修改后的代码如图 4.89 所示。

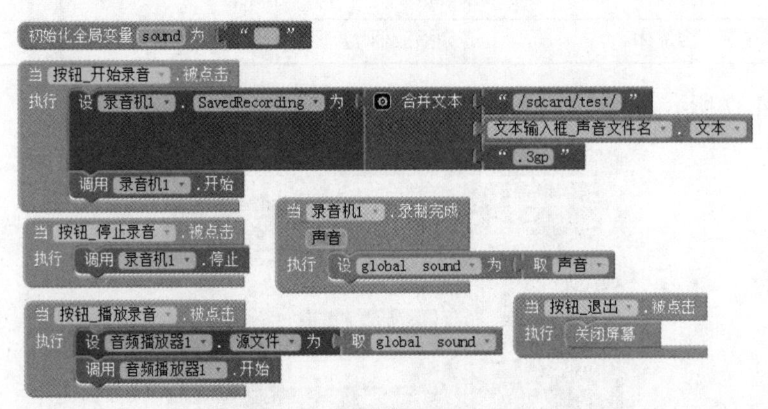

图 4.89　修改后的录音机代码

在调用“录音机 1”前，设定了录音机的“SavedRecording”属性，需要注意的是，在内部存储中“test”文件夹一定要存在，否则会报错误。

4.4.4　视频播放器

视频播放器（VideoPlayer）组件用于播放视频，当应用运行时，视频播放器在屏幕中显示为一个矩形框，如果用户触摸矩形框，将出现“播放/暂停”“快进”“快退”按钮。应用也可以实现“控制播放”“暂停”“搜寻视频”功能。

微课

视频文件必须为 3GP 或 MP4 格式。关于媒体格式的详细内容，参见安卓设备支持的媒体文件格式。

App Inventor 限定单个视频文件不能超过 1MB，应用的总大小不能超过 5MB。如果媒体文件过大，在程序打包时可能会出错，或者无法安装应用。此时，需要缩减媒体文件的数量或文件的大小。

此外，还可以将视频播放器组件的“源文件”属性设置为 URL，来播放网络上的视频资源，但 URL 必须指向视频文件本身，而不是视频播放程序。

视频播放器的属性如图 4.90 所示。

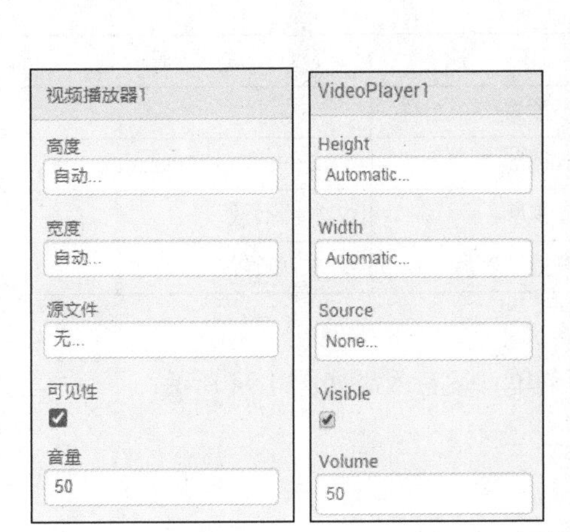

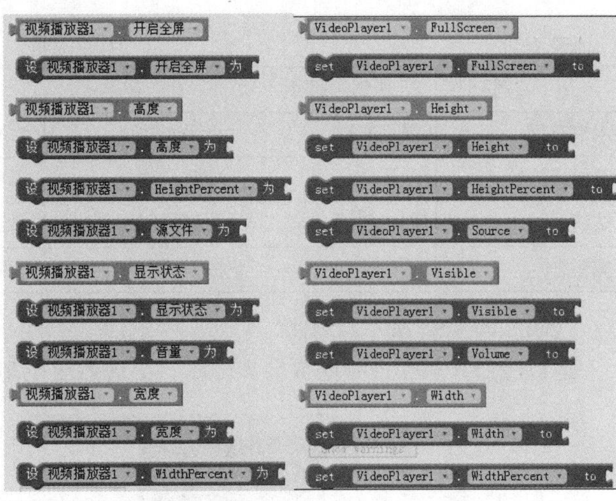

图 4.90　视频播放器组件属性的中英文对照

源文件（Source）：设置视频文件的路径。通常是视频文件的文件名，或者视频文件的 URL。

音量（Volume）：设置视频播放的音量，范围从 0 到 100。小于 0 的值被视为 0，大于 100 的值被视为 100。

此外，还可以在逻辑设计中开启全屏显示等。

视频播放器组件的事件只有一个——已完成（Completed）。视频播放到结尾处触发此事件。

视频播放器的方法如图 4.91 所示。

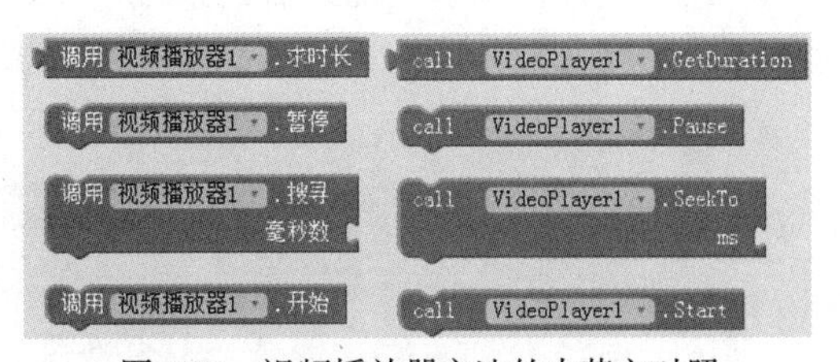

图 4.91　视频播放器方法的中英文对照

求时长（GetDuration）：以毫秒为单位返回视频的时长。

暂停（Pause）：暂停播放视频。调用“开始”方法，可以从暂停处继续播放视频。

搜寻（SeekTo）：在视频中寻找指定的时间点（以毫秒数表示）。

开始（Start）：开始播放视频。

例 4.15　视频播放器

制作图 4.92 所示的视频播放器，实现播放、暂停两个功能。

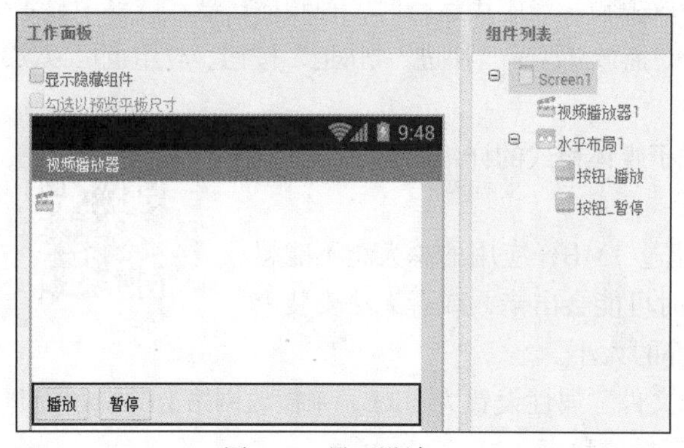

图 4.92　界面设计

组件说明如表 4.17 所示。

表 4.17　　组件说明

组　　件	所属组件组	命　　名	用　　途	属　　性
水平布局	界面布局	水平布局 1	水平放置多个组件	
视频播放器	多媒体	视频播放器 1	播放视频	源文件：ErrorDetection.3gp
按钮	用户界面	按钮_播放	播放视频	文本：播放
按钮	用户界面	按钮_暂停	暂停播放视频	文本：暂停

代码如图 4.93 所示。

运行应用并触摸视频播放器界面时，出现播放控制菜单，运行效果如图 4.94 所示。

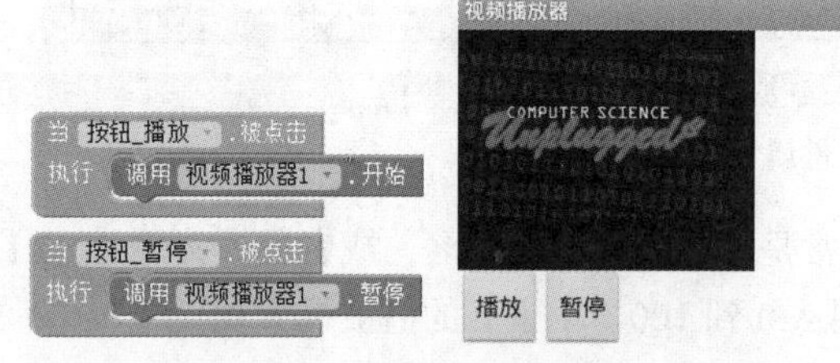

图 4.93　代码

图 4.94　运行效果

在组件设计视图中把视频播放器的“源文件”属性修改为“无”，在逻辑设计视图中设置视频播放器的“源文件”属性为 URL，如图 4.95 所示，可以实现播放网络上的视频。

图 4.95　播放网络视频

4.4.5　摄像机

摄像机（Camcorder）是非可视组件，它可以利用设备的摄像机录制视频。录制完成后，将触发“录制完成”事件，录制的视频被保存在设备上，其文件名将成为事件的参数（默认存放位置为 content://media/ external/video/media/)。文件名可以被设定为某个视频播放器组件的“源文件”属性。

摄像机的事件和方法如图 4.96 所示。

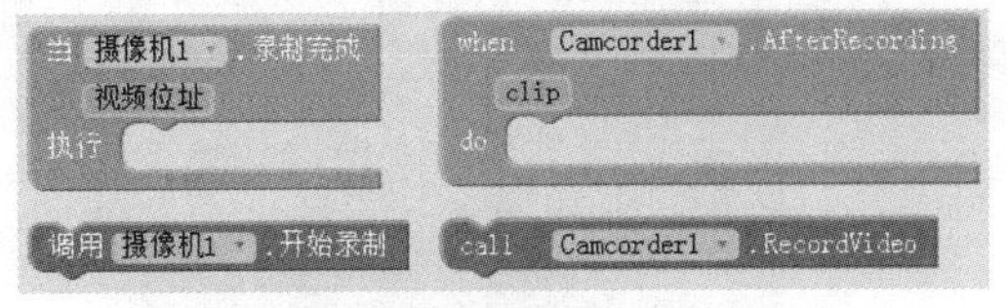

图 4.96　摄像机事件和方法的中英文对照

摄像机的事件介绍如下。

录制完成（AfterRecording）：表明视频录制已经完成，并提供视频的存放位置。

摄像机的方法介绍如下。

开始录制（RecordVideo）：开始录制视频，并在录制结束时触发“录制完成”事件。

例 4.16　录制和播放视频

制作图 4.97 所示的视频录制和播放应用，实现录制视频和播放视频两个功能。

图 4.97　界面设计

组件说明如表 4.18 所示。

表 4.18　组件说明

组　件	所属组件组	命　名	用　途	属　性
按钮	用户界面	按钮_录制视频	录制视频	文本：录制视频
按钮	用户界面	按钮_播放视频	播放视频	文本：播放视频
摄像机	多媒体	摄像机 1	摄像机	
视频播放器	多媒体	视频播放器 1	播放视频	
对话框	用户界面	对话框 1	录制完成后提示录制视频的存放位置	

代码如图 4.98 所示。录制完成后的界面效果如图 4.99 所示。

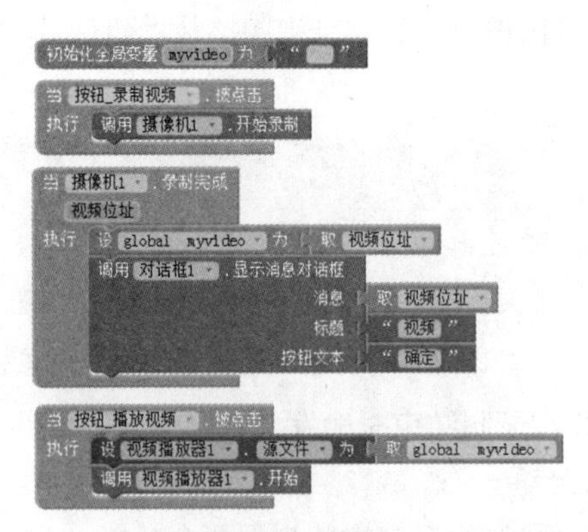

图 4.98　代码

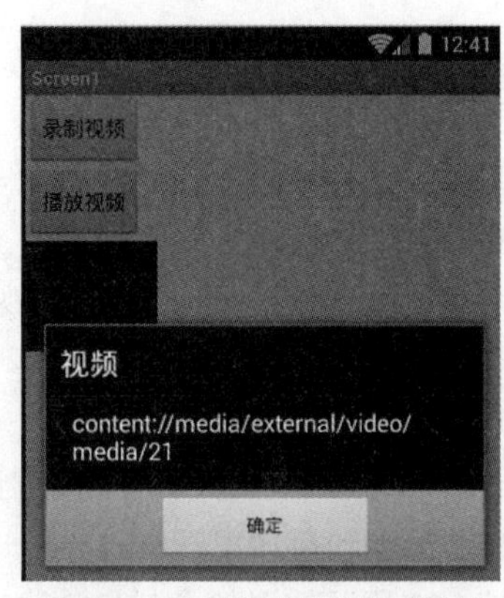

图 4.99　录制完成后的界面效果

4.4.6　照相机

照相机（Camera）是非可视组件，它可以使用设备的照相机进行拍照。拍照结束后，将触发“拍摄完成”事件，照片将被保存在设备中，包含照片文件的路径。该路径可以被设定为某个图像组件的图片属性。照相机的属性、事件和方法如图 4.100 所示。

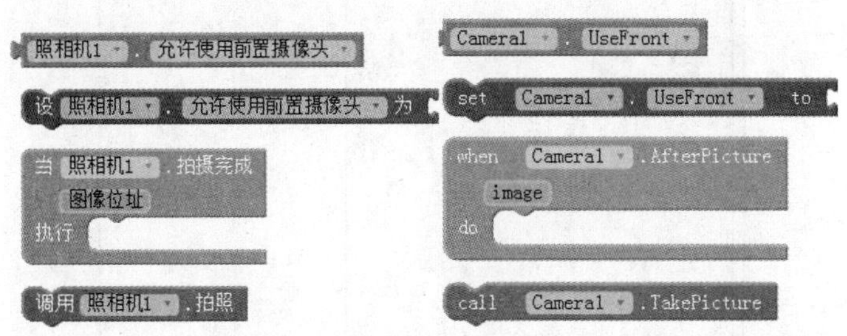

图 4.100　照相机组件的属性、事件和方法的中英文对照

照相机的属性介绍如下。

允许使用前置摄像头（UseFront）：设定是否使用前置摄像头（如果可用的话）。如果设备没有前置摄像头，将跳过此属性打开常规照相机。

照相机的事件介绍如下。

拍摄完成（AfterPicture）：拍照结束时触发，事件的参数是照片在设备中的保存路径。

照相机的方法介绍如下。

拍照（TakePicture）：打开设备上的照相机，准备拍照。

例 4.17　应用照相机实例

制作图 4.101 所示的照相机应用，实现拍照和显示照片的功能。

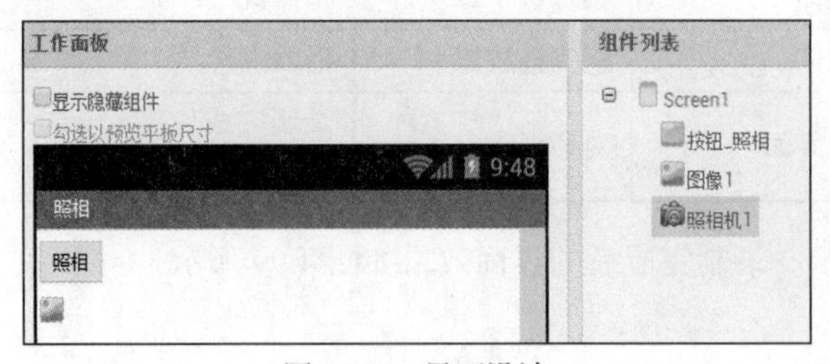

图 4.101　界面设计

组件说明如表 4.19 所示。

表 4.19　组件说明

组　件	所属组件组	命　名	用　途	属　性
按钮	用户界面	按钮_照相	照相	文本：照相
图像	用户界面	图像 1	显示照片	
照相机	多媒体	照相机 1	照相	

代码如图 4.102 所示。

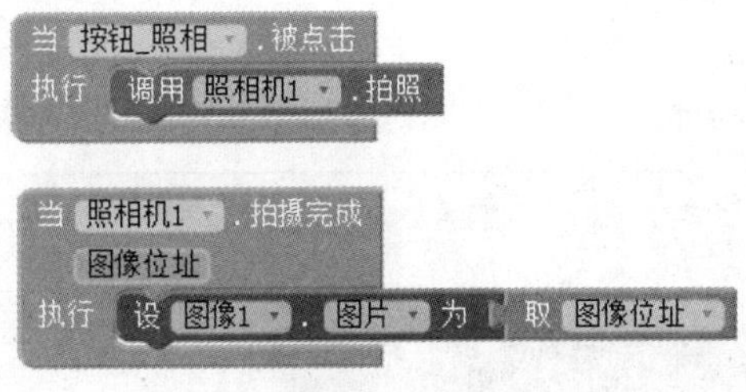

图 4.102　代码

4.4.7　图像选择框

图像选择框（ImagePicker）是一个专用按钮，当用户点击它时，将打开设备上的图库，用户可以选择一张图片。在选择一张图片后，图像选择框组件的“选中项”属性被设定为该图片的文件路径。为了节省存储空间，最多可选择 10 张图片，如果超过 10 张，将按顺序删除最早被选取的图片。

图像选择框的属性如图 4.103 所示，与普通按钮基本一致。

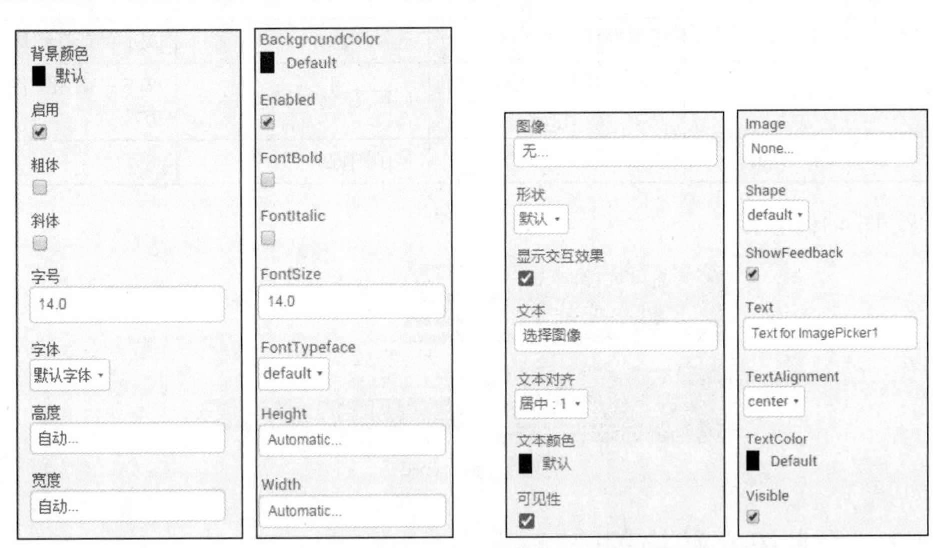

图 4.103　图像选择框组件属性的中英文对照

图像选择框1 . 选中项 包含了所选图片的文件路径（包括文件名）。此属性只能在逻辑设计中使用。

图像选择框的事件如图 4.104 所示。

选择完成（AfterPicking）：从图库中选取图片后，将触发该事件，并给组件的“选中项”属性赋值。

准备选择（BeforePicking）：用户点击图像选择框后，在选择活动开始之前触发。

图像选择框的方法只有一个——打开选择框（Open）。

例 4.18　应用图像选择框实例

制作图 4.105 所示的图像选择框应用，实现选择图像和显示图像的功能。

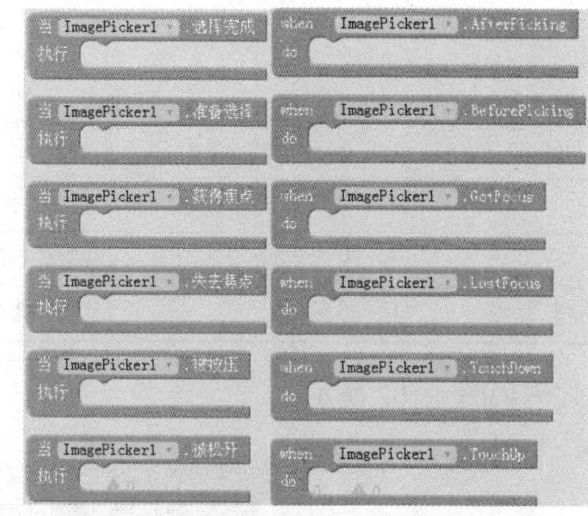

图 4.104　图像选择框事件的中英文对照

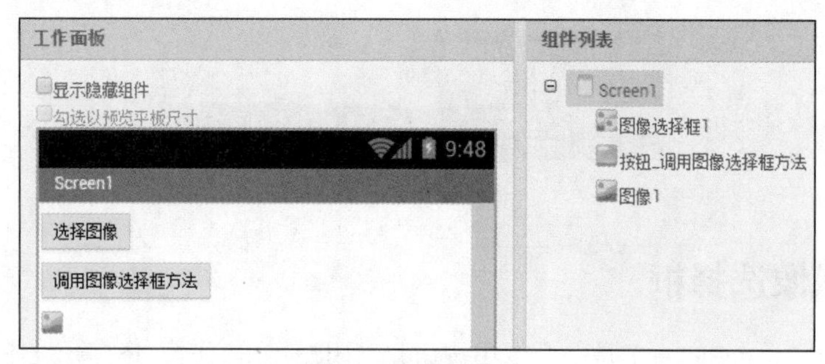

图 4.105　界面设计

组件说明如表 4.20 所示。

表 4.20　组件说明

组　件	所属组件组	命　名	用　途	属　性
图像选择框	多媒体	图像选择框 1	选择图像	文本：选择图像
按钮	用户界面	按钮_调用图像选择框方法	调用图像选择框方法	文本：调用图像选择框方法
图像	用户界面	图像 1	显示图像	

代码如图 4.106 所示。

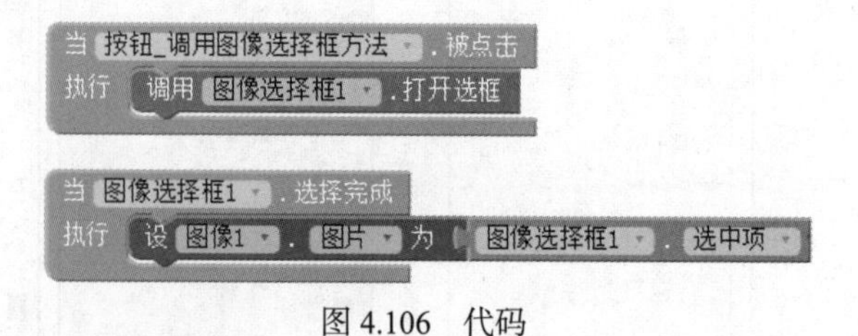

图 4.106　代码

4.4.8　文本语音转换器

文本语音转换器（TextToSpeech）组件用于将文本转换成语音。为了使该组件正常运行，手机上需要安装相应的将文本识别成语音的引擎，如 TTS，一般情况下安卓手机默认安装这类引擎。要支持朗读中文，则需要在手机上安装相应的语音合成软件，如讯飞语音。

文本语音转换器的属性如图 4.107 所示。

国家（Country）：可以从下拉列表中选择文本语音转换器支持的国家代码。国家代码采用 3 个大写字母表示，例如，美国用“USA”表示。

语言（Language）：设置文本语音转换器支持的语言代码。语言代码采用 2 个小写字母表示，例如，“de”表示德语，“en”表示英语，“es”表示捷克语，“fr”表示法语，“it”表示意大利语。

音调（Pitch）：设置合成语音的音调，范围为 0 至 2。数值越小，音调越低；数值越大，音调越高。

语速（SpeechRate）：设置合成语音的语速，范围为 0 至 2。数值越小，语速越慢；数值越大，语速越快。

Result（结果）：念读文本结束后的返回值——真或者假。此属性只能在逻辑设计中调用。

文本语音转换器的事件和方法如图 4.108 所示。

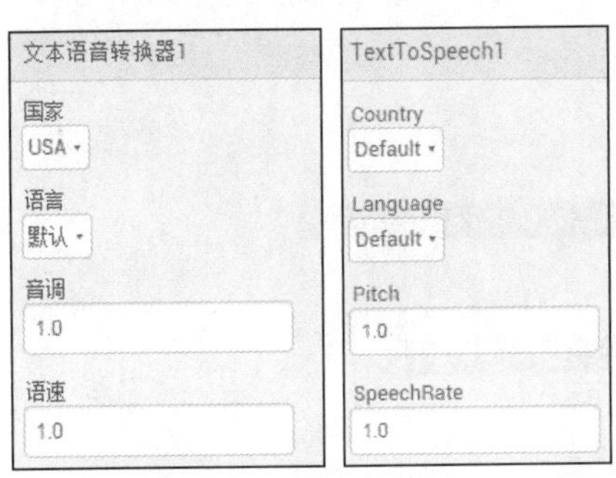

图 4.107　文本语音转换器组件属性的中英文对照

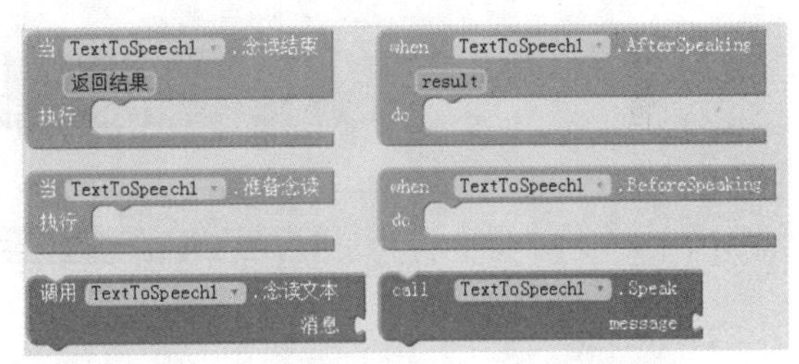

图 4.108　文本语音转换器事件和方法的中英文对照

文本语音转换器的事件介绍如下。

念读结束（AfterSpeaking）：念读文本结束后触发。参数“返回结果”表示念读操作的结果，为逻辑值真（念读成功）或者假（念读失败）。

准备念读（BeforeSpeaking）：调用“念读文本”方法之后，在念读之前触发。

文本语音转换器的方法介绍如下。

念读文本（Speak）：念读给定的文本。

例 4.19　应用文本语音转换器实例

制作图 4.109 所示的文本语音转换器应用，实现将英语文本转换成语音的功能。

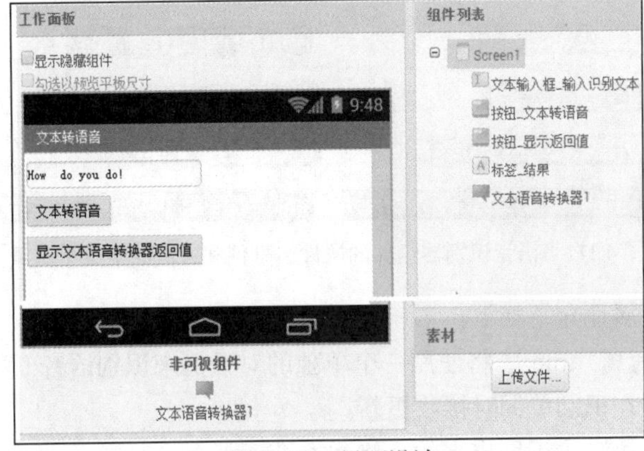

图 4.109　界面设计

组件说明如表 4.21 所示。

表 4.21　　组件说明

组　　件	所属组件组	命　　名	用　　途	属　　性
文本语音转换器	多媒体	文本语音转换器 1	将文本转换成语音	国家：USA 语言：默认或 en
按钮	用户界面	按钮_文本转语音	调用文本语音转换器的“念读文本”方法	文本：文本转语音
按钮	用户界面	按钮_显示返回值	将文本语音转换器的返回值显示到标签上	文本：显示文本语音转换器返回值
标签	用户界面	标签_结果	显示文本语音转换器的返回值	

代码如图 4.110 所示。

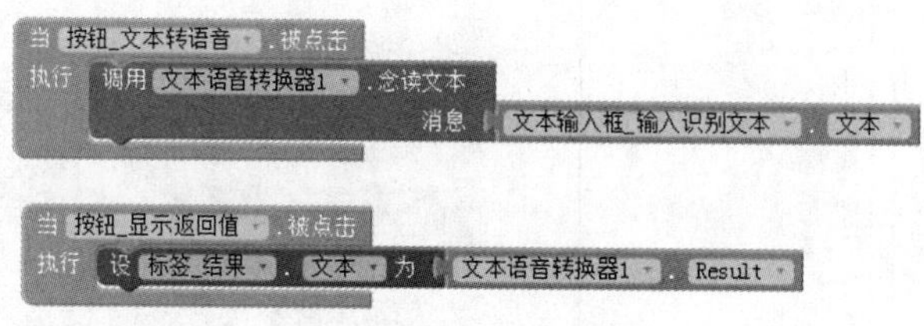

图 4.110　代码

4.4.9　语音识别器

语音识别器（SpeechRecognizer）使用安卓设备的语音识别功能，将用户说的话转换成文本。语音识别器的属性、事件和方法如图 4.111 所示。

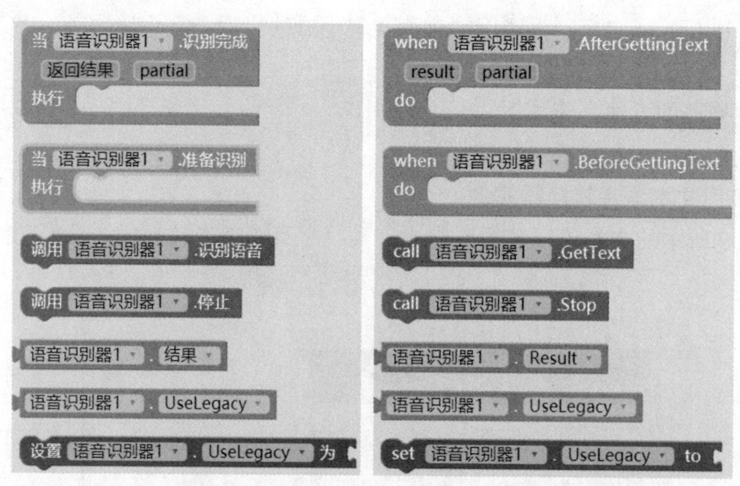

图 4.111　语音识别器组件的属性、事件和方法的中英文对照

语音识别器的主要属性介绍如下。

UseLegacy：如果为真（true），将使用一个单独的对话框来识别语音（默认设置）；如果为假，则在后台识别语音，并在识别单词时接收更新。

结果（Result）：从语音中识别出来的最终文本。

语音识别器的主要事件介绍如下。

识别完成（AfterGettingText）：获得从语音转换的文字时触发，返回结果为从语音中识别出来的文本。

准备识别（BeforeGettingText）：在触发“识别完成”事件之前触发。

语音识别器的主要方法介绍如下。

识别语音（GetText）：让用户说话，并将语音转换成文字。当转换的结果有效时，触发“识别完成”事件。

停止（Stop）：当语音识别器无法自动停止识别时，强制停止收听语音。仅当 UseLegacy 属性设置为假（false）时，此方法才起作用。

例 4.20　应用语音识别器实例

制作图 4.112 所示的语音识别器应用，实现将语音转换成文本的功能。

图 4.112　界面设计

组件说明如表 4.22 所示。

表 4.22　组件说明

组　件	所属组件组	命　名	用　途	属　性
语音识别器	多媒体	语音识别器 1	将语音转换成文本	
按钮	用户界面	按钮_语音识别	调用语音识别器	文本：语音识别
标签	用户界面	标签_识别结果	显示语音识别的结果	文本：空

代码如图 4.113 所示。

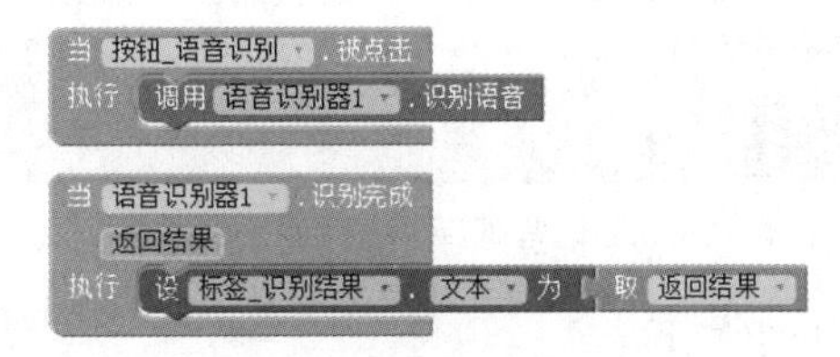

图 4.113　代码

4.4.10　Yandex 语言翻译器

Yandex 是俄罗斯的重要网络服务门户之一，Yandex 语言翻译器（YandexTranslate）是 Yandex 公司的产品，它可以实现在不同语言之间翻译单词和句子。该组件需要访问网络和请求

Yandex.Translate 服务。用户可以在逻辑设计中指定目标语言，如果只提供了目标语言，系统会自动根据需要翻译的内容检测源语言。用户也可以通过“源语言-目标语言”指定源语言和目标语言，例如，“en-zh”指将英语翻译成中文。语言代码采用两个小写字母表示。Yandex 语言翻译器支持的语言和代码如表 4.23 所示。更多内容可参考官网。

表 4.23 Yandex 语言翻译器支持的语言及代码

语　言	代　码	语　言	代　码	语　言	代　码
Albanian	sq	Irish	ga	Portuguese	pt
English	en	Italian	it	Romanian	ro
Arabic	ar	Icelandic	is	Russian	ru
Armenian	hy	Spanish	es	Serbian	sr
Azerbaijan	az	Kazakh	kk	Slovakian	sk
Afrikaans	af	Catalan	ca	Slovenian	sl
Basque	eu	Kyrgyz	ky	Swahili	sw
Belarusian	be	Chinese	zh	Tajik	tg
Bulgarian	bg	Korean	ko	Thai	th
Bosnian	bs	Latin	la	Tagalog	tl
Welsh	cy	Latvian	lv	Tatar	tt
Vietnamese	vi	Lithuanian	lt	Turkish	tr
Hungarian	hu	Malagasy	mg	Uzbek	uz
Haitian(Creole)	ht	Malay	ms	Ukrainian	uk
Galician	gl	Maltese	mt	Finish	fi
Dutch	nl	Macedonian	mk	French	fr
Greek	el	Mongolian	mn	Croatian	hr
Georgian	ka	German	de	Czech	cs
Danish	da	Norwegian	no	Swedish	sv
Yiddish	he	Persian	fa	Estonian	et
Indonesian	id	Polish	pl	Japanese	ja

Yandex 语言翻译器的事件和方法如图 4.114 所示。

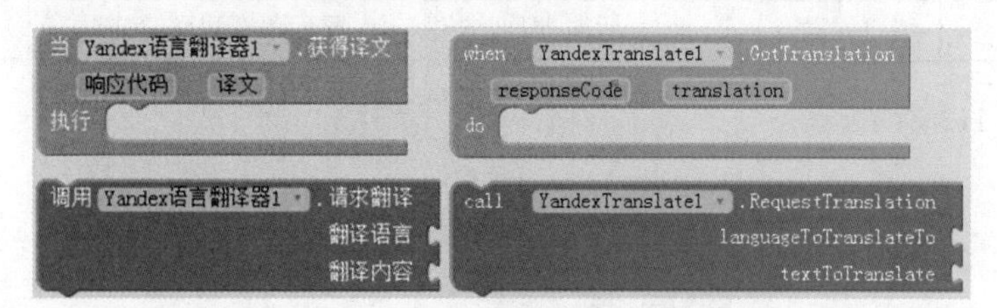

图 4.114 Yandex 语言翻译器事件和方法的中英文对照

Yandex 语言翻译器事件介绍如下。

获得译文（GotTranslation）：调用“请求翻译”方法，翻译服务返回翻译文本后，该事件为错误处理提供一个响应代码。如果响应代码是 200，则表示返回了正确结果；其他响应代码表示调用发生了某个错误或翻译是无效的。

Yandex 语言翻译器事件介绍如下。

请求翻译（RequestTranslation）：需要提供目标语言和单词或句子给翻译器，此方法将向

Yandex.Translate 服务请求翻译。一旦文本通过外部服务翻译，“获得译文”事件将被触发。

例 4.21 翻译软件

用 Yandex 语言翻译器制作图 4.115 所示的翻译软件，实现将输入内容转换成中文的功能。

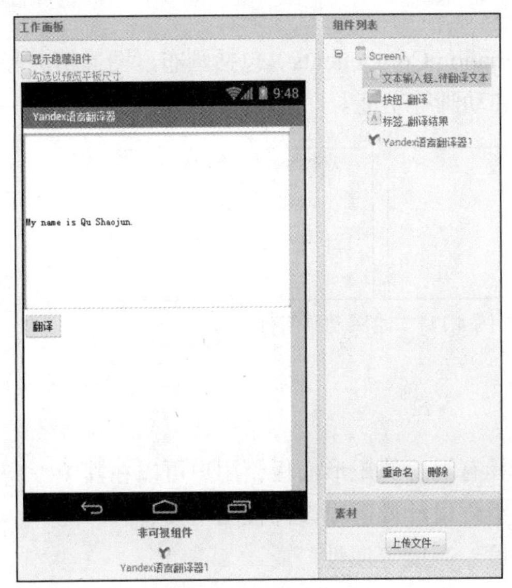

图 4.115 界面设计

组件说明如表 4.24 所示。

表 4.24 组件说明

组　　件	所属组件组	命　　名	用　　途	属　　性
文本输入框	用户界面	文本输入框_待翻译文本	输入待翻译文本	高度：200 像素 宽度：充满 允许多行：选中 文本：My name is Qu Shaojun.
按钮	用户界面	按钮_翻译	调用“请求翻译”方法	文本：翻译
标签	用户界面	标签_翻译结果	显示翻译后的结果	文本：空
Yandex 语言翻译器	多媒体	Yandex 语言翻译器 1	实现翻译	

代码如图 4.116 所示。

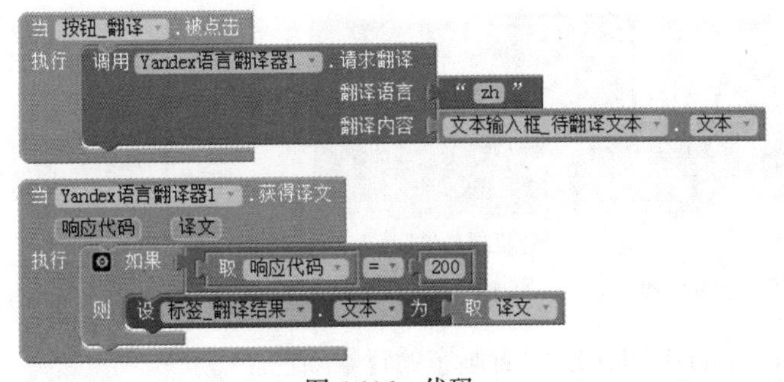

图 4.116 代码

4.5 绘图动画组件

绘图动画组件（Drawing and Animation Components）包括画布、图像精灵和球形精灵 3 类，如图 4.117 所示，主要用于实现绘画和动画等功能。

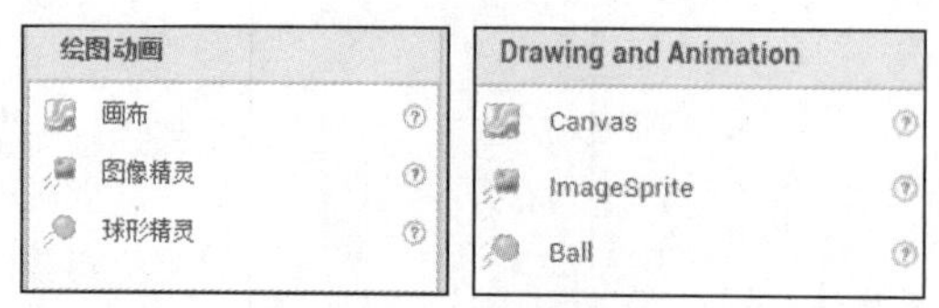

图 4.117 绘图动画组件

4.5.1 画布

画布（Canvas）是一个二维的、具有触感的矩形面板，用户可以在其中绘画，或让精灵在其中移动。可以在组件设计或逻辑设计视图中设置画布的背景颜色、画笔颜色、背景图片、宽度、高度等属性。

画布上的任何点都可以被指定为一对坐标值（x,y），其中：x 表示该点距离画布左边界的像素数；y 表示该点距离画布上边界的像素数。需注意的是，直角坐标系与计算机屏幕坐标系是不同的，如图 4.118 所示，直角坐标系的原点在坐标系的中心，计算机屏幕坐标系的原点在屏幕左上角。与计算机屏幕坐标系类似，画布的坐标原点也是在画布的左上角，水平向右移动，x 坐标值增加，垂直向下移动，y 坐标值增加。

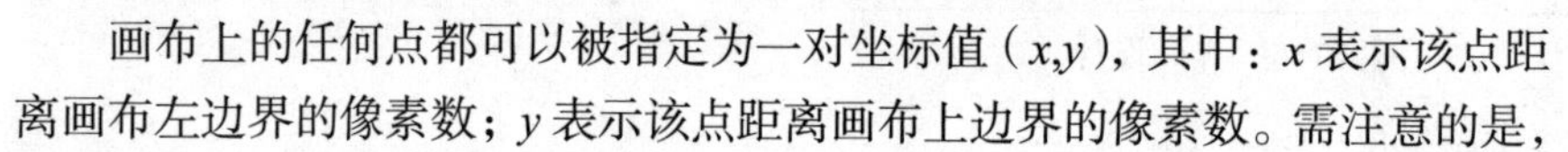

画布可以感知触摸，并获知触碰点，也可以感知对其中精灵（图像精灵或球形精灵）的拖曳。此外，画布还具有画点、画线及画圆的方法。

画布的属性如图 4.119 所示。

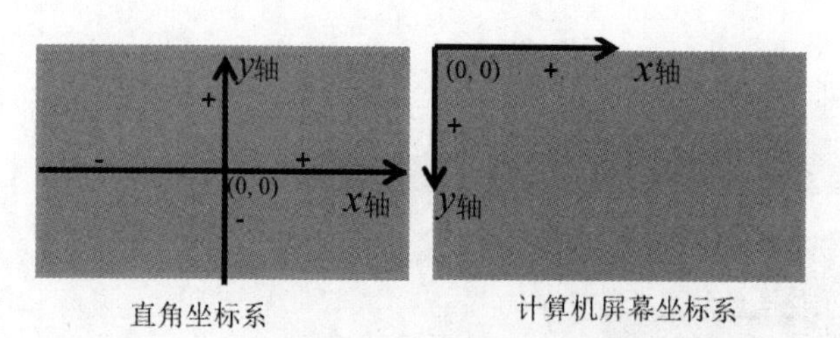

图 4.118 直角坐标系和计算机屏幕坐标系的区别

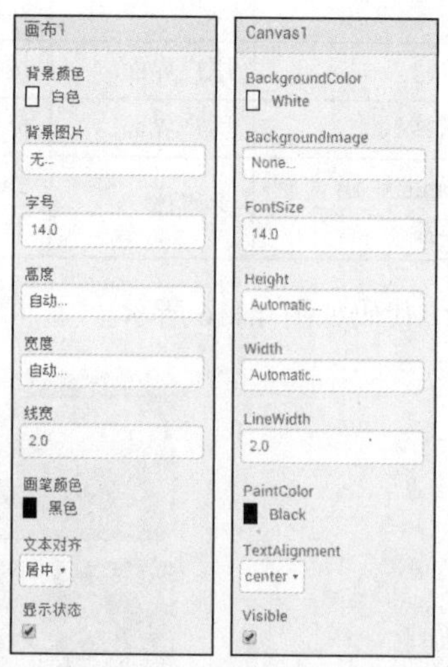

图 4.119 画布组件属性的中英文对照

背景颜色（BackgroundColor）：设置画布的背景颜色。

背景图片（BackgroundImage）：设置画布背景图片的文件名，图片必须是已经上传的。

字号（FontSize）：设置绘制在画布上的文字的大小。

高度（Height）：设置画布的高度。

宽度（Width）：设置画布的宽度。

线宽（LineWidth）：设置在画布上绘制图形时，线的宽度。

画笔颜色（PaintColor）：设置在画布上绘制图形时，线的颜色。

文本对齐（TextAlignment）：设置用“绘制文本”或“沿角度绘制文本”方法绘制文本时文本的对齐方式。

画布的事件如图 4.120 所示。

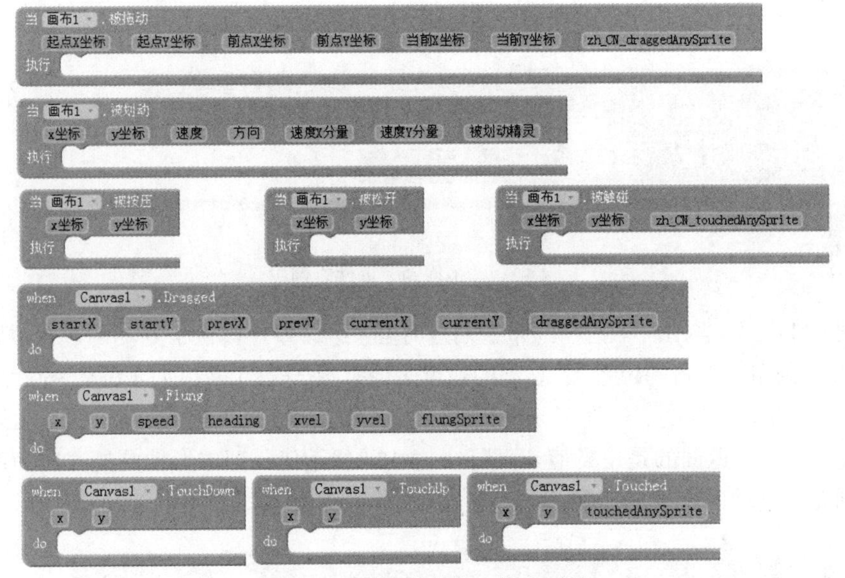

图 4.120　画布事件的中英文对照

被拖动（Dragged）：当用户在画布上从一个点(前点 X 坐标,前点 Y 坐标)拖曳到另外一个点(当前 X 坐标,当前 Y 坐标)时触发。(起点 X 坐标,起点 Y 坐标)表示用户首先触摸屏幕的地方。“draggedAnySprite”表示是否有精灵被拖曳，返回的是逻辑值。

这里需要特别注意的是 3 个坐标代表的意义，图 4.121（a）所示的代码可以逆时针拖画出图 4.121（b）所示的图形。

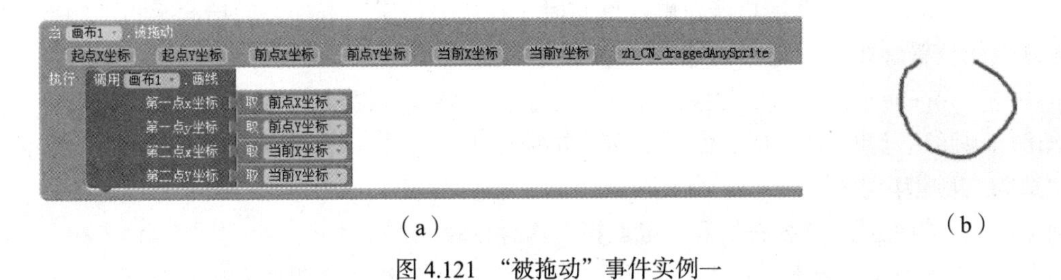

（a）　　　　　　（b）

图 4.121　“被拖动”事件实例一

图 4.122（a）所示的代码可以逆时针拖画出 4.122（b）所示的图形。

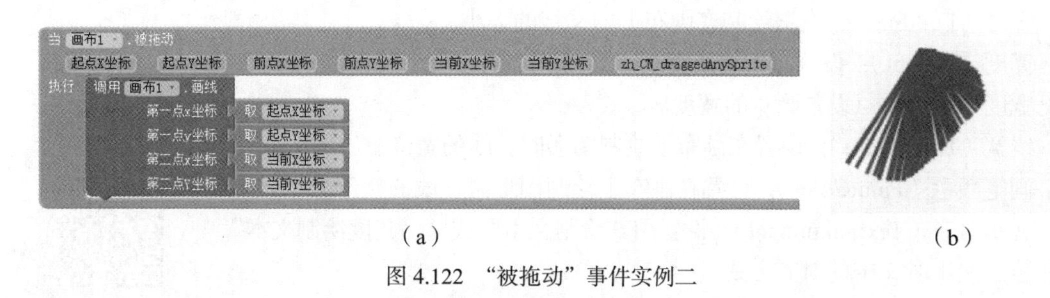

（a）　　　　（b）

图 4.122 “被拖动”事件实例二

图 4.123（a）所示的代码可以实现拖曳小球后小球的半径比原来多 20 像素，如图 4.123（b）所示。

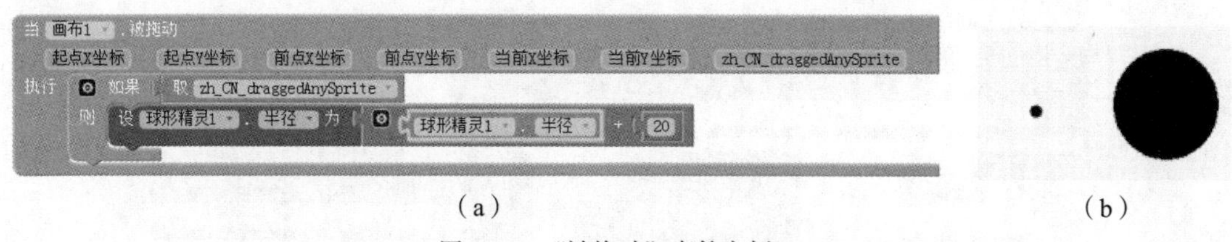

（a）　　　　（b）

图 4.123 “被拖动”事件实例三

被划动（Flung）：当用户手指在画布上划过时触发。该事件提供了划动的起点位置(x 坐标,y 坐标)（相对于画布左上角的位置）、划动的速度（像素数/毫秒）及方向（0 至 360 度），以及速度在 *x* 方向、*y* 方向的分量“速度 X 分量”和“速度 Y 分量”。“被划动精灵”表示划动起点处是否有精灵，如有，返回的是逻辑值“真”。图 4.124 所示代码把球形精灵的方向和速度分别设置为手在画布上划动的方向和速度。

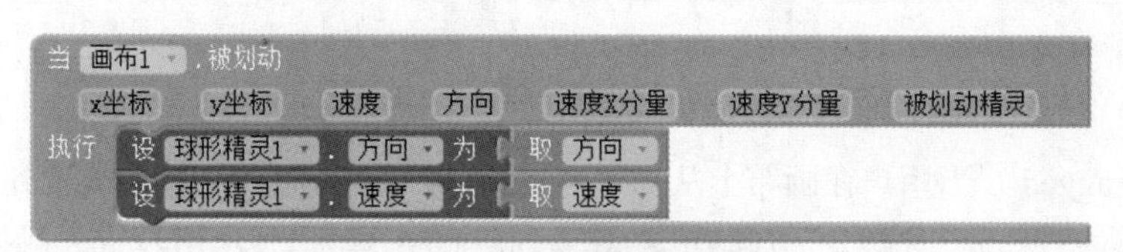

图 4.124 “被划动”事件实例

被按压（TouchDown）：当用户开始触摸画布时（将手指放在画布上并尚未移开）触发，提供了触碰点的位置(x 坐标,y 坐标)（相对于画布左上角的位置）。

被松开（TouchUp）：当用户停止触摸画布时（在“被按压”事件之后抬起手指）触发，提供了触碰点的位置(x 坐标,y 坐标)（相对于画布左上角的位置）。

被触碰（Touched）：当用户触摸画布并抬起手指时触发，提供了触碰点的位置(x 坐标,y 坐标)（相对于画布左上角的位置）。如果触摸的同时碰到了精灵，则“touchedAnySprite”参数的值为“真”，否则为“假”。

例 4.22 “被按压”“被松开”和“被触碰”事件比较

制作图 4.125 所示的界面，这里只使用了一个画布组件，组件说明如表 4.25 所示。

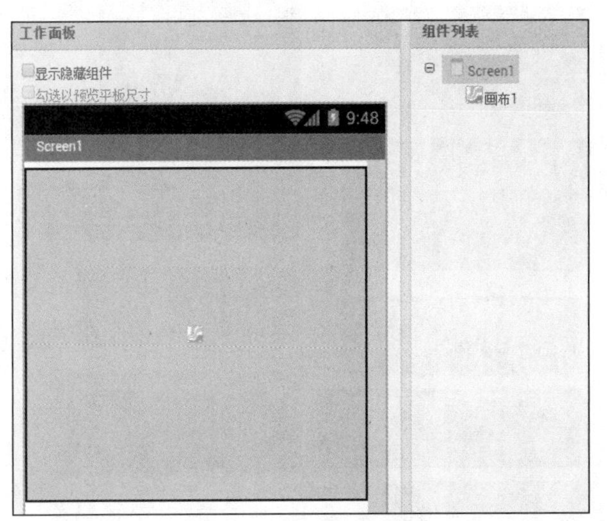

图 4.125　界面设计

表 4.25　　组件说明

组　件	所属组件组	命　名	用　途	属　性
画布	绘图动画	画布 1	绘画	背景颜色：粉色 高度：300 像素 宽度：充满 线宽：6 像素 画笔颜色：红色

代码如图 4.126 所示。

用户按压一下画布然后松开，将产生 3 个点，变化过程如图 4.127 所示。

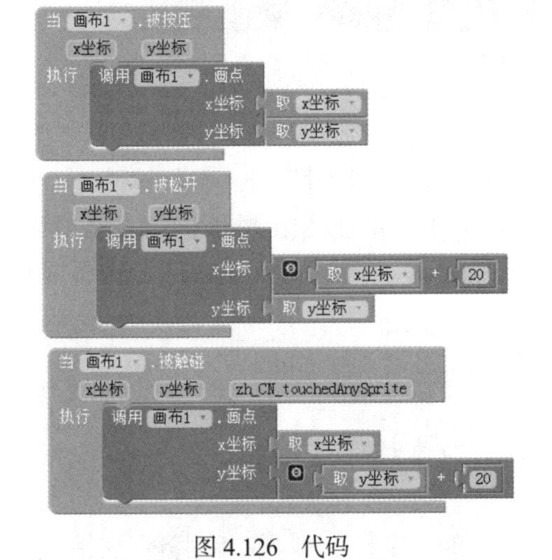

图 4.126　代码

（a）按压未松开时

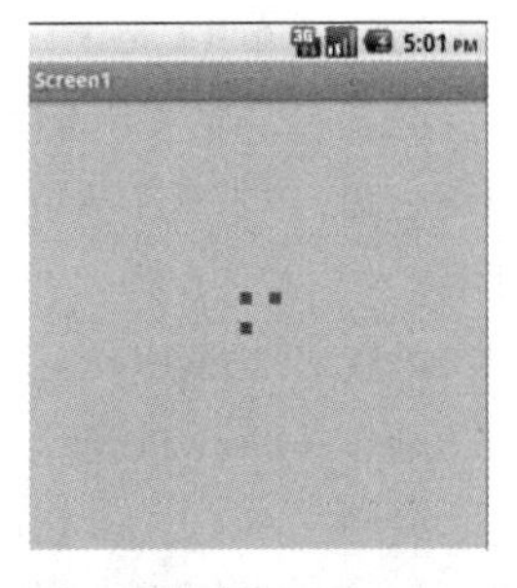

（b）松开后

图 4.127　运行效果

画布的方法如图 4.128 所示。

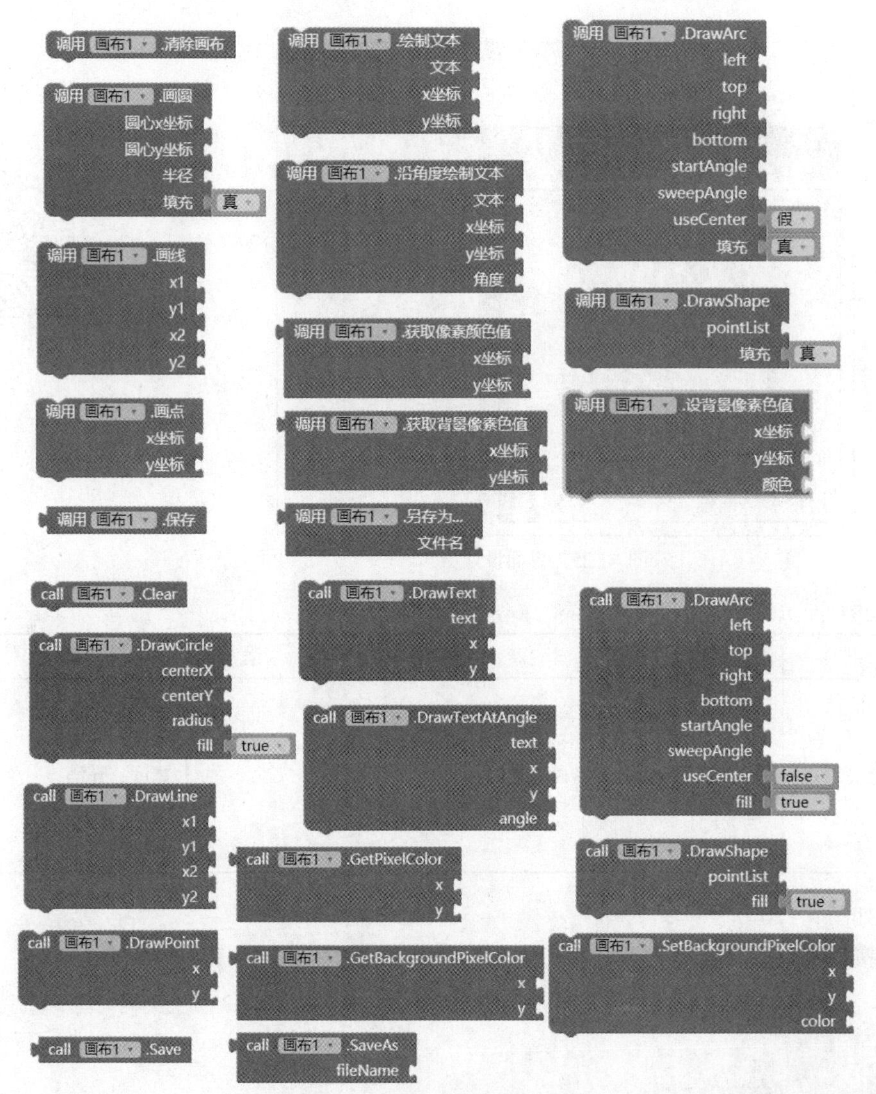

图 4.128　画布方法的中英文对照

清除画布（Clear）：清除画布上绘制的任何元素，但背景颜色、图片除外（包括精灵）。

画圆（DrawCircle）：以给定的圆心(圆心 x 坐标,圆心 y 坐标)和半径在画布上绘制圆，默认为实心圆，“填充”参数用于设置是实心圆还是空心圆，设为“真”（true）表示实心圆，设为“假”（false）表示空心圆。

画线（DrawLine）：在画布上给定的两点(x1,y1)、(x2,y2)之间绘制一条线。

画点（DrawPoint）：在画布上给定的坐标位置(x 坐标,y 坐标)绘制一个点。

绘制文本（DrawText）：用画布组件设定的“字号”和“文本对齐”属性在画布上指定坐标位置(x 坐标,y 坐标)绘制指定文本。

沿角度绘制文本（DrawTextAtAngle）：用画布组件设定的“字号”和“文本对齐”属性在画布上以指定的角度在指定坐标位置绘制指定文本。

获取像素颜色值（GetPixelColor）：得到指定点的颜色值（包括精灵的颜色）。

获取背景像素色值（GetBackgroundPixelColor）：获取画布上指定点的颜色值，颜色包括背景颜色和画布上的任何绘制点、线、圆的颜色，但不包括精灵的颜色。

设背景像素色值（SetBackgroundPixelColor）：为画布上的指定点设置背景颜色。

保存（Save）：把画布上的内容保存到设备的存储器中。如果保存出错，将触发屏幕的“出现错误”事件。默认保存在内部存储的“My Documents/Pictures”目录下，文件名称为“app_inventor_*.png”，其中“*”表示一串数字。

另存为（SaveAs）：将画布上的内容以指定的文件名保存到设备的外部存储器中。文件扩展名必须是“.jpg”“.jpeg”或“.png”，扩展名决定了文件的类型。

绘制弧（DrawArc）：在画布上通过指定的椭圆形（由“左”“上”“右”“下”参数值指定）绘制弧。向右拖画时，起始角度为 0；顺时针旋转时，起始角度增加。当“useCenter”参数的值为“真”（true）时，将绘制一个扇形而不是弧。当“填充”参数的值为“真”（true）时，将绘制填充的弧（或扇形），而不只是轮廓。“sweepAngle”参数为扫角。

绘制形状（DrawShape）：在画布上绘制形状。点列表（pointList）是包含子列表的列表，其中两个数字代表一个坐标。第一点和最后一点不必相同。当“填充”参数为“真”（true）时，将填充形状。

例 4.23　应用画布综合实例

使用画布组件，设计实现画点、画线、画圆、绘制文本、以角度绘制文本、获取背景像素色值、获取像素颜色值、清除画布和保存等功能。界面设计如图 4.129 所示。

图 4.129　界面设计

组件说明如表 4.26 所示。

表 4.26　组件说明

组　件	所属组件组	命　名	用　途	属性
画布	绘图动画	画布 1	绘画	高度：240 像素 宽度：充满 线宽：4 像素 画笔颜色：红色

续表

组　件	所属组件组	命　名	用　途	属性
表格布局	界面布局	表格布局 1	以表格形式排列组件	行：3 列：4 宽度：充满
按钮	用户界面	按钮_清除	清除画布内容	文本：清除
按钮	用户界面	按钮_画点	在画布中画点	文本：画点
按钮	用户界面	按钮_画圆	在画布中画圆	文本：画圆
按钮	用户界面	按钮_画线	在画布中画线	文本：画线
按钮	用户界面	按钮_绘制文本	在画布中绘制文本	文本：绘制文本
按钮	用户界面	按钮_以角度绘制文本	在画布中以角度绘制文本	文本：以角度绘制文本
按钮	用户界面	按钮_获取背景像素色值	获取背景像素色值	文本：获取背景像素色值
按钮	用户界面	按钮_获取像素颜色值	获取像素颜色值	文本：获取像素颜色值
按钮	用户界面	按钮_保存	保存画布	文本：保存
按钮	用户界面	按钮_另存为	画布另存为	文本：另存为
标签	用户界面	标签 1	显示颜色效果	文本：像素颜色值
标签	用户界面	标签 2	显示画布保存路径	文本：空

代码如图 4.130 所示。

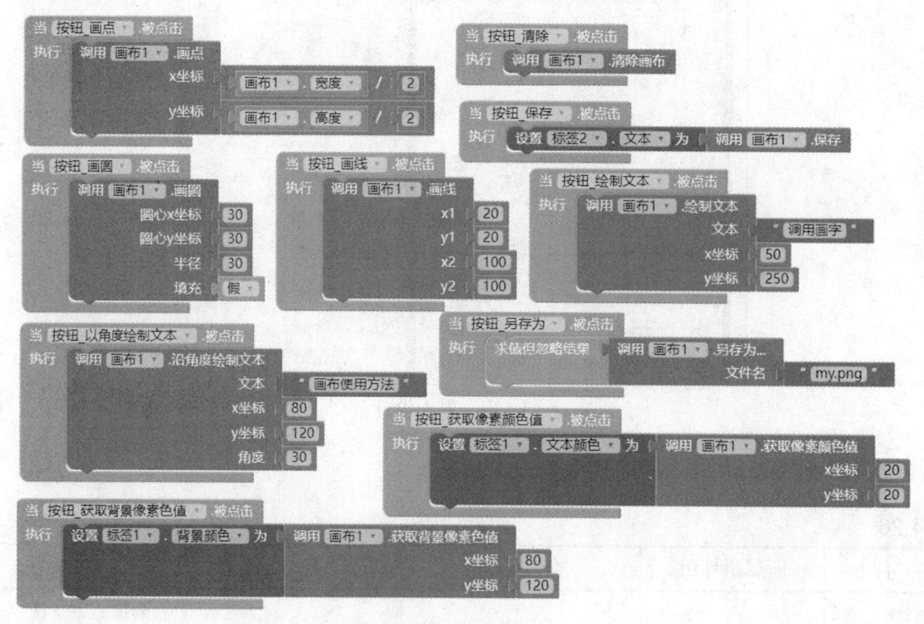

图 4.130　代码

运行效果如图 4.131 所示。

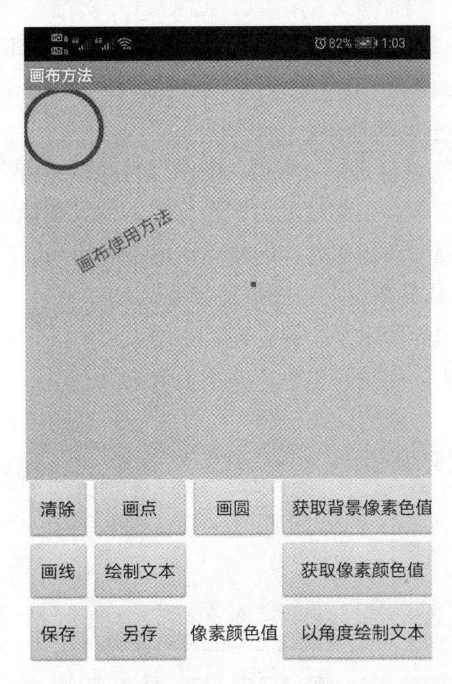

图 4.131　运行效果

4.5.2　图像精灵

图像精灵（ImageSprite）只能被放置在画布内，它可以响应“被触碰”和“被拖动”事件，与其他精灵（球形精灵等）和画布边界产生交互，根据属性值进行移动。它的外观由“图片”属性所设定的图像决定（除非将“可见性”属性设置为“假”）。

例如，如果想让图像精灵在每 1000 毫秒（1 秒）内向左移动 10 像素，则须将图像精灵的“速度”属性设为“10”（像素），“间隔”属性设为“1000”（毫秒），“方向”属性设为“180”（度），并将“启用”属性设为“真”。一个“旋转”属性为“真”的精灵，在精灵的方向发生变化时，图像也将随之旋转。精灵的所有属性都可以随时用程序来控制。

图像精灵的属性如图 4.132 所示。

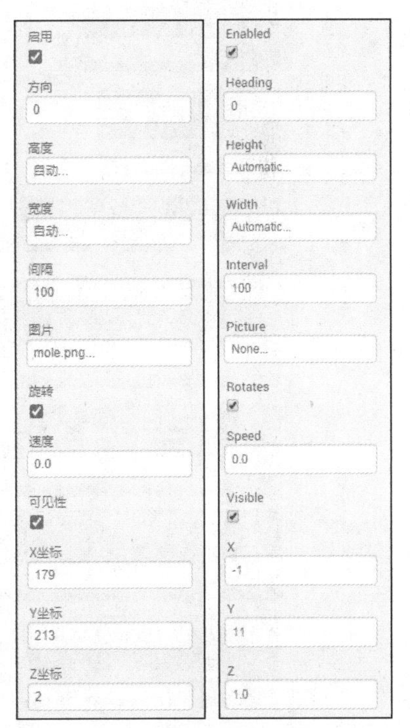

图 4.132　图像精灵组件属性的中英文对照

启用（Enabled）：当精灵的速度不为零时，控制精灵是否可以移动。

方向（Heading）：精灵相对 x 轴正方向的角度。0 度指向屏幕的右侧，90 度指向屏幕的顶端。

高度（Height）：设置图像精灵的高度。

宽度（Width）：设置图像精灵的宽度。

间隔（Interval）：以毫秒数表示精灵位置更新的时间间隔。例如，如果间隔为 50 毫秒，速度为 10 像素，则精灵每 50 毫秒移动 10 像素。

图片（Picture）：决定了精灵的外观。

旋转（Rotates）：如果勾选该复选框，则精灵的图像将随精灵方向的改变而改变。如果不勾选该复选框，则精灵方向的改变不会引起精灵的图像旋转。精灵图像围绕它的中心点旋转。

速度（Speed）：设置精灵移动的速度，即精灵在每个时间间隔内移动的像素数。

可见性（Visible）：决定精灵在用户界面中是否可见。

X 坐标：设置精灵左侧边界的水平坐标，向右为增大。

Y 坐标：设置精灵顶部边界的垂直坐标，向下为增大。

Z 坐标：相对于其他精灵，该精灵处于哪一层。编号较高的层在编号较低的层之前。

图像精灵的事件如图 4.133 所示。

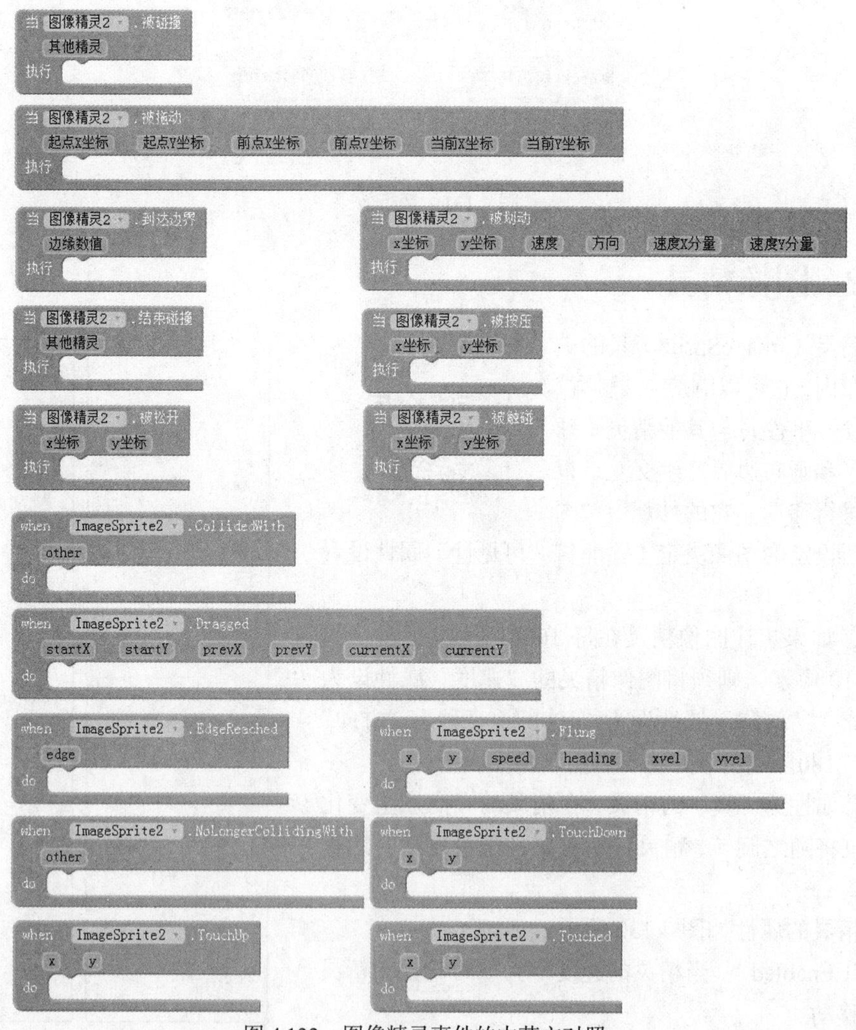

图 4.133　图像精灵事件的中英文对照

被碰撞（CollidedWith）：当两个精灵发生碰撞时触发。需要注意的是，检查旋转的图像精灵的碰撞时，是以其旋转之前的位置为依据的。因此，对那些细长或扁平的精灵来说，碰撞检测是不精确的。

被拖动（Dragged）：精灵被拖曳时触发。在所有的调用中，起点(起点 X 坐标,起点 Y 坐标)指的是屏幕上第一次被触碰的点，(当前 X 坐标,当前 Y 坐标)表示当前线段的终点。在拖曳过程中，第一次触发事件时，前一点(前点 X 坐标,前点 Y 坐标)与起点(起点 X 坐标,起点 Y 坐标)相同，此后，前一点(前点 X 坐标,前点 Y 坐标)就是上一次调用的当前点(当前 X 坐标,当前 Y 坐标)。

注意

在“被拖动”事件中，如果没有调用精灵的“移动到指定位置”方法，或设定精灵的新坐标，则精灵并不会随着拖曳而移动。

到达边界（EdgeReached）：当精灵到达屏幕的边界时，触发该事件。如果调用“反弹”方法，精灵将在它到达的边界反弹。这里用整数表示边界的 8 个方向：北（1）、东北（2）、东（3）、东南（4）、南（−1）、西南（−2）、西（−3）、西北（−4）。

被划动（Flung）：当用户的手指在图像精灵上划过时触发。该事件提供了划动的起点位置(x 坐标,y 坐标)（相对于画布左上角的位置），划动的速度（像素数/毫秒）及方向（0 至 360 度），以及速度在 x、y 方向的分量“速度 X 分量”和“速度 Y 分量”。

结束碰撞（NoLongerCollidingWith）：当两个精灵不再碰撞时触发。

被按压（TouchDown）：当用户开始触摸精灵（将手指放在精灵上尚未移开）时触发，提供了触碰点的位置(x 坐标,y 坐标)（相对于画布左上角的位置）。

被松开（TouchUp）：当用户停止触摸精灵（在被按压事件之后抬起手指）时触发，提供了触碰点的位置(x 坐标,y 坐标)（相对于画布左上角的位置）。

被触碰（Touched）：当用户触摸精灵并抬起手指时触发，提供了触碰点的位置(x 坐标,y 坐标)（相对于画布左上角的位置）。

图像精灵的方法如图 4.134 所示。

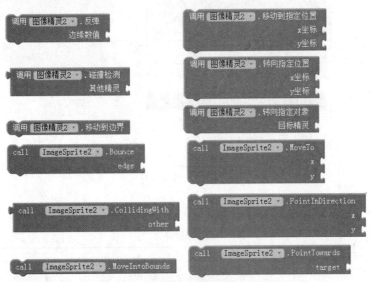

图 4.134　图像精灵方法的中英文对照

反弹（Bounce）：就像撞墙之后反弹一样，使精灵反弹。在正常的反弹中，“边缘数值”参数通过“到达边界”事件返回。

碰撞检测（CollidingWith）：检测精灵是否与指定的被检测精灵发生了碰撞。

移动到边界（MoveIntoBounds）：如果精灵的一部分超出了画布的边界，则将其移回边界内，否则无影响。如果精灵因太宽超出了画布，则精灵与画布的左边界对齐；如果精灵因太高超出了画布，则精灵与画布的顶端边界对齐。

移动到指定位置（MoveTo）：将精灵移动到指定位置(x 坐标,y 坐标)，精灵的左上角与指定位置对应。

转向指定位置（PointInDirection）：转动精灵使其朝向指定的某个坐标点(x 坐标,y 坐标)。

转向指定对象（PointTowards）：转动精灵使其朝向另一个被指定的精灵，新的方向与两个精灵中心点的连线平行。

微课

例 4.24　“打地鼠”游戏

创建一个“打地鼠”游戏，游戏灵感来自一款经典的街机游戏 Whac-A-Mole，其中的小动物会突然从洞中冒出，玩家则用木槌击打它们，击中得分。其界面设计如图 4.135 所示。

图 4.135　界面设计

组件说明如表 4.27 所示。

表 4.27　组件说明

组　件	所属组件组	命　名	用　途	属　性
画布	绘图动画	画布 1	绘画	背景颜色：绿色 高度：320 像素 宽度：320 像素 线宽：2 像素
图像精灵	绘图动画	图像精灵_Hole1	地鼠洞	x 坐标：20 y 坐标：60

续表

组　件	所属组件组	命　名	用　途	属　性
图像精灵	绘图动画	图像精灵_Hole2	地鼠洞	x 坐标：130 y 坐标：60
图像精灵	绘图动画	图像精灵_Hole3	地鼠洞	x 坐标：240 y 坐标：60
图像精灵	绘图动画	图像精灵_Hole4	地鼠洞	x 坐标：75 y 坐标：140
图像精灵	绘图动画	图像精灵_Hole5	地鼠洞	x 坐标：185 y 坐标：140
图像精灵	绘图动画	图像精灵_地鼠	地鼠	图片：mole.png
水平布局	界面布局	水平布局 1	水平排列组件	宽度：充满
标签	用户界面	标签_分数	显示文字“分数”	字号：28 文本：分数：
标签	用户界面	标签_分数值	显示击中次数	字号：28 文本：0
标签	用户界面	标签_时间	显示文字“时间”	字号：28 文本：时间：
标签	用户界面	标签_剩余时间	显示剩余时间	字号：28 文本：60
按钮	用户界面	按钮_重新开始	重新开始游戏	文本：重新开始
计时器	传感器	计时器 1	控制地鼠的移动频率	计时间隔：1000 毫秒
音效	多媒体	音效_地鼠叫	当地鼠被击中时的叫声	源文件：rat.mp3

“打地鼠”游戏的逻辑设计如下。

（1）定义一个全局变量 holes，用来存放地鼠洞图像精灵。然后在屏幕“初始化”事件中，先将“图像精灵_Hole1”到“图像精灵_Hole5”（这里的名字是组件对象的名称，在逻辑设计中单击图像精灵，弹出的对话框的最下面显示组件对象的名称）添加到列表 holes 中，方便后面随机选取出现地鼠的地鼠洞。紧接着循环为列表中的每个图像精灵设置“图片”属性为“hole.png”，如图 4.136 所示。

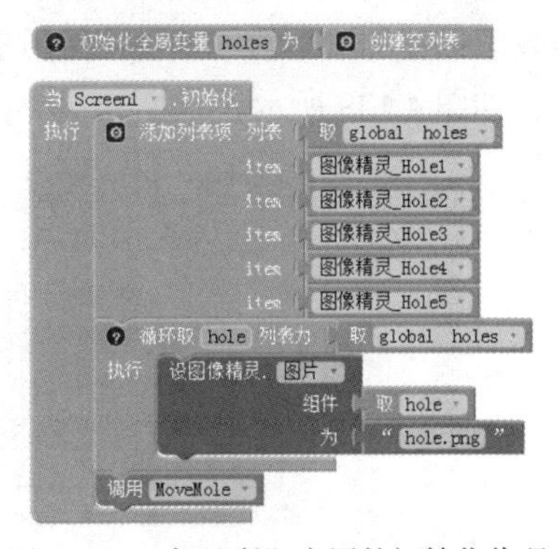

图 4.136　“打地鼠”应用的初始化代码

注意

此处用到了任意组件

，其第一个参数为组件对象，第二个参数为图片的名称。

（2）定义 MoveMole 过程，让地鼠随机地出现在某个地鼠洞（图像精灵）上面。这里通过列表的“随机选取列表项”方法实现从列表中随机选择一项。然后调用地鼠图像精灵的“移动到指定位置”方法将地鼠移动到选取的地鼠洞（图像精灵）上面，这里的“x 坐标”和“y 坐标”通过任意组件中任意图像精灵的“X 坐标”和“Y 坐标”获得，如图 4.137 所示。

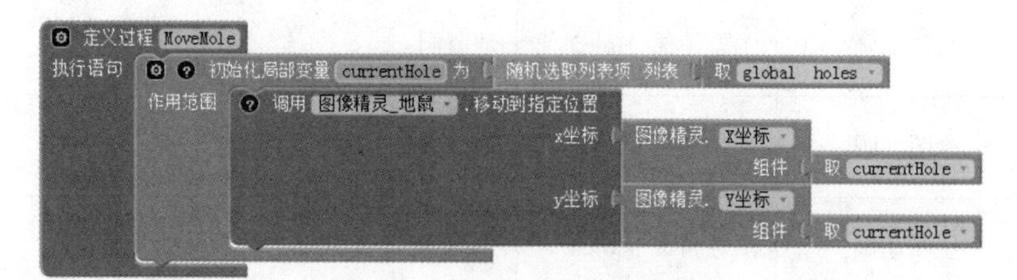

图 4.137　MoveMole 过程的代码

（3）每秒调用一次 MoveMole 过程。要让地鼠每秒移动一次，需要用到计时器组件。设置计时器组件的“计时间隔”属性为其默认值 1000（毫秒），即 1 秒。这意味着，在计时器的“计时”事件中，无论设定什么动作，它都会随着计时器的计时而每秒执行一次，如图 4.138 所示。

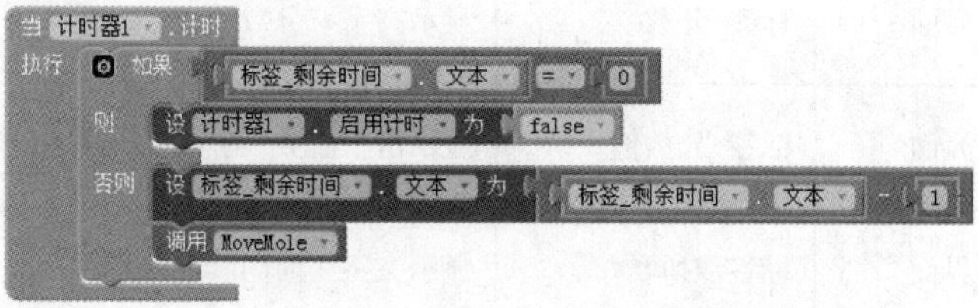

图 4.138　计时器的“计时”事件的代码

如果用户觉得地鼠移动得太快或太慢，可以在组件设计视图中改变计时器的“计时间隔”属性，来提高或降低地鼠的移动频率。

图 4.138 所示代码中有一个判断：如果剩余时间等于 0，则游戏结束，把计时器的“启用计时”属性设为 false，停止继续计时；否则将时间减少 1 秒，并调用 MoveMole 过程移动地鼠。

（4）记录成绩。在地鼠被打中后，首先需要判断是否还有剩余时间，如果还有剩余时间，则将分数值标签的文本值增加 1，然后播放音效、震动手机，并调用 MoveMole 过程让地鼠继续移动，如图 4.139 所示。

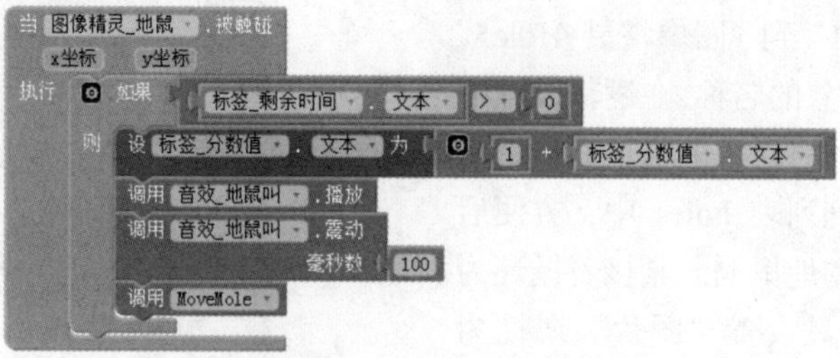

图 4.139　记录成绩的代码

大家想一想，如果这里不加入剩余时间判断会出现什么情况？（如果不加入判断，则在剩余时间为 0 后不会有任何变化，还可以继续打地鼠，并且分数会继续发生改变。）

（5）重新开始游戏。启用计时器，重置分数值为 0，剩余时间变为 60，并调用 MoveMole 过程移动地鼠，如图 4.140 所示。

游戏的运行效果如图 4.141 所示。

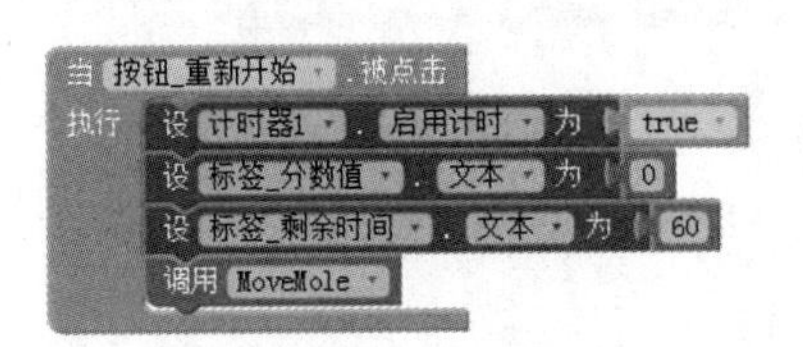

图 4.140　重新开始游戏的代码

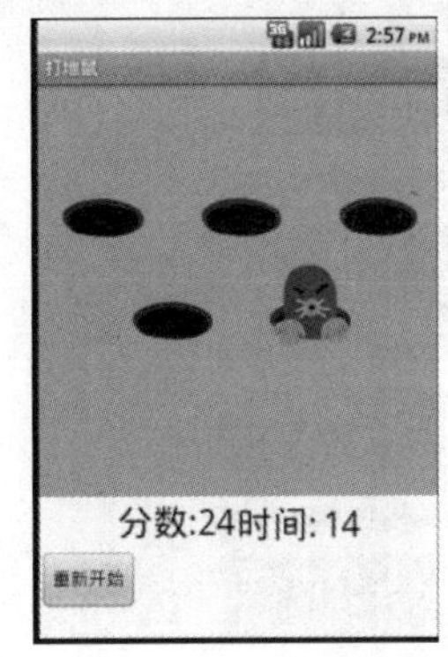

图 4.141　运行效果

4.5.3　球形精灵

球形精灵（Ball）是一个圆形精灵，只能被放置在画布上，它可以响应“被触碰”和“被拖动”事件，与其他精灵（图像精灵等）和画布边界产生交互，根据属性值进行移动。

微课

例如，想让球形精灵在每 500 毫秒（半秒）的时间里向画布的顶部移动 4 像素，可以将球形精灵的“速度”属性设置为“4”（像素），“间隔”属性设置为“500”（毫秒），“方向”属性设置为“90”（度），并将“启用”属性设置为“真”。这些属性和其他属性可以随时修改。

球形精灵组件与图像精灵组件之间的差别在于，用户可以通过设置“图片”属性来改变后者的外观，而要改变球形精灵的外观只能通过改变它的颜色及半径来实现。

球形精灵的属性如图 4.142 所示。

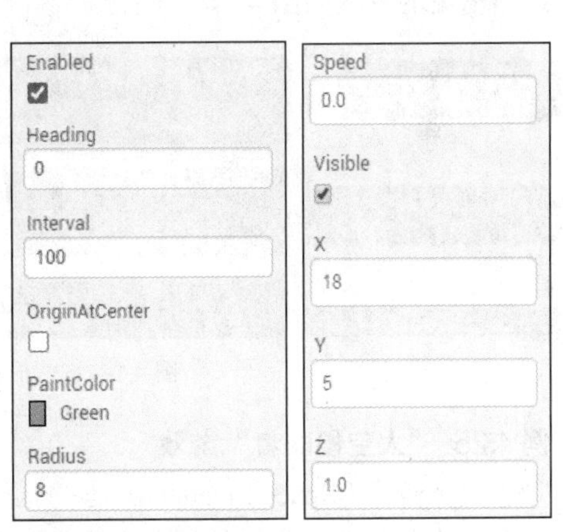

图 4.142　球形精灵组件属性的中英文对照

原点在中心（OriginAtCenter）：如果值为“真”（true），“X 坐标”和“Y 坐标”代表球形精灵的中心；如果值为“假”（false），X 坐标和 Y 坐标代表球形精灵的左边缘和上边缘。

画笔颜色（PaintColor）：设置球形精灵的颜色。

半径（Radius）：设置球形精灵的半径大小。

球形精灵的事件如图 4.143 所示，基本上与图像精灵一致。

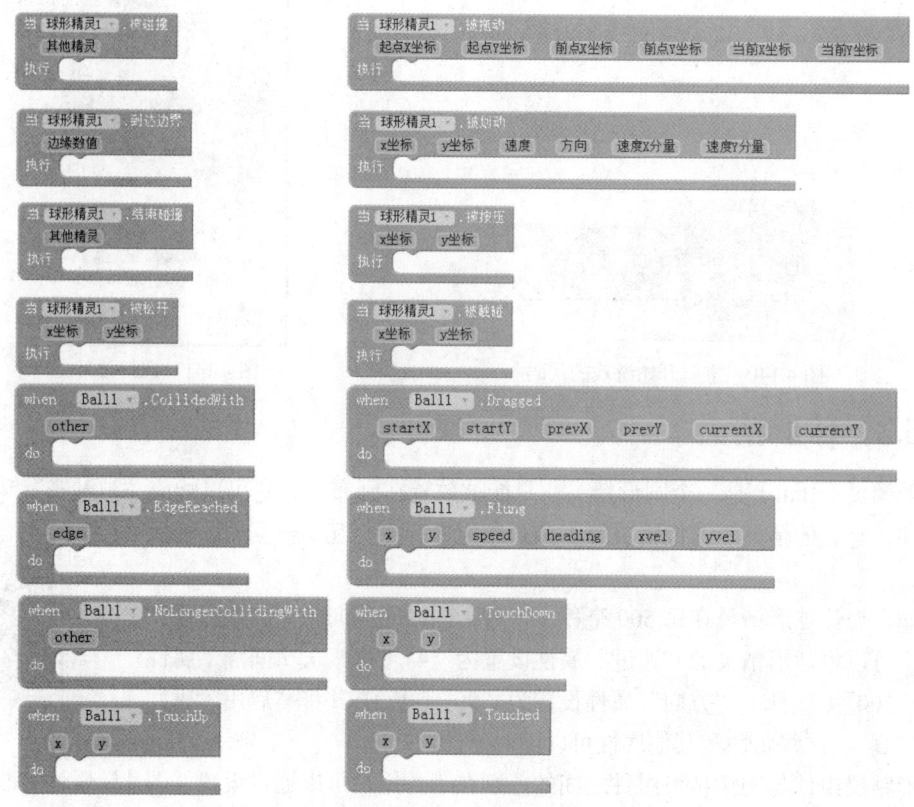

图 4.143　球形精灵事件的中英文对照

球形精灵的方法如图 4.144 所示。

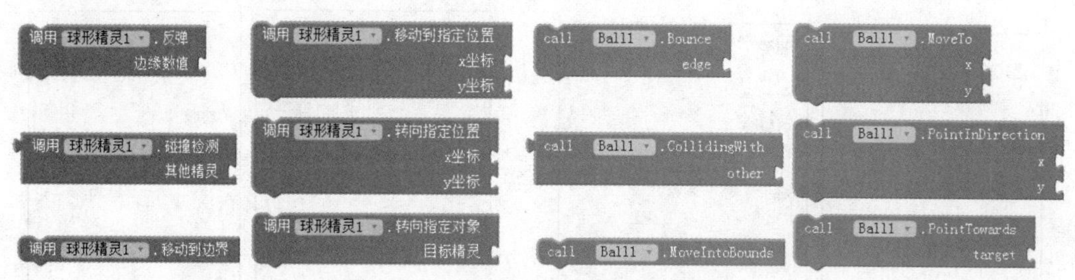

图 4.144　球形精灵方法的中英文对照

例 4.25　“太空侵略者”游戏

“太空侵略者”（Space Invaders）是一个经典射击游戏，玩家操控以二维点阵图构成的太空船，在充满“外星侵略者”的太空中进行一连串的抵抗任务。玩家除了能通过左右平移太空船来闪躲敌人，还可以躲在掩体后面避开敌人的“自杀”攻击。Space Invaders 系列作品发展至今已经有了许多的版本。下面设计一款简化的“太空侵略者”游戏来帮助读者掌握球形精灵的使用方法，帮助读者熟练使用画布和图像精灵。该游戏通过移动火箭炮和发射子弹射击移动的飞碟来完成太空保卫任务。游戏界面设计如图 4.145 所示。

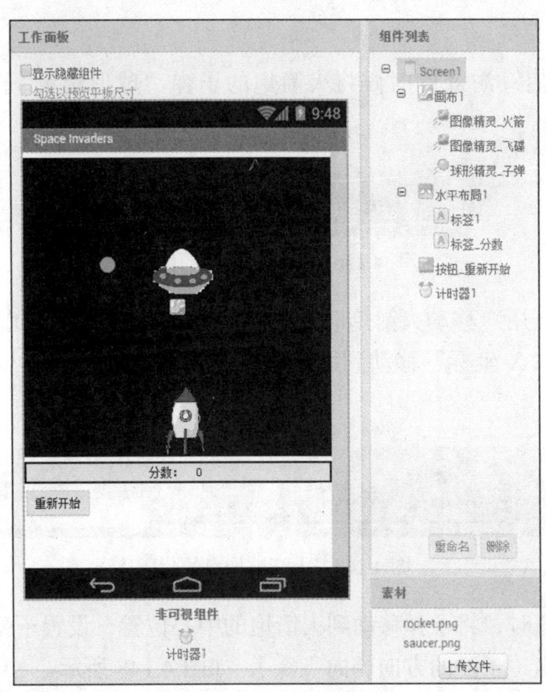

图 4.145 界面设计

组件说明如表 4.28 所示。

表 4.28 组件说明

组件	所属组件组	命名	用途	属性
Screen	默认屏幕	Screen1		允许滚动：选择 标题：Space Invaders
画布	绘图动画	画布 1	绘画	背景颜色：黑色 高度：300 像素 宽度：充满
图像精灵	绘图动画	图像精灵_火箭	火箭炮	图片：rocket.png x 坐标：144 y 坐标：230
图像精灵	绘图动画	图像精灵_飞碟	飞碟	图片：saucer.png y 坐标：74
球形精灵	绘图动画	球形精灵_子弹	火箭炮发射的子弹	半径：8 像素 颜色：绿色
水平布局	界面布局	水平布局 1	水平排列组件	水平对齐：居中 宽度：充满
标签	用户界面	标签 1	显示文本“分数:”	文本：分数:
标签	用户界面	标签_分数	显示射中次数	字号：28 文本：0
按钮	用户界面	按钮_重新开始	重新开始游戏	文本：重新开始
计时器	传感器	计时器 1	控制飞碟移动	计时间隔：1000 毫秒

逻辑设计如下。

（1）屏幕初始化。启动游戏的时候将火箭炮的子弹“球形精灵_子弹”隐藏，如图 4.146 所示。

图 4.146　屏幕初始化的代码

（2）移动火箭炮。当用户移动火箭炮时（这里仅能左右水平移动），调整“图像精灵_火箭”的位置，即将火箭炮的“X 坐标”移动到用户拖曳的当前位置——“当前 X 坐标”，如图 4.147 所示。

图 4.147　火箭被拖曳的代码

（3）当火箭炮被触碰时，将子弹移动到火箭炮的中心位置，设置子弹的显示状态为可见，并给予子弹一个速度和方向（子弹的方向朝向飞碟），如图 4.148 所示。

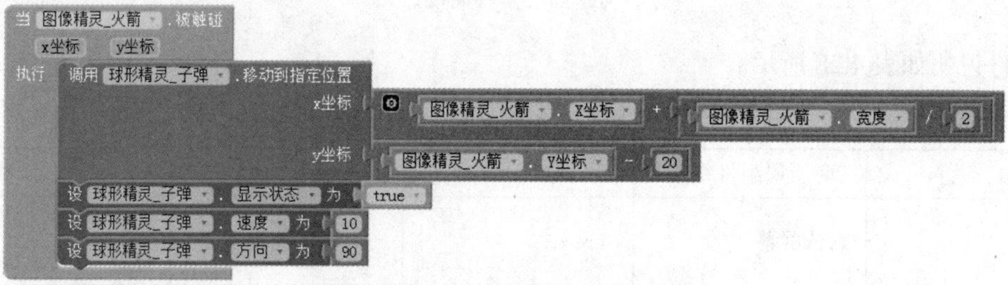

图 4.148　火箭被触碰的代码

（4）当火箭炮发射出来的子弹和飞碟碰撞后，隐藏子弹并将分数增加 1；改变飞碟的位置，这通过修改飞碟的“X 坐标”即可实现，如图 4.149 所示。

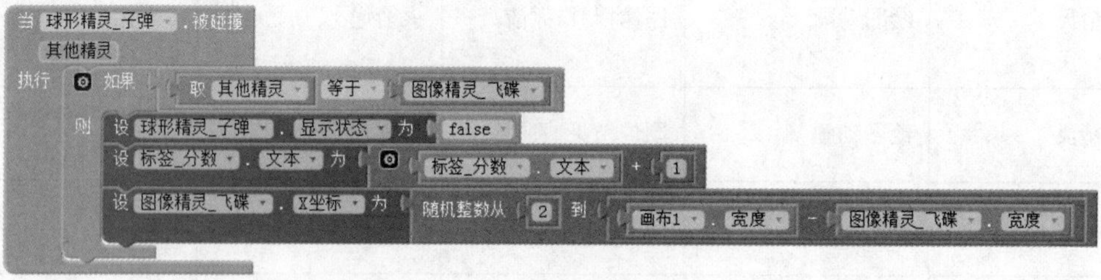

图 4.149　子弹碰撞的代码

（5）当子弹到达边界后，将其显示状态修改为不显示，如图 4.150 所示。

图 4.150　子弹到达边界的代码

（6）在计时器设定的每个间隔内改变飞碟的水平位置，如图 4.151 所示。

图 4.151　计时器的代码

（7）当按钮被点击时将分数重置为 0，如图 4.152 所示。

运行效果如图 4.153 所示。

当 按钮_重新开始 . 被点击 执行 设 标签_分数 . 文本 为 0

图 4.152　重新开始的代码

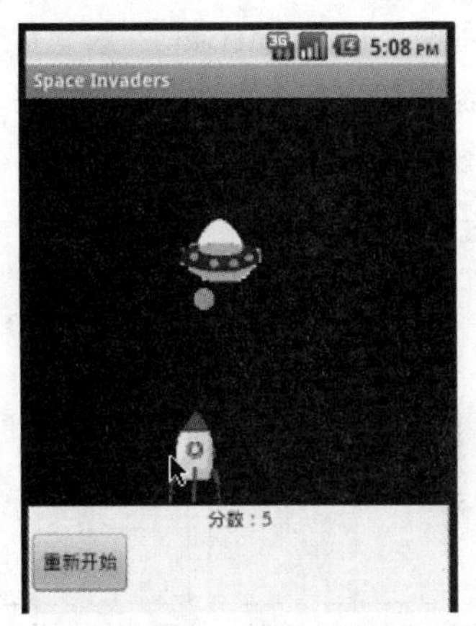

图 4.153　运行效果

4.6　传感器组件

传感器组件（Sensor Components）主要用来感应手机的位置、方向、加速度等各项参数的变化，常见的一些传感器是目前智能手机的标配。AI 提供了加速度传感器、条码扫描器、计时器、位置传感器、NFC（近场通信）、方向传感器、距离传感器等，它们都是非可视组件，如图 4.154 所示。

图 4.154　传感器组件

4.6.1 计时器

微课

计时器（Clock）是非可视组件，提供了即时使用手机内部时钟的功能。它能执行时间计算、操作和转换。计时器的属性如图 4.155 所示。

一直计时（TimerAlwaysFires）：如果勾选该复选框，那么计时将一直伴随应用，甚至在应用尚未在屏幕上显示时，计时就开始了。

启用计时（TimerEnabled）：如果勾选该复选框，则开始计时。

计时间隔（TimerInterval）：设置触发计时器计时事件的时间间隔，单位为毫秒。

计时器只有一个“计时”事件，在计时器启动后，每经过一个“计时间隔”就会触发该事件一次，如图 4.156 所示。

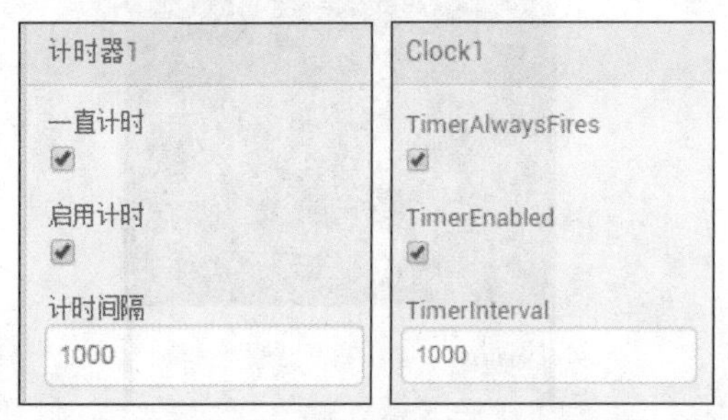

图 4.155 计时器组件属性的中英文对照

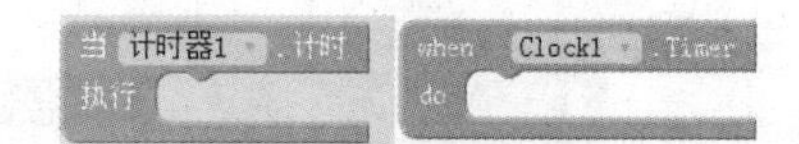

图 4.156 计时器事件的中英文对照

计时器的方法如图 4.157 所示，可以按功能分为五大类：设定日期和时间格式、创建时间点、增加时间、求时间和持续时间。

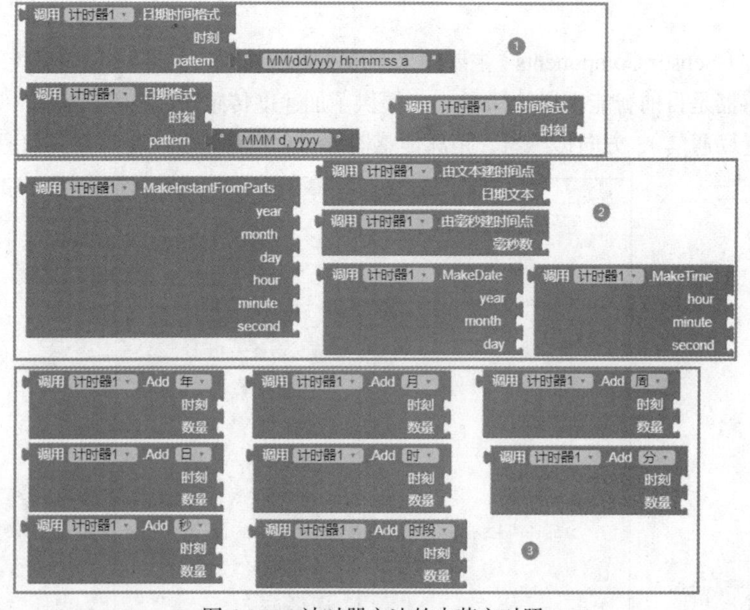

图 4.157 计时器方法的中英文对照

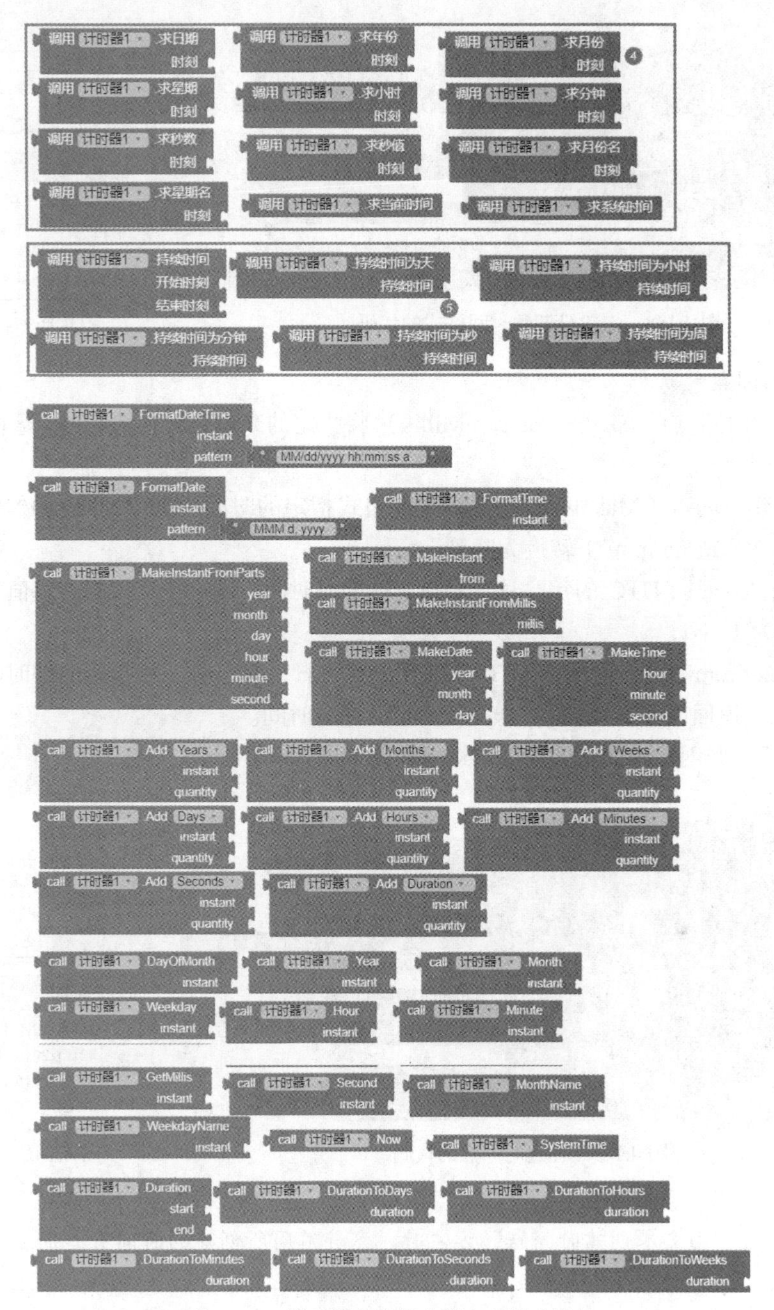

图 4.157　计时器方法的中英文对照（续）

1. 设定日期和时间格式

日期时间格式（FormatDateTime）：用指定模式的文本表示某一时刻的日期和时间。如“MM/dd/yyyy hh:mm:ss a”，其中 M 代表月，d 代表日，y 代表年，h 代表小时，m 代表分钟，s 代表秒，a 代表上午、下午。

日期格式（FormatDate）：用指定模式的文本表示某一时刻的日期，如“MMM d,yyyy”。

时间格式（FormatTime）：用文本表示某一时刻的时间。

图 4.158 所示的设置日期和时间格式的代码的运行效果如图 4.159 所示。

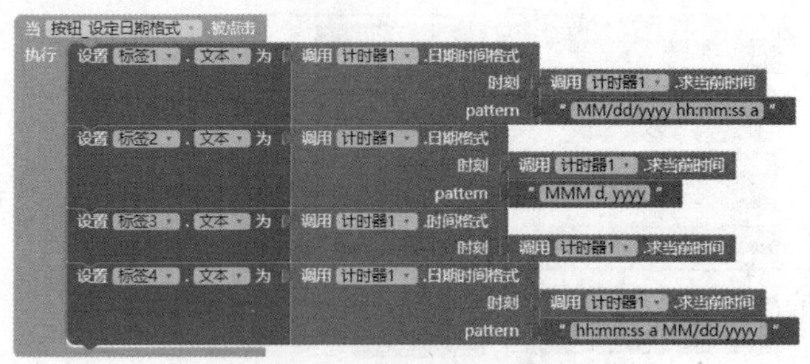

图 4.158 设置日期和时间格式的代码

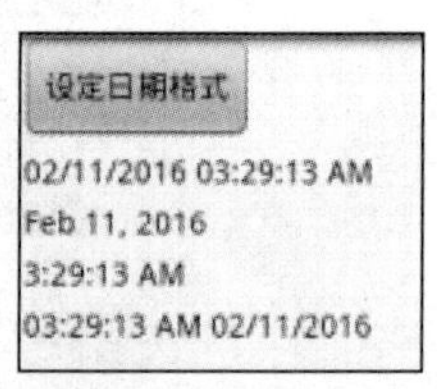

图 4.159 运行效果

2. 创建时间点

由毫秒创建时间点（MakeInstantFromMillis）：将指定的毫秒数转换为时刻，毫秒数从 1970 年开始计算。

由文本创建时间点（MakeInstant）：将文本格式指定的时间（如“MM/DD/YYYY hh:mm:ss 或 MM/DD/YYYY 或 hh:mm”）转换为时刻。

MakeDate：返回以 UTC 的年、月、日指定的即时时间。month 字段的有效值为 1～12，day 字段的有效值为 1～31。

MakeInstantFromParts：返回以 UTC 中的年、月、日、时、分、秒指定的即时时间。

MakeTime：返回以 UTC 的时、分、秒指定的即时时间。

图 4.160 所示的创建时间点的代码的运行效果如图 4.161 所示。

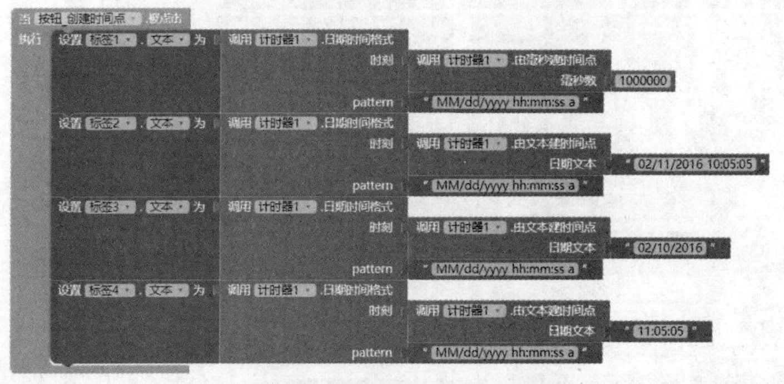

图 4.160 创建时间点的代码

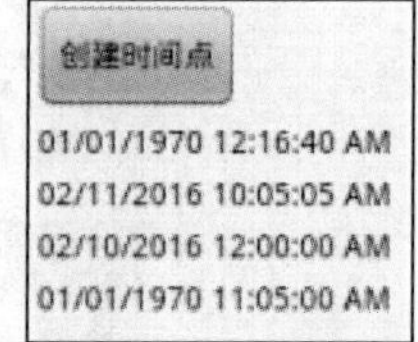

图 4.161 运行效果

注意

使用“由文本创建时间点”方法时，参数不同所创建的时间有差别。

3. 增加时间

增加年（AddYears）：在给定时刻增加指定的年数。

增加月（AddMonths）：在给定时刻增加指定的月数。

增加日（AddDays）：在给定时刻增加指定的天数。

增加时（AddHours）：在给定时刻增加指定的小时数。

增加分（AddMinutes）：在给定时刻增加指定的分钟数。

增加秒（AddSeconds）：在给定时刻增加指定的秒数。

增加周（AddWeeks）：在给定时刻增加指定的周数。

增加时段（AddDuration）：在给定时刻增加指定毫秒的时间。

图 4.162 所示的增加时间的代码的运行效果如图 4.163 所示。

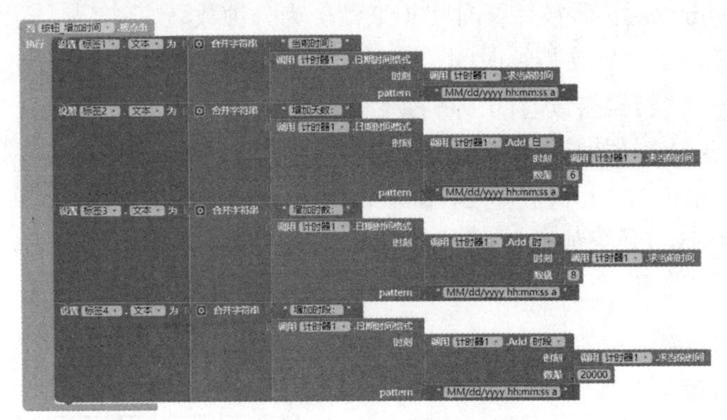

图 4.162　增加时间的代码

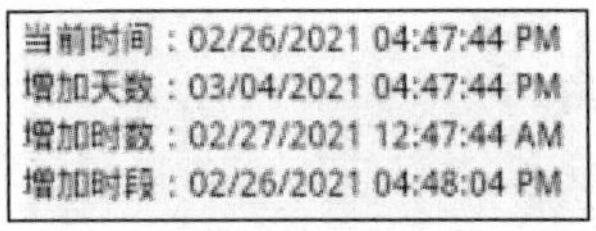

当前时间：02/26/2021 04:47:44 PM
增加天数：03/04/2021 04:47:44 PM
增加时数：02/27/2021 12:47:44 AM
增加时段：02/26/2021 04:48:04 PM

图 4.163　运行效果

4. 求时间

求系统时间（SystemTime）：返回手机内置时间的毫秒数。

求当前时间（Now）：获得手机时钟的当前时间，包含年、月、日、时、分、秒、毫秒、时区和星期等多项信息。

求秒数（GetMillis）：返回自 1970 年 1 月 1 日零时起至某个时刻的毫秒数。

求年份（Year）：求指定时刻中的年份值。

求月份（Month）：求指定时刻中的月份值，范围从 1 到 12。

求日期（DayOfMonth）：求指定时刻中的日期值，范围从 1 到 31。

求小时（Hour）：求指定时刻中的小时值。

求分钟（Minute）：求指定时刻中的分钟值。

求秒值（Second）：求指定时刻中的秒值。

求星期（Weekday）：求指定时刻中的星期值，范围从 1（周日）到 7（周六）。

求月份名（MonthName）：求指定时刻中的月份值所对应的名称，1 对应 January，2 对应 February，……，12 对应 December。

求星期名（WeekdayName）：求指定时刻中的星期值对应的名称，1 对应 Sunday，2 对应 Monday，……，7 对应 Saturday。

图 4.164 所示的求时间的代码的运行效果如图 4.165 所示。

当 按钮_求日期时间 .被点击
执行
设 标签1 . 文本 为 调用 计时器1 .求当前时间
设 标签2 . 文本 为 调用 计时器1 .求系统时间
设 标签3 . 文本 为 调用 计时器1 .求月份名
时刻 调用 计时器1 .求当前时间
设 标签4 . 文本 为 调用 计时器1 .求星期
时刻 调用 计时器1 .求当前时间
设 标签5 . 文本 为 调用 计时器1 .求秒数
时刻 调用 计时器1 .求当前时间

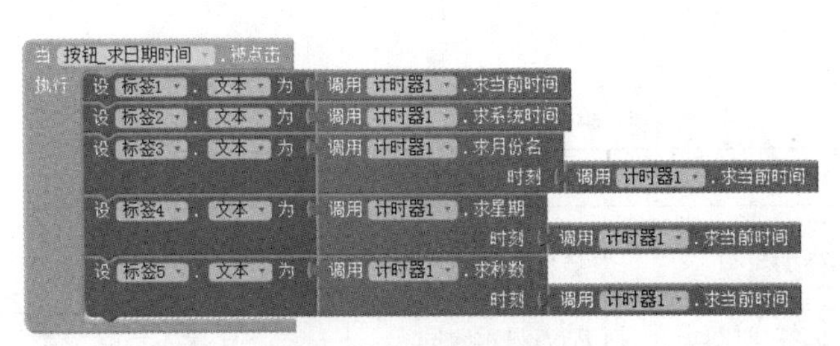

图 4.164　求时间的代码

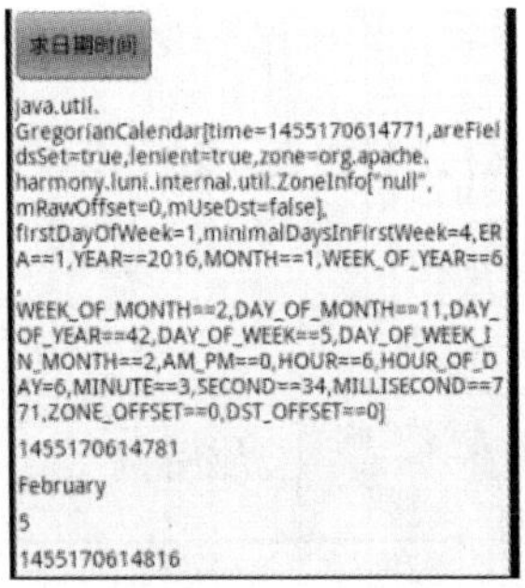

求日期时间
java.util.GregorianCalendar[time=1455170614771,areFieldsSet=true,lenient=true,zone=org.apache.harmony.luni.internal.util.ZoneInfo["null",mRawOffset=0,mUseDst=false],firstDayOfWeek=1,minimalDaysInFirstWeek=4,ERA==1,YEAR==2016,MONTH==1,WEEK_OF_YEAR==6,WEEK_OF_MONTH==2,DAY_OF_MONTH==11,DAY_OF_YEAR==42,DAY_OF_WEEK==5,DAY_OF_WEEK_IN_MONTH==2,AM_PM==0,HOUR==6,HOUR_OF_DAY=6,MINUTE==3,SECOND==34,MILLISECOND==771,ZONE_OFFSET==0,DST_OFFSET==0]
1455170614781
February
5
1455170614816

图 4.165　运行效果

5. 持续时间

持续时间（Duration）：求两个时刻之间相差的毫秒数。

持续时间为秒（DurationToSeconds）：转换持续时间（毫秒）为秒数。

持续时间为分钟（DurationToMinutes）：转换持续时间（毫秒）为分钟数。

持续时间为小时（DurationToHours）：转换持续时间（毫秒）为小时数。

持续时间为天（DurationToDays）：转换持续时间（毫秒）为天数。

持续时间为周（DurationToWeeks）：转换持续时间（毫秒）为周数。

这里的持续时间均为毫秒数，例如，24 小时就是 24×60×60×1000=86400000 毫秒。

图 4.166 所示的求时间的代码的运行效果如图 4.167 所示。

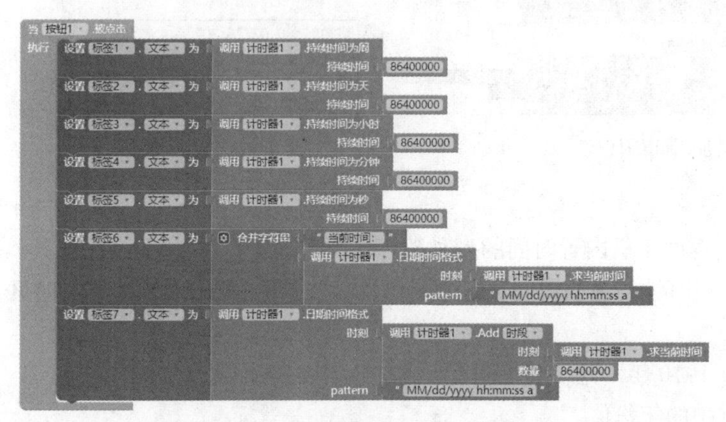

图 4.166　持续时间转换的代码

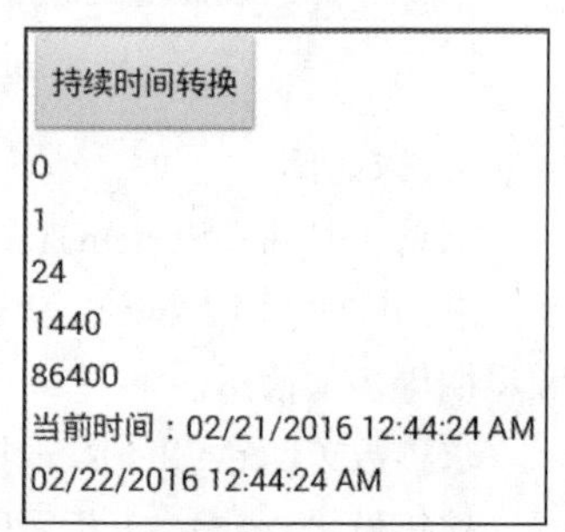

图 4.167　运行效果

例 4.26　秒表

使用计时器组件制作秒表，界面设计如图 4.168 所示。用户点击“开始计时”按钮，秒表开始计时并动态改变界面中的数字。此时“开始计时”按钮上的文字变成“停止计时”；用户点击“停止计时”按钮后，“停止计时”按钮上的文字变成“开始计时”。

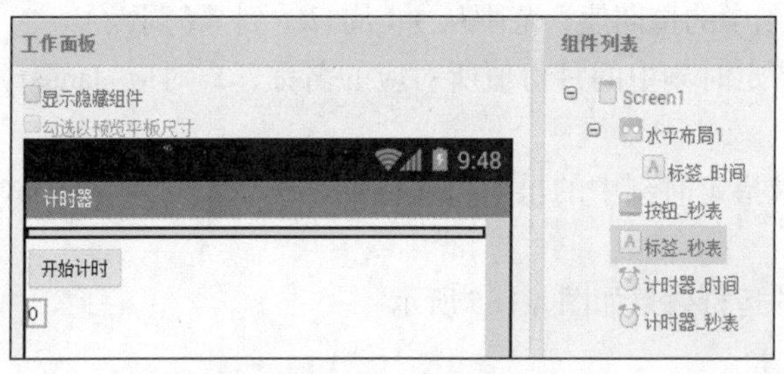

图 4.168　界面设计

微课

组件说明如表 4.29 所示。

表 4.29　组件说明

组　件	所属组件组	命　名	用　途	属　性
水平布局	界面布局	水平布局 1	居中显示“标签_时间”组件	水平对齐：居中 宽度：充满
标签	用户界面	标签_时间	动态显示时间	文本：空
按钮	用户界面	按钮_秒表	秒表开始计时	文本：开始计时
标签	用户界面	标签_秒表	动态显示秒表	文本：空

续表

组　　件	所属组件组	命　　名	用　　途	属　　性
计时器	传感器	计时器_时间	用于显示时钟	启用计时：勾选 计时间隔：10 毫秒
计时器	传感器	计时器_秒表	用于显示秒表	启用计时：勾选 计时间隔：100 毫秒

逻辑设计如下。

（1）以“hh:mm:ss:SS”格式显示当前系统时间，代码如图 4.169 所示。

图 4.169　显示时间的代码

通过“计时器_时间”中的“计时”事件，系统首先取得手机的当前时间，然后设定日期和时间格式，最后将当前时间显示到标签上。

（2）按钮被点击。当按钮被点击时，系统先判断按钮的文本，如果是“开始计时”，则启用秒表计时器，将“标签_秒表”的“文本”属性设置为“0”，并将按钮上的文本修改成“停止计时”；否则（即按钮的文本是“停止计时”）停止秒表计时，并将按钮上的文本修改成“开始计时”。代码如图 4.170 所示。

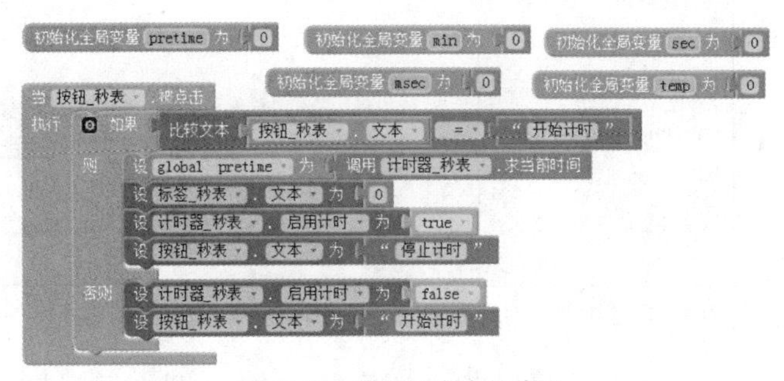

图 4.170　按钮被点击的代码

（3）计时。系统首先计算出开始时间到当前时间经过的时间，得到的是毫秒，然后将毫秒转化成“mm:ss:SS”形式，最后将时间显示到标签上，代码如图 4.171 所示。

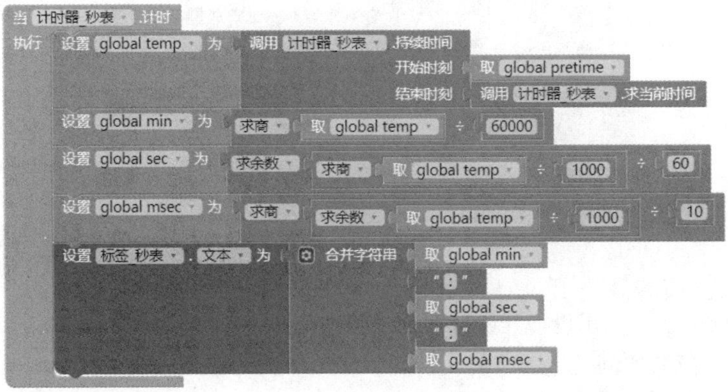

图 4.171　计时的代码

4.6.2 加速度传感器

加速度传感器（AccelerometerSensor）是非可视组件，它可以检测到摇晃和测出 3 个维度上的加速度分量的近似值，测量结果采用国际标准单位“m/s^2”。3 个分量如下。

xAccel：当设备在平面上静止时，其值为 0；当设备向右倾斜时（即它的左侧抬高），其值为正；当设备向左倾斜时（即它的右侧抬高），其值为负。

yAccel：当设备在平面上静止时，其值为 0；当设备底部被抬起时，其值为正；当设备顶部被抬起时，其值为负。

zAccel：当设备屏幕朝上且静止在与地面平行的平面上时，其值为−9.8（地球的重力加速度）；当设备屏幕垂直于地面时，其值为 0；当设备屏幕朝下时，其值为 9.8。

无论是否由于重力，设备只要进行加速运动，就会改变它的加速度分量值。

加速度传感器的属性如图 4.172 所示。

启用（Enabled）：是否启用加速度传感器。

最小间隔（MinimumInterval）：设置两次检测手机摇晃的最小间隔。

敏感度（Sensitivity）：设置加速度传感器的敏感程度，有 3 个选项——1 较弱，2 适中，3 较强。

加速度传感器的事件如图 4.173 所示。

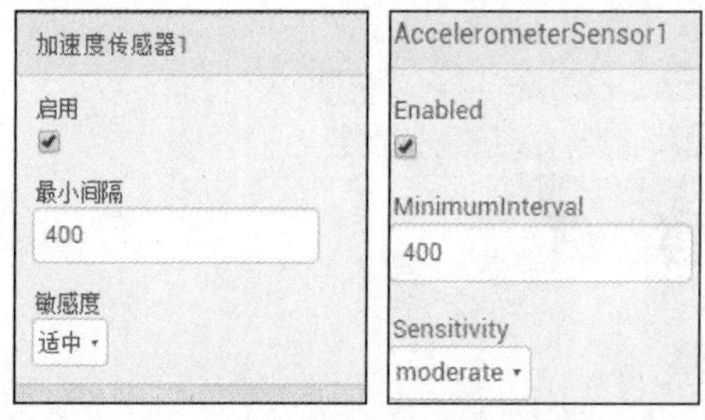

图 4.172　加速度传感器组件属性的中英文对照

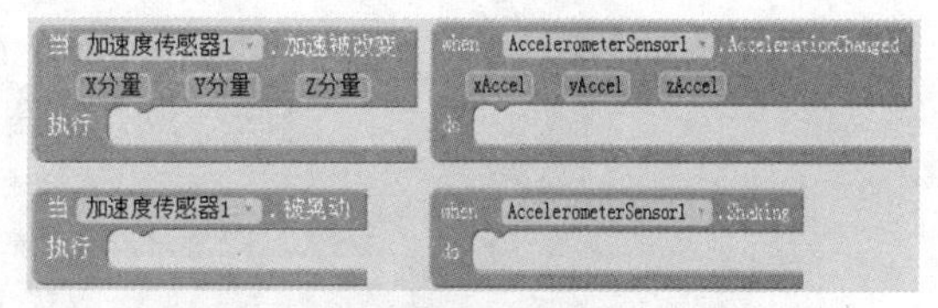

图 4.173　加速度传感器事件的中英文对照

加速被改变（AccelerationChanged）：指示加速度在 x 轴、y 轴、z 轴上的变化。

通过图 4.174 所示的代码可以将 x 轴、y 轴、z 轴方向的加速度分量显示到标签上。

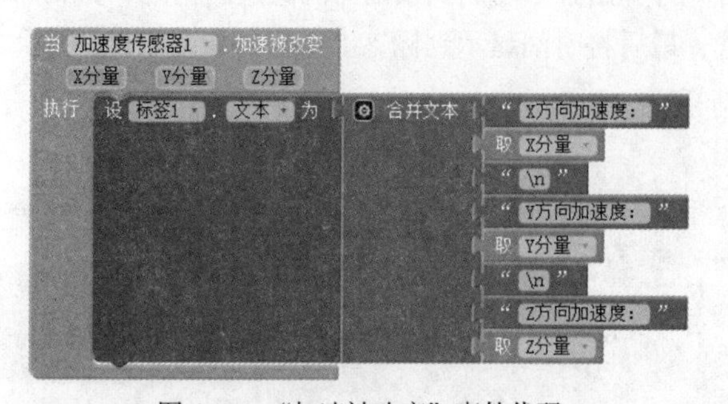

图 4.174　“加速被改变”事件代码

被晃动（Shaking）：指示设备开始被摇晃或被连续摇晃。

应用加速度传感器的例子见 2.1 节。

4.6.3 方向传感器

方向传感器（OrientationSensor）为非可视组件，用于确定手机的空间方位，以角度的形式提供以下 3 个方位值。

翻转角（Roll）：当设备被水平放置时，其值为 0；随着设备右侧向上倾斜至屏幕朝向左边，其值增加到 90，而当设备左侧向上倾斜至屏幕朝向右边时，其值减少到-90。

倾斜角（Pitch）：当设备被水平放置时，其值为 0；随着设备顶部向下倾斜至设备竖直时，其值为 90，继续沿相同方向翻转，其值逐渐减小，直到屏幕朝向下方，其值变为 0；同样，当设备底部向下倾斜直到指向地面时，其值为-90，继续沿相同方向翻转到屏幕朝下方时，其值为 0。

方位角（Azimuth）：当设备顶部指向正北时，其值为 0；指向正东时，其值为 90；指向正南时，其值为 180；指向正西时，其值为 270。

在中文版本的逻辑设计视图中，Pitch 被翻译成了“音调”，即 方向传感器1 . 音调 中的“音调”应为“倾斜角”。

方向传感器的属性介绍如下。

启用（Enabled）：设置方向传感器是否可用。

可用状态（Available）：指示在安卓设备上是否存在方向传感器。

力度（Magnitude）：返回一个 0 到 1 之间的小数，表示设备的倾斜程度。可以理解为当球在设备表面滚动时，所受到的力的大小。

角度（Angle）：返回一个角度值，表示设备倾斜的方向。可以理解为当球在设备表面滚动时，所受的力的方向。

方向传感器的事件只有“方向被改变”。

方向被改变（OrientationChanged）：当设备的方位被改变时触发。图 4.175 所示的代码可以在方向传感器的方向被改变时，将方位角、倾斜角和翻转角显示到标签上。

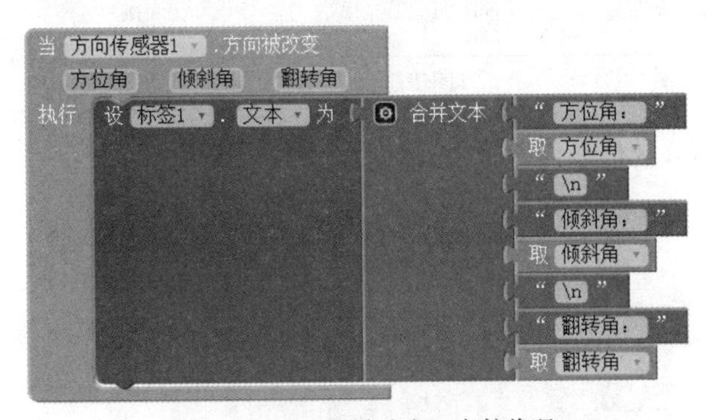

图 4.175 “方向被改变”事件代码

例 4.27 简单“贪食球”游戏

本例的灵感来源于贪吃蛇游戏，这里将实现一个简化版的贪吃蛇游戏——贪食球。当黑色的小球碰撞到红色的小球时，红色小球从当前位置消失并出现在另外一个随机位置，黑色的小球体积变大，如果黑色的小球碰撞到边界，则游戏结束。用户通过改变设备的方位来控制黑色小球的运动方向和速度。界面设计如图 4.176 所示。

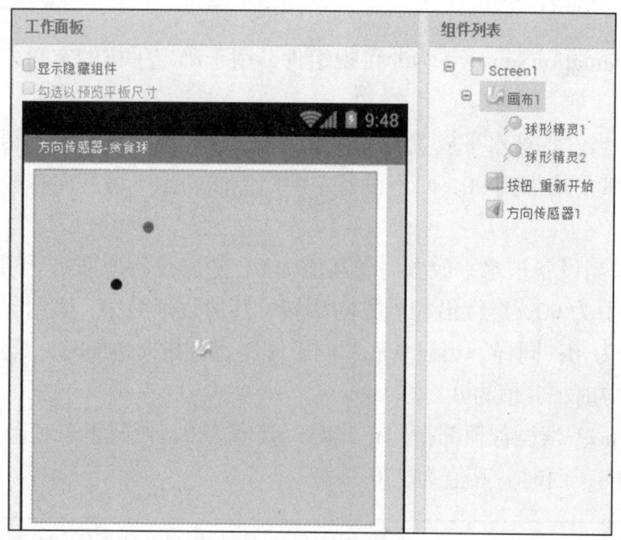

图 4.176　界面设计

组件说明如表 4.30 所示。

表 4.30　组件说明

组　件	所属组件组	命　名	用　途	属　性
画布	绘图动画	画布 1	小球运动区域	背景颜色：粉色 高度：300 像素 宽度：300 像素
球形精灵	绘图动画	球形精灵 1	可以“吃”其他小球	颜色：黑色 半径：5 像素
球形精灵	绘图动画	球形精灵 2	其他小球	颜色：红色 半径：5 像素
按钮	用户界面	按钮_重新开始	重新开始游戏	文本：重新开始 可见性：勾选
方向传感器	传感器	方向传感器 1	感应设备方位变化	启用：勾选

简单“贪食球”游戏的代码如图 4.177 所示。

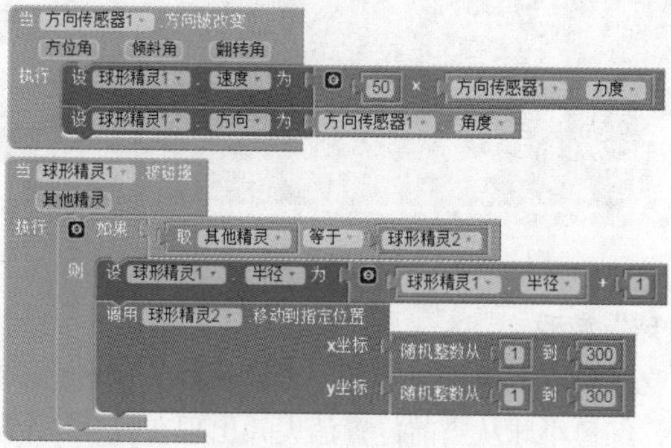

图 4.177　代码

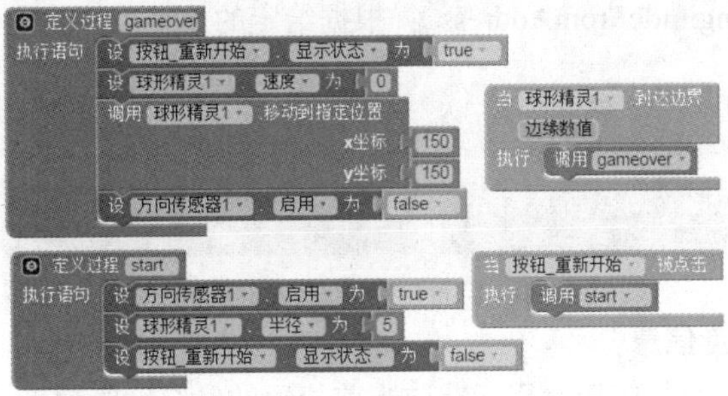

图 4.177 代码（续）

4.6.4 位置传感器

位置传感器（LocationSensor）是非可视组件，它可以提供位置信息，包括纬度、经度、高度（如果设备支持）及地址，也可以实现“地理编码”，即将地址信息（不必是当前位置）转换为纬度（“由地址求纬度”方法）及经度（“由地址求经度”方法）。

为了实现这些功能，组件的“启用”属性值必须为“真”，并且已通过 Wi-Fi 或者 GPS（如果在户外）开启设备的位置传感器。

当应用程序被启动时，位置信息可能不会立即生效。用户将不得不为找到可用的位置提供者等待一段时间，或等待“位置被更改”事件被触发。

位置传感器的属性如图 4.178 所示。

间距（DistanceInterval）：位置传感器尝试更新发送位置的最小距离间隔，单位为米。如设置间距为 5（米），则每走过 5 米，位置传感器就会触发一次“位置被更改”事件。但是，传感器不能保证恰好在指定间距的位置接收到更新信息，所以也可能在超过 5 米的地方触发事件。

启用（Enabled）：设备的位置传感器是否可用。

时间间隔（TimeInterval）：以毫秒为单位设定最小时间间隔，位置传感器将以此间隔发出位置更新信息。然而，设备的实际位置必须发生变化，位置传感器才能收到新的位置信息，且不能保证按指定的时间间隔收到位置信息。

位置传感器的事件如图 4.179 所示。

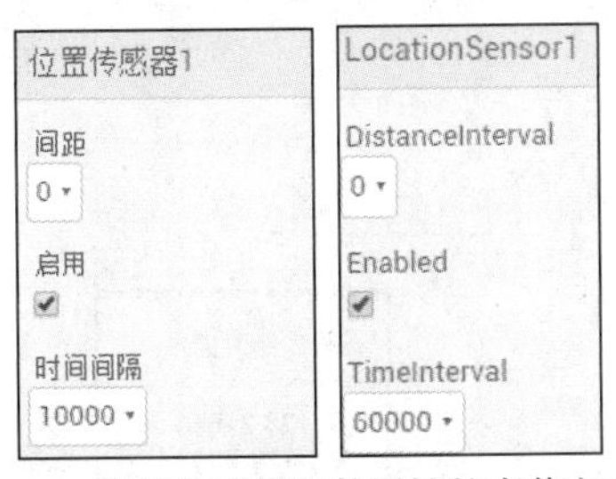

图 4.178 位置传感器组件属性的中英文对照

图 4.179 位置传感器事件的中英文对照

位置被更改（LocationChanged）：表明已经检测到新的位置信息。

状态被改变（StatusChanged）：表明位置提供者的服务状态发生了变化，例如，位置提供者丢失或新的位置提供者开始被使用。

位置传感器的方法如图 4.180 所示。

由地址求纬度（LatitudeFromAddress）：根据给定的地址推算纬度值。

由地址求经度（LongitudeFromAddress）：根据给定的地址推算经度值。

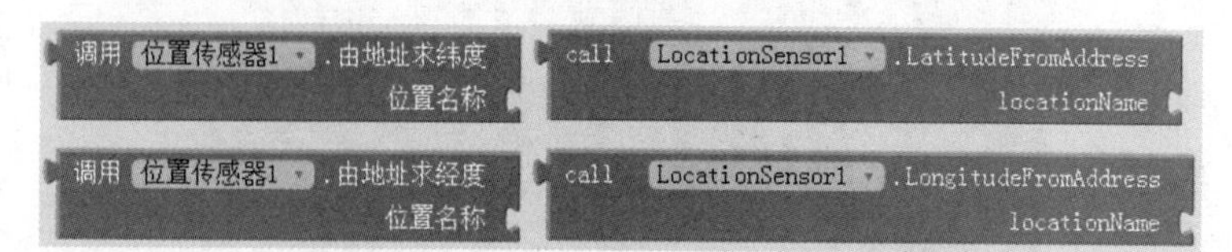

图 4.180　位置传感器方法的中英文对照

例 4.28　获取经纬度信息

设计图 4.181 所示界面的应用，用于获取当前位置的经纬度等信息。

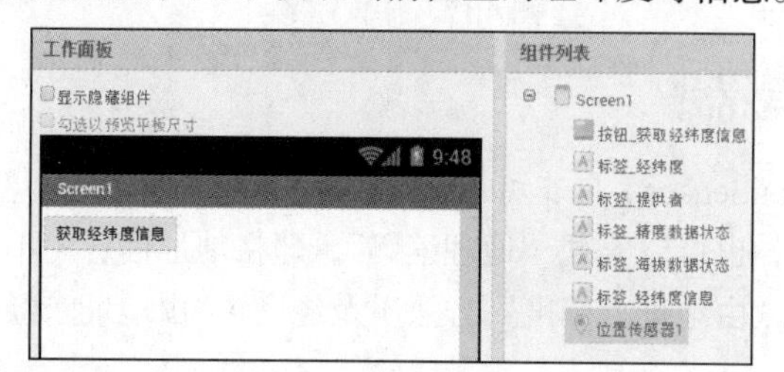

图 4.181　界面设计

组件说明如表 4.31 所示。

表 4.31　组件说明

组　件	所属组件组	命　名	用　途	属　性
按钮	用户界面	按钮_获取经纬度信息	通过当前地址获取经纬度信息	文本：获取经纬度信息
标签	用户界面	标签_经纬度	显示经纬度	文本：空
标签	用户界面	标签_提供者	显示位置提供者信息	文本：空
标签	用户界面	标签_精度数据状态	显示精度数据状态信息	文本：空
标签	用户界面	标签_海拔数据状态	显示海拔数据状态信息	文本：空
标签	用户界面	标签_经纬度信息	显示经纬度信息	文本：空
位置传感器	传感器	位置传感器 1	获取位置信息	事件间隔：10000 毫秒

代码如图 4.182 所示。

运行效果如图 4.183 所示。

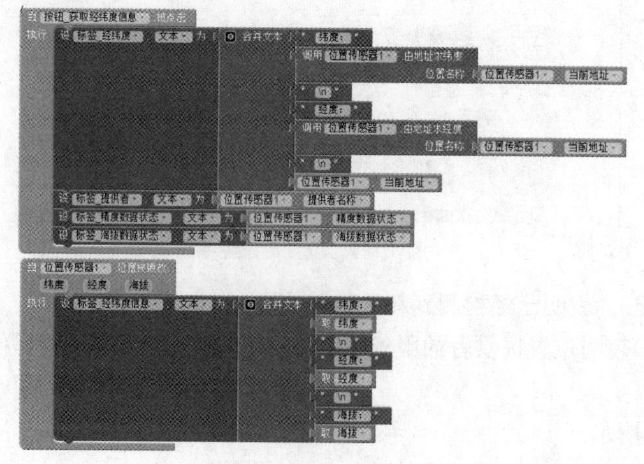

图 4.182　代码

获取经纬度信息
纬度：28.21656
经度：112.90617
中国
湖南省长沙市岳麓区
gps
true
true
纬度：28.19282
经度：112.94798
海拔：26.26872

图 4.183　运行效果

4.6.5　条码扫描器

条码扫描器（BarcodeScanner）是非可视组件，用于读取条码。它可利用手机内置照相机或调用其他条码扫描软件（如 ZXing 扫描软件）。条码扫描器的属性、事件和方法如图 4.184 所示。

微课

条码扫描器的主要属性介绍如下。

结果（Result）：扫描获得的文本结果。

使用外部扫描仪（UseExternalScanner）：如果启用该选项，即值为“真”，则 App Inventor 将寻找和使用外部扫描程序，如“条形码扫描器”。

条码扫描器的主要事件介绍如下。

扫描结束（AfterScan）：表明扫描器已经读到一个文本结果，并提供扫描结果。

条码扫描器的主要方法介绍如下。

执行扫描（DoScan）：使用照相机开始进行条码扫描，扫描结束后将触发“扫描结束”事件。

图 4.185 所示的代码可以调用条码扫描器的“执行扫描”方法，并在扫描结束后将扫描结果显示到标签上。

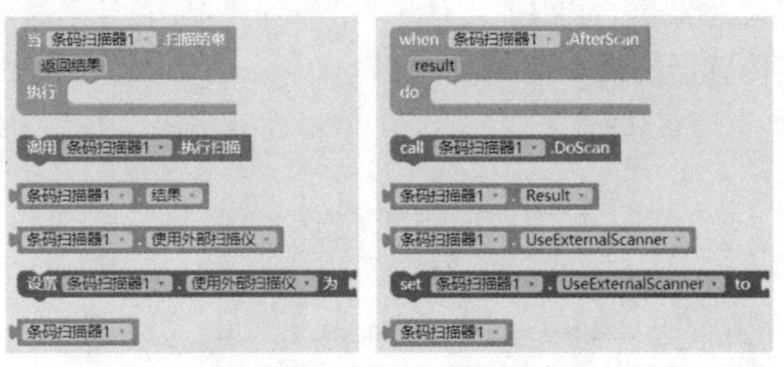

图 4.184　条码扫描器属性、事件和方法的中英文对照

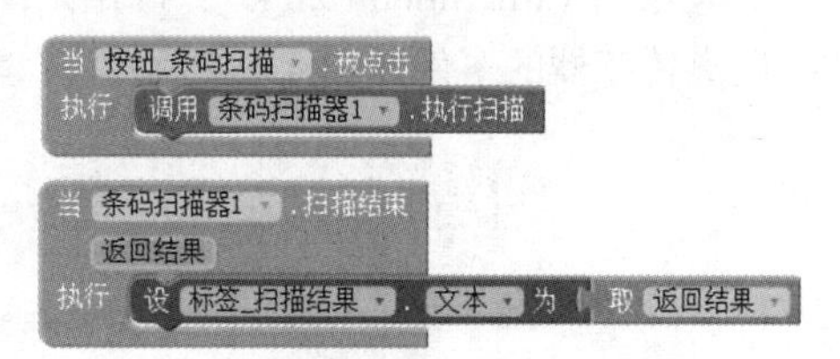

图 4.185　代码

4.6.6　距离传感器

距离传感器（ProximitySensor）用于通过红外线进行测距，当手机用户接听电话或者将手机装进口袋时，距离传感器可以判断出手机贴近了人的脸部或者衣服而关闭屏幕的触控功能，这样就可以防止误操作产生。

距离传感器可以测量物体相对于设备的屏幕的距离（厘米）。该传感器通常用于确定设备是否正放在人耳边，即确定物体与设备的距离。很多设备返回的是绝对距离（厘米），但有些设备仅能返回两个值。在后面这种情况中，在远距离状态下，距离传感器通常返回近距离状态允许的最大距离值。

距离传感器的属性如图 4.186 所示。

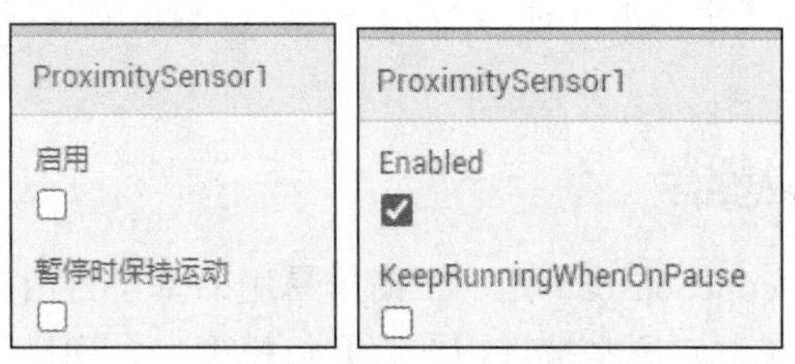

图 4.186　距离传感器组件属性的中英文对照

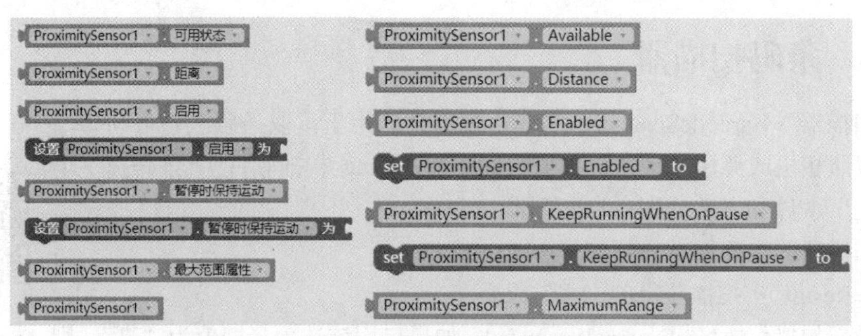

图 4.186　距离传感器组件属性的中英文对照（续）

启用（Enabled）：如果勾选此复选框，设备将监听距离的变化。该属性既可以在组件设计视图中进行设定，也可以在逻辑设计视图中进行设定。

暂停时保持运动（KeepRunningWhenOnPause）：如果设置为“真”，那么即使应用程序是不可见的，它也将监听距离的变化。该属性既可以在组件设计视图中进行设定，也可以在逻辑设计视图中进行设定。

距离（Distance）：设置物体到设备的距离。

可用状态（Available）：报告设备的距离传感器是否可用。

最大范围（MaximumRange）：确定距离传感器的最大范围。

距离传感器的事件如图 4.187 所示。

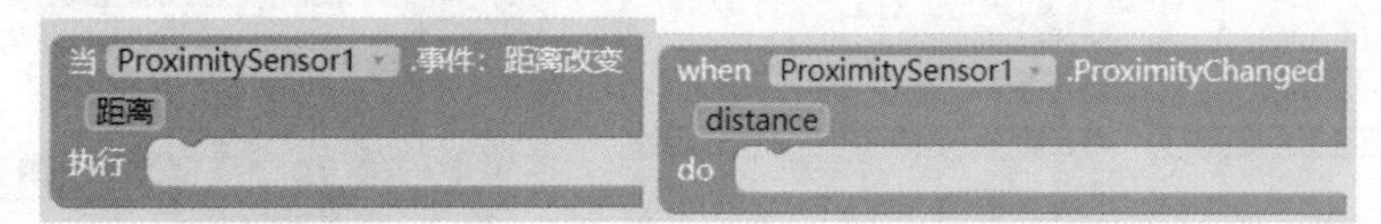

图 4.187　距离传感器事件的中英文对照

距离改变（ProximityChanged）：当目标和设备的距离被改变时触发。

图 4.188 所示代码的运行效果如图 4.189 所示。

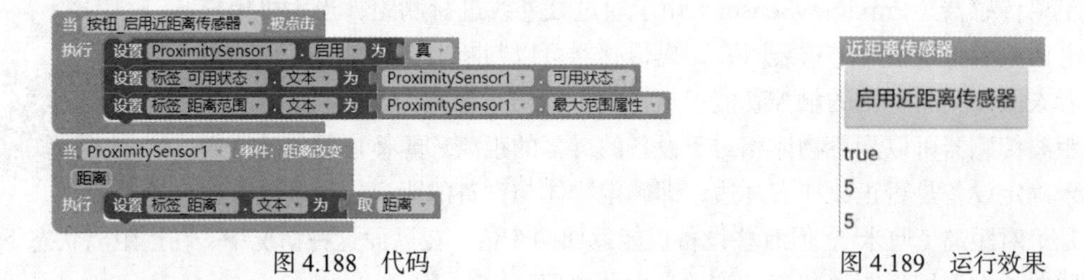

图 4.188　代码　　　　图 4.189　运行效果

启用距离传感器后，显示测试手机的距离传感器是可用的（true），测试手机的距离传感器最大范围为 5 厘米。当目标距离手机很近时，距离显示为 0，较远时均显示为 5，即该手机的距离传感器只提供两个值。

微课

4.6.7　陀螺仪传感器

陀螺仪传感器（GyroscopeSensor）是一个简单易用的基于自由空间移动和手势的定位和控制系统，它原本被运用在直升机模型上，现已被广泛运用于手机等移动便携设备。

陀螺仪传感器是非可视组件，在三维空间中可以用于测量角速度，单位是度/秒。为了使用该功能，组件的“启用”属性要设置为“真”（true），且设备必须有陀螺仪传感器。

陀螺仪传感器的属性如图 4.190 所示。

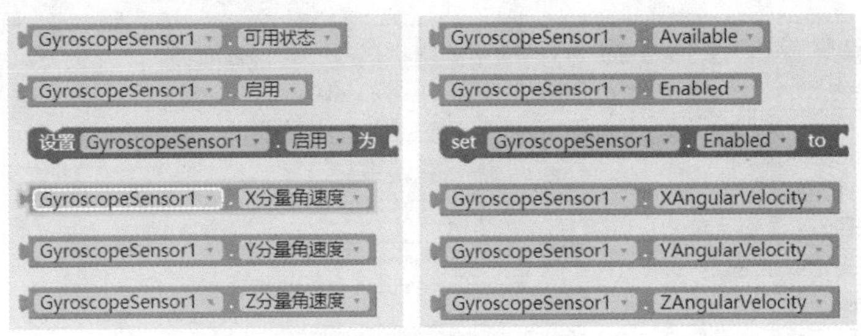

图 4.190　陀螺仪传感器组件属性的中英文对照

启用（Enabled）：如果启用，陀螺仪传感器将测量出“X 分量角速度”（XangularVelocity）、“Y 分量角速度”（YangularVelocity）、“Z 分量角速度”（ZangularVelocity）3 个属性的值。该属性既可以在组件设计视图中进行设定，也可以在逻辑设计视图中进行设定。

可用状态（Available）：表明陀螺仪传感器是否可用。该属性只能在逻辑设计中获取值。

X 分量角速度（XAngularVelocity）：设置 x 轴的角速度，单位为度/秒。该属性只能在逻辑设计中获取值。

Y 分量角速度（YAngularVelocity）：设置 y 轴的角速度，单位为度/秒。该属性只能在逻辑设计中获取值。

Z 分量角速度（ZAngularVelocity）：设置 z 轴的角速度，单位为度/秒。该属性只能在逻辑设计中获取值。

陀螺仪传感器的事件如图 4.191 所示。

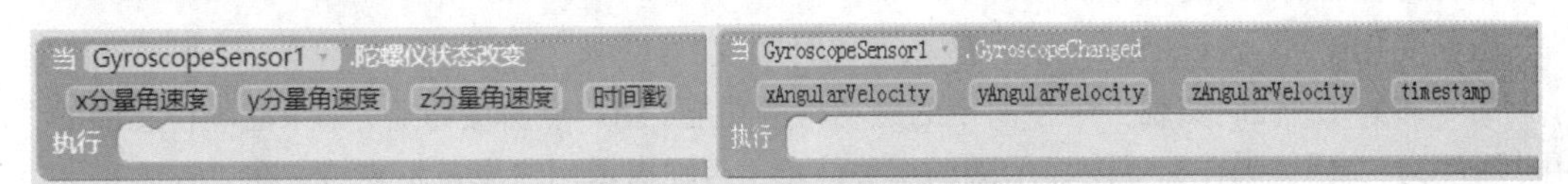

图 4.191　陀螺仪传感器事件的中英文对照

陀螺仪状态改变（GyroscopeChanged）：当陀螺仪传感器的数据发生改变时触发。返回的参数是 x、y、z 轴的角速度和时间戳，时间戳是事件发生的时间（纳秒）。1 纳秒等于十亿分之一秒。

图 4.192 所示代码的运行效果如图 4.193 所示。

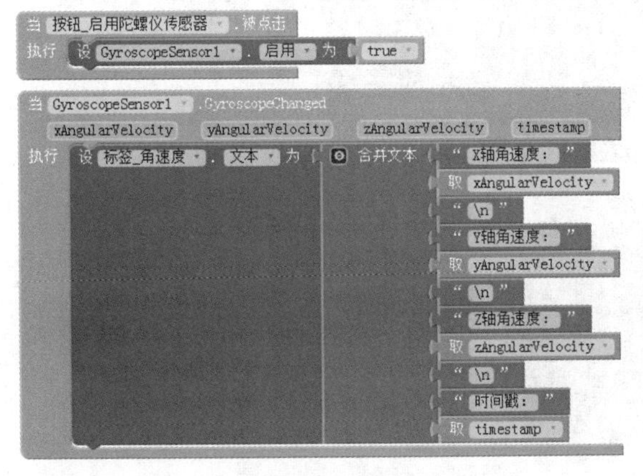

图 4.192　代码

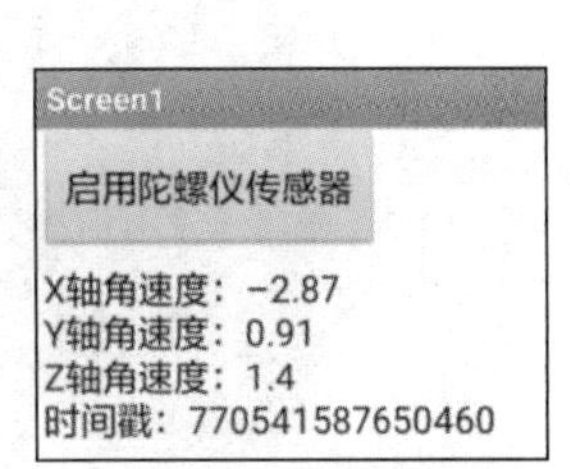

图 4.193　运行效果

4.6.8　磁场传感器

磁场传感器（MagneticFieldSensor）是可以测量磁场强度的组件。其属性和事件如图 4.194 所示。

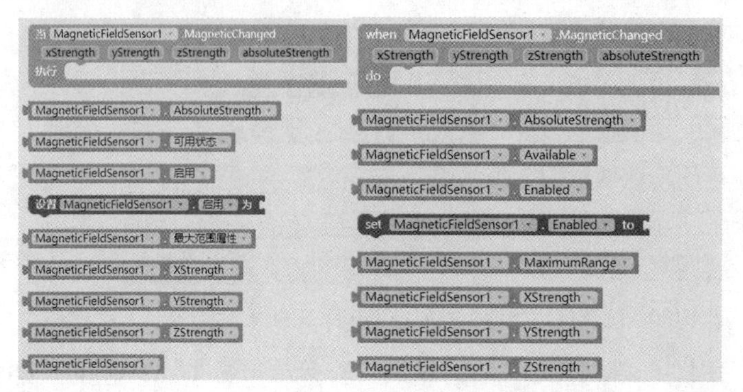

图 4.194　磁场传感器属性和事件的中英文对照

磁场传感器的主要属性介绍如下。

绝对强度（AbsoluteStrength）：指示磁场的绝对强度。

可用状态（Available）：表示设备中有一个磁场传感器并且可用。

启用（Enabled）：指示磁场传感器是否已启用并且正在工作。

最大范围（MaximumRange）：指示磁场传感器可以达到的最大检测范围。

X 强度（XStrength）：表示磁场在 x 轴上的强度。

Y 强度（YStrength）：表示磁场在 y 轴上的强度。

Z 强度（ZStrength）：表示磁场在 z 轴上的强度。

磁场传感器的主要事件介绍如下。

磁场变化（MagneticChanged）：磁场变化时触发。

图 4.195 所示代码实现了一个简单的磁场检测功能。用户点击按钮后，如果磁场传感器的“启用”属性为“真”，则在标签中显示磁场相关信息，否则提示用户设备不支持；在“磁场变化”事件中动态更新标签中的磁场相关数据。字符串中的“\n”起到换行作用。

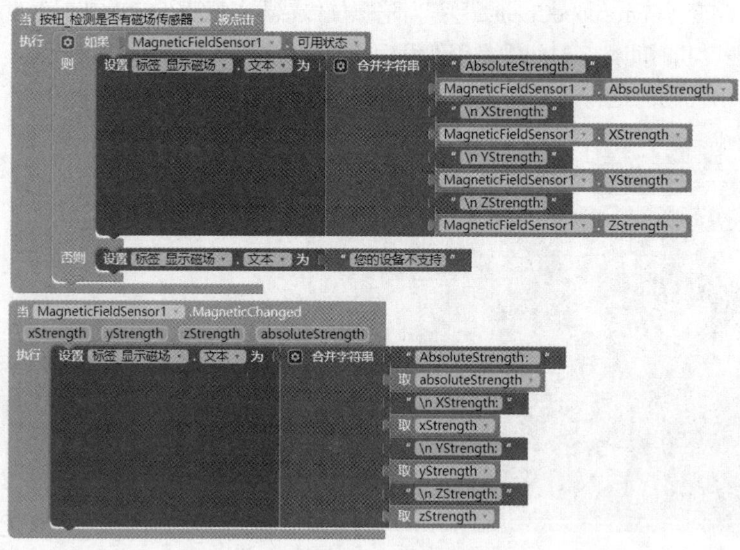

图 4.195　代码

运行效果如图 4.196 所示。

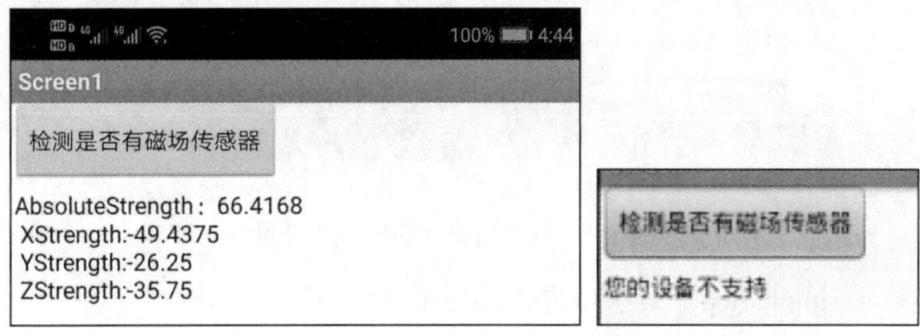

图 4.196　运行效果

4.6.9　计步器

计步器（Pedometer）组件使用加速度传感器来记录步数。

计步器的属性如图 4.197 所示。

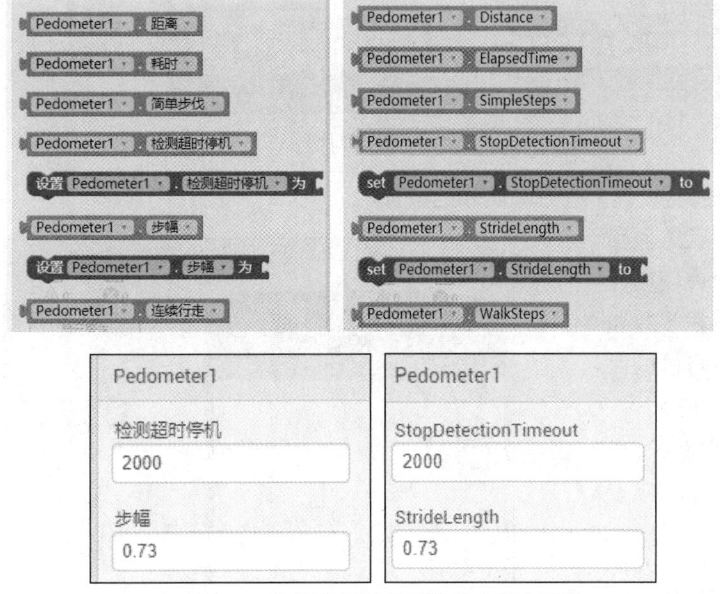

图 4.197　计步器组件属性的中英文对照

距离（Distance）：返回以米为单位的近似行驶距离。

耗时（ElapsedTime）：返回计步器启动以来经过的时间（以毫秒为单位）。

简单步伐（SimpleSteps）：返回计步器启动以来行走的近似步数。

检测超时停机（StopDetectionTimeout）：返回空闲的持续时间（未检测到任何步数），之后进入“停止”状态。

步幅（StrideLength）：如果已校准，则返回以米为单位的当前步幅估计值，否则返回默认值（0.73）。

连续行走（WalkSteps）：返回计步器启动以来连续行走的步数。

计步器具有的两个事件如图 4.198 所示。

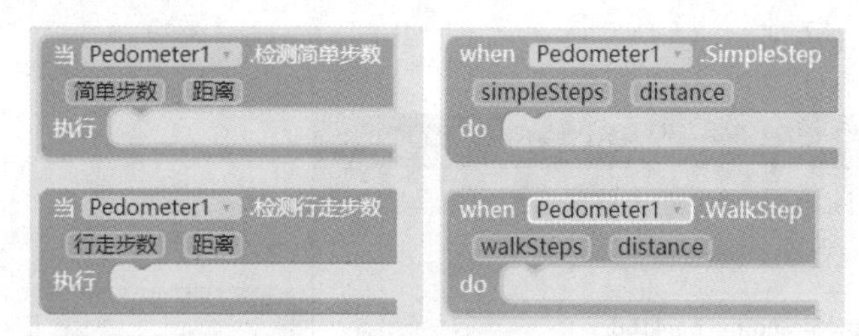

图 4.198　计步器事件的中英文对照

检测简单步数（SimpleStep）：当检测到原始步数时，触发此事件。

检测行走步数（WalkStep）：检测到行走步数时触发此事件。行走步数涉及向前运动。

计步器的方法如图 4.199 所示。

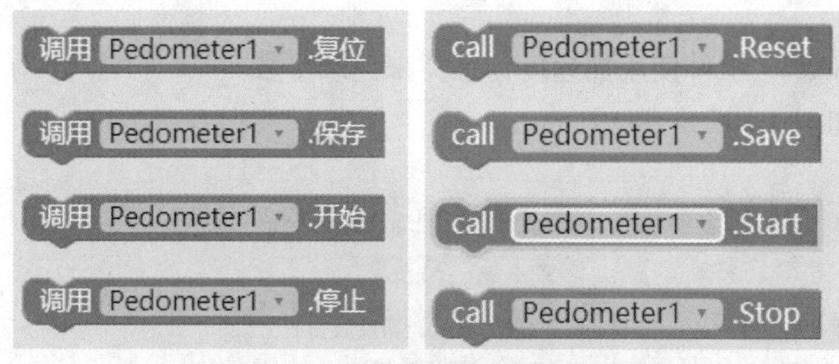

图 4.199　计步器方法的中英文对照

复位（Reset）：重置计数器步数、测量距离和运行计时。

保存（Save）：将计步器状态保存到手机。在一定条件下，允许使用计步器的应用程序互相调用累积步数和距离。不同的应用程序具有自己的保存状态。

开始（Start）：启动计步器。

停止（Stop）：停止计步。

例 4.29　计步器

如今的智能手机都已经具有计步器等多种硬件传感器，利用这些传感器,用户可以自制个性化的计步器。这里设计一个简单的计步器，具有开始计步、停止计步、重置计步器几个功能，界面设计如图 4.200 所示。用户可以在此基础上进行扩展，开发出功能更强大的计步器。

组件说明如表 4.32 所示。

图 4.200　界面设计

表 4.32　　组件说明

组　件	所属组件组	命　名	用　途	属　性
按钮	用户界面	按钮_开始计步	启动计步器	文本：开始计步
按钮	用户界面	按钮_停止计步	停止计步	文本：停止计步
按钮	用户界面	按钮_重置计步器	复位计步器	文本：重置计步器
标签	用户界面	标签_检测行走步数	显示行走步数	文本：空
标签	用户界面	标签_距离	显示距离	文本：空
标签	用户界面	标签_行走步数	显示行走步数	文本：空
标签	用户界面	标签_简单步数	显示简单步数	文本：空
标签	用户界面	标签_简单距离	显示简单距离	文本：空
计步器	传感器	计步器 1	实现计步功能组件	默认

代码如图 4.201 所示。

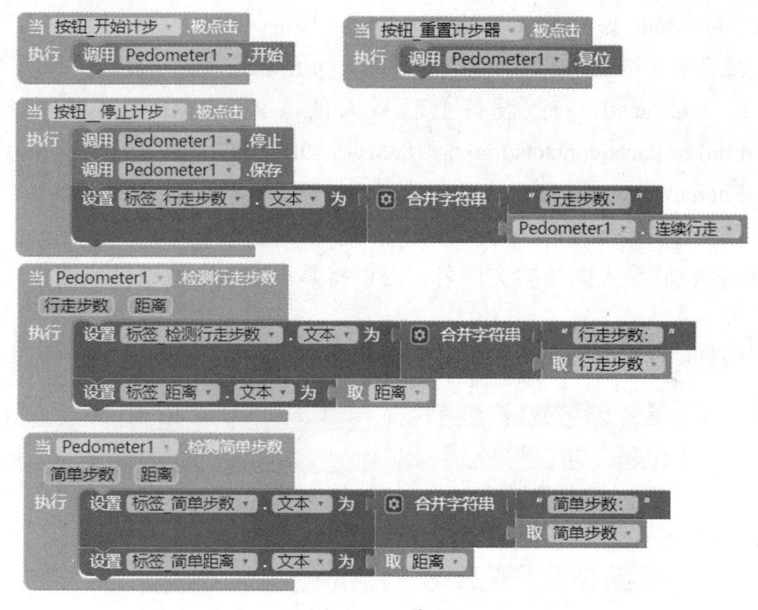

图 4.201　代码

4.7　社交应用组件

社交应用组件（Social Components）用于进行联系人、电话号码和邮箱地址的选择，电话的拨打，信息的发送和分享等。社交应用组件共有 7 个，如图 4.202 所示。

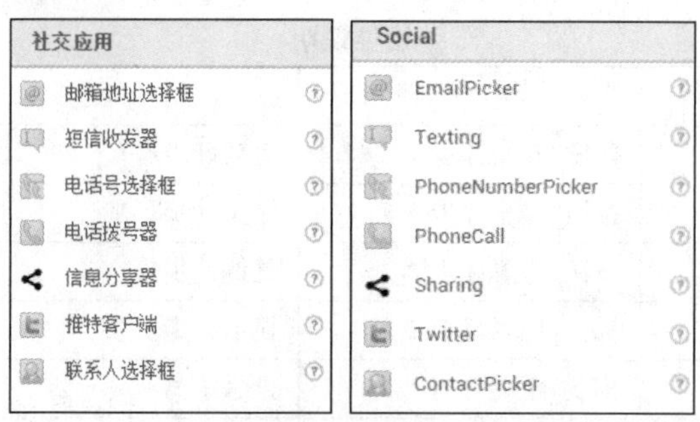

图 4.202　社交应用组件

4.7.1　联系人选择框

联系人选择框（ContactPicker）在用户界面中显示为一个按钮，被点击时，会显示供选择的联系人列表（仅显示姓名），在用户进行选择后，将返回联系人的以下属性。

联系人姓名（ContactName）：联系人的姓名。

邮箱地址（EmailAddress）：联系人的首选 E-mail 地址。

电子邮件地址列表（EmailAddressList）：联系人的 E-mail 地址列表。

联系人 URI（ContactUri）：设备上联系人的 URI（URI 是一个字符串，形式如 content://com.android.contacts/contacts/lookup/1885r6-5A9B8BFE78EA95598868/86）。

电话号码（PhoneNumber）：联系人的首选电话号码。

电话号码列表（PhoneNumberList）：联系人的电话号码列表。

图片（Picture）：联系人图像的文件名，可以将其设定为图像组件或图像精灵组件的"图片"属性。

只能在逻辑设计中通过联系人选择框的属性获取以上信息，如图 4.203 所示。

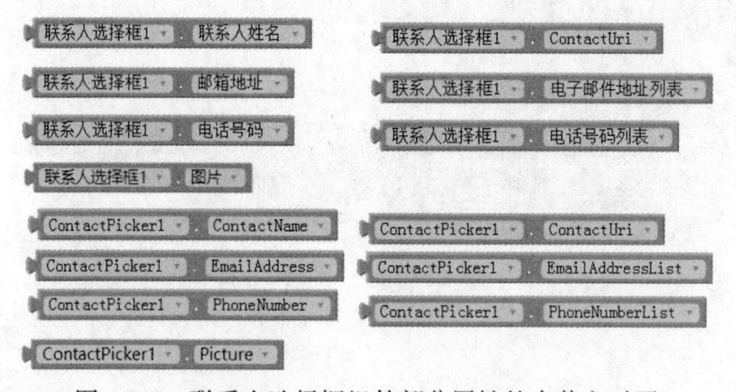

图 4.203　联系人选择框组件部分属性的中英文对照

联系人选择框的其他属性和事件与按钮一样，这里不再重复介绍。联系人选择框的方法如图 4.204 所示。

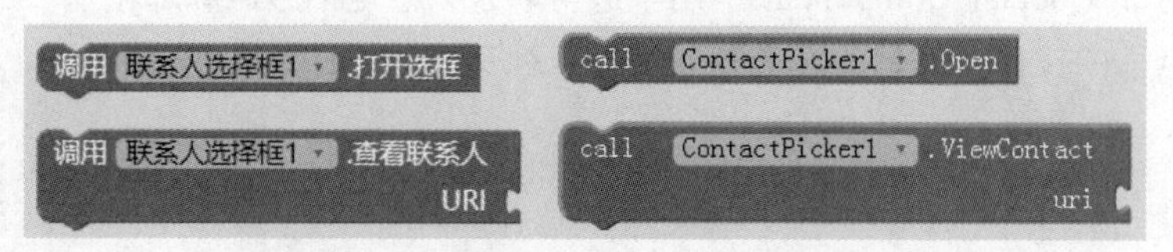

图 4.204　联系人选择框方法的中英文对照

打开选择框（Open）：与用户点击联系人选择框的效果相同。

查看联系人（ViewContact）：通过给定的 URI 查看联系人，该方法只在打开过一次联系人选择框后才有效。

通过联系人选择框选择联系人后，系统并不真正拨打联系人的电话。如果需要拨打电话，系统还需要调用后面介绍的“电话拨号器”组件。

图 4.205 所示的代码的功能：通过联系人选择框完成选择后，系统将联系人的信息显示到标签上。当点击“URI 查看联系人”按钮时，可以快速地查看最近一次选择的联系人的信息。

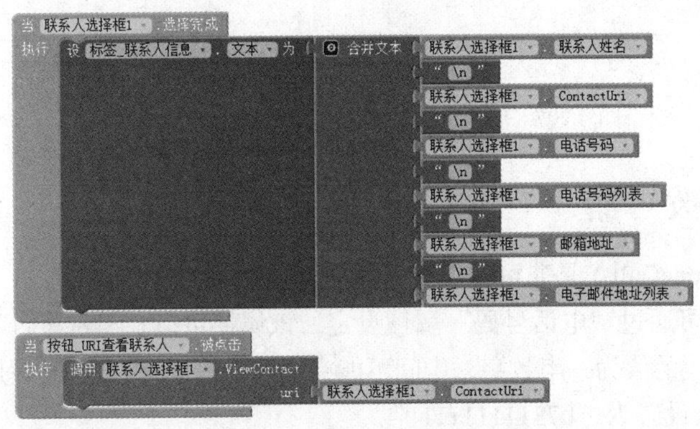

图 4.205　代码

运行效果如图 4.206 所示。

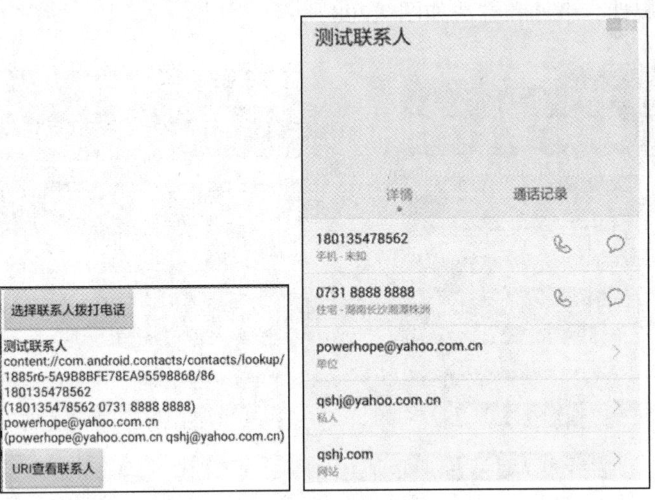

图 4.206　运行效果

4.7.2　电话号码选择框

电话号码选择框（PhoneNumberPicker）在用户界面中显示为一个按钮，其功能和用法与联系人选择框的基本一致。二者唯一的区别在于，当打开联系人选择框时，供选择的联系人列表中仅显示姓名，用户不能对电话号码进行选择，且返回的号码只能是联系人的首选电话号码；而打开电话号码选择框时，供选择的联系人列表中将显示姓名和联系人下的所有电话号码，用户可以选择联系人的不同电话号码，如图 4.207 所示。

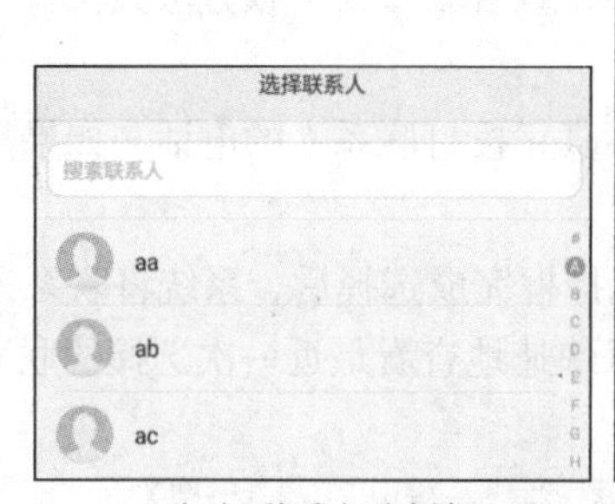

（a）联系人选择框

（b）电话号码选择框

图 4.207　联系人选择框和电话号码选择框的区别

4.7.3　电话拨号器

电话拨号器（PhoneCall）是非可视组件，用来接听电话和拨打电话。

拨打的电话号码可通过“电话号码”属性设定，该属性可以在组件设计视图或逻辑设计视图中进行设置。电话号码的值为一串数字，中间不能有空格，连字符、点和括号都将被忽略，例如，“0731-11111111”将被设置为“073111111111”。

该组件通常与联系人选择框和电话号码选择框组件配合使用，用户可从手机的联系人列表中选择联系人或电话号码，然后将其设定为电话拨号器的“电话号码”属性。

电话拨号器的属性、事件和方法如图 4.208 所示。

图 4.208　电话拨号器属性、事件和方法的中英文对照

电话拨号器的主要属性介绍如下。

电话号码（PhoneNumber）：设置要拨打的电话号码。

电话拨号器的主要事件介绍如下。

响应通话（IncomingCallAnswered）：当接听打来的电话时触发，phoneNumber 为来电号码。

通话结束（PhoneCallEnded）：通话结束时触发。其状态等于 1，表明错过来电或拒绝接听；状态等于 2，表明在挂断电话之前，电话已经被接听；状态等于 3，表明外拨的电话被挂断。

phoneNumber 为挂断的电话号码。

开始通话（PhoneCallStarted）：当开始拨打电话时触发。其状态等于 1，表示来电铃声响起；状态等于 2，表明开始拨出电话。phoneNumber 为来电号码或拨打的电话号码。

电话拨号器的主要方法介绍如下。

拨打电话（MakePhoneCall）：拨打组件“电话号码”属性所设置的电话。

直接拨打电话（MakePhoneCallDirect）：使用“电话号码”属性中的数字直接发起通话，而无须用户交互。大多数应用中以 MakePhoneCall 代替，不需要任何权限。

例 4.30　电话拨号器的使用

本例将介绍电话拨号器 3 个事件的使用方法，读者需重点关注事件触发的时机和事件中不同的状态。为测试拨出电话，本例使用了电话号码选择框组件来选择电话号码。界面设计如图 4.209 所示。

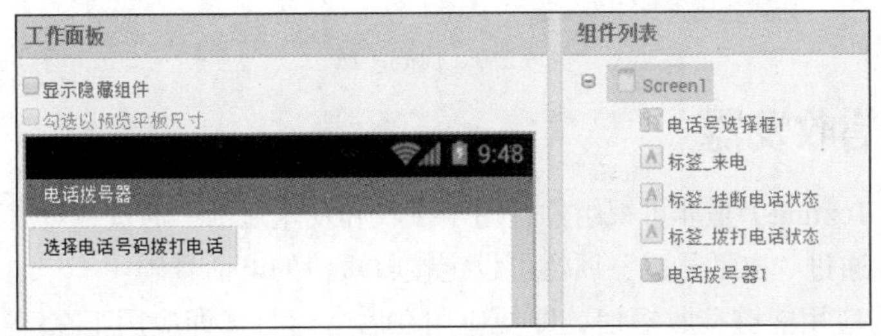

图 4.209　界面设计

组件说明如表 4.33 所示。

表 4.33　组件说明

组　件	所属组件组	命　名	用　途	属　性
Screen	默认屏幕	Screen1		标题：电话拨号器
电话号选择框	社交应用	电话号选择框 1	从联系人中选取电话号码	文本：选择电话号码拨打电话
标签	用户界面	标签_来电	显示来电信息	文本：空
标签	用户界面	标签_挂断电话状态	显示挂断电话状态信息	文本：空
标签	用户界面	标签_拨打电话状态	显示拨打电话状态信息	文本：空
电话拨号器	社交应用	电话拨号器 1	拨打电话	

代码如图 4.210 所示。

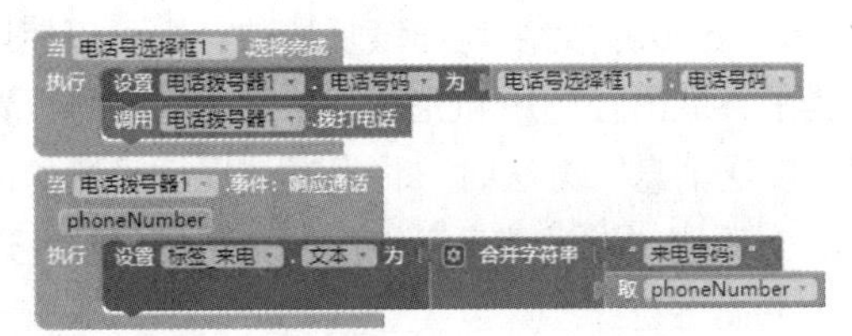

图 4.210　代码

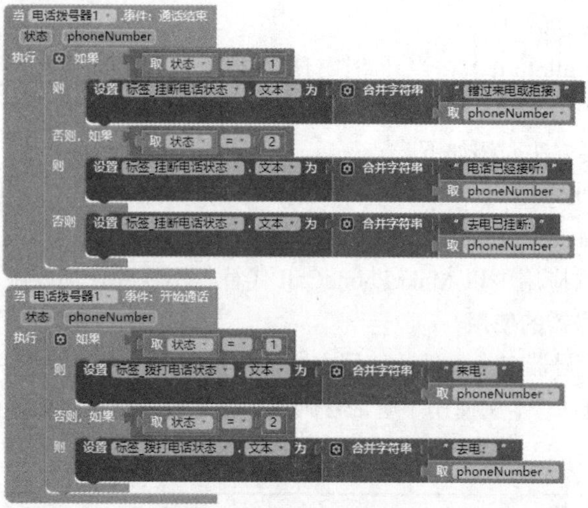

图 4.210　代码（续）

4.7.4　短信收发器

短信收发器（Texting）是非可视组件，用于接收和发送短信。通过“短信”属性可设定要发送的短信的内容，通过“电话号码”属性可设定接收短信的电话号码。

包含该组件的应用能够接收短信，即便应用在后台运行（即应用正在运行但不显示在屏幕上），甚至只要应用已经被安装到手机上，即便应用不在运行过程中，也可以接收信息。如果应用不在前台运行，当收到信息时，它会在手机的通知栏中显示一条通知，用户选择查看通知，将唤出应用到前台。

短信收发器的属性、事件和方法如图 4.211 所示。

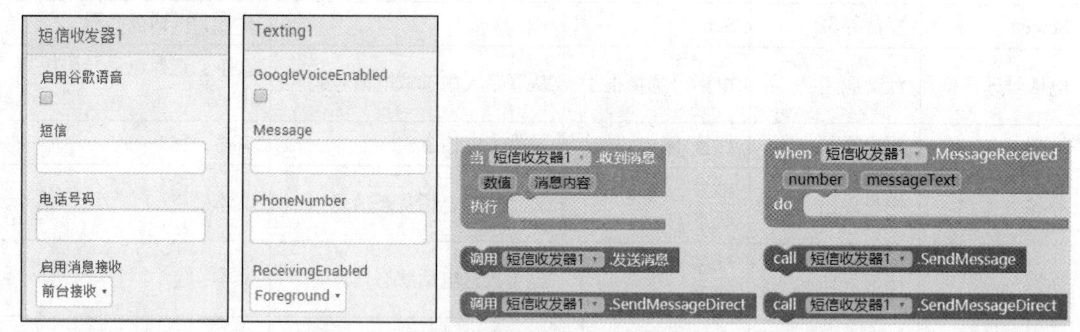

图 4.211　短信收发器属性、事件和方法的中英文对照

短信收发器的主要属性介绍如下。

启用谷歌语音（GoogleVoiceEnabled）：如果勾选该复选项，则可以使用谷歌语音通过 Wi-Fi 来发送短信。这需要设备上安装了谷歌语音应用和完成了谷歌语音账号设置。

短信（Message）：当调用“发送消息”方法时，将发送该属性设置的内容。

电话号码（PhoneNumber）：当调用“发送消息”方法时，短信将被发送到该号码。号码由一串数字组成，不能包含空格。

启用消息接收（ReceivingEnabled）：如果值为 1，表示关闭接收，即不接收短信；如果值为 2，表示前台接收；如果值为 3，表示总是接收。如果值为 2 或 3，当应用运行时，可以接收短信。如果应用没有运行，当值为 2 时，收到的短信将被丢弃；当值为 3 时，手机将在通知栏中显示一条通知。选择该通知将启动该应用并触发“收到消息”事件。应用在休眠状态下收到的短信将进入队列，因此当应用被唤醒时，可能会同时有几个“收到消息”事件被触发。

短信收发器的主要事件介绍如下。

收到消息（MessageReceived）：当手机收到短信时触发。

短信收发器的主要方法介绍如下。

发送消息（SendMessage）：执行发送消息操作。

直接发送消息（SendMessageDirect）：发一条短信。使用此方法将添加危险的权限，如果应用提交到 Google Play 商店，则需要应用商店额外批准。

例 4.31　自动回复短信

在日常生活中，我们经常因为正在开车、上课或者开会无法及时回复别人的短信而给别人留下不好的印象。本例通过短信收发器实现当用户无法查看收到的短信或及时进行回复时自动回复短信的功能，界面设计如图 4.212 所示。

图 4.212　界面设计

组件说明如表 4.34 所示。

表 4.34　组件说明

组　件	所属组件组	命　名	用　途	属　性
Screen	默认屏幕	Screen1		标题：短信自动回复
标签	用户界面	标签_默认短信	显示默认回复短信	文本：默认回复消息：本人正在开车，短信为手机自动回复，稍后和您联系！
文本输入框	用户界面	文本输入框_短信内容	输入回复的短信内容	提示：输入您要回复的消息 文本：空
按钮	用户界面	按钮_修改回复短信	修改默认回信消息	文本：修改回复短信内容
标签	用户界面	标签_短信内容	显示收到的短信内容	文本：空
短信收发器	社交应用	短信收发器 1	收发短信	短信：本人正在开车，短信为手机自动回复，稍后和您联系！ 启用消息接收：前台接收

代码如图 4.213 所示。

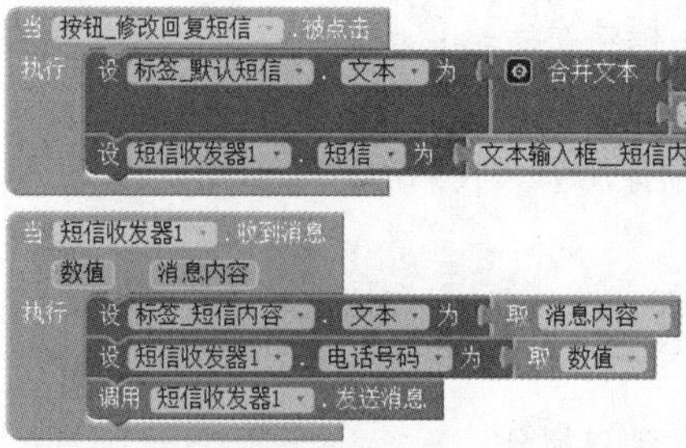

```
当 按钮_修改回复短信 .被点击
执行 设 标签_默认短信 . 文本 为 合并文本 “默认回复消息：”
                                      文本输入框_短信内容 . 文本
     设 短信收发器1 . 短信 为 文本输入框_短信内容 . 文本

当 短信收发器1 .收到消息
  数值  消息内容
执行 设 标签_短信内容 . 文本 为 取 消息内容
     设 短信收发器1 . 电话号码 为 取 数值
     调用 短信收发器1 .发送消息
```

图 4.213　代码

4.7.5　邮箱地址选择框

邮箱地址选择框（EmailPicker）组件是一个文本框，当用户输入联系人的名字或 E-mail 地址时，手机上将显示一个下拉列表，用户通过选择来完成 E-mail 地址的输入。如果有许多联系人，可能几秒后才能显示匹配的结果。

与文本输入框组件相比，邮箱地址选择框少了“允许多行”和“仅限数字”两个属性，以及“隐藏键盘”方法，其他属性、事件和方法均相同，这里不再重复介绍。

4.7.6　信息分享器

信息分享器（Sharing）组件是非可视组件，用于在手机不同应用之间分享文件、消息等。该组件可显示手机上安装的能够处理相关信息的应用列表，如邮件类应用、社交网络应用、短信应用等，允许用户从中选择一个应用来分享相关内容。

分享的文件可以直接来自其他组件，如照相机、图像选择框，也可以由用户直接指定读取存储设备上的文件。

不同设备的存储路径不同，例如，在文件夹 Appinventor/assets 下有一个文件名为“arrow.gif”的图像，路径为“file:///sdcard/Appinventor/assets/arrow.gif”或“/storage/Appinventor/assets/arrow.gif”。

信息分享器没有属性和事件，只有图 4.214 所示的 3 个方法。

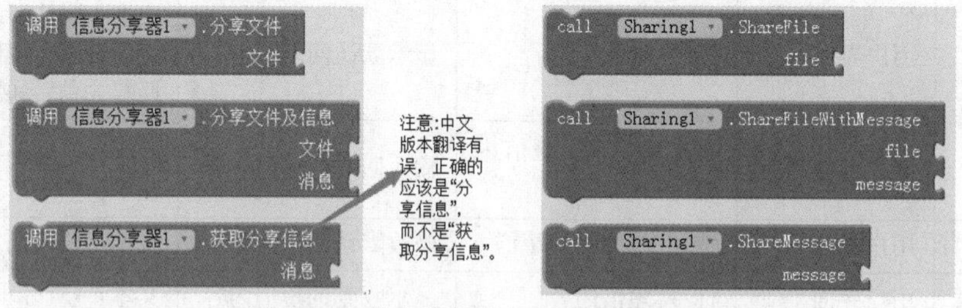

图 4.214　信息分享器方法的中英文对照

分享文件（ShareFile）：在不同应用间分享文件。首先显示手机已经安装的、可分享对应内容的应用列表，允许用户从中选择一个应用；被选择的应用将打开并插入设定的文件。

分享文件及信息（ShareFileWithMessage）：在不同应用间分享文件及信息。首先显示手机已经安装的、可分享对应内容的应用列表，允许用户从中选择一个应用；被选中的应用将打开并插入设定的文件和信息。

分享信息（ShareMessage）：在不同应用间分享信息。首先显示手机已经安装的、可分享对应内容的应用列表，允许用户从中选择一个应用；被选中的应用将打开并插入设定的信息。

例 4.32 分享照片

在本例中，将实现拍摄照片、输入照片说明、将照片和信息分享给其他应用等功能。界面设计如图 4.215 所示。

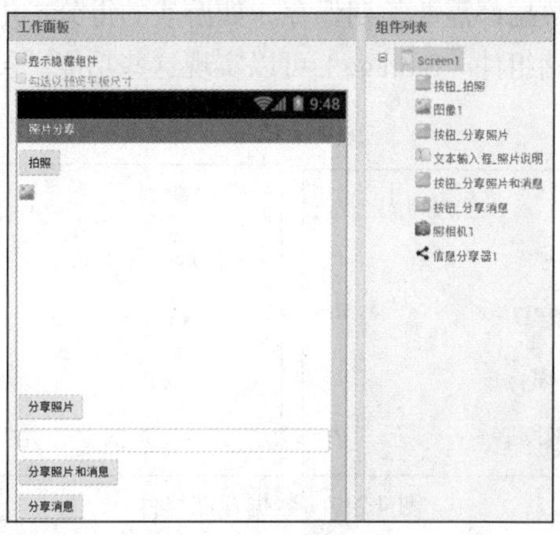

图 4.215 界面设计

组件说明如表 4.35 所示。

表 4.35 组件说明

组 件	所属组件组	命 名	用 途	属 性
Screen	默认屏幕	Screen1		标题：照片分享
按钮	用户界面	按钮_拍照	调用照相机拍照	文本：拍照
按钮	用户界面	按钮_分享照片	分享照片	文本：分享照片
按钮	用户界面	按钮_分享照片和消息	分享照片和消息	文本：分享照片和消息
按钮	用户界面	按钮_分享消息	分享消息	文本：分享消息
图像	用户界面	图像 1	显示照片	高度：200 像素 宽度：300 像素
文本输入框	用户界面	文本输入框_照片说明	输入照片说明	提示：输入照片说明 文本：空
照相机	多媒体	照相机 1	拍照	允许使用前置摄像头：勾选
信息分享器	社交应用	信息分享器 1	分享文件及信息	

代码如图 4.216 所示。

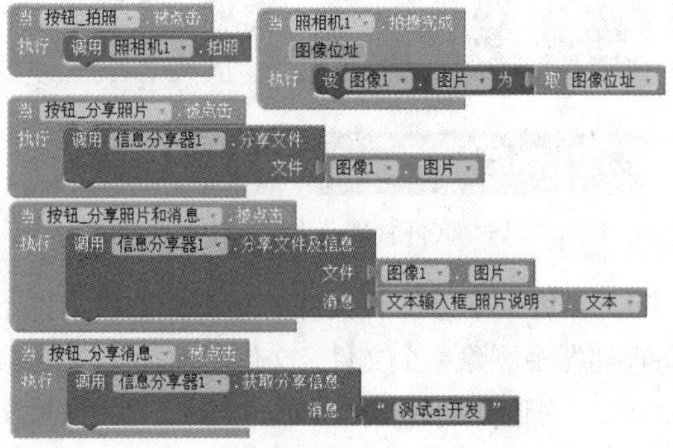

图 4.216 代码

4.8 数据存储组件

在很多应用中，产生的数据都需要长期保存，如游戏的得分、用户的账号和密码、添加的课程表等。本节介绍的数据存储组件（Storage）可以实现这些功能。App Inventor 的数据存储组件有图 4.217 所示的 4 类。

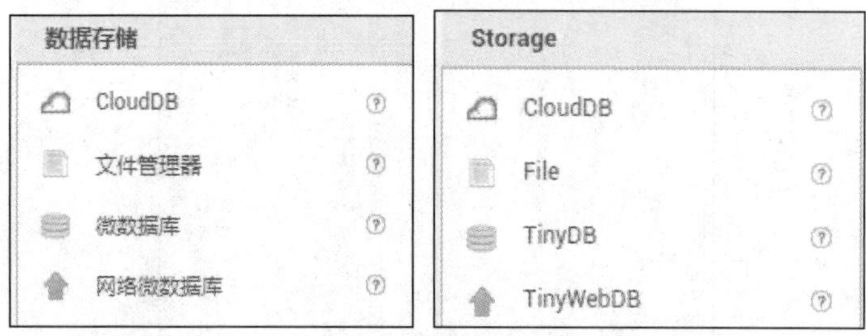

图 4.217 数据存储组件

4.8.1 文件管理器

文件管理器（File）是用于存储和检索文件的非可视组件，通过它可以在设备上实现文件的读或写。默认情况下，会将文件写入与应用有关的私有数据目录。在 AI 伴侣中，为了便于调试，系统将文件写在“/sdcard/AppInventor/data”文件夹内。如果文件的路径以“/”开始，则文件的位置是相对“/sdcard”而言的，例如，将文件写入“/myFile.txt”，就是将文件写入“/sdcard/myFile.txt”。

文件管理器的事件如图 4.218 所示。

图 4.218 文件管理器事件的中英文对照

获得文本（GotText）：当已经从文件读取到内容时触发。

文件存储完毕（AfterFileSaved）：当文件的内容已经写完时触发。

文件管理器的方法如图 4.219 所示。

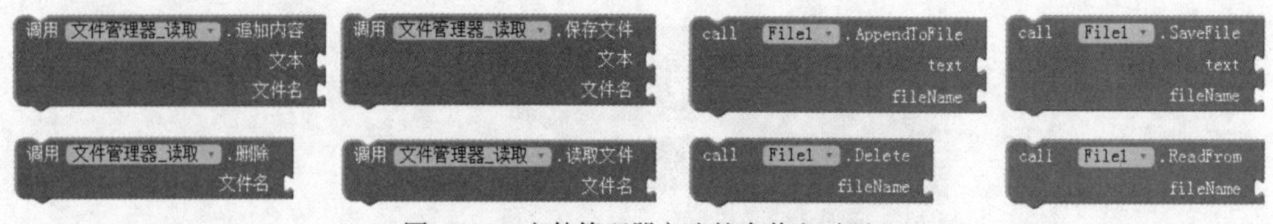

图 4.219 文件管理器方法的中英文对照

追加内容（AppendToFile）：将文本追加到文件的尾部，如果文件不存在，则创建新文件。

删除（Delete）：从设备存储器中删除一个文件。文件名前加“/”表示删除 SD 卡上的指定文件，例如，删除文件“/myFile.txt”，将删除文件“/sdcard/myFile.txt”；如果文件名前没有“/”，将删除应用私有数据目录中的文件；如果文件名前有“//”，则被视为错误，因为资源性文件不能被删除。

保存文件（SaveFile）：将文本保存为文件。如果文件名前有“/”，则将文件保存到 SD 卡上，例如，写文件到“/myFile.txt”，就是写文件到“/sdcard/myFile.txt”；如果文件名前没有“/”，则将文件写入应用私有数据目录中，手机中的其他应用将无法访问这些目录，但 AI 伴侣例外。为了便于调试，应将文件写入“/sdcard/AppInventor/data”文件夹。需要注意的是，如果文件已经存在，则本方法将覆盖原有文件。如果想在原有文件中添加内容而不是覆盖，可以选用“追加内容”方法。

读取文件（ReadFrom）：从设备存储器的文件中读取文本。文件名前加“/”表示从 SD 卡中读取指定文件，例如，读取文件“/myFile.txt”，就是读取文件“/sdcard/myFile.txt”；文件名前加“//”表示从应用（也适用于 AI 伴侣）的资源包中读取文件；如果文件名前没有“/”，则从应用的私有数据目录（应用包）及 AI 伴侣目录（/sdcard/AppInventor/data）中读取文件。

例 4.33 记事本

本例实现简单的记事本功能：用户输入内容后点击“保存”按钮，弹出对话框供用户输入保存文件的名称，用户如果不输入，则采用默认文件名称和路径“/notepad.txt”。此外还有追加保存、删除文件和查看指定文件的内容等功能。界面设计如图 4.220 所示。

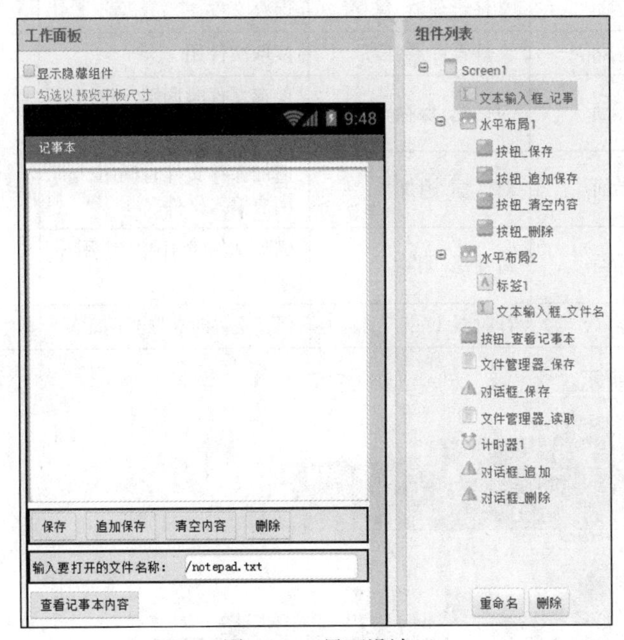

图 4.220 界面设计

组件说明如表 4.36 所示。

表 4.36 组件说明

组 件	所属组件组	命 名	用 途	属 性
Screen	默认屏幕	Screen1		标题：记事本 允许滚动：选中
文本输入框	用户界面	文本输入框_记事	记事本输入、显示内容的地方	高度：300 像素 宽度：充满 允许多行：选中 文本：空
水平布局	界面布局	水平布局 1	水平放置多个组件	宽度：充满

续表

组　　件	所属组件组	命　　名	用　　途	属　　性
按钮	用户界面	按钮_保存	保存记事本内容	文本：保存
按钮	用户界面	按钮_追加保存	将文件内容保存到指定的文件尾部	文本：追加保存
按钮	用户界面	按钮_清空内容	清空“文本输入框_记事”中的内容	文本：清空内容
按钮	用户界面	按钮_删除	删除指定文件	文本：删除
水平布局	界面布局	水平布局 2	水平放置多个组件	宽度：充满
标签	用户界面	标签 1	提示	文本：输入要打开的文件名称：
文本输入框	用户界面	文本输入框_文件名	输入文件名称	文本：/notepad.txt
按钮	用户界面	按钮_查看记事本	查看记事本内容	文本：查看记事本内容
文件管理器	数据存储	文件管理器_保存	保存文件	
文件管理器	数据存储	文件管理器_读取	读取文件用	
对话框	用户界面	对话框_保存	保存文件时调用，供用户输入文件名	
对话框	用户界面	对话框_追加	追加保存文件时调用，供用户输入文件名	
对话框	用户界面	对话框_删除	删除文件时调用，供用户输入文件名	
计时器	传感器	计时器 1	保存文件时获取当前时间	

代码如图 4.221 所示。

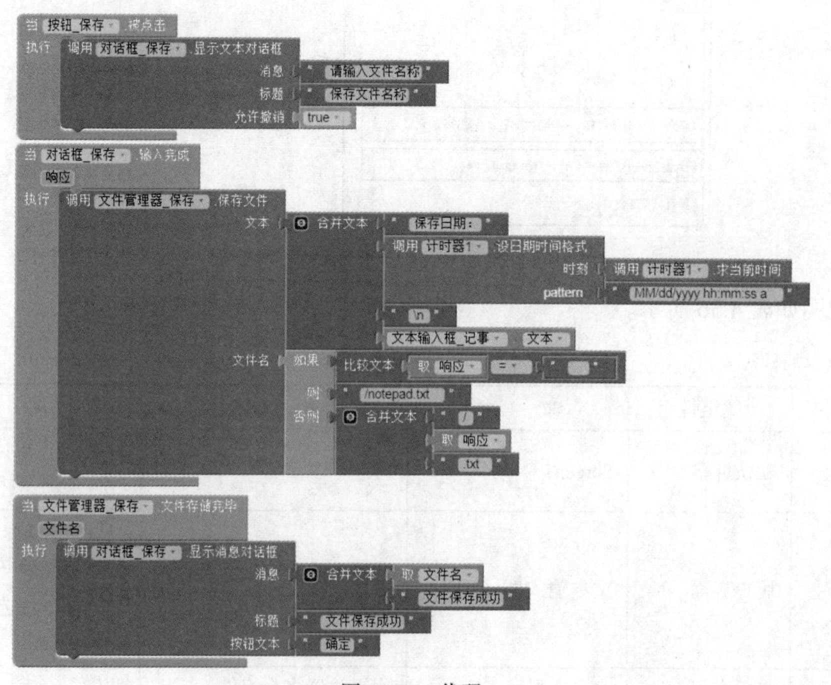

图 4.221　代码

```
当 按钮_追加保存 .被点击
执行 调用 对话框_追加 .显示文本对话框
        消息 " 请输入文件名称 "
        标题 " 保存文件名称 "
        允许撤销 true

当 对话框_追加 .输入完成
  响应
执行 调用 文件管理器_读取 .追加内容
        文本 合并文本 " 保存日期: "
                      调用 计时器1 .设日期时间格式
                            时刻 调用 计时器1 .求当前时间
                            pattern " MM/dd/yyyy hh:mm:ss a "
                      " \n "
                      文本输入框_记事 . 文本
        文件名 如果 比较文本 取 响应 = " "
               则 " /notepad.txt "
               否则 合并文本 " / "
                            取 响应
                            " .txt "

当 按钮_删除 .被点击
执行 调用 对话框_删除 .显示文本对话框
        消息 " 请输入文件名称 "
        标题 " 需删除文件 "
        允许撤销 true

当 对话框_删除 .输入完成
  响应
执行 调用 文件管理器_读取 .删除
        文件名 如果 比较文本 取 响应 = " "
               则 " /notepad.txt "
               否则 合并文本 " / "
                            取 响应
                            " .txt "

当 文件管理器_读取 .获得文本
  文本
执行 设 文本输入框_记事 . 文本 为 取 文本

当 按钮_清空内容 .被点击
执行 设 文本输入框_记事 . 文本 为 " "

当 按钮_查看记事本 .被点击
执行 调用 文件管理器_读取 .读取文件
        文件名 文本输入框_文件名 . 文本
```

图 4.221 代码（续）

程序运行效果如图 4.222 所示。

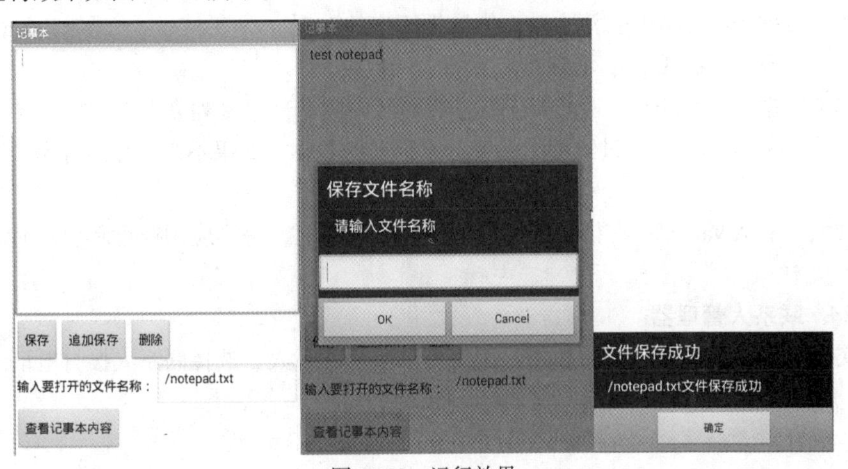

图 4.222 运行效果

4.8.2 微数据库

微数据库（TinyDB）是一个非可视组件，用来保存应用中的数据。

用 App Inventor 创建的应用，在每次运行时都会进行初始化，如果应用中设定了变量的值，当用户退出应用再重新运行应用时，那些被设定过的变量值将不复存在。而微数据库则为应用提供了一种永久的数据存储，即每次应用被启动时，都可以获得那些保存过的数据。例如，游戏中保存的最高得分，每次启动游戏都可以读取到它。

数据项是以字符串的形式被保存在标签下的，即需要为保存的每一项数据设定一个专用的标签，以后可用这个标签来检索被保存在该标签下的数据。

每个应用都有自己的数据存储区，且只有一个数据存储区，即便在应用中添加了多个微数据库组件，它们也都将使用同一个数据存储区。如果想获得不同的存储区，则需要使用不同的密钥。尽管用户可以用微数据库在多屏幕应用程序的不同屏幕之间共享数据，但不能使用微数据库在手机中的两个不同应用程序之间传递数据。

在使用 AI 伴侣开发应用时，使用伴侣的所有应用都将共用一个微数据库，而一旦应用被打包和安装，数据的共享将停止。在开发过程中，每次创建新项目时，都需留心 AI 伴侣中的应用程序数据被清除。

一定要特别注意的是，微数据库不像传统的关系数据库，它是采用“标签-值”的方式存放和读取数据的。另外，微数据库既可以用来存放简单的数据，如数字、文本，也可以用来存放复杂的数据，如列表（标签对应一个列表）、声音、视频和图像等。

微数据库没有属性和事件，其方法如图 4.223 所示。

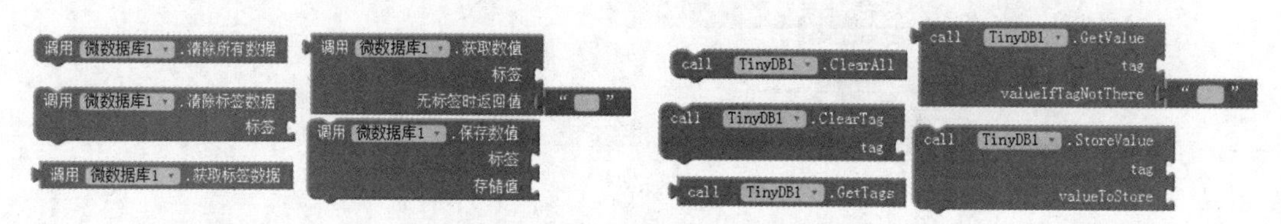

图 4.223　微数据库方法的中英文对照

清除所有数据（ClearAll）：清空整个微数据库中的数据。

清除标签数据（ClearTag）：清除指定标签下的数据。

获取标签数据（GetTags）：返回相应数据存储区内的全部标签列表。

获取数值（GetValue）：通过给定的标签检索存储的数据，如果不存在相应标签，则返回设定的字符串。

保存数值（StoreValue）：在指定的标签下保存给定的值，每当应用被重新启动时，数据依然被存储在手机中。

例 4.34　联系人管理器

本例实现类似于手机通信录的功能，用户可以增加联系人、选择联系人拨打电话。界面设计如图 4.224 所示。

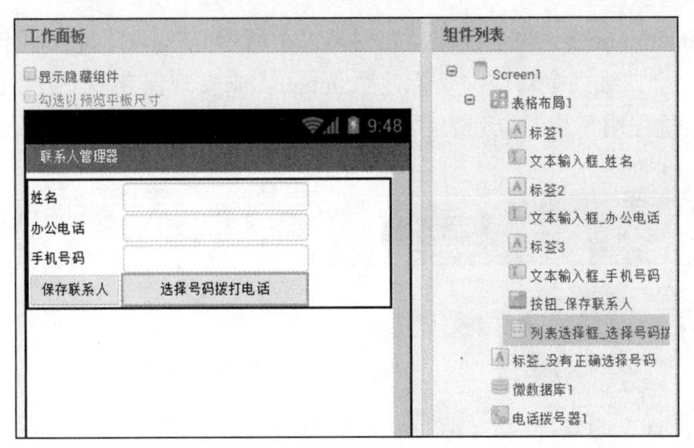

图 4.224　界面设计

组件说明如表 4.37 所示。

表 4.37　组件说明

组　件	所属组件组	命　名	用　途	属　性
Screen	默认屏幕	Screen1		标题：联系人管理器
表格布局	界面布局	表格布局 1	以表格形式放置多个组件	宽度：充满 列数：2 行数：4
标签	用户界面	标签 1	提示输入姓名	文本：姓名
文本输入框	用户界面	文本输入框_姓名	输入姓名	提示：空 文本：空
标签	用户界面	标签 2	提示输入办公电话	文本：办公电话
文本输入框	用户界面	文本输入框_办公电话	输入办公电话	提示：空 文本：空
标签	用户界面	标签 3	提示输入手机号码	文本：手机号码
文本输入框	用户界面	文本输入框_手机号码	输入手机号码	提示：空 文本：空
按钮	用户界面	按钮_保存联系人	保存联系人	文本：保存联系人
列表选择框	用户界面	列表选择框_选择号码拨打电话	选择号码拨打电话	文本：选择号码拨打电话
标签	用户界面	标签_没有正确选择号码	提示没有正确选择号码	文本：空
电话拨号器	社交应用	电话拨号器 1	拨打电话	
微数据库	数据存储	微数据库 1	永久保存数据	

逻辑设计如下。

（1）定义 3 个全局变量，如图 4.225 所示。“personinformation”为一维列表，用来临时存放用户每次输入的联系人信息（姓名、办公电话和手机号码）。“contacts”为二维列表，用来存放所有的联系人信息。“contactslist”以一维列表形式存放“contacts”中的所有内容，供列表选择框使用。

图 4.225　定义全局变量的代码

（2）定义“save”和“contactnumber”两个过程，如图 4.226 所示。“save”过程用于完成联系人信息的保存，这里采用了一个二维列表对应一个标签“contacts”来实现保存多个数据的功能，简化了操作。“contactnumber”过程用于将二维列表“contacts”中的内容转换成一维列表形式。

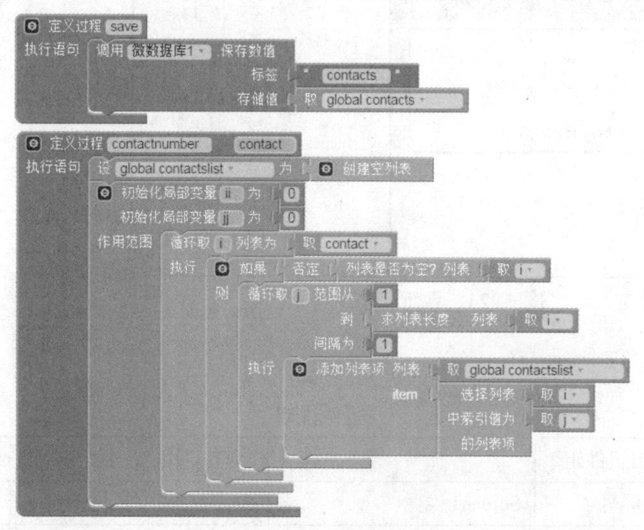

图 4.226　定义过程的代码

（3）屏幕初始化，如图 4.227 所示。当屏幕初始化时，首先从微数据库中取出联系人信息，并赋值给全局变量 contacts，这样才能保证下次使用应用时前面录入的数据还在。

图 4.227　屏幕初始化的代码

（4）定义其他代码，如图 4.228 所示。

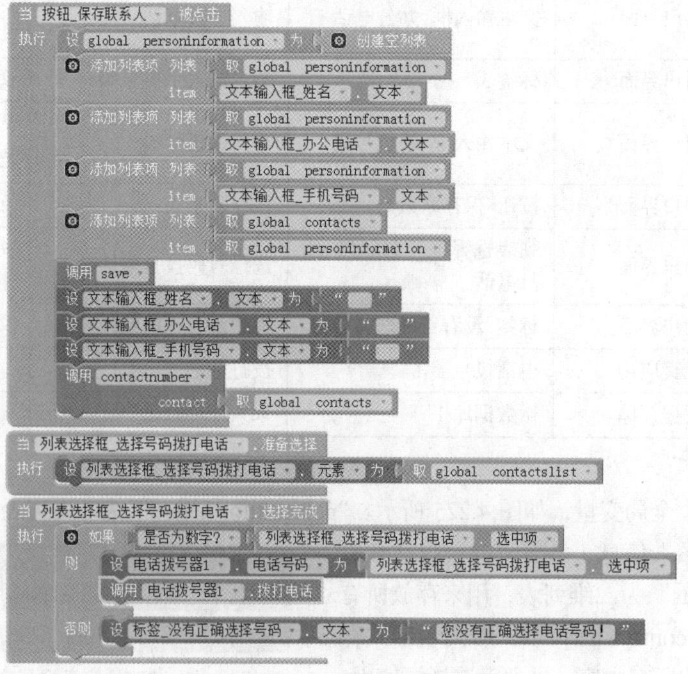

图 4.228　联系人管理器的其他代码

运行效果如图 4.229 所示。

图 4.229　运行效果

4.8.3　网络微数据库

网络微数据库（TinyWebDB）是不可视组件，通过与 Web 服务通信来存储和读取信息。

网络微数据库的属性如图 4.230 所示。

服务地址（ServiceURL）：与该组件通信的数据库的 URL。

网络微数据库的事件如图 4.231 所示。

图 4.230　网络微数据库组件属性

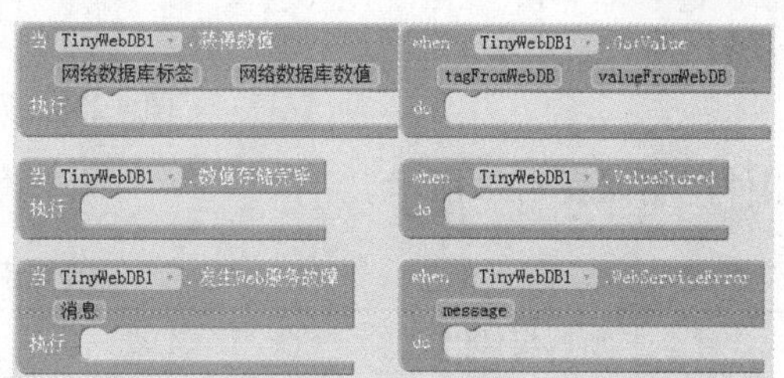

图 4.231　网络微数据库事件的中英文对照

获得数值（GotValue）：表示获取数值的服务请求已经成功。

数值存储完毕（ValueStored）：表示存储数据的服务请求已经成功。

发生 Web 服务故障（WebServiceError）：表示与 Web 服务之间的通信出现错误。

网络微数据库的方法如图 4.232 所示。

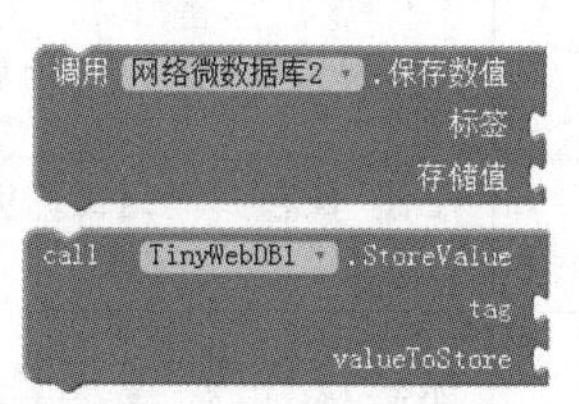

图 4.232　网络微数据库方法的中英文对照

获取数值（GetValue）：向 Web 服务发出获取存储在指定标签下的数据的请求，如果没有数据被存储在标签下，那么 Web 服务必须决定如何返回。该组件接收任何返回。

保存数值（StoreValue）：向 Web 服务发出存储指定标签下的数据的请求。

例 4.35　网络微数据库的使用

首先搭建一个本地网络数据库。如果不搭建，也可以使用网络上已有的网络微数据库。

本例实现向网络微数据库中存储数据和从网络微数据库中读取数据的功能。界面设计如图 4.233 所示。

图 4.233　界面设计

组件说明如表 4.38 所示。

表 4.38　　组件说明

组　件	所属组件组	命　名	用　途	属　性
Screen	默认屏幕	Screen1		标题：网络微数据库
标签	用户界面	标签 1	提示输入标签	文本：标签:
文本输入框	用户界面	文本输入框_标签	输入标签	提示：空 文本：空
标签	用户界面	标签 2	提示值	文本：值:
文本输入框	用户界面	文本输入框_值	输入值	提示：空 文本：空
按钮	用户界面	按钮_保存到网络微数据库	从网络微数据库获取值	文本：保存到网络微数据库
标签	用户界面	标签 3	提示输入标签	文本：输入从网络微数据库提取的标签:
文本输入框	用户界面	文本输入框_提取标签	输入提取标签	提示：空 文本：空
按钮	用户界面	按钮_提取值	从网络微数据库获取值	文本：提取数据值
标签	用户界面	标签_提取结果	显示网络微数据库返回的值	文本：空

续表

组　件	所属组件组	命　名	用　途	属　性
网络微数据库	数据存储	网络微数据库 1	保存数据	服务地址：（设置用户要使用的网络微数据库地址）

代码如图 4.234 所示。

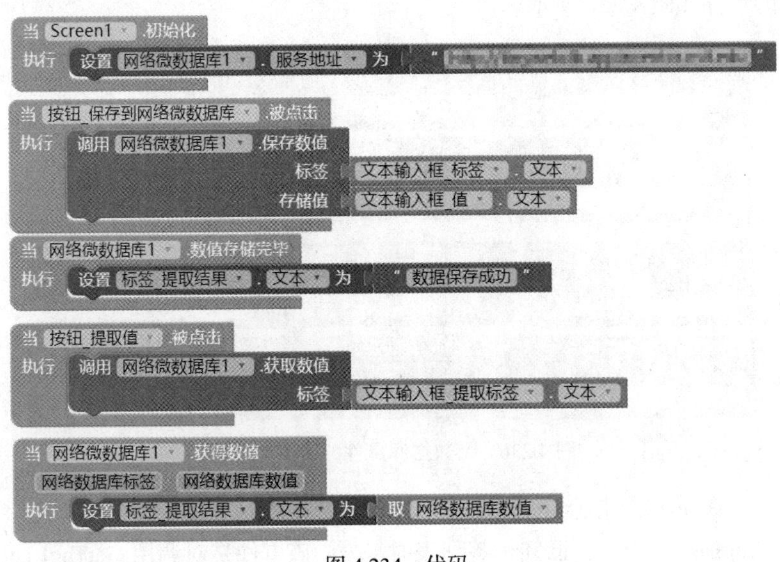

图 4.234　代码

4.8.4　云数据库

云数据库（CloudDB）组件是非可视组件，它允许用户将数据存储在通过 Internet 连接的数据库服务器中（使用 Redis 软件）。这使应用程序的用户之间可以共享数据。默认情况下，数据将存储在 MIT 维护的服务器中，但是用户可以设置和运行自己的服务器。通过设置 RedisServer 属性和 RedisPort 属性，用户可以访问自己的服务器。

Redis（Remote Dictionary Server，远程字典服务）是一个由萨尔瓦多·桑菲利波（Salvatore Sanfilippo）写的键值对存储系统，是跨平台的非关系数据库。Redis 是一个开源、使用 ANSI C 语言编写、遵守 BSD 协议、支持网络、可基于内存、分布式、可选持久性的键值对存储数据库，并提供多种语言的 API。

Redis 通常被称为数据结构服务器，因为值（Value）可以是字符串（String）、哈希（Hash）函数、列表（List）、集合（Sets）和有序集合（Sorted Sets）等类型。

云数据库组件的属性如图 4.235 所示。

项目 ID（ProjectID）：获取云数据库项目的 ProjectID。

远程字典服务（RedisPort）：要使用的 Redis 服务器端口，默认为 6381。

Redis 服务器（RedisServer）：用于存储数据的 Redis 服务器。设置为“默认”（DEFAUIT）意味着将使用 MIT 服务器。

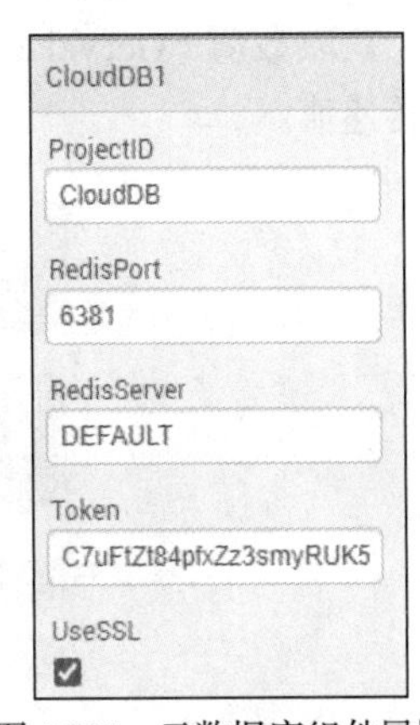

图 4.235　云数据库组件属性

令牌（Token）：包含用于登录到支持的 Redis 服务器的身份验证令牌。对于“默认”服务器，请勿编辑该值，系统将自动为用户填充。系统管理员还可能为用户提供一个特殊的值，该值可用于在多人的多个项目之间共享数据。如果使用自己的 Redis 服务器，请在服务器的配置中设置密码，然后在此处输入密码。

使用 SSL（UseSSL）：勾选该复选框，可使用 SSL 与 CloudDB Redis 服务器对话。对于“默认”服务器，应不勾选该复选框。

云数据库的事件如图 4.236 所示。

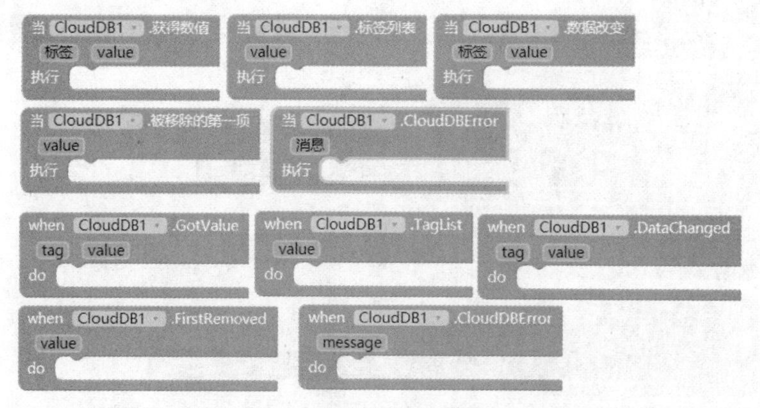

图 4.236　云数据库事件的中英文对照

获得数值（GotValue）：指示 GetValue()方法请求已成功。

标签列表（TagList）：当收到已知标签列表时触发。该事件是对调用 GetTagList()方法的响应。

数据改变（DataChanged）：指示云数据库项目中的数据已更改。使用标签更新参数 value 的值后启动事件。

被移除的第一项（FirstRemoved）：由 RemoveFirstFromList()方法触发。参数 value 是列表中的第一个对象。

云数据库错误（CloudDBError）：表示与 CloudDB Redis 服务器通信时发生错误。

云数据库的方法如图 4.237 所示。

保存数值（StoreValue）：请求云数据库存储给定的值到给定的标签。

追加值到列表（AppendValueToList）：自动将值追加到列表的末尾。如果两个设备同时使用此功能，则两个设备的值都会追加，不会丢失任何数据。

获取数值（GetValue）：要求云数据库获取存储在给定标签下的值。它将通过“获得数值”事件传递值。

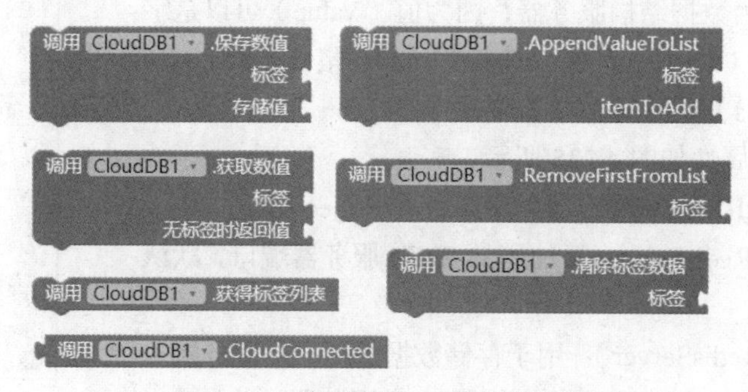

图 4.237　云数据库方法的中英文对照

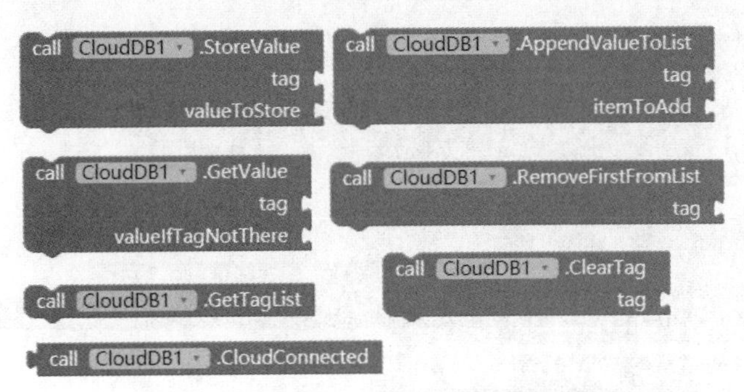

图 4.237　云数据库方法的中英文对照（续）

获得标签列表（GetTagList）：要求云数据库检索属于对应项目的所有标签。结果列表将在“标签列表”事件中返回。

从列表中移除第一个元素（RemoveFirstFromList）：获取列表的第一个元素并自动删除。如果两个设备同时使用此功能，则一个将获取第一个元素，而另一个将获取第二个元素，如果没有可用的元素，则发生错误。当元素可用时，“被移除的第一项”事件将被触发。

清除标签数据（ClearTag）：从云数据库中删除标签。

云连接（CloudConnected）：如果在网络上并且可连接到云数据库服务器，则返回 true。

从以上事件和方法可以知道，云数据库组件和网络微数据库组件在单个标签存储和获取值方面的操作是类似的。下面对例 4.35 稍做修改。

例 4.36　云数据库的使用

这里对图 4.233 所示界面稍微做一些修改，如图 4.238 所示，修改了部分按钮和标签的“文本”属性和组件名称，删除了网络微数据库组件，增加了云数据库组件。

图 4.238　界面设计 1

代码如图 4.239 所示。

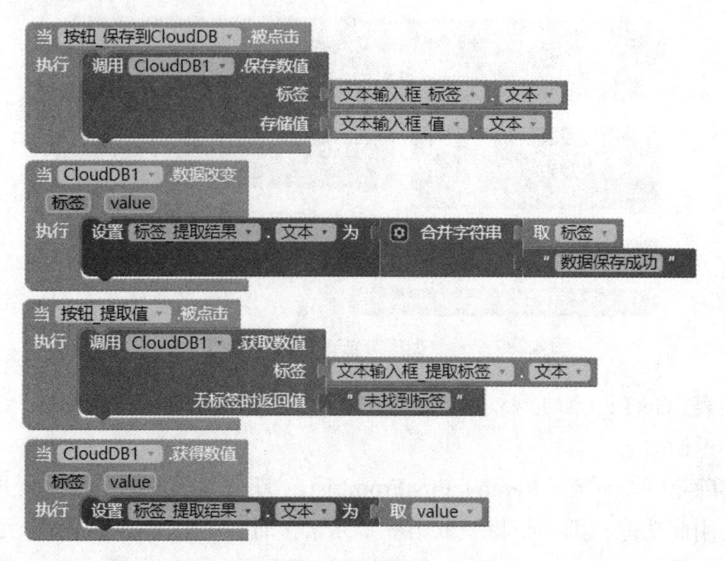

图 4.239　代码 1

下面对界面再做一些修改，增加将数据追加到云数据库的列表和移除第一项功能，界面如图 4.240 所示，增加了“获取标签”和“移除第一项”两个按钮。

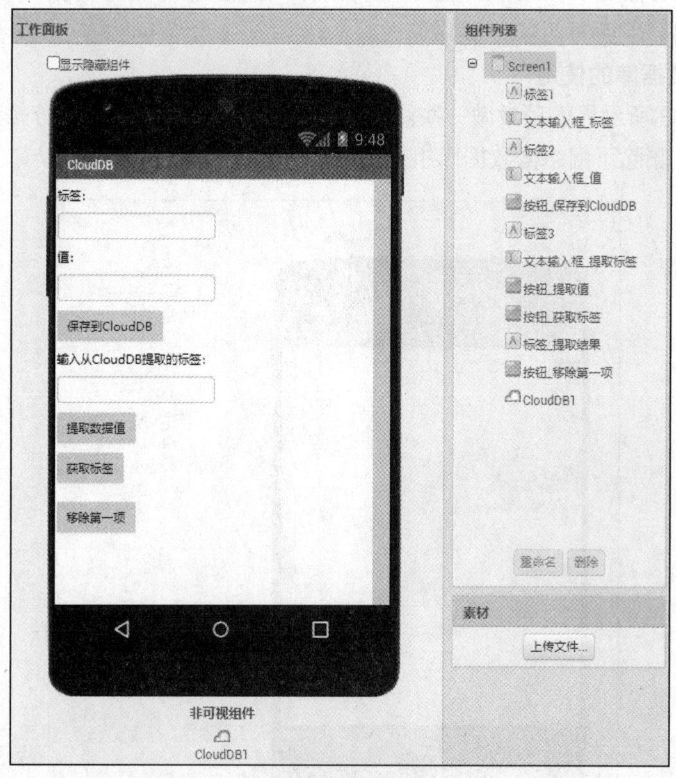

图 4.240　界面设计 2

修改后的代码如图 4.241 所示。

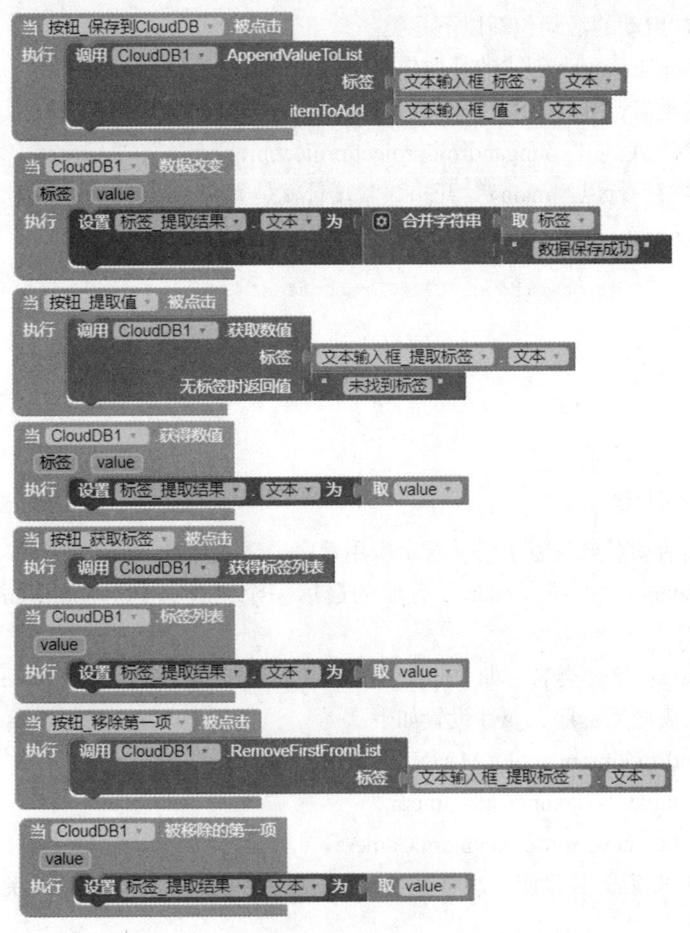

图 4.241　代码 2

4.9　通信连接组件

通信连接组件（Connectivity）用于实现网络连接、蓝牙通信、串口和调用其他 App 的功能，包括 Activity 启动器、Web 客户端、蓝牙客户端和蓝牙服务器 4 个组件，如图 4.242 所示。

图 4.242　通信连接组件

4.9.1　Activity 启动器

Activity 启动器（ActivityStarter）组件可以使用“启动活动对象”方法启动一个活动（即调用

其他 App）。可以被启动的活动包括以下几类。

（1）启动由 App Inventor 创建的其他应用。首先要通过下载其他应用程序的源代码弄清楚类名；然后使用文件资源管理器或解压缩程序解压源文件，在解压后的文件夹下找到“youngandroidproject/project.properties”，“project.properties”文件的第一行以“main=”开头，紧接着就是类名。以 HelloPurr 项目为例，“project.properties”文件内容为：

```
main=appinventor.ai_powerhope.HelloPurr.Screen1
name=HelloPurr
assets=../assets
source=../src
build=../build
versioncode=1
versionname=1.0
useslocation=False
```

为了让“启动活动对象”方法启动这个应用程序，需设置以下属性。

- ActivityPackage：去掉“main”后面的最后一个组件，如“appinventor.ai_ powerhope.HelloPurr”。
- ActivityClass：整个类名，如“appinventor.ai_powerhope.HelloPurr.Screen1”。

（2）启动摄像头应用程序，属性设置如下。

- Action：android.intent.action.MAIN。
- ActivityPackage：com.android.camera。
- ActivityClass：com.android.camera.Camera。

（3）执行 Web 搜索。假设用户想搜索“长沙”（可替换成其他要搜索的关键词），属性设置如下。

- Action：android.intent.action.WEB_SEARCH。
- ExtraKey：query。
- ExtraValue：长沙。
- ActivityPackage：com.google.android. providers.enhancedgooglesearch。
- ActivityClass：com.google.android.providers.enhancedgooglesearch.Launcher。

（4）打开浏览器到指定的 Web 页面。假设用户想打开“www.××××.com”（或其他网站），属性设置如下。

- Action：android.intent.action.VIEW。
- DataUri：http://www.××××.com。

Activity 启动器的属性如图 4.243 所示。

图 4.243　Activity 启动器组件属性的中英文对照

动作（Action）：将启动的 Activity 动作，如 Android 中的 Intent——android.intent.action.MAIN。

活动类名（ActivityClass）：将启动的 Activity 类名，如 appinventor.ai_powerhope.HelloPurr.Screen1。

活动包名（ActivityPackage）：将启动的 Activity 包名，如 appinventor.ai_powerhope.HelloPurr。

数据类型（DataType）：指定要传递给活动的 MIME 类型。

数据 URI（DataUri）：指定将用于启动活动的数据 URI。

外键（ExtraKey）：指定将传递给活动的外键。

额外值（ExtraValue）：指定将传递给活动的额外值。

Extras：接收一个用作键值对的列表，传递给 Activity。

结果（Result）：被启动的 Activity 的返回值。

结果名称（ResultName）：用来从被启动的 Activity 提取结果的名称。

结果类型（ResultType）：被启动的 Activity 返回的类型信息。

结果 URI 地址（ResultUri）：被启动的 Activity 返回的 URI（或数据）信息。

Activity 启动器的事件如图 4.244 所示。

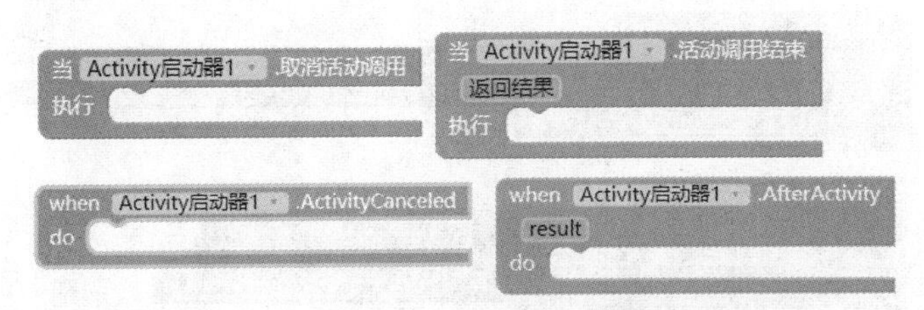

图 4.244　Activity 启动器事件的中英文对照

取消活动调用（ActivityCanceled）：因为活动被取消而返回时触发。

活动调用结束（AfterActivity）：在 Activity 启动器返回结果后触发。

Activity 启动器的方法如图 4.245 所示。

图 4.245　Activity 启动器方法的中英文对照

处理活动信息（ResolveActivity）：返回与启动器对应的活动名称，如果找不到相应的活动，则返回空字符串。

启动活动对象（StartActivity）：启动启动器对应的活动。

例 4.37　启动其他应用

本例要实现启动 HelloPurr 应用、启动照相机和启动浏览器打开指定网页的功能。界面设计如图 4.246 所示。

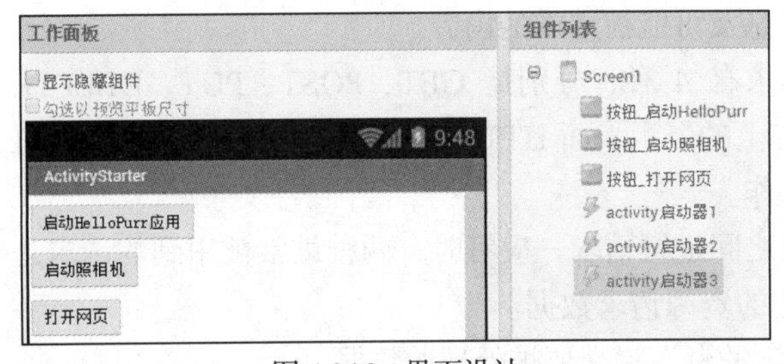

图 4.246　界面设计

组件说明如表 4.39 所示。

表 4.39　　　　　　　　　　　　　组件说明

组　件	所属组件组	命　名	用　途	属　性
Screen	默认屏幕	Screen1		标题：ActivityStarter
按钮	用户界面	按钮_启动 HelloPurr	启动HelloPurr应用	文本：启动 HelloPurr 应用
按钮	用户界面	按钮_启动照相机	启动照相机	文本：启动照相机
按钮	用户界面	按钮_打开网页	打开网页	文本：打开网页
Activity 启动器	通信连接	activity 启动器 1	启动HelloPurr应用	
Activity 启动器	通信连接	activity 启动器 2	启动照相机	
Activity 启动器	通信连接	activity 启动器 3	打开网页	

代码如图 4.247 所示。

```
当 按钮_启动HelloPurr .被点击
执行 设 activity启动器1 . ActivityPackage 为 " appinventor.ai_powerhope.HelloPurr "
     设 activity启动器1 . ActivityClass 为 " appinventor.ai_powerhope.HelloPurr.Screen1 "
     调用 activity启动器1 .启动活动对象

当 按钮_启动照相机 .被点击
执行 设 activity启动器2 . Action 为 " android.intent.action.MAIN "
     设 activity启动器2 . ActivityPackage 为 " com.android.camera "
     设 activity启动器2 . ActivityClass 为 " com.android.camera.Camera "
     调用 activity启动器2 .启动活动对象

当 按钮_打开网页 .被点击
执行 设 activity启动器3 . Action 为 " android.intent.action.VIEW "
     设 activity启动器3 . DataUri 为 " http://www.baidu.com "
     调用 activity启动器3 .启动活动对象
```

图 4.247　代码

4.9.2　Web 客户端

Web 客户端（Web）是非可视组件，提供了 HTTP 的 GET、POST、PUT 和 DELETE 请求。

超文本传送协议（Hypertext Transfer Protocol，HTTP）的设计目的是保证客户端与服务器之间的通信。HTTP 的工作方式是客户端与服务器之间的请求—应答。Web 浏览器可能是客户端，而计算机上的网络应用程序可能作为服务器。

举例：客户端（Web 浏览器）向服务器提交 HTTP 请求；服务器向客户端返回响应。响应包含关于请求的状态信息及可能被请求的内容。

HTTP 最基本的请求有 4 种，分别是 GET、POST、PUT、DELETE。可以这样认为：一个 URL 用于描述一个网络上的资源，而 HTTP 中的 GET、POST、PUT、DELETE 对应着对资源的查、改、增、删 4 个操作。

在客户端和服务器之间进行请求—应答时，两种最常被用到的请求是 GET 和 POST。

- ❑ GET——从指定的资源请求数据。
- ❑ POST——向指定的资源提交要被处理的数据。

（1）GET 请求。

查询字符串（名称/值对）是在 GET 请求的 URL 中发送的：

```
/test/demo_form.asp?name1=value1&name2=value2
```

有关 GET 请求的其他一些注释如下。

- ❑ GET 请求可被缓存。
- ❑ GET 请求被保留在浏览器历史记录中。
- ❑ GET 请求可被收藏为书签。
- ❑ GET 请求不应在处理敏感数据时使用。
- ❑ GET 请求有长度限制。
- ❑ GET 请求只应当用于取回数据。

(2) POST 请求。

查询字符串（名称/值对）是在 POST 请求的 HTTP 消息主体中发送的：

```
POST /test/demo_form.asp HTTP/1.1
Host: w3schools.com
name1=value1&name2=value2
```

有关 POST 请求的其他一些注释如下。

- ❑ POST 请求不会被缓存。
- ❑ POST 请求不会被保留在浏览器历史记录中。
- ❑ POST 不能被收藏为书签。
- ❑ POST 请求对数据长度没有要求。

表 4.40 对两种 HTTP 请求——GET 和 POST 进行了比较。

表 4.40 GET 请求和 POST 请求的比较

操作类型	GET	POST
后退按钮/刷新	无害	数据会被重新提交（浏览器应该告知用户数据会被重新提交）
书签	可被收藏为书签	不可被收藏为书签
缓存	能被缓存	不能被缓存
编码类型	application/x-www-form-urlencoded	application/x-www-form-urlencoded 或 multipart/form-data。为二进制数据使用多重编码
历史	参数被保留在浏览器历史记录中	参数不会被保存在浏览器历史记录中
对数据长度的限制	有限制。当发送数据时，GET 请求向 URL 添加数据；URL 的长度是受限制的（URL 的最大长度是 2048 个字符）	无限制
对数据类型的限制	只允许 ASCII 字符	没有限制，也允许二进制数据
安全性	与 POST 请求相比，GET 请求的安全性较差，因为所发送的数据是 URL 的一部分 在发送密码或其他敏感信息时绝对不要使用 GET 请求	POST 请求比 GET 请求更安全，因为参数不会被保存在浏览器历史记录或 Web 服务器日志中
可见性	数据在 URL 中对所有人都是可见的	数据不会被显示在 URL 中

(3) PUT 请求。

该请求用从客户端向服务器传送的数据取代指定文档的内容。

（4）DELETE 请求。

该请求让服务器删除指定的页面。

Web 客户端的属性如图 4.248 所示。

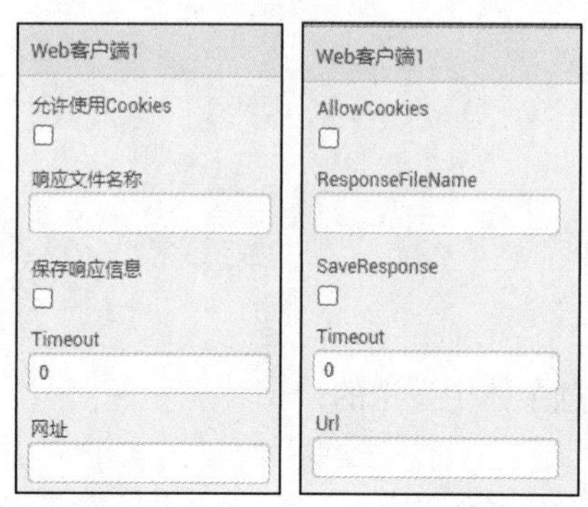

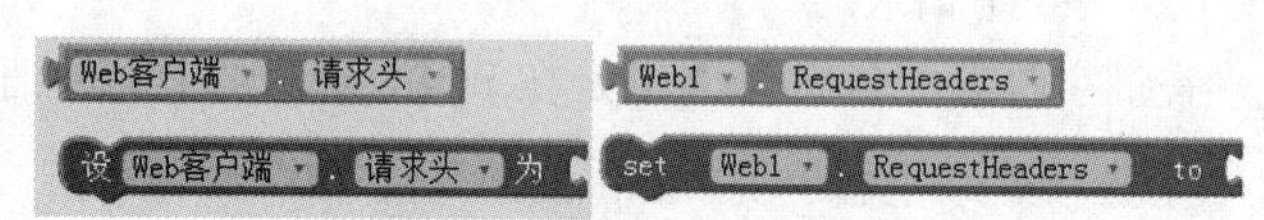

图 4.248　Web 客户端组件属性的中英文对照

允许使用 Cookies（AllowCookies）：设置是否允许在设备上保存来自响应的 Cookies，并在后续的请求中使用它。Cookies 只支持 Android 2.3 或更高版本。

请求头（RequestHeaders）：请求头是一个列表，列表元素为包含两个元素的子列表。每个子列表的第一个元素为请求头字段名。每个子列表的第二个元素为请求头字段值，它可能是单个值或包含多个值的列表。

响应文件名称（ResponseFileName）：设置响应的文件被保存的名称。如果“保存响应信息”属性值为“真”，“响应文件名称”属性值为空，则将生成新的文件名。

保存响应信息（SaveResponse）：设置是否将响应保存在文件中。

超时（Timeout）：返回每个请求在超时之前等待响应的毫秒数。如果设置为 0，则请求将无限期等待响应。

网址（Url）：设置 Web 请求的 URL。

Web 客户端的事件如图 4.249 所示。

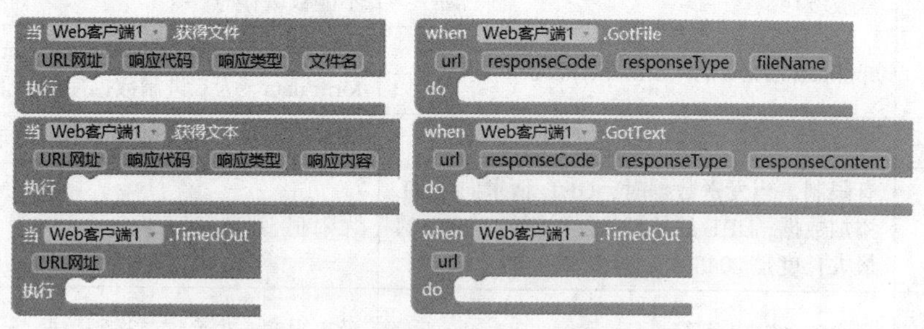

图 4.249　Web 客户端事件的中英文对照

获得文件（GotFile）：请求已经完成，并返回了结果文件。

获得文本（GotText）：请求已经完成，并返回了结果文本。

返回参数说明如下。

响应代码：用以表示网页服务器 HTTP 响应状态的 3 位数字代码。它是由 RFC 2616 规范定义的，并得到 RFC 2518、RFC 2817、RFC 2295、RFC 2774、RFC 4918 等规范扩展。

响应代码表示的意思主要分为以下 5 类：

1××——保留；

2× ×——请求成功地被接收；

3× ×——为完成请求，客户需进一步细化请求；

4× ×——客户端错误；

5× ×——服务器错误。

例如，“200”表示请求已成功，请求所希望的响应头或数据体将随此响应返回。其他详细的响应代码用户可在网上查询。

响应类型：服务器响应的 HTTP 内容类型，如 text/html、image/GIF 等。

超时（TimedOut）：指示请求已超时。

Web 客户端的方法如图 4.250 所示。

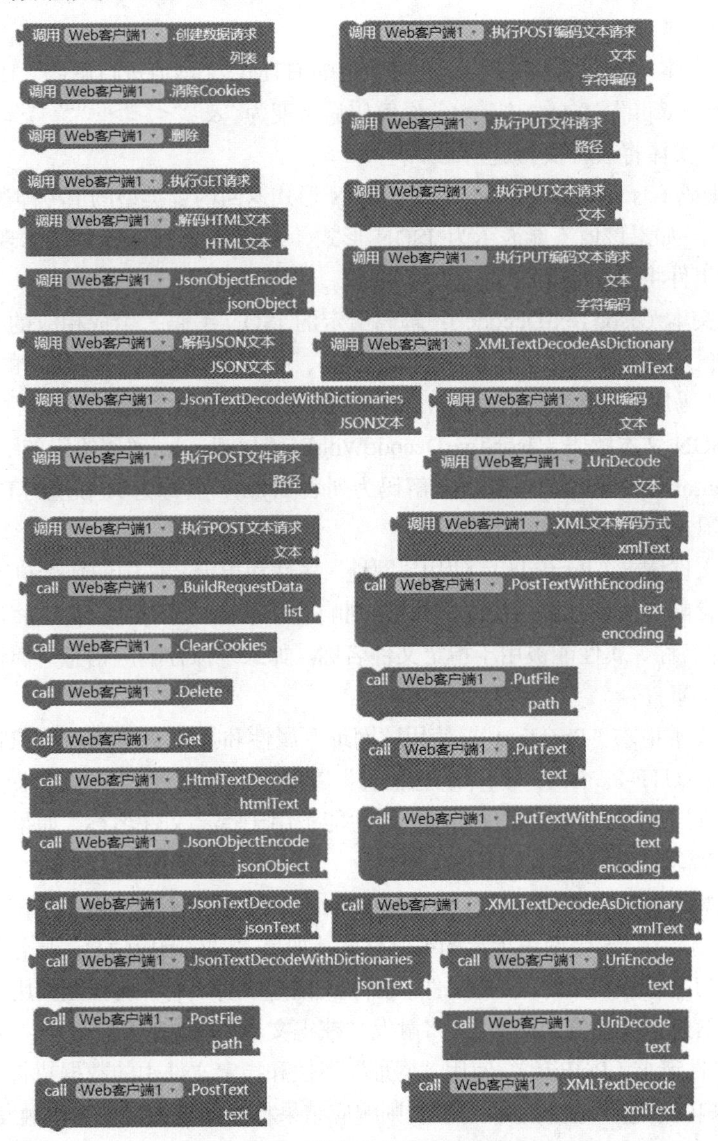

图 4.250　Web 客户端方法的中英文对照

创建数据请求（BuildRequestData）：将包含具有两个元素的子列表的列表转换为名称/值对的字符串，以便执行 POST 文本请求。其中生成字符串的格式为 application/x-www- form-urlenbd 媒体类型字符串。

清除 Cookies（ClearCookies）：清除该组件的所有 Cookies。

删除（Delete）：使用“网址”属性执行 HTTP 的 DELETE 请求，并检索响应结果。如果“保存响应信息”属性值为“真”，则响应结果将被保存为文件，将触发“获得文件”事件。“响应文件名称”属性能被用于指定文件名称。如果“保存响应信息”属性值为“假”，将触发“获得文本”事件。

执行 GET 请求（Get）：使用“网址”属性执行 HTTP 的 GET 请求，并检索响应结果。如果“保存响应信息”属性值为“真”，则响应结果将被保存为文件，将触发“获得文件”事件。“响应文件名称”属性能被用于指定文件名称。如果“保存响应信息”属性值为“假”，将触发“获得文本”事件。

解码 HTML 文本（HtmlTextDecode）：对给定的 HTML 文本值进行解码。HTML 字符实体，如“&”“<”“>”“'"”经解码后将变为“&”“<”“>”“'”“"”。而像“&#xhhhh”“&#nnnn”这样的实体将被转换为适当的字符。

JSON 对象编码（JsonObjectEncode）：以 JSON 形式返回内置类型的值（即逻辑值、数字、文本、列表、字典）。如果该值不能表示为 JSON 形式，则将触发 Screen 的“出现错误”事件，对于其他的情况，组件将返回空字符串。

解码 JSON 文本（JsonTextDecode）：解码给定的 JSON 编码，生成相应的 App Inventor 值。一个 JSON 列表[x,y,z]经解码后被转换为列表(x,y,z)，一个名称为 A、值为 B 的 JSON 对象（表示为{A:B}）经解码后被变为列表[(A B)]，即一个列表的每行包含具有两个元素的子列表(A B)。

带字典的 JSON 文本解码（JsonTextDecodeWithDictionaries）：解码给定的 JSON 编码以生成相应的 App Inventor 值。JSON 列表[x,y,z]解码为列表(x,y,z)。名称为 A 和值为 B 的 JSON 对象，表示为{a:b}，解码为具有键 a 和值 b 的字典。

执行 POST 文件请求（PostFile）：使用“网址”属性和指定文件中的数据执行 HTTP 的 POST 请求。如果“保存响应信息”属性值为“真”，则响应结果将被保存为文件，将触发“获得文件”事件。“响应文件名称”属性能被用于指定文件名称。如果“保存响应信息”属性值为“假”，将触发“获得文本”事件。

执行 POST 文本请求（PostText）：使用“网址”属性和指定文本执行 HTTP 的 POST 请求。文本字符编码使用 UTF-8。如果“保存响应信息”属性值为“真”，则响应结果将被保存为文件，将触发“获得文件”事件。“响应文件名称”属性能被用于指定文件名称。如果“保存响应信息”属性值为假，将触发“获得文本”事件。

执行 POST 编码文本请求（PostTextWithEncoding）：使用“网址”属性和指定文本执行 HTTP 的 POST 请求。文本字符编码使用指定的编码格式。如果“保存响应信息”属性值为“真”，则响应结果将被保存为文件，将触发“获得文件”事件。“响应文件名称”属性能被用于指定文件名称。如果“保存响应信息”属性值为“假”，将触发“获得文本”事件。

执行 PUT 文件请求（PutFile）：使用“网址”属性和指定文件中的数据执行 HTTP 的 PUT 请求。如果“保存响应信息”属性值为“真”，则响应结果将被保存为文件，将触发“获得文件”事件。“响应文件名称”属性能被用于指定文件名称。如果“保存响应信息”属性值为“假”，将触发“获得文本”事件。

执行 PUT 文本请求（PutText）：使用“网址”属性和指定文本执行 HTTP 的 PUT 请求。文本字符编码使用 UTF-8。如果“保存响应信息”属性值为“真”，则响应结果将被保存为文件，将触发“获得文件”事件。“响应文件名称”属性能被用于指定文件名称。如果“保存响应信息”属性值为“假”，将触发“获得文本”事件。

执行 PUT 编码文本请求（PutTextWithEncoding）：使用“网址”属性和指定文本执行 HTTP 的 PUT 请求。文本字符编码使用指定的编码格式。如果“保存响应信息”属性值为“真”，则响应结果将被保存为文件，将触发“获得文件”事件。“响应文件名称”属性能被用于指定文件名称。如果“保存响应信息”属性值为“假”，将触发“获得文本”事件。

URI 编码（UriEncode）：对给定的文本值进行编码，以便在 URL 中使用它。

URI 解码（UriDecode）：解码编码的文本值，使这些值不再是 URI 编码。

XML 文本解码方式（XMLTextDecode）：解码给定的 XML 字符串，以产生列表结构。<tag>string</tag>解码为包含一对标签和字符串的列表。更一般而言，如果是 obj1,obj2,⋯,obj*n* 这样的 XML 字符串，则将<tag>obj1 obj2 ……</tag>解码为一个列表，该列表包含一对元素，其第一个元素为 tag，其第二个元素为已解码 obj 的列表，并按标签字母顺序排列。举例如下：

<foo><123/foo> 解码为包含对(foo 123)的单项列表；

<foo>1 2 3</foo> 解码为包含对(foo "1 2 3")的单项列表；

<a><foo>1 2 3</foo><bar>456</bar></a>解码为包含对(a X)的列表，其中 X 是一个包含对(foo"1 2 3")和(bar 456)的 2 项列表。

如果 obj 的序列将标签分隔的项目和非标签分隔的项目混合在一起，则解码器将非标签分隔的项目从序列中拉出，并用“内容”标签包裹。例如，解码<a><bar>456</bar>many<foo>1 2 3</foo>apples<a></code>，与上面的类似，不同之处在于列表 X 是一个 3 项列表，包含附加对，其第一项是字符串“content”，第二项是列表(many,apples)。如果结果不是格式正确的 XML，则此方法会引发错误消息并返回空列表。

XML 文本解码为字典（XMLTextDecodeAsDictionary）：解码给定的 XML 字符串以产生字典结构。产生的字典包括特殊键$tag、$localName、$namespace、$namespaceUri、$attributes、$content，以及每个节点的唯一的键，它指向这里描述的具有相同结构的元素列表。

$tag 是完整标签名称，例如，foo:bar。$localName 是名称的本地部分（冒号“:”之后的所有内容）。如果提供了命名空间（冒号“:”之前的所有内容），则命名空间在$namespace 中提供，相应的 URI 在$namespaceUri 中给出。属性存储在$attributes 中。属性的子节点在$content 下的列表中给出。

考虑以下 XML 文档：

```
<ex:Book xmlns:ex="http://example.com/">
  <ex:title xml:lang="en">On the Origin of Species</ex:title>
  <ex:author>Charles Darwin</ex:author>
</ex:Book>
```

解析时，$tag 键是"ex:Book"，$localName 键是"Book"，$namespace 键是"ex"，$namespaceUri 键是"http://example.com/"，$attributes 键是一个字典{}（xmlns 从命名空间中删除了），$content 键是解码为<ex:title>和<ex:author> 元素的两个项目的列表。与<ex:title>元素相对应的第一项具有包含字典{"xml:lang": "en"}的$attributes 键。对于“name=value”元素上的每个属性，在字典中将从 name 到 value 映射为键值对。除了这些特殊键之外，"ex:title"和"ex:author"是允许查找的，且速度比遍历$content 列表更快。

例 4.38　股票价格查询

本例实现通过用户输入的股票代码，在线实时查询股票的价格和 K 线图的功能。使用文本输入框组件供用户输入股票代码，用文本标签显示股票当前价格，用 Web 浏览框获取股票的分时图和 K 线图。界面设计如图 4.251 所示。

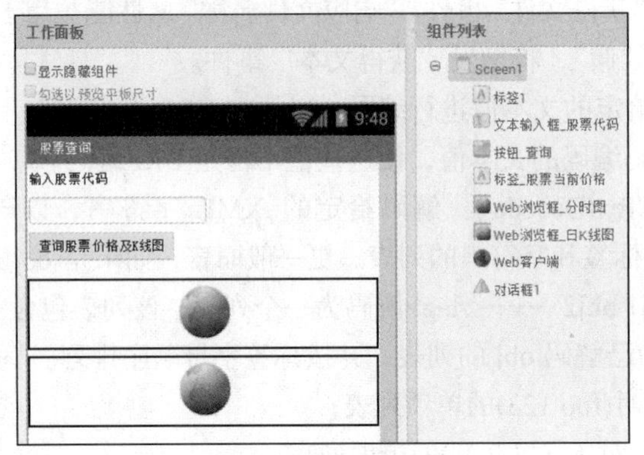

图 4.251　界面设计

组件说明如表 4.41 所示。

表 4.41　组件说明

组　件	所属组件组	命　名	用　途	属　性
Screen	默认屏幕	Screen1		标题：股票查询
标签	用户界面	标签 1	提示	文本：输入股票代码
文本输入框	用户界面	文本输入框_股票代码	输入股票代码	提示：输入股票代码 文本：空
按钮	用户界面	按钮_查询	查询股票价格及 K 线图	文本：查询股票价格及 K 线图
标签	用户界面	标签_股票当前价格	显示股票当前价格	字号：18 文本颜色：红色
Web 浏览框	用户界面	Web 浏览框_分时图	获取股票分时图	
Web 浏览框	用户界面	Web 浏览框_日 K 线图	获取股票 K 线图	
Web 客户端	通信连接	Web 客户端	在线获取股票信息	
对话框	用户界面	对话框 1	提示用户输入股票代码	

逻辑设计如下。

（1）通过 Web 客户端在线获取股票的价格需要借助其他实时获取股票行情的 API，这里使用新浪股票 API。

首先，分析一下新浪股票 API 的特征。新浪股票 API 的数据地址为“http://hq.sinajs.cn/list=”，等号后面接证券上市交易所标识和股票代码，如果股票由上海证券交易所发行，则等号后面为“sh600031”（以“三一重工”为例），完整的接口数据地址就是“http://hq.sinajs.cn/list=sh600031”；如果股票由深圳证券交易所发行，则等号后面为“sz000858”（以“五粮液”为例），完整的接口数据地址就是“http://hq.sinajs.cn/list=sz000858”。

如果从新浪股票 API 数据地址获取的数据正常，则会返回如下一串文本（以访问“三一重工”

股票为例）：

```
var  hq_str_sh600031=" 三 一 重 工 ,9.65,9.53,9.90,9.92,9.55,9.90,9.91,167635517,
1628770330, 460000,9.90,197766,9.89,372000,9.88,244939,9.87,211700,9.86,40500,9.91,278500,
9.92,237611,9.93,102400,9.94,639600,9.95,2015-05-08,15:03:06,00";
```

这个字符串由许多数据拼接而成，不同含义的数据用逗号分隔，数据的顺序号从 1 开始。

1："三一重工"，股票名称。

2："9.65"，今日开盘价。

3："9.53"，昨日收盘价。

4："9.90"，当前价格。

5："9.92"，今日最高价。

6："9.55"，今日最低价。

7："9.90"，竞买价，即"买一"报价。

8："9.91"，竞卖价，即"卖一"报价。

9："167635517"，成交的股票数。

10："1628770330"，成交金额，单位为"元"。

11："460000"，"买一"申请 460000 股，即 4600 手。

12："9.90"，"买一"报价。

13："197766"，"买二"申请股数。

14："9.89"，"买二"报价。

15："372000"，"买三"申请股数。

16："9.88"，"买三"报价。

17："244939"，"买四"申请股数。

18："9.87"，"买四"报价。

19："211700"，"买五"申请股数。

20："9.86"，"买五"报价。

21："40500"，"卖一"申报 40500 股，即 405 手。

22："9.91"，"卖一"报价。

23 和 24、25 和 26、27 和 28、29 和 30 分别为"卖二"至"卖四"的情况。

31："2008-05-08"，日期。

32："15:03:06"，时间。

因此，通过 Web 客户端从新浪股票 API 获取股票价格的代码如图 4.252 所示。

代码说明：首先判断用户是否输入股票代码，如果没有输入则提醒用户输入，否则根据用户输入的第一个代码判断股票是由深交所还是上交所发行的，再决定合并文本时是用"sz"还是"sh"；如果第一个代码为 0 或 3，则是深交所发行的股票，如果为 6，则为上交所发行的股票，否则弹出警告对话框，提示"股票代码错误，请重新输入"；最后调用 Web 客户端执行 GET 请求。这里没有对用户输入的股票代码是否真正存在进行检查。

（2）处理 GET 请求返回的数据并查询分时图及 K 线图。

数据返回后，在 Web 客户端的"获得文本"事件中，首先要判断是否获取数据成功。响应代码=200 表示获取数据成功。接下来可以对数据进行处理。如逻辑设计（1）中所述，GET 请求返回的数据是一串以","分隔的文本，我们应根据需要进行提取，将其分成列表，然后从列表中读取需要的数据。

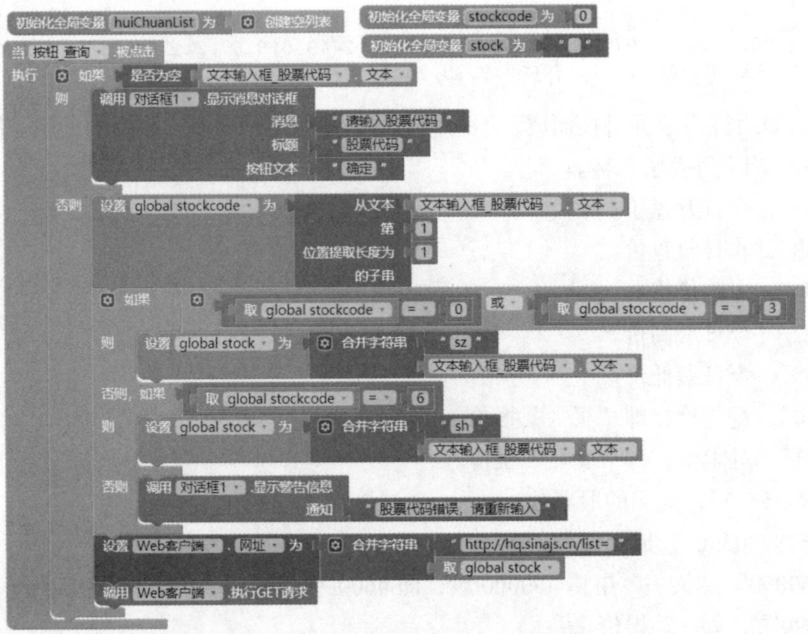

图 4.252　获取股票价格的代码

分时图及 K 线图也通过新浪股票 API 获得，分时图的数据地址为 http://image.sinajs.cn/newchart/min/n/，K 线图的数据地址为 http://image.sinajs.cn/newchart/daily/n/，“n/”后面所接内容为“股票代码.gif”。返回的数据是一张图片，可以把 URL 直接传给 Web 浏览框，通过 Web 浏览框显示。

处理 GET 请求返回的数据并查询分时图及 K 线图的代码如图 4.253 所示。

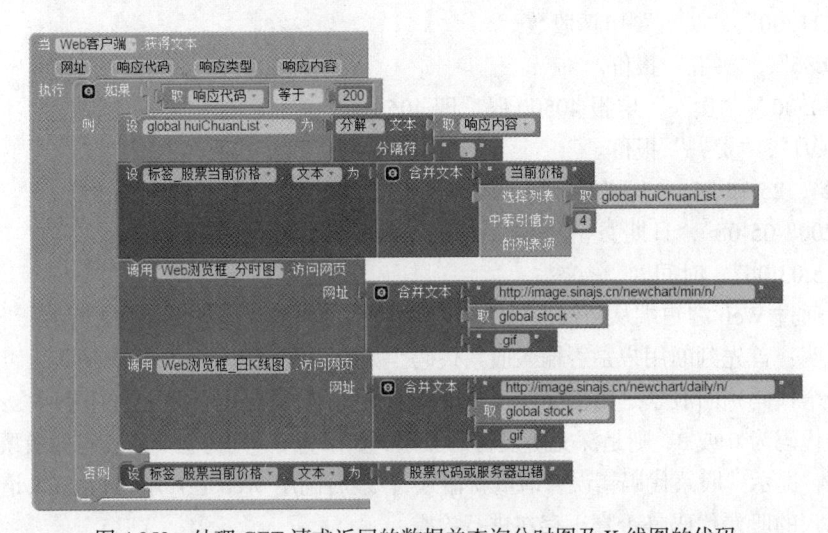

图 4.253　处理 GET 请求返回的数据并查询分时图及 K 线图的代码

虽然 App Inventor 在很多方面的功能都受到了限制，但如果能很好地利用互联网上众多的 API，借助 Web 客户端仍然可以实现很多功能强大的 App。

4.9.3　蓝牙客户端

蓝牙（Bluetooth）是一种无线技术标准，可实现固定设备、移动设备和楼宇个人域网之间的短距离数据交换（使用 2.4GHz～2.485GHz 的 ISM 波段的 UHF 无线电波）。蓝牙技术最初由爱立信公司于 1994 年研发，当时是作为 RS232 数据线的替代方案。蓝牙可连接多个设备，解决了数据同步的难题。目前，几乎所有移动设备都具有蓝牙通信功能。

蓝牙客户端（BluetoothClient）是蓝牙通信的客户端组件，是非可视组件。该组件的属性如图 4.254 所示。

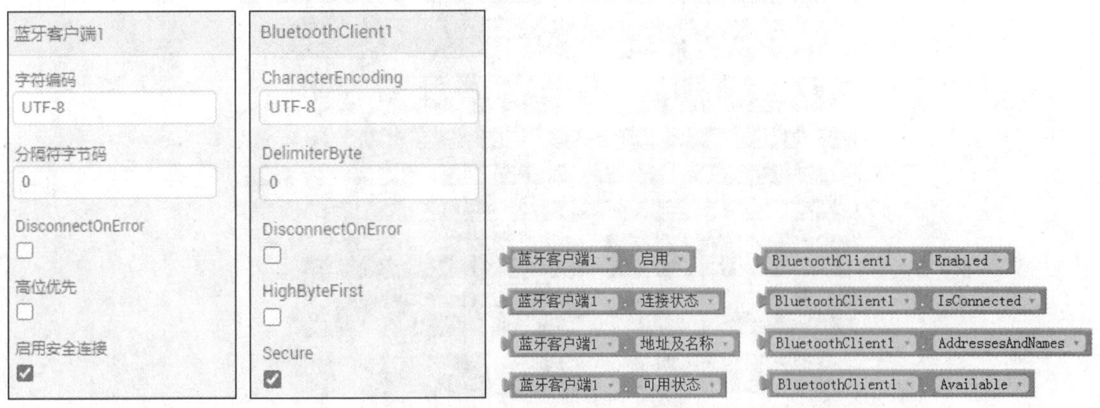

图 4.254　蓝牙客户端组件属性的中英文对照

字符编码（CharacterEncoding）：设置发送和接收文本时的字符编码方式，默认编码为 UTF-8。

分隔符字节码（DelimiterByte）：当调用“接收文本”“接收带符号字节数组”“接收无符号字节数组”方法为“字节数”参数传递一个负数时使用的分隔符字节码，类型为数值型。

高位优先（HighByteFirst）：设置发送和接收双字节和四字节数据是否使用高（或最重要的）字节优先。该属性值的数据类型为逻辑型。

启用安全连接（Secure）：设置是否调用 SSP（简易安全的配对），该配对方式要求蓝牙版本为 2.1 或更高。在使用嵌入式蓝牙设备时，此属性值须被设为“假”。对于 Android 2.0～Android 2.2，这个属性设置将被忽略。

发送错误断开连接（DisconnectOnError）：指定发生错误时是否应自动断开 BluetoothClient / BluetoothServer 的连接。

启用（Enabled）：设置是否启用蓝牙客户端组件。

连接状态（IsConnected）：设置蓝牙是否已经连接，如果已经连接，其值为“真”，否则其值为“假”。

地址及名称（AddressesAndNames）：设置配对成功的蓝牙设备的地址和名称列表。

可用状态（Available）：设置设备上的蓝牙功能是否可用。

后面 4 个属性仅在逻辑设计中可以使用。

蓝牙客户端组件没有事件，其方法如图 4.255 所示。

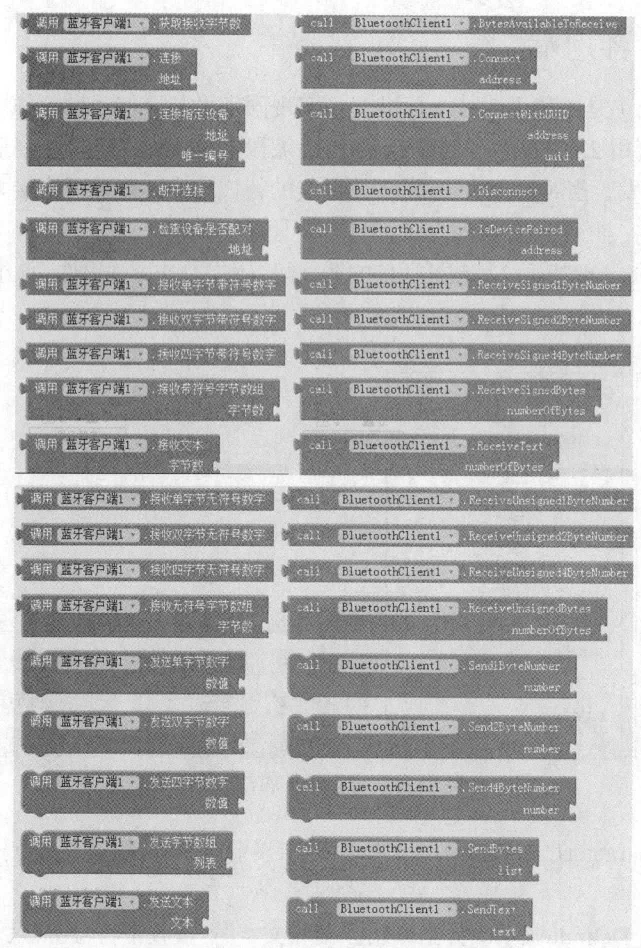

图 4.255　蓝牙客户端方法的中英文对照

补充知识：计算机中的数据都是以 0 和 1 来表示的，其中一个 0 或一个 1 被称为 1 位，即比特（Bit），它是最小的数值单位。Byte 是单字节，1Byte 包含 8 比特。

获取接收字节数（BytesAvailableToReceive）：返回在没有阻塞的情况下估计能够接收的字节数。

连接（Connect）：用指定的地址和串行端口配置协议（SPP）连接蓝牙设备，如果连接成功，返回值为“真”。

连接指定设备（ConnectWithUUID）：用指定的地址和通用唯一标识码（UUID）连接蓝牙设备，如果连接成功，返回值为“真”。

断开连接（Disconnect）：断开已经连接的蓝牙设备。

检查设备是否配对（IsDevicePaired）：检查蓝牙设备与指定地址是否已经配对。

接收单字节带符号数字（ReceiveSigned1ByteNumber）：从已连接的蓝牙设备接收一个单字节的带符号数。

接收双字节带符号数字（ReceiveSigned2ByteNumber）：从已连接的蓝牙设备接收一个双字节的带符号数。

接收四字节带符号数字（ReceiveSigned4ByteNumber）：从已连接的蓝牙设备接收一个四字节的带符号数。

接收带符号字节数组（ReceiveSignedBytes）：从已连接的蓝牙设备接收多个带符号的字节值，返回值是一个列表。如果参数“字节数”的值小于 0，则一直读到有分隔符的字节值。

接收文本（ReceiveText）：从已连接的蓝牙设备接收文本，如果参数“字节数”的值小于 0，则一直读到有分隔符的字节值。

接收单字节无符号数字（ReceiveUnsigned1ByteNumber）：从已连接的蓝牙设备接收一个单字节的无符号数。

接收双字节无符号数字（ReceiveUnsigned2ByteNumber）：从已连接的蓝牙设备接收一个双字节的无符号数。

接收四字节无符号数字（ReceiveUnsigned4ByteNumber）：从已连接的蓝牙设备接收一个四字节的无符号数。

接收无符号字节数组（ReceiveUnsignedBytes）：从已连接的蓝牙设备接收多个无符号的字节值，返回值是一个列表。如果参数“字节数”的值小于 0，则一直读到有分隔符的字节值。

发送单字节数字（Send1ByteNumber）：向已连接的蓝牙设备发送一个单字节的数字。如果发送的数字超过单字节可以表示的数的大小范围，会出现错误提示。

发送双字节数字（Send2ByteNumber）：向已连接的蓝牙设备发送一个双字节的数字。如果发送的数字超过双字节可以表示的数的大小范围，会出现错误提示。

发送四字节数字（Send4ByteNumber）：向已连接的蓝牙设备发送一个四字节的数字。如果发送的数字超过四字节可以表示的数的大小范围，会出现错误提示。

发送字节数组（SendBytes）：向已连接的蓝牙设备发送字节值列表。

发送文本（SendText）：向已连接的蓝牙设备发送文本。

4.9.4　蓝牙服务器

蓝牙服务器（BluetoothServer）组件是非可视组件。

蓝牙服务器组件的属性如图 4.256 所示。

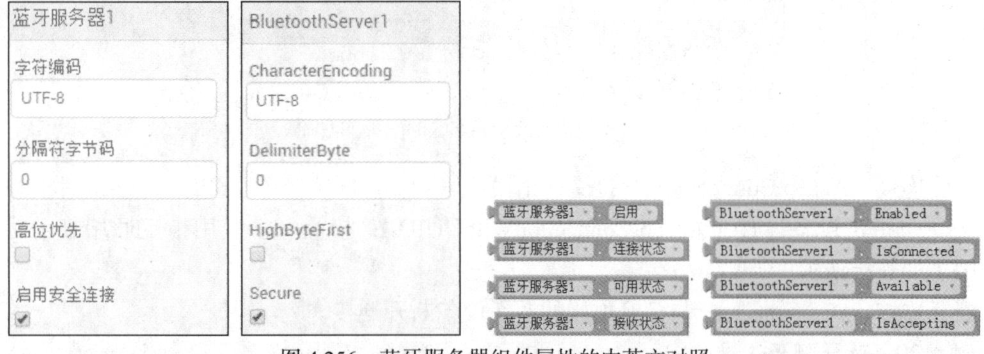

图 4.256　蓝牙服务器组件属性的中英文对照

启用（Enabled）：设置是否启用蓝牙服务器组件。

接收状态（IsAccepting）：如果蓝牙服务器组件正在接收传入连接，返回 true。

蓝牙服务器的事件如图 4.257 所示。

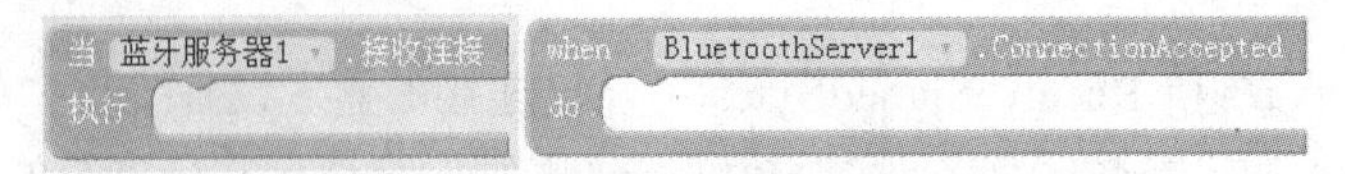

图 4.257　蓝牙服务器事件的中英文对照

接收连接（ConnectionAccepted）：表明一个蓝牙连接已被接收。

蓝牙服务器的方法如图 4.258 所示。

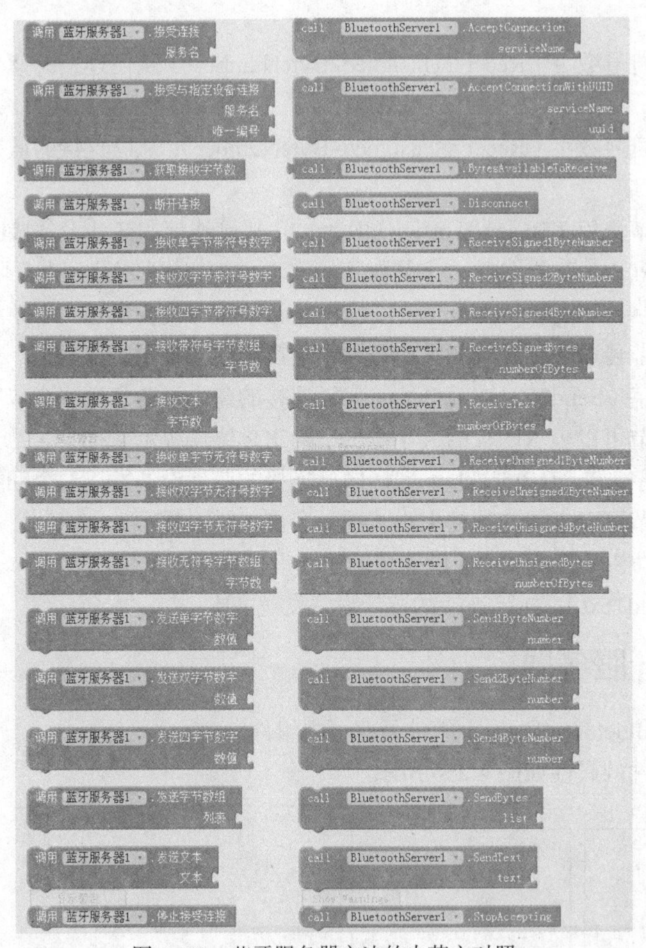

图 4.258　蓝牙服务器方法的中英文对照

接受连接（AcceptConnection）：接受一个使用串行端口配置协议（SPP）的连接请求。

接受与指定设备连接（AcceptConnectionWithUUID）：接受一个使用指定通用唯一标识码（UUID）的连接请求。

断开连接（Disconnect）：与已经连接的蓝牙设备断开连接。

例 4.39　蓝牙聊天工具

本例使用蓝牙客户端组件和蓝牙服务器组件实现两个手机之间通过蓝牙聊天的功能。界面设计如图 4.259 所示。

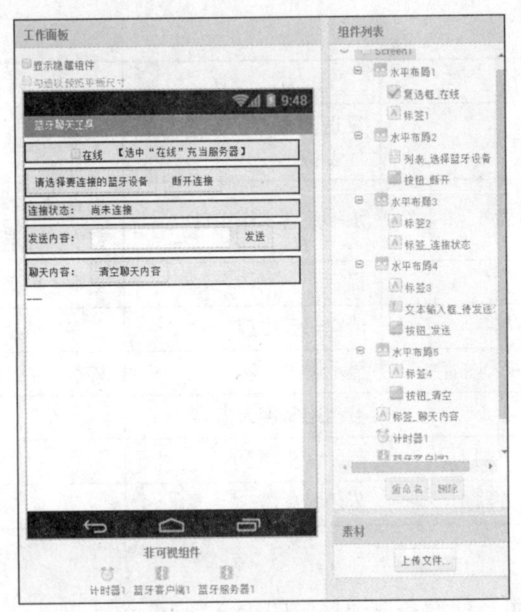

图 4.259　界面设计

组件说明如表 4.42 所示。

表 4.42　组件说明

组　件	所属组件组	命　名	用　途	属　性
Screen	默认屏幕	Screen1		标题：蓝牙聊天工具
水平布局	界面布局	水平布局 1	水平放置多个组件	水平对齐：居中 垂直对齐：居中 宽度：充满
复选框	用户界面	复选框_在线	作为蓝牙服务器的标志	文本：在线
标签	用户界面	标签 1	提示	文本：【选中“在线”充当服务器】
水平布局	界面布局	水平布局 2	水平放置多个组件	垂直对齐：居中 宽度：充满
列表选择框	用户界面	列表_选择蓝牙设备	选择要连接的蓝牙设备	文本：请选择要连接的蓝牙设备
按钮	用户界面	按钮_断开	断开已连接的蓝牙设备	文本：断开连接
水平布局	界面布局	水平布局 3	水平放置多个组件	垂直对齐：居中 宽度：充满
标签	用户界面	标签 2	提示	文本：连接状态：
标签	用户界面	标签_连接状态	提示	文本：尚未连接
水平布局	界面布局	水平布局 4	水平放置多个组件	垂直对齐：居中 宽度：充满
标签	用户界面	标签 3	提示	文本：发送内容：
文本输入框	用户界面	文本输入框_待发送消息	输入发送消息内容	提示：空 文本：空

续表

组　　件	所属组件组	命　　名	用　　途	属　　性
按钮	用户界面	按钮_发送	发送消息给已连接的蓝牙设备	文本：发送
水平布局	界面布局	水平布局 5	水平放置多个组件	垂直对齐：居中 宽度：充满
标签	用户界面	标签 4	提示	文本：聊天内容：
按钮	用户界面	按钮_清空	清空聊天内容	文本：清空聊天内容
标签	用户界面	标签_聊天内容	显示聊天内容	文本：---
计时器	传感器	计时器 1	自动刷新聊天内容	
蓝牙客户端	通信连接	蓝牙客户端 1	蓝牙客户端	
蓝牙服务器	通信连接	蓝牙服务器 1	蓝牙服务器	

逻辑设计如下。

（1）定义全局变量“角色”，表明当前设备在通信中的角色——服务器或客户端，代码如图 4.260 所示。

```
初始化全局变量 角色 为 " "
```

图 4.260　定义全局变量的代码

（2）“在线”设置。当选中“复选框_在线”时，表明本设备现在充当服务器，可以接收来自其他设备的连接请求。一旦该设备成为服务器，“列表-选择蓝牙设备”及“按钮-断开”将不可用。代码如图 4.261 所示。

```
当 复选框_在线 .状态被改变
执行 如果 复选框_在线 .选中
     则 调用 蓝牙服务器1 .接受连接
              服务名 " Server "
        设 标签_连接状态 . 文本 为 " 我是服务器，等待连接…… "
        设 列表_选择蓝牙设备 . 启用 为 false
        设 按钮_断开 . 启用 为 false
        设 global 角色 为 " 服务器 "
     否则 调用 蓝牙服务器1 .停止接受连接
        设 标签_连接状态 . 文本 为 " 我是客户端 "
        设 列表_选择蓝牙设备 . 启用 为 true
        设 按钮_断开 . 启用 为 true
        设 global 角色 为 " 客户端 "
```

图 4.261　状态被改变的代码

（3）接收连接事件。当蓝牙服务器收到连接请求时，将触发该事件。如果连接成功，即“连接状态”属性值为“真”，则向所连接的设备发送“您已连接到服务器，可以开始聊天了……”，并启用计时器，随时监听客户端发来的消息；如果连接不成功，则不启用计时器。代码如图 4.262 所示。

```
当 蓝牙服务器1 .接收连接
执行 如果 蓝牙服务器1 . 连接状态
     则 设 标签_连接状态 . 文本 为 " 我是服务器，已经接受连接 "
        调用 蓝牙服务器1 .发送文本
              文本 " 您已连接到服务器，可以开始聊天了…… "
        设 计时器1 . 启用计时 为 true
     否则 设 标签_连接状态 . 文本 为 " 尚未接受连接 "
        设 计时器1 . 启用计时 为 false
```

图 4.262　接收连接的代码

（4）与蓝牙客户端相关的代码。当启用“列表_选择蓝牙设备”后，若用户点击该组件，将打开一个列表，里面列出了所有已配对的蓝牙设备，用户可以从中选择一个进行连接。代码如图 4.263 所示。

图 4.263　准备选择的代码

（5）选择连接蓝牙设备。当用户选择好一个蓝牙设备，就意味着用户向所选设备发出了连接请求，连接的结果可能是“真”（连接成功），也可能是“假”（连接失败）。如果成功，则设置全局变量“角色”的值为“客户端”，并启动计时器；如果失败，则不启动计时器。代码如图 4.264 所示。

（6）断开连接。代码如图 4.265 所示。

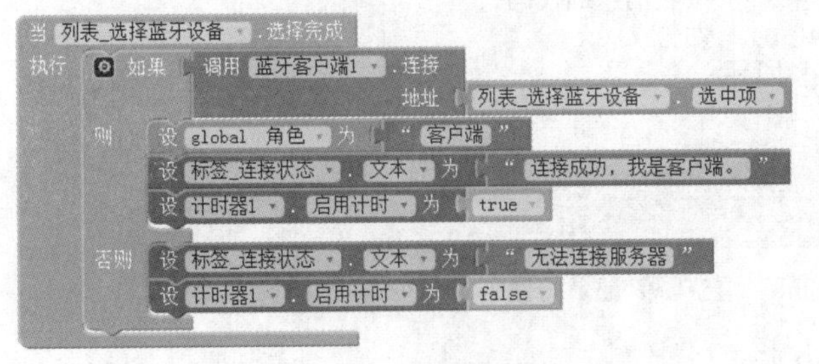

图 4.264　选择连接蓝牙设备的代码

图 4.265　断开连接的代码

（7）发送消息。定义全局变量“聊天内容”与自定义过程“连接字符串”，以适当的方式来呈现聊天记录，即为聊天内容添加换行符，并加上发言者身份，代码如图 4.266 所示。

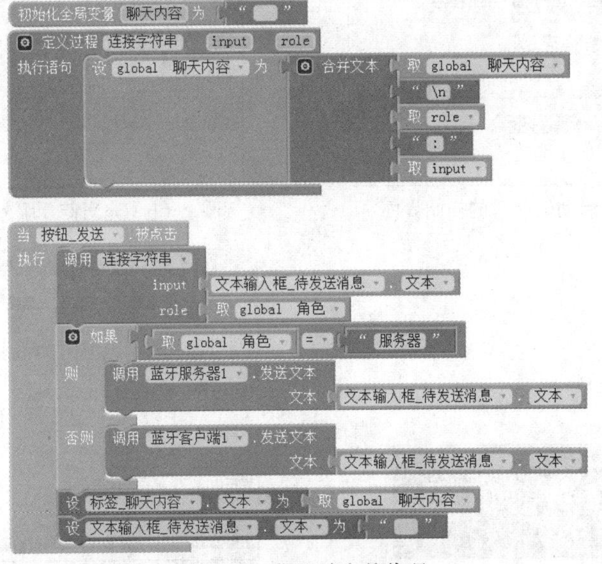

图 4.266　发送消息的代码

（8）接收消息。设置计时器的“计时”事件，以一定的时间间隔接收消息和刷新消息的显示，代码如图 4.267 所示。

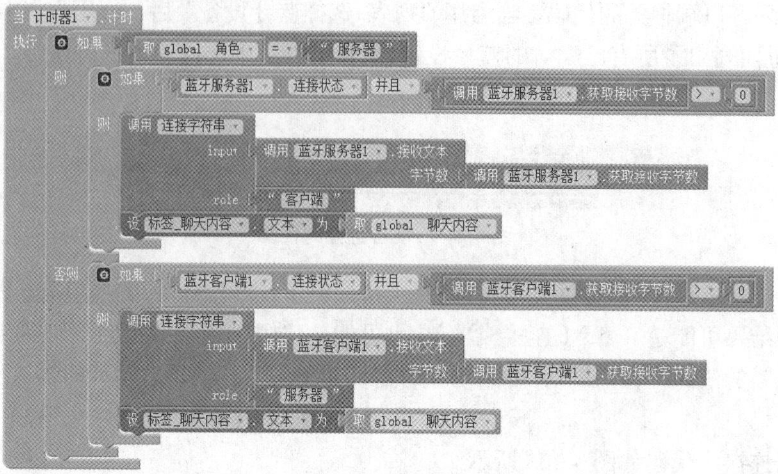

```
当 计时器1 .计时
执行 如果 取 global 角色 = "服务器"
    则 如果 蓝牙服务器1 .连接状态 并且 调用 蓝牙服务器1 .获取接收字节数 > 0
        则 调用 连接字符串
               input 调用 蓝牙服务器1 .接收文本
                         字节数 调用 蓝牙服务器1 .获取接收字节数
               role "客户端"
           设 标签_聊天内容 . 文本 为 取 global 聊天内容
    否则 如果 蓝牙客户端1 .连接状态 并且 调用 蓝牙客户端1 .获取接收字节数 > 0
        则 调用 连接字符串
               input 调用 蓝牙客户端1 .接收文本
                         字节数 调用 蓝牙客户端1 .获取接收字节数
               role "服务器"
           设 标签_聊天内容 . 文本 为 取 global 聊天内容
```

图 4.267　接收消息的代码

（9）清空聊天记录的代码如图 4.268 所示。

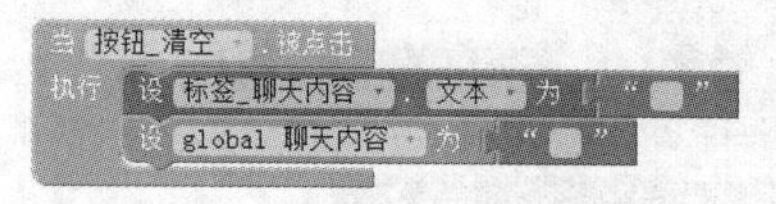

图 4.268　清空聊天记录的代码

蓝牙聊天工具的运行效果如图 4.269 所示。

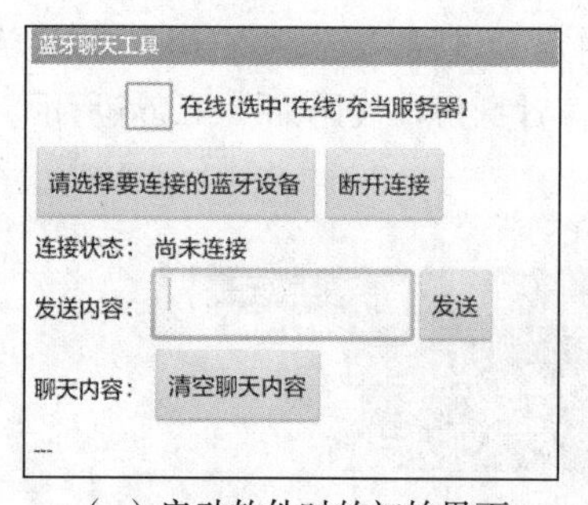

（a）启动软件时的初始界面

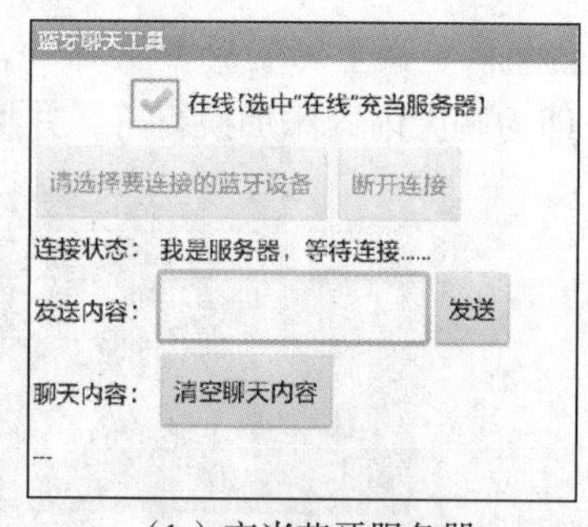

（b）充当蓝牙服务器

（c）蓝牙客户端选择要连接的蓝牙设备

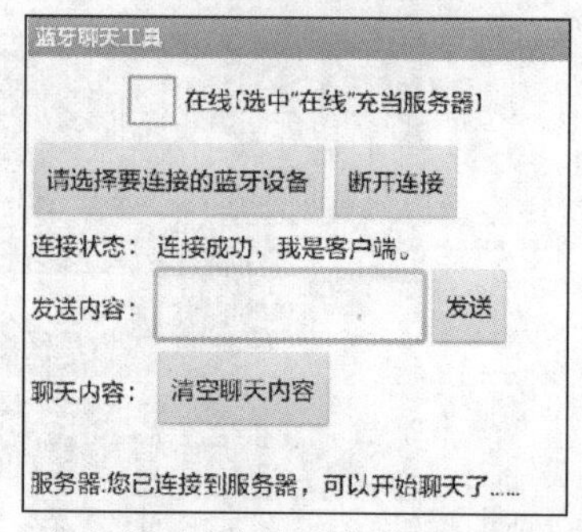

（d）蓝牙客户端连接服务器成功

图 4.269　蓝牙聊天工具的运行效果

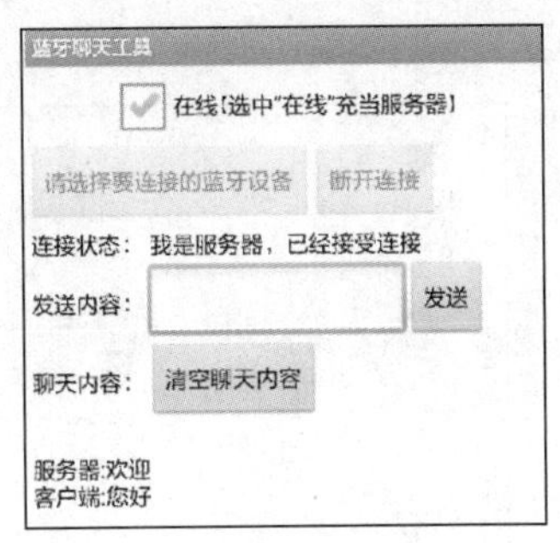

（e）服务器聊天内容

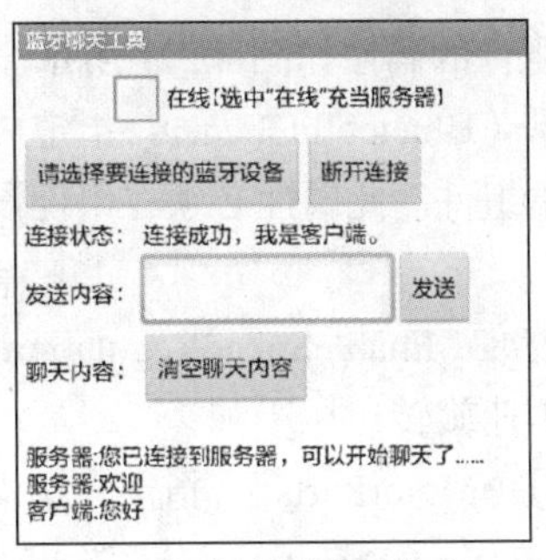

（f）客户端聊天内容

图 4.269　蓝牙聊天工具的运行效果（续）

4.10　乐高机器人组件

乐高机器人（LEGO MINDSTORMS）相关组件提供了通过蓝牙通信控制乐高机器人的功能。这些组件都有一个蓝牙客户端（BluetoothClient）属性，该属性只能在组件设计视图中进行设置。该属性用来设置蓝牙客户端组件(BluetoothClient Component）与机器人的通信，因此用户必须另外添加一个蓝牙客户端组件。如果用户有一个机器人需要控制，就需要有一个蓝牙客户端组件，如果用户有两个机器人需要同时控制，则需要两个蓝牙客户端组件。乐高机器人组件如图 4.270 所示。

图 4.270　乐高机器人组件

下面是使用乐高机器人组件的初始步骤，用户需要使用一个或多个乐高机器人组件。

（1）从通信连接组件中拖曳一个蓝牙客户端组件到组件设计视图中。

（2）组件自动被命名为“蓝牙客户端 1”。

（3）在 AI 开发界面中，单击“乐高机器人®”，拖曳一个组件到组件设计视图中，如 Nxt 指令发送器（NxtDirectCommands）。

（4）在该组件的属性窗口中，单击“蓝牙客户端”属性下的“无”（None），下拉列表中显示所有的蓝牙客户端组件。

（5）选择“蓝牙客户端 1”，单击“确定”按钮。

（6）如果需要添加其他乐高机器人组件，如 Nxt 颜色传感器（NxtColorSensor），重复步骤（4）、步骤（5）来设置蓝牙客户端属性即可。

4.10.1　EV3 马达

EV3 马达（Ev3Motors）组件为乐高 EV3 机器人提供控制马达的功能。

EV3 马达组件的属性如图 4.271 所示。

蓝牙客户端（BluetoothClient）：指定应用于通信的蓝牙客户端组件。此属性必须在组件设计视图中设置。

启用转速校准（EnableSpeedRegulation）：指定是否保持马达恒速旋转。

马达端口号（MotorPorts）：指定马达端口。

方向倒转（ReverseDirection）：设置马达方向是否倒转。

断开前停机（StopBeforeDisconnect）：指定是否在断开连接之前停止驱动马达。

启用角度改变事件（TachoCountChangedEventEnabled）：设置当电动机角度增加时，是否触发“角度被改变”事件。

图 4.271 EV3 马达组件属性中英文对照

车轮直径（WheelDiameter）：指定安装在马达上的车轮的直径。

EV3 马达的事件如图 4.272 所示。

图 4.272 EV3 马达事件的中英文对照

角度被改变（TachoCountChanged）：当转速计计数改变时被触发。

EV3 马达的方法如图 4.273 所示。

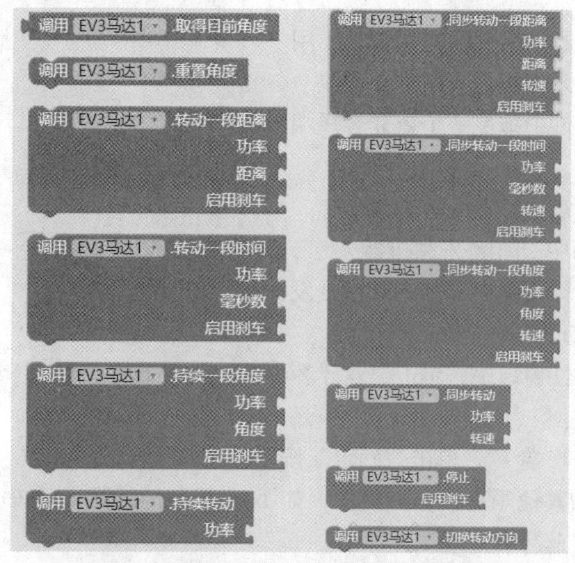

图 4.273 EV3 马达方法的中英文对照

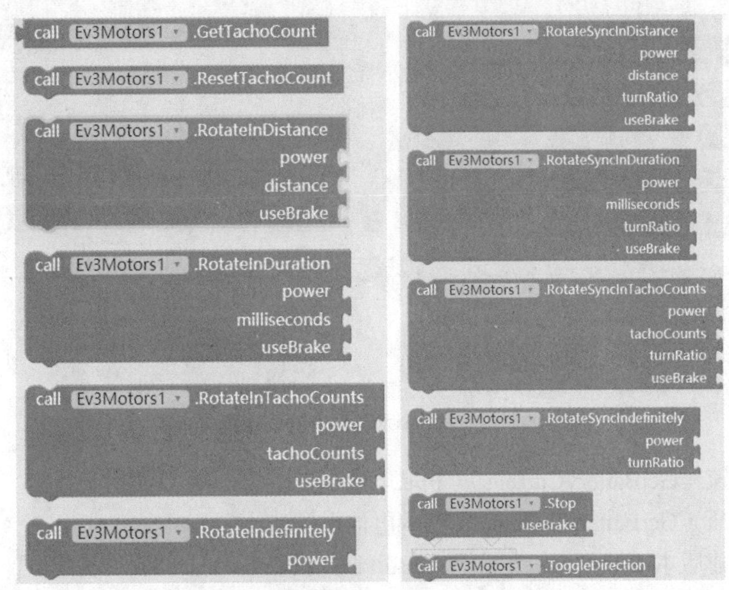

图 4.273 EV3 马达方法的中英文对照（续）

取得目前角度（GetTachoCount）：获取当前转速计的计数。

重置角度（ResetTachoCount）：将当前转速计计数设置为零。

转动一段距离（RotateInDistance）：马达转动一段距离。

转动一段时间（RotateInDuration）：在一段时间内转动马达。

持续一段角度（RotateInTachoCounts）：马达持续转动一定角度。

持续转动（RotateIndefinitely）：持续转动马达。

同步转动一段距离（RotateSyncInDistance）：以相同的速度转动马达一段距离，以厘米为单位。

同步转动一段时间（RotateSyncInDuration）：在一段时间内以相同速度转动马达。

同步转动一段角度（RotateSyncInTachoCounts）：在多个转速计计数中以相同的速度转动马达。

同步转动（RotateSyncIndefinitely）：开始以相同速度转动马达。

停止（Stop）：停止转动机器人的马达。

切换转动方向（ToggleDirection）：切换马达转动方向。

4.10.2 EV3 指令发送器

EV3 指令发送器（Ev3Commands）组件提供乐高 EV3 机器人发送指令的底层接口，具有向 EV3 机器人发送系统命令或直接命令的功能。该组件的属性如图 4.274 所示。

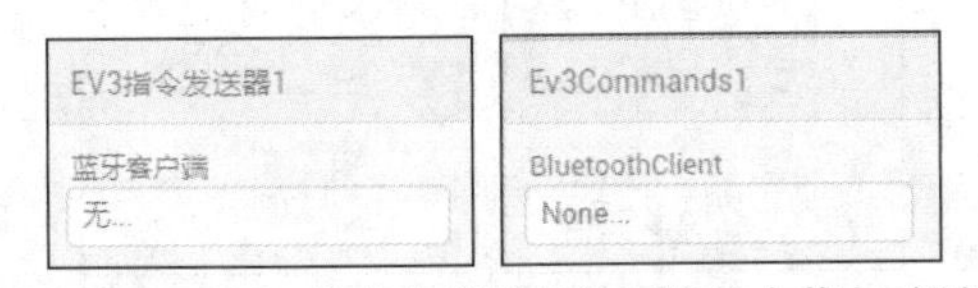

图 4.274 EV3 指令发送器组件属性的中英文对照

EV3 指令发送器的方法如图 4.275 所示。

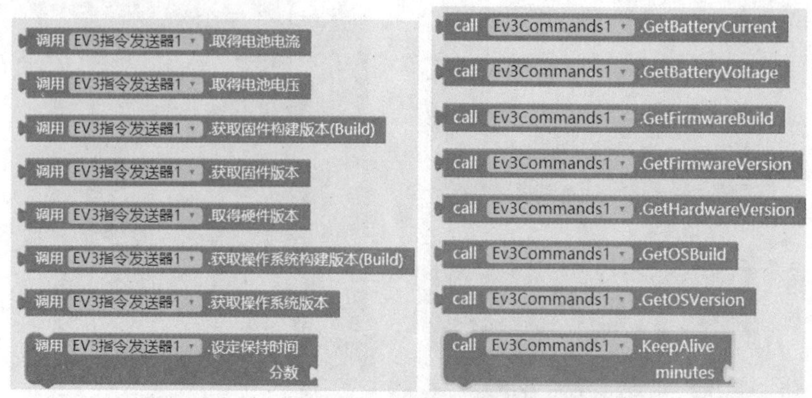

图 4.275 EV3 指令发送器方法的中英文对照

取得电池电流（GetBatteryCurrent）：获取电池电流。

取得电池电压（GetBatteryVoltage）：获取电池电压。

获取固件构建版本(Build)（GetFirmwareBuild）：获取 EV3 上的固件构建。

获取固件版本（GetFirmwareVersion）：获取 EV3 上固件的版本。

取得硬件版本（GetHardwareVersion）：获取 EV3 的硬件版本。

获取操作系统构建版本(Build)（GetOSBuild）：获取 EV3 上的操作系统构建。

获取操作系统版本（GetOSVersion）：获取 EV3 上操作系统的版本。

设定保持时间（KeepAlive）：让 EV3 停止运行一段时间。

4.10.3 EV3 颜色传感器

EV3 颜色传感器（Ev3ColorSensor）组件提供乐高 EV3 机器人颜色传感器的功能。该组件的属性如图 4.276 所示。

图 4.276 EV3 颜色传感器组件属性的中英文对照

启用超上限事件（AboveRangeEventEnabled）：设置当“启用颜色检测”（DetectColor）属性值为“假”和亮度值高于“上限范围”时，启用超上限事件是否被触发。

启用超下限事件（BelowRangeEventEnabled）：设置当“启用颜色检测”属性值为“假”和亮度值低于“下限范围”时，启用超下限事件是否被触发。

下限范围（BottomOfRange）：设置“超出下限”“未超限”和“超出上限”事件中的下限值。

启用颜色变化事件（ColorChangedEventEnabled）：设置当“启用颜色检测”属性值为“真”和检测到颜色变化时，“颜色被改变”事件是否被触发。

传感器端口（SensorPort）：连接传感器的端口。此属性必须在组件设计视图中进行设置。

上限范围（TopOfRange）：设置“超出下限”“未超限”和“超出上限”事件中的上限值。

启用范围内事件（WithinRangeEventEnabled）：设置当“启用颜色检测”属性值为“假”及亮度值在“下限范围”和“上限范围”之间时，“未超限”事件是否被触发。

EV3 颜色传感器的事件如图 4.277 所示。

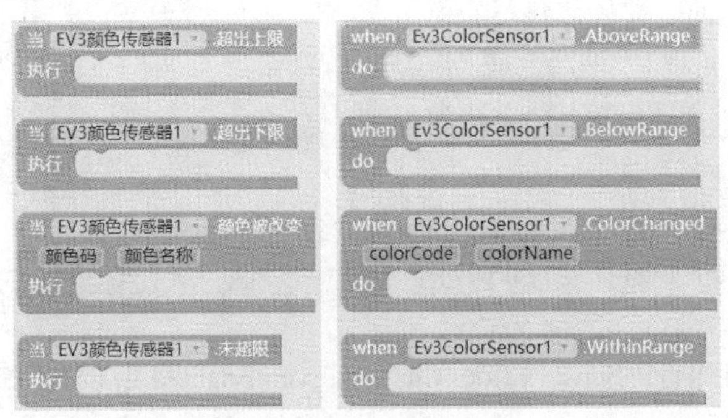

图 4.277　EV3 颜色传感器事件的中英文对照

颜色被改变（ColorChanged）：检测到颜色发生变化时触发。如果“启用颜色检测”属性值为“假”，或者“启用颜色变化事件”属性值为“假”，则事件将不会发生。

超出下限（BelowRange）：当亮度值低于下限时触发。如果“启用颜色检测”属性值为“真”，或者“启用超下限事件”属性值为“假”，则该事件将不会发生。

未超限（WithinRange）：当亮度值在有效范围内时触发。如果“启用颜色检测”属性值为“真”，或者“启用范围内事件”属性值为“假”，则该事件将不会发生。

超出上限（AboveRange）：当亮度值超出上限时触发。如果“启用颜色检测”的属性值为“真”，或者“启用超上限事件”属性值为“假”，则该事件将不会发生。

EV3 颜色传感器的方法如图 4.278 所示。

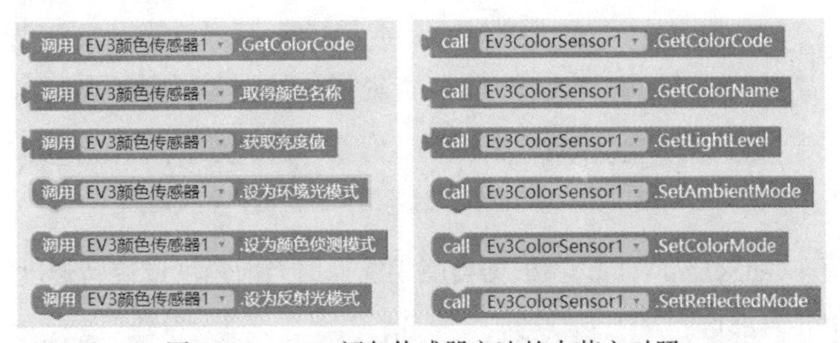

图 4.278　EV3 颜色传感器方法的中英文对照

获取颜色代码（GetColorCode）：返回检测到的颜色的代码。返回值为 0 到 7，分别对应无颜色、黑色、蓝色、绿色、黄色、红色、白色和棕色。

取得颜色名称（GetColorName）：返回检测到的颜色的名称。值为“无颜色”“黑色”“蓝色”

“绿色”“黄色”“红色”“白色”“棕色”。

获取亮度值（GetLightLevel）：以百分比形式返回亮度值，或者在无法读取亮度值时返回−1。

设为环境光模式（SetAmbientMode）：使传感器读取没有反射光的光照水平。

设为颜色侦测模式（SetColorMode）：进入颜色检测模式。

设为反射光模式（SetReflectedMode）：使传感器用反射光读取光照水平。

4.10.4 EV3 陀螺仪传感器

EV3 陀螺仪传感器（Ev3GyroSensor）组件提供乐高 EV3 机器人陀螺仪传感器的功能。该组件的属性如图 4.279 所示。

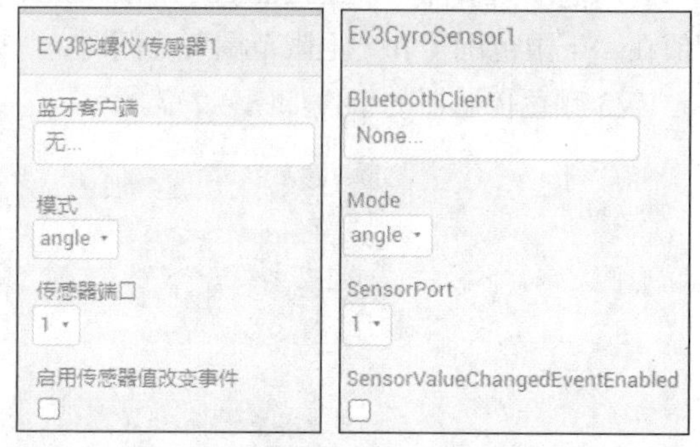

图 4.279　EV3 陀螺仪传感器组件属性的中英文对照

模式（Mode）：返回陀螺仪传感器的模式。陀螺仪传感器模式可以是“速率”或“角度”，分别对应“设为轴加速度模式”方法和“设为角度模式”方法。

传感器端口（SensorPort）：陀螺仪传感器连接的端口号。此属性必须在组件设计中设置。

启用传感器值改变事件（SensorValue- ChangedEventEnabled）：设置陀螺仪传感器值更改时是否触发“传感器数值改变”事件。

蓝牙客户端（BluetoothClient）：指定应用于通信的蓝牙客户端组件。此属性必须在组件设计中设置。

EV3 陀螺仪传感器的事件如图 4.280 所示。

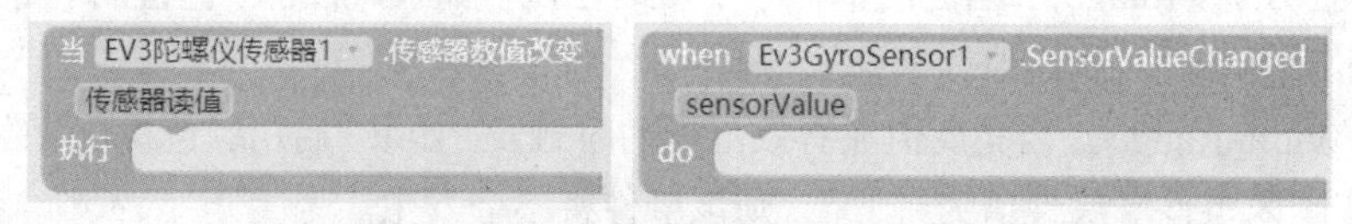

图 4.280　EV3 陀螺仪传感器组件事件的中英文对照

传感器数值改变（SensorValueChanged）：陀螺仪传感器值改变时触发。

EV3 陀螺仪传感器的方法如图 4.281 所示。

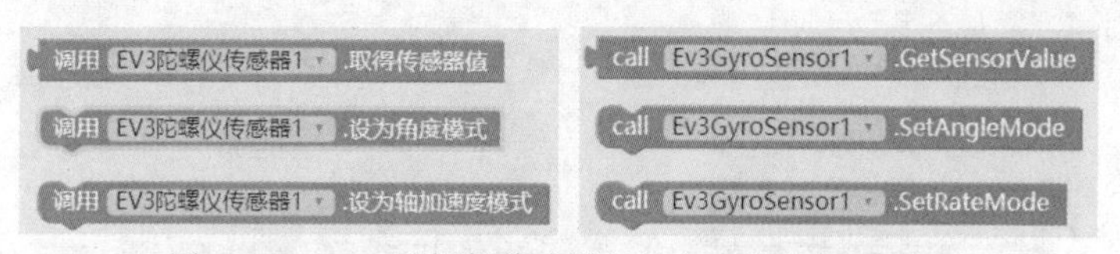

图 4.281　EV3 陀螺仪传感器组件方法的中英文对照

取得传感器值（GetSensorValue）：根据当前模式返回当前角度或旋转速度；如果无法从陀螺仪传感器读取该值，则返回−1。

设为角度模式（SetAngleMode）：使陀螺仪传感器读取角度。

设为轴加速度模式（SetRateMode）：使陀螺仪传感器读取转速。

4.10.5　EV3 接触传感器

EV3 接触传感器（Ev3TouchSensor）组件提供乐高 EV3 机器人接触传感器的功能。该组件的属性如图 4.282 所示。

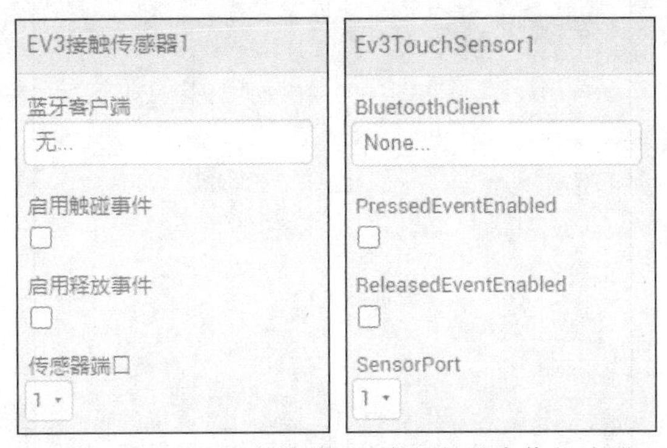

图 4.282　EV3 接触传感器组件属性的中英文对照

启用触碰事件（PressedEventEnabled）：设置当接触传感器受到按压时，是否触发“被压紧”事件。

启用释放事件（ReleasedEventEnabled）：设置当接触传感器所受按压被释放时，是否触发“被松开”事件。

传感器端口（SensorPort）：连接传感器的端口。此属性必须在组件设计视图中进行设置。

EV3 接触传感器组件的事件如图 4.283 所示。

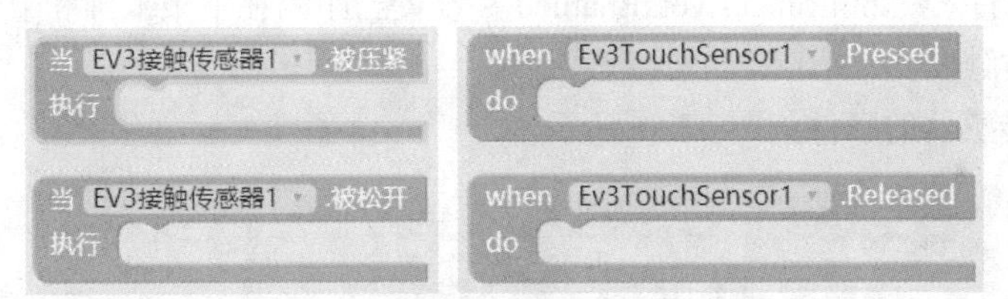

图 4.283　EV3 接触传感器事件的中英文对照

被压紧（Pressed）：接触传感器受到按压时触发。

被松开（Released）：接触传感器被放开时触发。

EV3 接触传感器的方法如图 4.284 所示。

图 4.284　EV3 接触传感器方法的中英文对照

检查是否压紧（IsPressed）：如果接触传感器被按压，则返回值为真。

4.10.6　EV3 超声波传感器

EV3 超声波传感器（Ev3UltrasonicSensor）组件提供乐高 EV3 机器人超声波传感器的功能。该组件的属性如图 4.285 所示。

启用超上限事件（AboveRangeEventEnabled）：设置当距离超出超声波传感器可探测范围的上限时，是否触发“超出上限”事件。

启用超下限事件（BelowRangeEventEnabled）：设置当距离低于超声波传感器可探测范围的下

限时，是否触发“超出下限”事件。

图 4.285　EV3 超声波传感器组件属性的中英文对照

下限范围（BottomOfRange）：设置“超出下限”“未超限”和“超出上限”事件中的下限值。

传感器端口（SensorPort）：连接传感器的端口。此属性必须在组件设计视图中进行设置。

上限范围（TopOfRange）：设置“超出下限”“未超限”和“超出上限”事件中的上限值。

启用范围内事件（WithinRangeEventEnabled）：设置当距离在下限范围和上限范围之间时，“未超限”事件是否被触发。

EV3 超声波传感器的事件如图 4.286 所示。

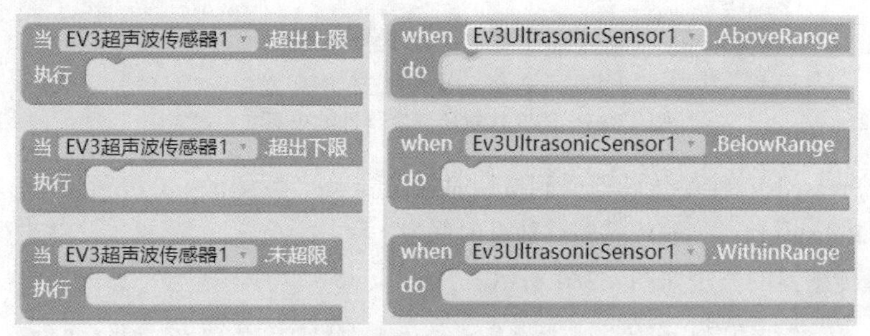

图 4.286　EV3 超声波传感器的事件中英文对照

超出下限（BelowRange）：当距离低于可检测范围的下限时触发。

未超限（WithinRange）：当距离在可检测范围内时触发。

超出上限（AboveRange）：当距离高于可检测范围的上限时触发。

EV3 超声波传感器的方法如图 4.287 所示。

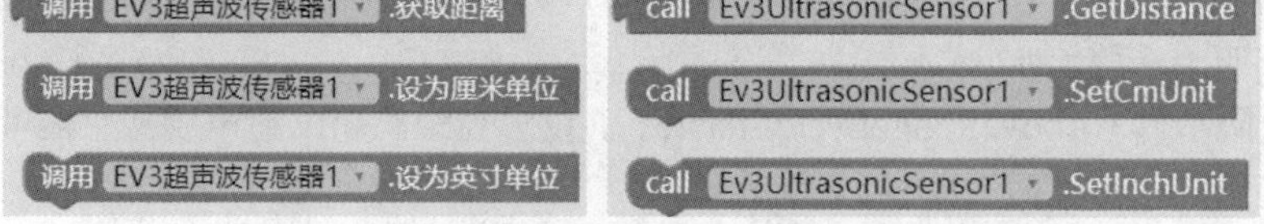

调用 EV3超声波传感器1 .获取距离　　call Ev3UltrasonicSensor1 .GetDistance

调用 EV3超声波传感器1 .设为厘米单位　　call Ev3UltrasonicSensor1 .SetCmUnit

调用 EV3超声波传感器1 .设为英寸单位　　call Ev3UltrasonicSensor1 .SetInchUnit

图 4.287　EV3 超声波传感器的方法中英文对照

获取距离（GetDistance）：返回当前距离，范围从 0 至 254（厘米）；如果没有读取到距离值，则返回−1。

4.10.7　EV3 声音

EV3 声音（Ev3Sound）组件为乐高 EV3 机器人提供控制声音的功能。该组件的属性如图 4.288 所示。

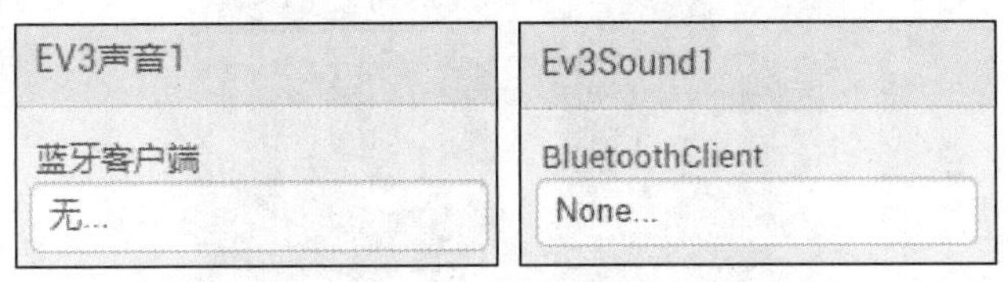

图 4.288　EV3 声音组件属性的中英文对照

EV3 声音的方法如图 4.289 所示。

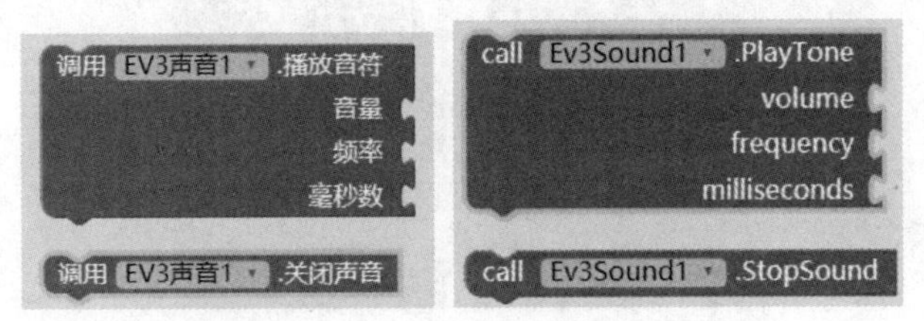

图 4.289　EV3 声音方法的中英文对照

播放音符（PlayTone）：使乐高机器人播放声音。
关闭声音（StopSound）：关闭乐高机器人上的任何声音。

4.10.8　EV3 绘图

EV3 绘图（Ev3UI）组件为乐高 EV3 机器人提供绘图功能。该组件的属性如图 4.290 所示。

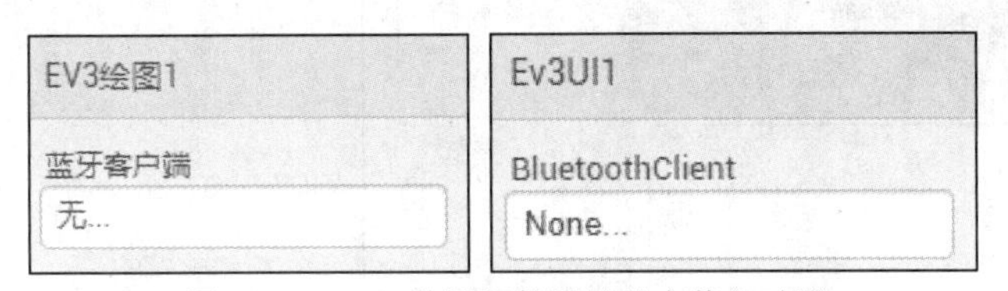

图 4.290　EV3 绘图组件属性的中英文对照

EV3 绘图的方法如图 4.291 所示。
画圆（DrawCircle）：在屏幕上画一个圆。
画图标（DrawIcon）：在屏幕上绘制一个内置图标。
画线（DrawLine）：在屏幕上画一条线。
画点（DrawPoint）：在屏幕上画一个点。
画矩形（DrawRect）：在屏幕上绘制一个矩形。
填充屏幕（FillScreen）：用一种颜色填充屏幕。

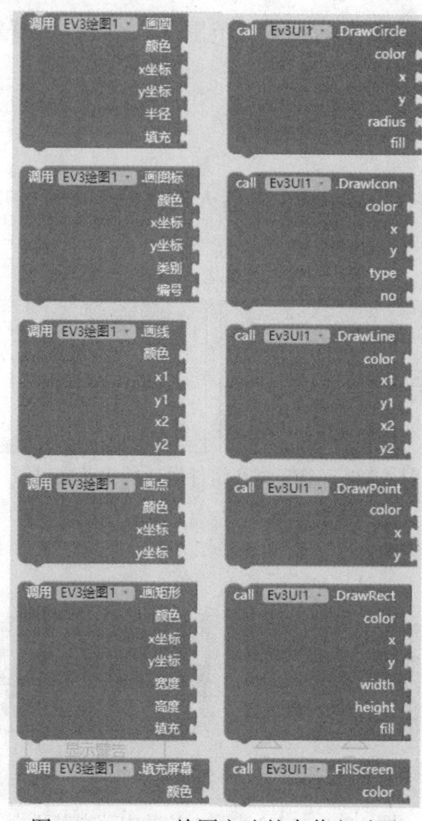

图 4.291　EV3 绘图方法的中英文对照

例 4.40　EV3 乐高机器人颜色搜索

本例实现指示 EV3 乐高机器人在以黑色为边界的白色表面上搜索某种颜色的功能。用户可以从红色、绿色、蓝色或黄色中选择一种颜色供机器人搜索。机器人将在白色表面上进行搜索，并在到达黑色边框时转身。界面设计如图 4.292 所示。

图 4.292　界面设计

组件说明如表 4.43 所示。

表 4.43 组件说明

组 件	所属组件组	命 名	用 途	属 性
Screen	默认屏幕	Screen1		标题：ColorSearch
垂直布局	界面布局	垂直布局 1	垂直放置多个组件	水平对齐：居中 垂直对齐：居中 宽度：充满 高度：充满
标签	用户界面	标签_间距 1	通过几个标签平均分配界面垂直方向的空白	文本：空 高度：充满
列表选择框	用户界面	列表选择框_连接	通过蓝牙客户端选择连接 EV3 乐高机器人	文本：连接 文本对齐：居中
标签	用户界面	标签_间距 2	通过几个标签平均分配界面垂直方向的空白	文本：空 高度：充满
表格布局	界面布局	表格布局 1	以表格形式放置多个组件	行数：2 列数：2
按钮	用户界面	按钮_红色	给 EV3 机器人发送搜索红色指令	背景颜色：红色 文本：红色
按钮	用户界面	按钮_绿色	给 EV3 机器人发送搜索绿色指令	背景颜色：绿色 文本：绿色
按钮	用户界面	按钮_黄色	给 EV3 机器人发送搜索黄色指令	背景颜色：黄色 文本：黄色
按钮	用户界面	按钮_蓝色	给 EV3 机器人发送搜索蓝色指令	背景颜色：蓝色 文本：蓝色
标签	用户界面	标签_颜色	显示 EV3 颜色传感器取得的颜色名称	文本：颜色
标签	用户界面	标签_间距 3	通过几个标签平均分配界面垂直方向的空白	文本：空 高度：充满
按钮	用户界面	按钮_断开连接	通过蓝牙客户端断开与 EV3 乐高机器人的连接	背景颜色：蓝色 文本：蓝色
标签	用户界面	标签_间距 4	通过几个标签平均分配界面垂直方向的空白	文本：空 高度：充满
蓝牙客户端	通信连接	蓝牙客户端 1	与 EV3 乐高机器人连接通信	
EV3 颜色传感器	乐高机器人	Ev3 颜色传感器 1	调用乐高 EV3 机器人颜色传感器的功能	蓝牙客户端:蓝牙客户端 1 模式：color 传感器端口：3
EV3 马达	乐高机器人	Ev3 马达 1	调用乐高 EV3 机器人马达的功能	蓝牙客户端:蓝牙客户端 1 模式：color 传感器端口：3
EV3 声音	乐高机器人	Ev3 声音 1	调用乐高 EV3 机器人声音的功能	蓝牙客户端:蓝牙客户端 1

EV3 乐高机器人的逻辑设计如下。

（1）定义全局变量，如图 4.293 所示。

初始化全局变量 searchColor 为 " "

图 4.293　定义全局变量的代码

全局变量 searchColor 记录要搜索的颜色。

（2）进行连接设置，如图 4.294 所示。

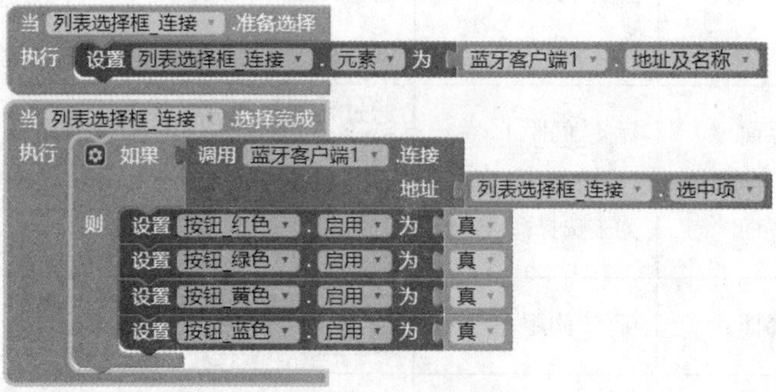

```
当 列表选择框_连接 .准备选择
执行 设置 列表选择框_连接 . 元素 为 蓝牙客户端1 . 地址及名称

当 列表选择框_连接 .选择完成
执行 如果 调用 蓝牙客户端1 .连接
            地址 列表选择框_连接 . 选中项
     则 设置 按钮_红色 . 启用 为 真
        设置 按钮_绿色 . 启用 为 真
        设置 按钮_黄色 . 启用 为 真
        设置 按钮_蓝色 . 启用 为 真
```

图 4.294　连接设置的代码

该部分代码首先将列表选择框中的元素设置为蓝牙客户端 1 的地址及名称，目的是通过蓝牙客户端连接 EV3 乐高机器人。

当列表选择框“选择完成”事件触发后，调用蓝牙客户端连接选择的 EV3 乐高机器人，然后启用“红色”“绿色”“黄色”和“蓝色”4 个按钮。

（3）4 个颜色按钮的事件如图 4.295 所示。

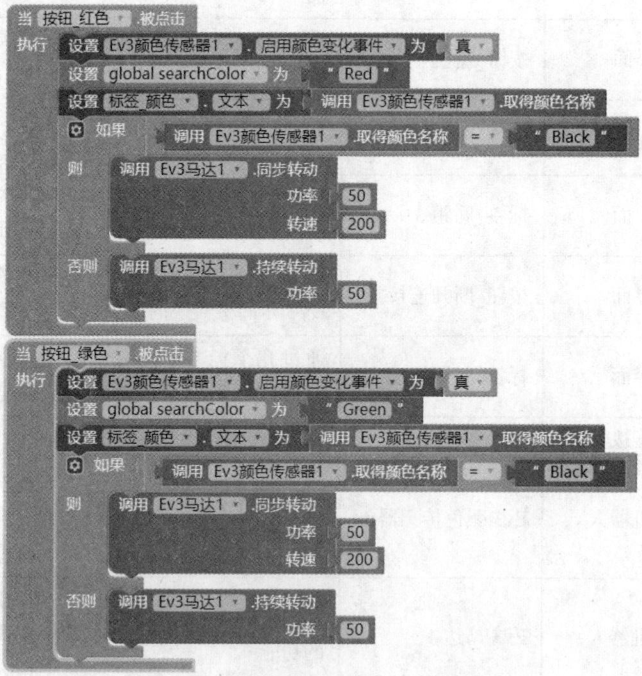

```
当 按钮_红色 .被点击
执行 设置 Ev3颜色传感器1 . 启用颜色变化事件 为 真
     设置 global searchColor 为 " Red "
     设置 标签_颜色 . 文本 为 调用 Ev3颜色传感器1 .取得颜色名称
     如果 调用 Ev3颜色传感器1 .取得颜色名称 = " Black "
     则 调用 Ev3马达1 .同步转动
                功率 50
                转速 200
     否则 调用 Ev3马达1 .持续转动
                功率 50

当 按钮_绿色 .被点击
执行 设置 Ev3颜色传感器1 . 启用颜色变化事件 为 真
     设置 global searchColor 为 " Green "
     设置 标签_颜色 . 文本 为 调用 Ev3颜色传感器1 .取得颜色名称
     如果 调用 Ev3颜色传感器1 .取得颜色名称 = " Black "
     则 调用 Ev3马达1 .同步转动
                功率 50
                转速 200
     否则 调用 Ev3马达1 .持续转动
                功率 50
```

图 4.295　颜色按钮被点击的代码

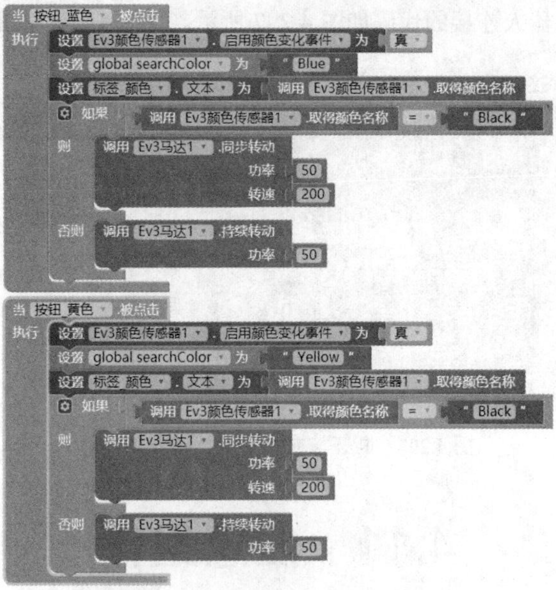

图 4.295　颜色按钮被点击的代码（续）

当任意颜色按钮被点击后，启用 EV3 颜色传感器的“颜色被改变”事件；设置全局变量 searchColor 的值为按钮对应的颜色名称；设置“标签_颜色”的文本为颜色传感器取得的颜色名称；如果颜色传感器取得的颜色名称等于“Black”，即机器人已经到达黑色边框，则转身，否则持续转动马达。

（4）EV3 颜色传感器的“颜色被改变”事件如图 4.296 所示。

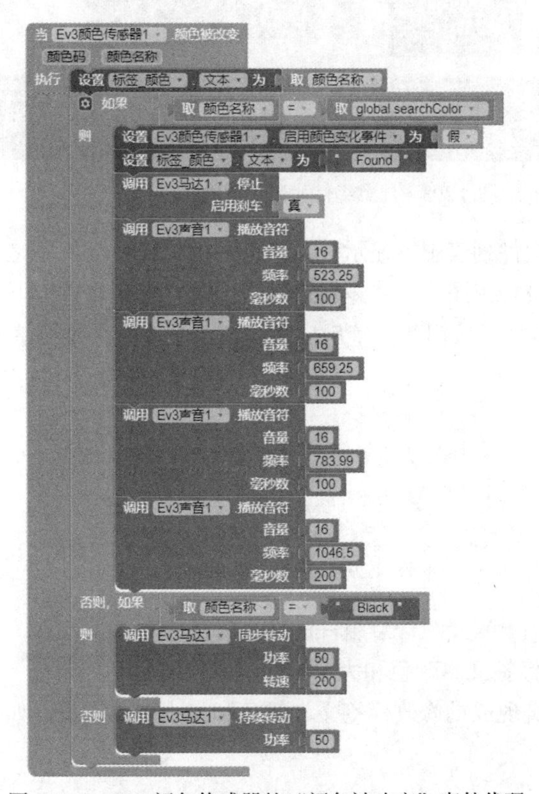

图 4.296　EV3 颜色传感器的“颜色被改变”事件代码

（5）断开与 EV3 机器人连接的代码如图 4.297 所示。

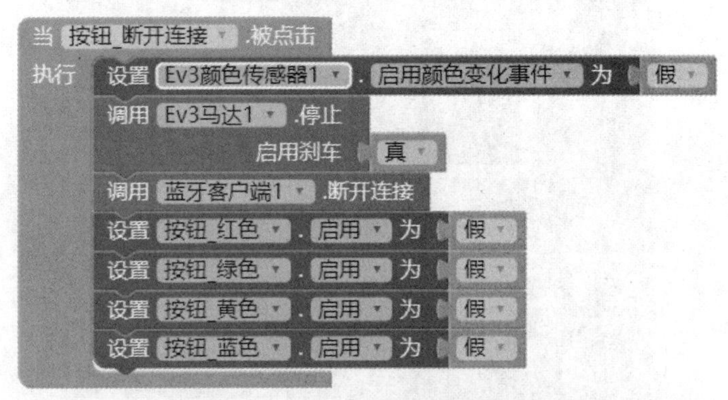

图 4.297　断开与 EV3 机器人连接的代码

4.11　任意组件

任意组件（Any Component）是用 App Inventor 进行高级编程时经常用到的重要功能，可以实现对某个组件属性的动态修改，或成批地修改多个组件的属性。任意组件的代码块中都有一个“组件”参数，用来指定需要修改属性的组件对象或获取组件对象的对应属性值，如图 4.298 所示。

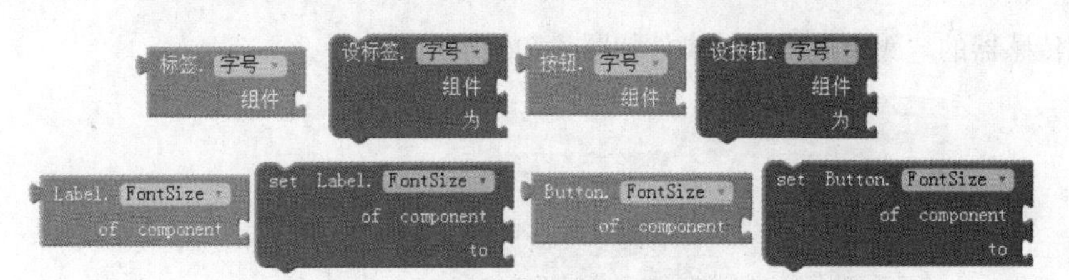

图 4.298　任意组件代码块示例

在组件设计视图的组件列表中不显示任意组件，因为任意组件不是一个真正的组件。只有在添加了某个组件到组件设计视图后，在逻辑设计视图的“任意组件”下才会出现相应组件的任意组件。图 4.299 所示是添加了按钮和标签后出现的任意按钮和任意标签。

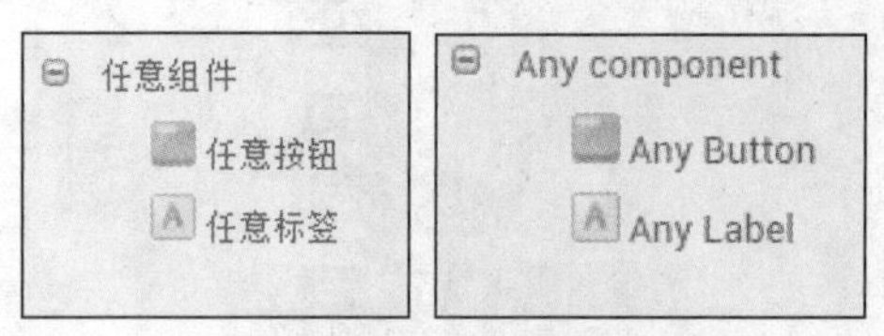

图 4.299　任意按钮和任意标签

下面用一个具体的例子来介绍任意组件的使用方法。

例 4.41　成批修改标签文本颜色和大小

本例通过任意组件实现成批修改标签文本颜色和大小。界面设计如图 4.300 所示。

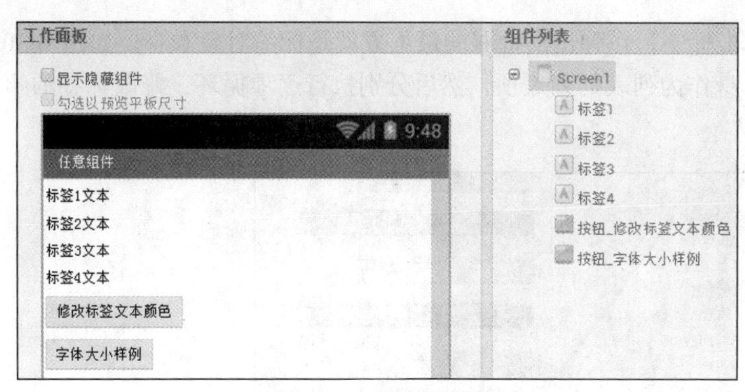

图 4.300　界面设计

组件说明如表 4.44 所示。

表 4.44　组件说明

组　件	所属组件组	命　名	用　途	属　性
Screen	默认屏幕	Screen1		标题：任意组件
标签	用户界面	标签 1	显示文字效果	文本：标签 1 文本
标签	用户界面	标签 2	显示文字效果	文本：标签 2 文本
标签	用户界面	标签 3	显示文字效果	文本：标签 3 文本
标签	用户界面	标签 4	显示文字效果	文本：标签 4 文本
按钮	用户界面	按钮_修改标签文本颜色	修改标签文本颜色	文本：修改标签文本颜色
按钮	用户界面	按钮_字体大小样例	修改标签文本字号	文本：字体大小样例

代码如图 4.301 所示。

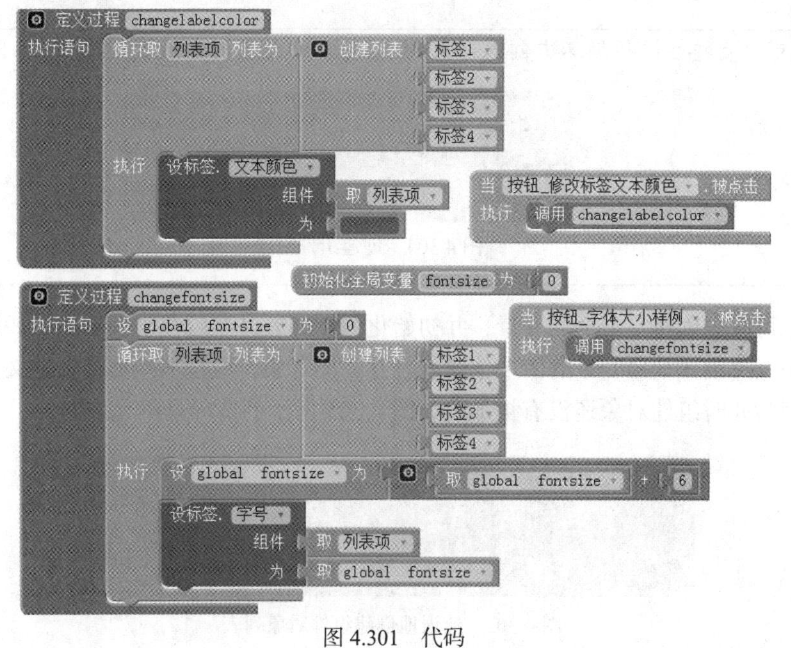

图 4.301　代码

在逻辑设计视图中，单击标签，在弹出的抽屉的最下方就是标签对象本身，如图 4.302 所示。代码中，把标签对象本身作为列表的列表项，然后分别执行逐项循环，修改标签的颜色和字号。

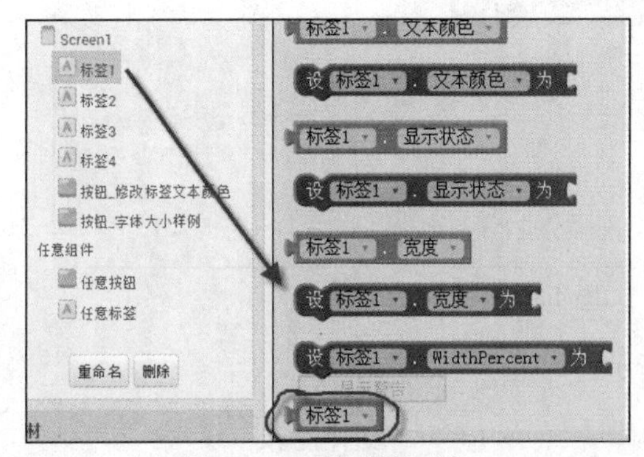

图 4.302　添加标签对象

运行效果如图 4.303 所示。

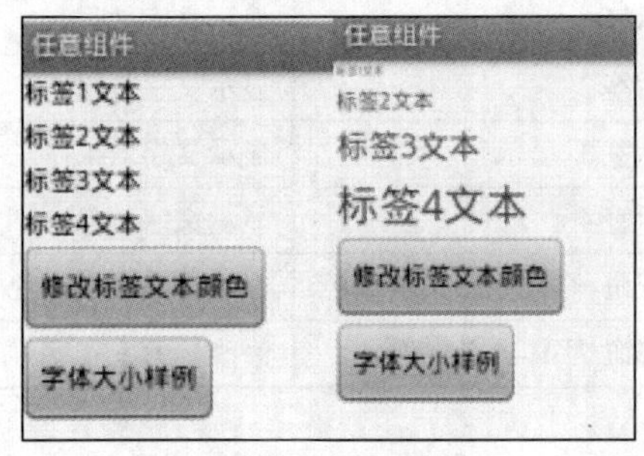

图 4.303　运行效果

注意

可以直接在逐项循环中创建列表，然后把 4 个标签对象放到列表中，如图 4.304 所示。

图 4.304　创建组件对象列表

此外，也可以先创建一个全局变量，并初始化为空列表，然后在某个事件（如屏幕的“初始化”事件）中通过设置全局变量的值来创建列表并添加对象。但是不能直接在定义全局变量后就创建列表，因为此时组件对象还没有被加载，图 4.305 所示的情况是不允许的。

图 4.305　错误地创建组件对象列表

正确的创建组件列表的方式如图 4.306 所示。

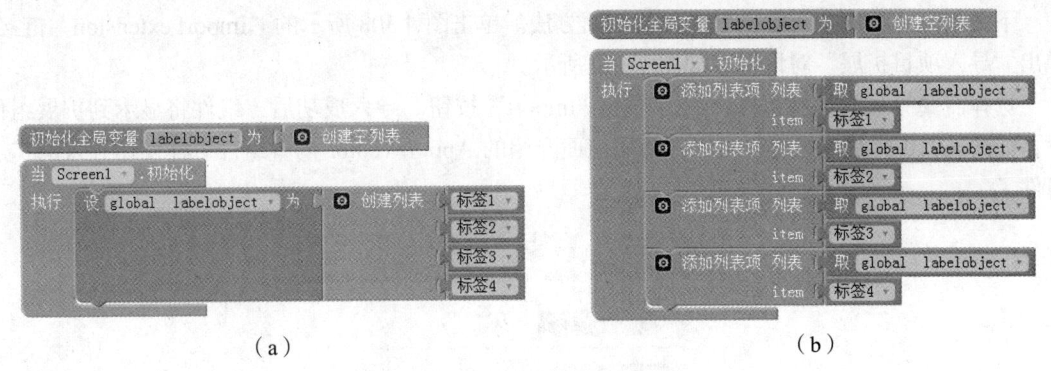

图 4.306　正确创建组件对象列表

相应地，图 4.301 所示的代码可以被修改成图 4.307 所示的代码。通过这种实现方式，代码更容易被修改和维护。

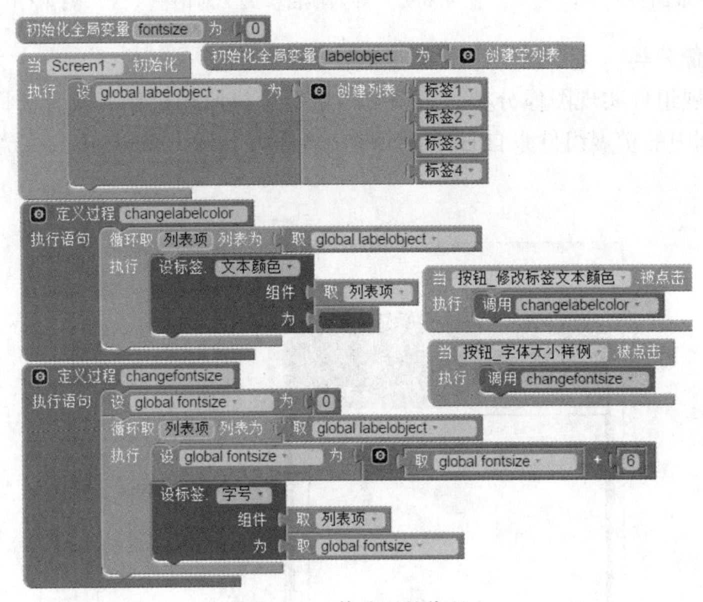

图 4.307　修改后的代码

4.12　扩展组件

App Inventor 扩展组件（Extension）使开发者可以根据自己的需要自定义开发组件。读者可以采用 Java 进行编写，详细的开发过程可参考官方文档。

微课

与其他组件一样，扩展组件可以用于构建项目。不同之处在于，扩展组件可以在 Web 上分发，并动态加载到 App Inventor 中：它们不必内置到 App Inventor 中，可以根据需要导入项目。通过扩展，App Inventor 开发出的应用程序的范围是无限的。

要使用 App Inventor 的扩展组件，首先需要导入扩展组件（.aix），其来源有两种：自己开发或从网上下载其他人分享的扩展组件。

下面用一个实例来讲解扩展组件的使用方法。单击图 4.308 所示的“Import extension”链接，弹出“导入项目扩展”对话框，如图 4.309 所示。

选择需要导入的扩展组件，然后单击“Import”按钮。导入成功后，组件将显示到扩展组件下，如图 4.310 所示。接着就可以像使用前面介绍的 App Inventor 内置组件一样使用导入的扩展组件了。

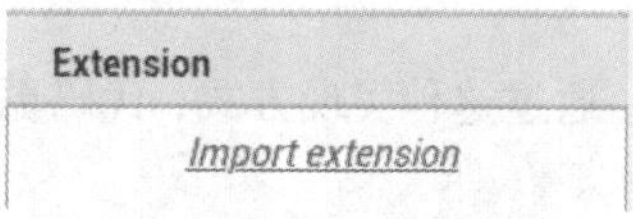

图 4.308　扩展组件

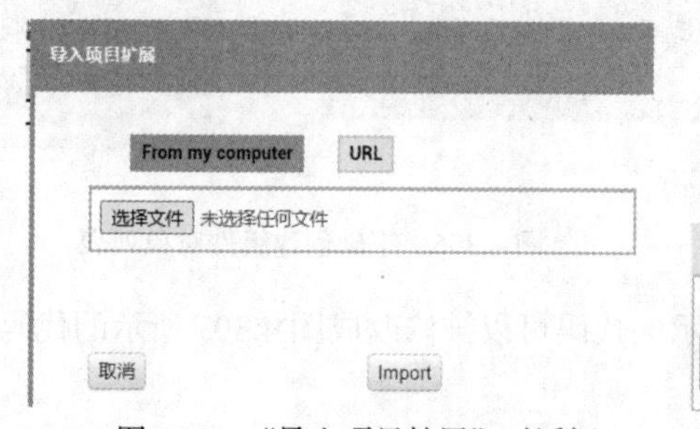

图 4.309　“导入项目扩展”对话框

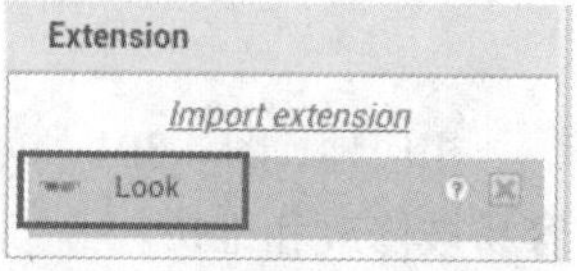

图 4.310　成功导入扩展组件

例 4.42　图像分类

本例通过扩展组件实现图像分类，用户可以通过手机照相机拍照或者选择手机中的照片进行识别分类。本例中的扩展组件来自 GitHub 平台，名称为 LookExtension.aix。界面设计如图 4.311 所示。

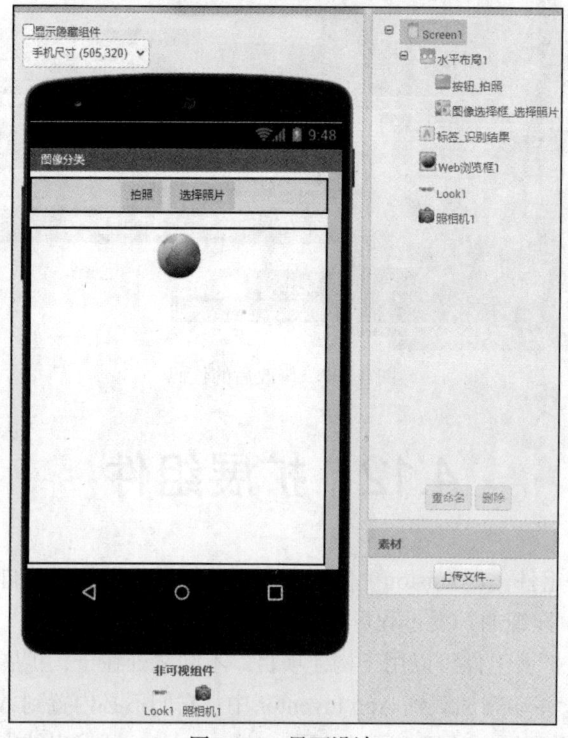

图 4.311　界面设计

组件说明如表 4.45 所示。

表 4.45　组件说明

组　件	所属组件组	命　名	用　途	属　性
Screen	默认屏幕	Screen1		标题：图像分类
水平布局	界面布局	水平布局 1	水平放置多个组件	水平对齐：居中 垂直对齐：居中
按钮	用户界面	按钮_拍照	点击按钮的时候打开手机照相机进行拍照	文本：拍照
图像选择框	多媒体	图像选择框_选择照片	从手机选择图片	文本：选择照片
标签	用户界面	标签_识别结果	显示识别结果	文本：空
Web 浏览框	用户界面	Web 浏览框 1	图像分类扩展组件需要使用	
照相机	多媒体	照相机 1	拍照	
Look	Extension	Look1	图像分类	InputMode：Image WebViewer：Web 浏览框 1

逻辑设计如图 4.312 所示。

运行效果如图 4.313 所示。返回的识别结果包括物体类别和置信度，按照置信度高低排列。

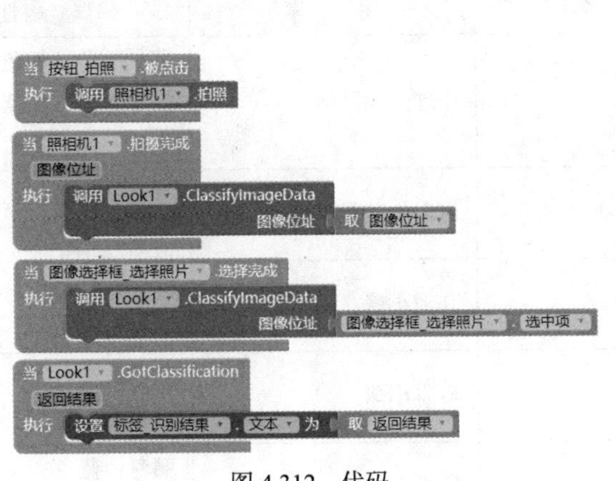

图 4.312　代码

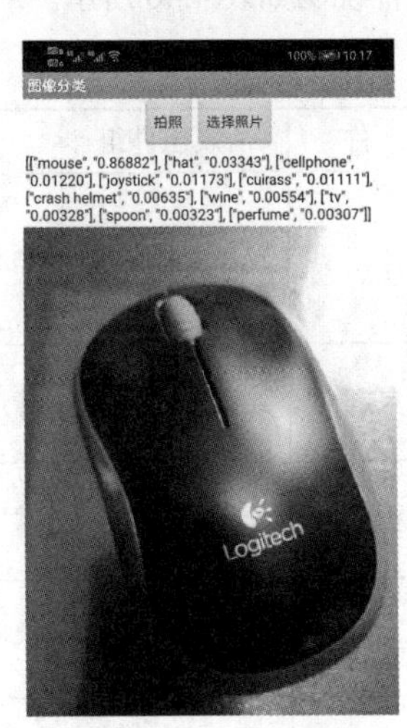

图 4.313　运行效果

4.13　项目：贪食球

例 4.27 实现了简单的“贪食球”游戏，本项目增加此游戏的难度和趣味性：（1）增加两个红色小球；（2）增加两个蓝色小球；（3）黑色小球只能与红色小球碰撞，如果与蓝色小球相撞，则游戏结束；（4）黑色小球到达边界，游戏结束；（5）增加得分功能，如果黑色小球与红色小球碰撞，计 1 分；（6）增加黑色小球与红色小球碰撞的声音效果；（7）增加计时功能，红色小球和蓝色小球每 4 秒随机移动一次；（8）游戏结束，增加提示功能；（9）保存游戏最高得分，并显示最高分。修改后游戏的界面设计如图 4.314 所示。

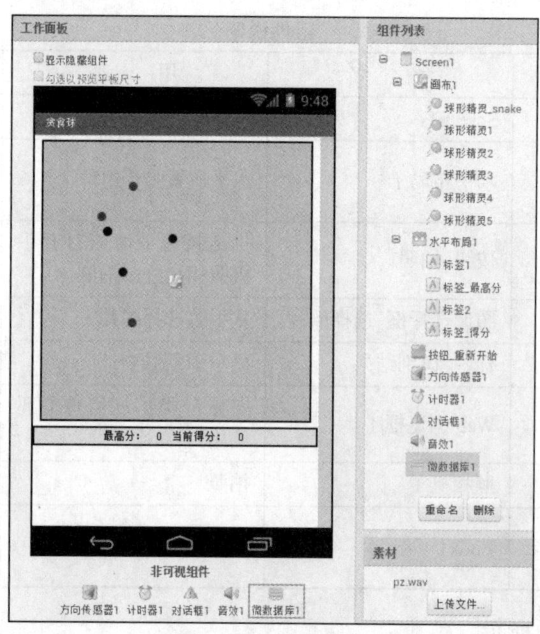

图 4.314 界面设计

组件说明如表 4.46 所示。

表 4.46 组件说明

组　　件	所属组件组	命　　名	用　　途	属　　性
画布	绘图动画	画布 1	小球运动区域	背景颜色：粉色 高度：300 像素 宽度：300 像素
球形精灵	绘图动画	球形精灵_snake	可以吃其他小球	颜色：黑色 半径：5 像素
球形精灵	绘图动画	球形精灵 1	其他小球	颜色：红色 半径：5 像素
球形精灵	绘图动画	球形精灵 2	障碍小球	颜色：蓝色 半径：5 像素
球形精灵	绘图动画	球形精灵 3	障碍小球	颜色：蓝色 半径：5 像素
球形精灵	绘图动画	球形精灵 4	其他小球	颜色：红色 半径：5 像素
球形精灵	绘图动画	球形精灵 5	其他小球	颜色：红色 半径：5 像素
按钮	用户界面	按钮_重新开始	重新开始游戏	文本：重新开始 显示状态：不勾选
方向传感器	传感器	方向传感器 1	感应手机方向变化	启用：勾选
水平布局	界面布局	水平布局 1	水平放置多个组件	水平对齐：居中 垂直对齐：居中 宽度：充满

续表

组　　件	所属组件组	命　　名	用　　途	属　　性
标签	用户界面	标签 1	提示	文本：最高分：
标签	用户界面	标签_最高分	显示最高分	文本：0
标签	用户界面	标签 2	提示	文本：当前得分：
标签	用户界面	标签_得分	显示得分	文本：0
计时器	传感器	计时器 1	每隔 4 秒移动红色小球和蓝色小球	计时间隔：4000 毫秒
对话框	用户界面	对话框 1	显示消息对话框	
音效	多媒体	音效 1	播放声音	源文件：pz.wav
微数据库	数据存储	微数据库 1	保存最高分	

逻辑设计如图 4.315 所示。

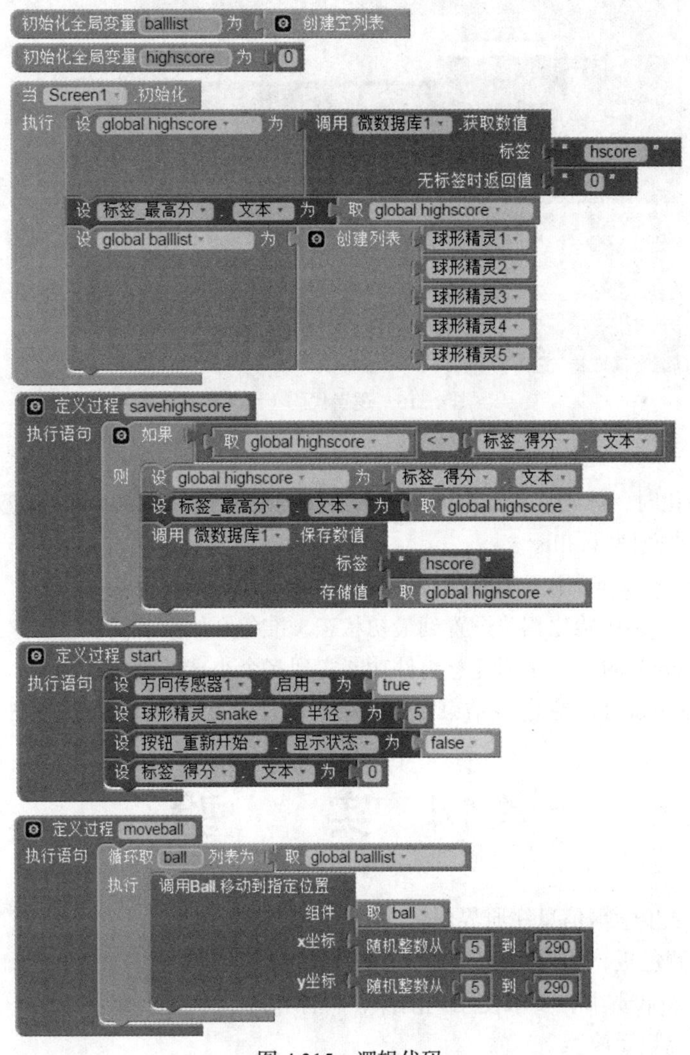

图 4.315　逻辑代码

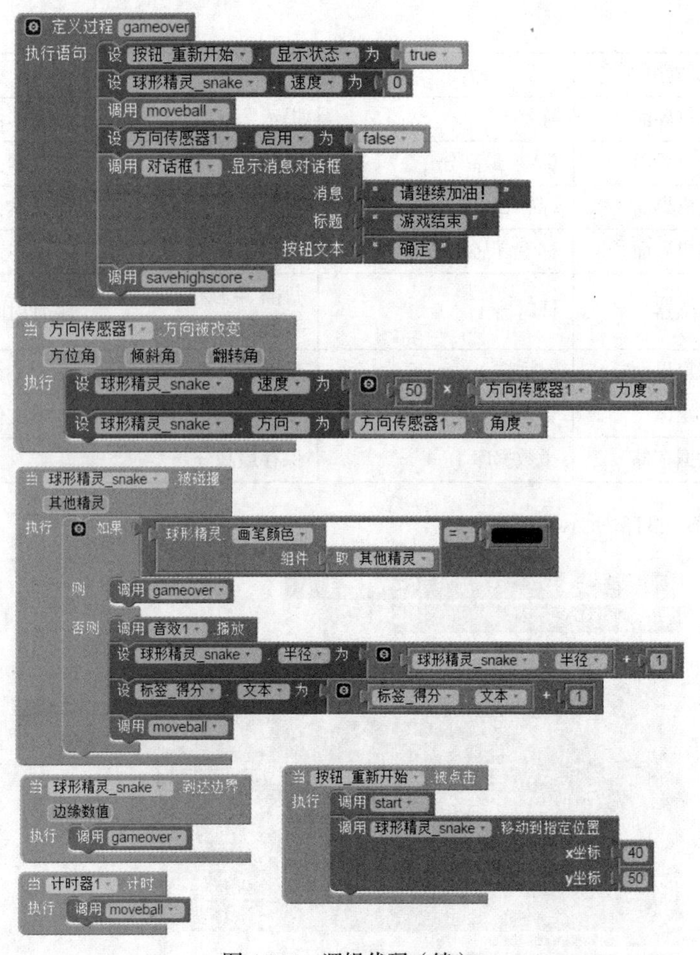

图 4.315 逻辑代码（续）

代码说明如下。

（1）屏幕初始化时，首先从微数据库中获取游戏的最高分，并显示到“标签_最高分”上，然后创建小球组件对象列表 balllist。

（2）过程 savehighscore 用于实现保存最高分功能，并更新“标签_最高分”的文本值。

（3）过程 start 用于初始化相关设置到最初状态，准备开始游戏。

（4）过程 moveball 的作用是用任意组件功能实现多个小球的随机移动。

（5）过程 gameover 用于在游戏结束时修改相关设置、显示游戏结束对话框、保存最高分。

4.14 实 验

实验 1：设计学生学籍信息注册界面。

实验 2：开发调色板，实现自己定制颜色的功能。

实验 3：制作 App 贺卡，要求使用到图像、声音和多个 Screen 组件。

实验 4：制作视频播放器。

实验 5：设计几何图形生成器，实现绘制点、线、圆、矩形、立方体等基本图形和自由绘制图形的功能。

实验 6：参考“打地鼠”制作射击游戏。

实验 7：设计制作指南针。

实验 8：增强短信自动回复功能。

实验 9：制作课程表。

实验 10：制作记事本。

实验 11：给联系人管理器增加修改联系人和删除联系人功能。

实验 12：帮助任课老师制作一个点名软件，支持多个班级和多门课程的点名，并能进行相关统计；要求能从文件导入一个班学生的信息。

第5章 应用调试

前面的项目实例没有系统地对如何确保程序的正确性进行介绍。开发像“HelloPurr”“打地鼠”这样非常小的软件项目，并不需要引入软件工程的概念。但开发一个相对复杂的项目，在功能上稍微增加一点复杂度，软件工程的复杂程度就会急剧增加，两者之间绝对不是线性的关系。本章借助软件工程的思想对软件项目开发过程中需要注意的一些问题和程序测试方式进行较为系统的介绍。要开发出专业的应用，用户必须了解一些软件工程知识。

与传统软件开发不同，移动应用开发必须是“边开枪，边瞄准”，逐步精益求精，做到快速失败（fail fast）、廉价地失败（fail cheap）。因此，在开发手机应用时，需要快速地创建软件原型，并展示给未来的使用者看。如果让最终用户阅读软件功能的说明文档，他们多半不会给出任何有效的回应，不会对文档做出反馈。开发软件真正有效的方法是，让最终用户体验未来软件的交互模式，即软件的原型。原型是一个不完整的、未经重构的软件版本，创建原型的目的在于充分体现软件所具有的核心价值，不必注重细节、完整性或用户界面的美观度。拿出原型让未来的使用者看，然后安静地倾听他们的反馈。在首次明确了软件的具体规格之后，可采用迭代式开发方式。

在软件开发过程中不可避免这样那样的错误。就像生活中人没有不犯错误的，犯了错误只要能及时认识到自己的错误并改正，就是最好的。即古人所说：“人谁无过？过而能改，善莫大焉。”因此，我们只有在学习、工作和生活中不断地进行批评与自我批评，才能不断地成长和进步。同样地，在软件开发过程中也必须掌握查错、纠错的方法和能力，才能开发出令用户满意的软件。

5.1 程序设计风格

程序设计风格是指个人编制程序时所表现出来的特点、习惯和逻辑思维等。良好的编程习惯可以减少编码的错误，减少程序读取的时间，从而提高软件的开发效率。

好的程序设计风格包括规范化的程序内部文档、数据结构的详细说明、清晰的语句结构、遵守某一编程规范。遵守某一编程规范具体来说要做到如下几点。

（1）命名规范。标识符、变量、函数等应该按意取名，做到见名知意，例如，在 App Inventor 中，“退出”按钮的名称可使用“按钮_退出”或“退出_按钮”，这样既可以从名字中知道按钮的功能，又可以知道这个名称代表的组件是按钮。

（2）尽量为代码块加上明确的注释。较复杂的程序或算法需要有注释文件，并在程序中注明注释文件名，在注释文件中注明程序名。在 App Inventor 的逻辑设计中，在代码块上单击鼠标右键，并在弹出的快捷菜单中单击“添加注释”命令，可添加注释内容，如图 5.1 所示。

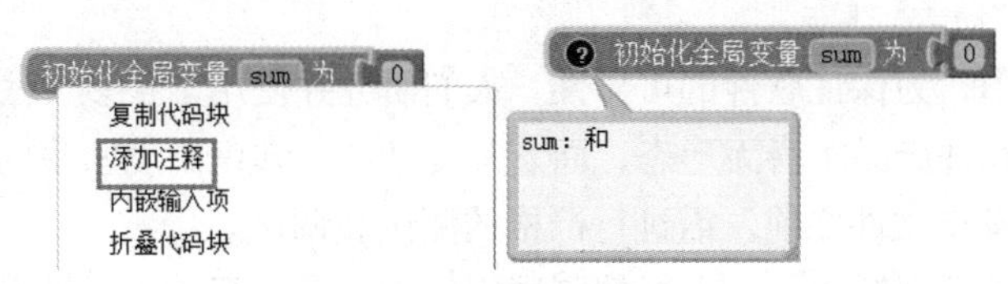

图 5.1　添加注释

为什么要添加注释呢？想想看，如果用户的应用很成功，那么它的生命周期会很长。即便只是过去一周的时间，用户都有可能忘记开发时的想法，想不起来不同的代码块的功能。因此，尽管没有别人会看到用户的代码块，用户也应给它们添加注释。

假如用户的应用很成功，毫无疑问它会被传到很多人手里，人们可能会想了解它、按自己的需要修改它，或者扩展它的功能等。在开源的世界里，很多项目会以现有项目为基础，进行进一步的修改和完善，但开发团队或人员往往会存在差异，注释可增强代码的可读性，提高项目开发效率。

（3）模块本身要高内聚，模块之间要低耦合。设计时，要提高模块内部各元素之间的紧密程度，降低模块之间相互联系的紧密程度，即模块的功能要单一。将不同的功能放在不同模块中，这样模块才具有信息隐蔽和独立性，在修改某一模块时，不会对其他模块产生影响。

（4）数据说明详细。对变量名、过程名、过程参数、复杂的数据结构要有详细的说明。

（5）界面设计规范、美观和清晰。界面设计遵从的原则：界面简洁朴素，控件摆放整齐，颜色风格统一，基于用户的心理而不是基于工程实现模型。

（6）将复杂的程序化繁为简，逐个击破。

（7）输入和输出。编写输入和输出程序时，应考虑的原则：输入操作步骤和输入格式尽量简单；对输入数据的合法性、有效性进行必要的检查和信息反馈；交互式输入时，提供可用的选择和边界值等。应尽量少地让用户输入，需要用户输入时尽量多给出参考；能自动保存用户的输入结果。

（8）全局导航需要一直存在，最好还能预览其他模块的动态。

（9）不要让用户等待任务的完成。移动互联的核心目标就是给用户带来方便和高效的移动体验，这是制作移动互联网 App 需要考虑的。用户在很多情况下都是利用碎片时间来使用 App 产品，所以在设计上要尽量让用户在短时间内熟悉产品，感受到产品制作者的诚意，特别是在某些等待界面的设计上，不能把很枯燥的等待界面呈现在用户的面前。

例如，用某社交 App 拍完照片，单击上传后，会切换回首页，告诉使用者照片正在提交，而不是显示一个展示上传进度的界面，让用户看上传百分比。这样，用户会自然地去使用其他的功能。等上传完毕，App 再通知用户已经上传成功，这样就把查看上传结果的主动权交给了用户。

（10）效率。在进行程序设计时，特别是在计算能力相对有限的移动设备上，开发人员既要注意提高编程的效率，又要注意不损害程序的可读性或可靠性。

总之，在程序设计阶段，要善于积累编程经验，培养和学习良好的编程习惯，使编写出的程序清晰易懂，易于测试与维护，从而提高软件的质量。

5.2 软件测试

在软件开发活动中，为保证软件的可靠性，人们研究并使用了很多方法进行分析、设计，即编码实现。但是由于软件产品本身无形态，而它是复杂的、知识高度密集的逻辑产品，其中不可能没有错误，因此在发布软件之前，需进行严格的测试和调试。

软件测试的目的是发现错误；一个好的测试用例能够发现至今尚未被发现的错误；一个成功的测试是发现了至今尚未被发现的错误的测试。

软件测试应注意以下指导性原则：（1）测试用例应由输入数据和预期的输出两部分组成；（2）测试用例不仅要选用合理的输入数据，还要选用不合理的输入数据；（3）除了检查程序是否做了它应该做的事，还应检查程序是否做了它不应该做的事；（4）长期保留测试用例；（5）对被发现存在较多错误的程序段，应进行更深入的测试；（6）应避免测试自己的程序，开发人员可相互交叉进行测试。

测试只能证明软件存在错误而不能证明软件没有错误。测试无法显示潜在的错误和缺陷，进一步测试可能还会找到其他错误和缺陷。

软件测试的方法一般被分为两大类：动态测试和静态测试。而根据测试用例的设计方法不同，动态测试方法又被分为黑盒测试和白盒测试。

黑盒测试方法：面向需求分析中的功能、性能、接口列表，设计测试用例，搭建测试环境，输入测试用例；运行被测试的系统，获得测试数据；将测试数据与计划数据相比较，取得测试结果；根据测试结果，形成测试报告。该方法适合测试部门的测试人员或用户对系统进行集成测试，对组件、中间件、接口与功能进行测试，也适合软件评测组织的确认测试、验收测试、鉴定测试和登记测试。

黑盒测试是一种宏观功能上的测试，随着软件制作和组装技术的发展，黑盒测试方法会越来越普及。

白盒测试方法：对程序的执行路径进行测试。该方法不适合大单元、大系统的测试，也不适合评测组织、测试部门的测试。它只适合很小的单元测试，以及从事软件底层工作、生产构件的测试人员进行的测试。例如，分支与循环的组合程序的执行路径可能是无穷的，所以软件的路径测试可能是无穷尽的。既然有无穷多的路径，测试人员怎么能测试完呢？从这一点上可以看出：测试只能发现软件错误，不能保证软件没有错误，即使已经改正了被发现的所有测试错误。

结论：宏观上用黑盒测试方法，微观上用白盒测试方法，系统集成人员可用黑盒测试方法对系统进行测试，构件开发人员可用白盒测试方法对构件进行测试。

不管是黑盒测试还是白盒测试，测试结果都与测试人员的经验有重要的关系。

结合软件测试方法和 App Inventor 的特点，在 AI 测试中需遵循以下几点规则。

（1）测试要覆盖每一条语句。

（2）每个判断条件、每个程序分支都至少被执行一遍。例如，例 3.2 的成绩等级判定程序，首先在每个成绩段选取一个成绩（95，84，75，67，40），其次，选取每个成绩等级的边界值（90，80，70，60），这样才能保证每个判断条件都被执行到，也对边界数据的正确与否进行了有效的测试。

（3）通过连续输入数据测试变量是否进行初始化和使用前是否恢复到最初状态等。例如，例 3.3

的阶乘计算器 1 的代码，如图 5.2 所示。

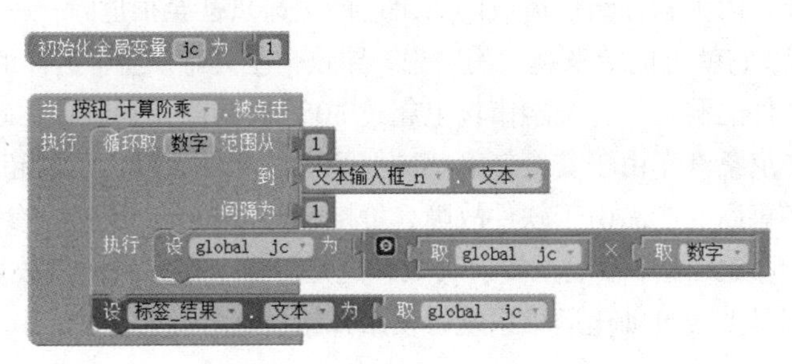

图 5.2　阶乘计算器 1 的代码

计算第一个阶乘的结果是正确的，但连续计算几个阶乘，就会发现从第二个阶乘开始，结果就是错误的。例如，当第一次输入 5 时，系统正确地计算出了 5 的阶乘；但当输入 10 时阶乘计算出现错误，正确的结果应该是 3628800。是什么原因造成了这样的错误？

回到图 5.2 所示的代码，发现计算阶乘的全局变量 jc 在每次计算之前未被初始化，这是很多初学编程的人容易犯的错误，一定要注意。

（4）条件组合覆盖。设计足够的测试用例，使得每个判定表达式中条件的各种可能的值的组合都至少出现一次。

例如，在 3.13 节的项目——一元二次方程求根的测试中，输入数据 a、b、c 的时候，需要考虑 a、b、c 的各种组合。首先看 a，要考虑 a=0 和 $a\neq 0$。当 a=0 时，不能构成一元二次方程，程序是否能够提醒用户数据的合法性？当 $a\neq 0$ 时，输入的 a、b、c 组合至少需要满足 b^2-4ac 等于 0、大于 0 和小于 0 三种情况。

（5）路径覆盖。设计足够的测试用例，覆盖被测程序中所有可能的路径。

（6）对单循环进行测试的时候，假设 n 为允许执行循环的最大次数，设计测试数据的时候，要考虑跳过循环；只执行 1 次循环；执行 m 次循环，其中 $m<n$；执行 $n-1$ 次、n 次和 $n+1$ 次循环。对于嵌套循环，让外层循环处于最小循环计数值，对内层循环进行单循环测试。

（7）对某些需要保存数据和进行初始化设置的应用测试完成后，还需要重新启动后再次进行测试，看已有数据和设置是否还在。

例如，在例 4.34 的联系人管理器中，如果没有图 5.3 所示的屏幕的“初始化”事件，当添加联系人进行测试时，发现功能都正确，但是当下次再启动应用时，会发现上次保存的联系人信息均不存在了，原因就是没有弄清楚微数据库在用“标签-值”对保存数据的时候会覆盖上次同名标签下面的数据。

图 5.3　屏幕的“初始化”事件

（8）输入测试数据的时候，不仅要测试合法的数据，还要测试输入不合法的数据时的反馈。

（9）找最终用户和其他人员使用 App，虚心听取他们的意见和反馈。

软件测试是一个需要不断积累和总结的过程，读者平时开发程序的时候应注意把遇到的问题和解决方法记录下来，边开发边测试，养成良好的测试习惯，这些都可以帮助我们提高测试能力。

软件测试很重要，因为软件错误造成的后果可能很昂贵甚至很危险，一个错误存在的时间越长、越不容易被发现，它就可能带来越大的隐患，导致一些灾难发生。这样的事例很多。2015 年，伦敦彭博终端由于软件漏洞死机，金融市场上超过 30 万交易商受到影响，政府被迫推迟 30 亿英镑的债务出售。日产尼桑汽车由于安全气囊感应探测器的软件故障，召回超过 100 万辆汽车。亚马逊的一些第三方零售商的产品由于软件故障，价格全部被降至 1 英镑，惨重损失。1999 年，一个软件漏洞导致 12 亿美元的军事卫星发射失败，这是历史上最昂贵的事故。2018 年，阿里云出现大规模故障，原因是上线自动化运维系统触发未知错误，导致部分产品访问链接不通，影响时间约半小时。

软件测试不仅是软件开发的一个有机组成部分，而且在软件开发的系统工程中占据着相当高的比重。以美国的软件开发和生产的平均资金投入为例，通常是需求分析和规划确定各占百分之三，设计占百分之五，编程占百分之七，测试占百分之十五，投产和维护占百分之六七十。测试在软件开发中的地位不言而喻，软件测试工程师和软件开发工程师就像两兄弟，缺一不可。因此，在平时的软件开发中，需要尽量防范各种软件错误带来的风险。

在软件测试过程中发现问题后，我们需要找到错误发生的原因和错误发生的位置，即进行程序的调试。

5.3 调 试 应 用

调试应用是指在进行了成功的测试之后，确定错误发生的原因和错误发生的位置，并改正错误的过程，因此，调试也被称为纠错。调试是程序员自己进行的技巧性很强的工作，要确定发生错误的内在原因和位置不是一件很容易的事。以下是一些实践中积累的经验。

（1）在程序中插入输出语句。在 App Inventor 中通过标签显示需要监视的变量或过程的值，如图 5.4 所示。

图 5.4 输出变量的值

通过添加一个标签组件和图 5.4 所示的代码就可以输出多个需要监视的值。代码调试完成后，可以禁用代码块或把标签的显示状态修改为不显示。

（2）输出中间过程的所有结果。

以例 3.14 为例，输出排序中每一步的结果，通过观察每一步的结果来确定算法的正确性或查找错误出现的真正位置。

（3）运行部分程序。

在调试程序的时候，经常需要查看某个变量的值或运行部分代码。App Inventor 提供了预览代码块的功能（Do It），可以让用户脱离程序通常的运行顺序，单独测试某个代码块的运行。

操作方法：在想执行的代码块上单击鼠标右键，在弹出的快捷菜单中单击“预览代码块功能”命令，如图 5.5 所示，对应代码块就会开始执行。如果这个代码块是一个有返回值的表达式，那么 App Inventor 将在代码块的上方显示注释方框，并在方框内显示返回值，如图 5.6 所示。

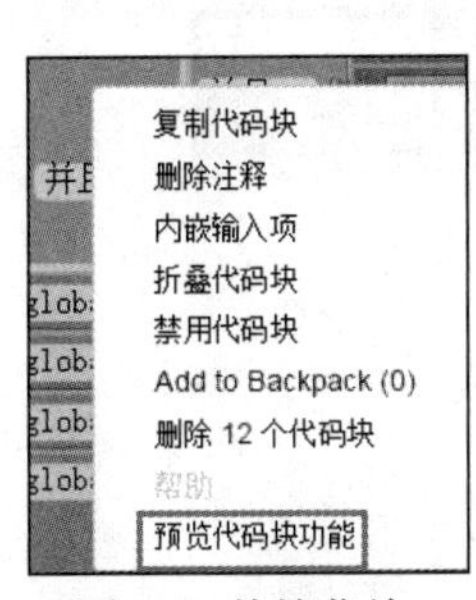

图 5.5　快捷菜单

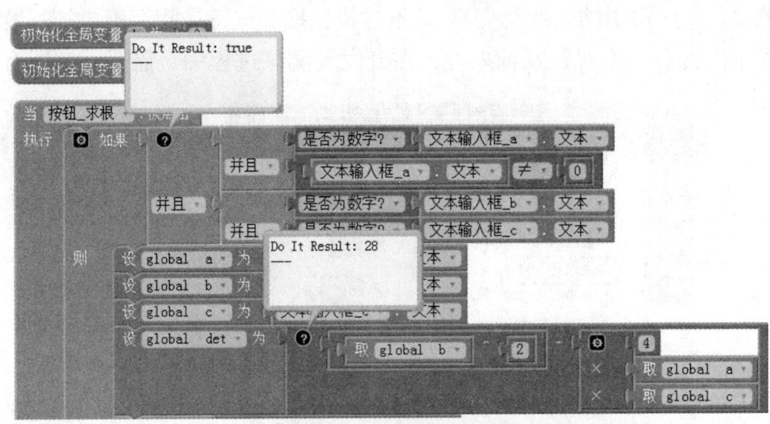

图 5.6　执行预览代码块功能的效果

（1）使用预览代码块功能需要连接模拟器或 AI 伴侣。

（2）在某些代码块里面，使用预览代码块功能前需要提供变量的值或参数，例如，执行图 5.6 所示代码块（3.13 节的项目：一元二次方程求根）之前需要提供 a、b、c 的值，如图 5.7 所示，利用模拟器提供值。

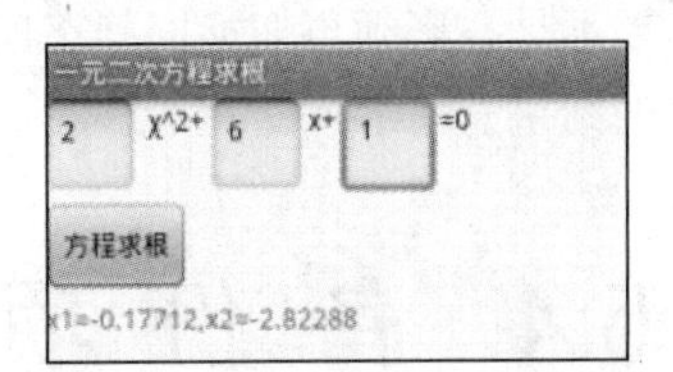

图 5.7　为预览代码块功能提供初始值

（4）使用预览代码块功能进行渐进式开发。

这种逐行执行指令的方式不仅适用于程序的调试，也适用于开发过程中的随时测试。例如，用户写了一个很长的公式来计算两个 GPS 坐标之间的距离，用户可能要分步测试这个公式来验证对应代码块的使用是否正确。

（5）启用代码块和禁用代码块。

另一个有助于渐进式调试应用的方法是启用或禁用某些代码块。它允许应用中保留有问题的或未经测试的代码块，并让系统在运行过程中暂时忽略它们，然后充分调试那些处于启用状态的代码块，而不必担心有问题的代码块。

禁用代码块的方法：在要禁用的代码块上单击鼠标右键，在弹出的快捷菜单中单击“禁用代码块”命令。被禁用的代码块呈现为灰色，如图 5.8 所示。在应用运行时，这些代码块将被忽略。

启动代码块的方法：在已经被禁用的代码块上单击鼠标右键，在弹出的快捷菜单中单击“启用代码块”命令。

（6）理解编程语言：用纸和笔跟踪记录。

应用在运行过程中，仅有部分功能可见。最终用户只能看到它的外观——用户界面上显示的图形及数据，而软件的内部运作机制对外部世界来说是不可见的。应用在运行时，我们既看不到这些指令（代码块），也看不到跟踪当前正在被执行的指令的程序计数器，更无法看到软件的内部存储单元（应用中的属性及变量）。不过说到底，这正是我们想要的：最终用户只能看到程序需要被显示的部分。但对开发者来说，在开发及测试过程中，需要了解所有正在发生的事情。

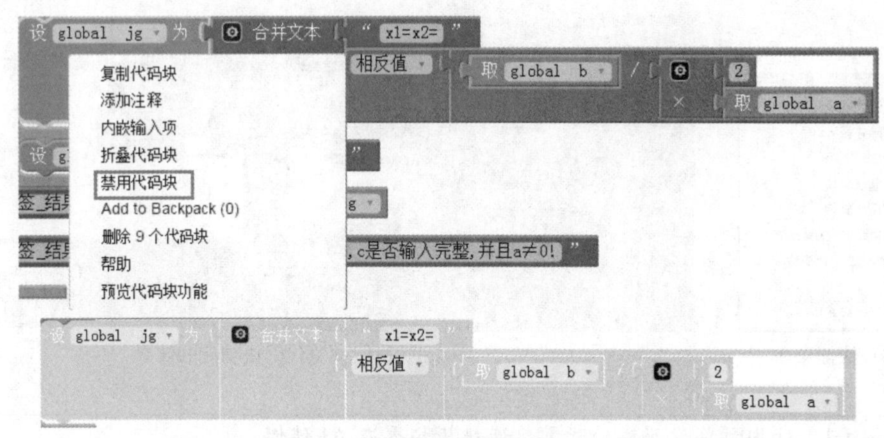

图 5.8　禁用代码块

编程时，需要在两种不同的场景之间切换：先从静态模式——代码块开始，并试着想象程序的实际运行效果；一切就绪后，切换到测试模式——以最终用户的身份测试软件，看它的运行结果是否与预期的结果一致。如果不是，必须再切换回静态模式，调整程序，然后再次测试。如此循环反复，最终获得一个满意的结果。

5.4　备份项目

在项目开发过程中，存在很多不确定的因素，为避免项目整体丢失或部分丢失，避免误操作或试错等对项目进行的修改无法被还原，对项目及时进行备份非常重要。下面就项目的备份介绍几点经验。

（1）保存项目

在 App Inventor 开发过程中，项目在云端会自动进行保存，但有时候也会因为网络等造成开发过程中部分内容未能被保存而丢失，所以在项目开发过程中需要经常保存项目。此外，在关闭 App Inventor 之前，需对项目进行手动保存，以确保最后对项目做的修改能被完整保存。

项目保存方法：选择“项目”菜单下的“保存项目”选项，如图 5.9 所示。

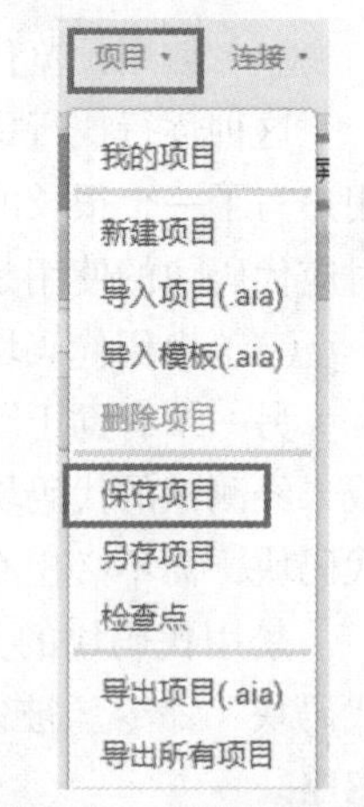

图 5.9　“项目”菜单

（2）经常备份项目

在项目开发过程中要养成经常备份项目的习惯，这样可以避免因意外操作、断网、断电等导致项目丢失。

稍微复杂一些的项目的开发周期往往较长，项目会以增量模式开发，不断进行修改和变动，这时，应该对项目的不同时期版本进行备份，以方便之后回到自己想要的版本。此外，在对项目进行比较大的修改前，尝试新加的功能可能会破坏已有功能时，需对项目进行备份后，再进行修改。

项目备份方法 1：选择“项目”菜单下的“另存项目”选项。

项目备份方法 2：选择“项目”菜单下的“检查点”选项。

两种方法的区别：另存项目后，当前编辑的项目为另存后的新项目文件；通过检查点备份项目后，编辑的仍然是原来的项目，而不是通过检查点备份的新项目文件。

项目备份后，开发者可以选择“项目”菜单下的“我的项目”选项，打开项目列表，选择需要的版本打开进行开发。

（3）把项目备份到自己的计算机

在用 App Inventor 开发项目的过程中，项目会被保存在云端，但为避免云服务器出现故障，造成项目不能访问或项目丢失的情况（即使这种可能性非常小），需要及时将项目从云端下载到本地进行保存。

项目导出方法：选择“项目”菜单下的“导出项目(.aia)”选项，将当前项目导出到本地计算机，默认下载到浏览器的下载目录。

选择“项目”菜单下的“导出所有项目”选项，可以将登录账号下云端的所有项目打包为 ZIP 格式文件下载，下载完成后用解压软件进行解压即可查看项目文件。如果项目比较多，会花费比较长的时间或者下载不成功。

小结：App Inventor 的伟大之处在于它的易用性——可视化的特点让用户可以直接开始创建一个应用，而不必担心那些底层的细节。但现实的问题是，App Inventor 不可能知道用户的应用要做什么，更不知道如何来做。尽管直接进入组件设计视图与逻辑设计视图创建应用是件让人着迷的事情，但这里要强调的是，花一些时间来思考并详细、准确地设计应用的功能，是非常重要的。这听起来有些烦，但如果用户能听取使用者的想法、创建原型、测试并跟踪应用的逻辑，那么就能创建出精彩的应用。

第6章 进阶项目

本章内容为综合性应用项目，涉及知识点较多，代码量比较大，是对前面所学知识的综合运用。读者在完成本章项目后，可以建立课程小组或学习小组，分工协作，创造和设计功能复杂一些的、有实际用途的项目。通过学习本章，读者可以培养自身的综合实践和应用能力、工程思维、团队合作精神及创新意识；通过多个环节的小组分工协作、实践锻炼，读者能切实感受友善、合作、责任、诚信等职业素养的内涵。

6.1 涂鸦画板

创作思路：大家应该都用过 Windows 系统自带的画图程序（如果没有使用过，请马上使用看看）。在画图程序中，用户可以绘制基本的几何形状，可以随心绘画，还可以修改以前的图片等。本项目将在手机上实现一个简化版本的涂鸦画板程序，该程序具有打开和保存图像，定义颜色，设置背景、画笔和文字颜色，绘制点、线、圆和随意绘画，擦除内容等功能。其界面设计如图 6.1 所示，组件的层次关系如图 6.2 所示，在手机上的运行效果如图 6.3 所示。

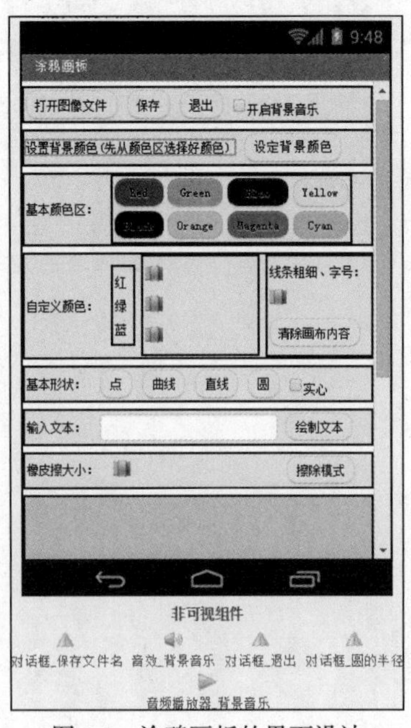

图 6.1　涂鸦画板的界面设计

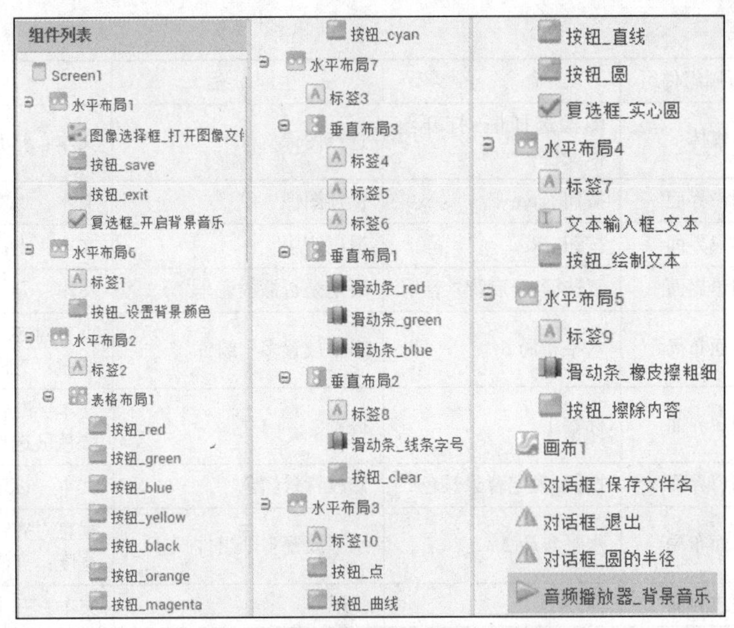

图 6.2　涂鸦画板组件的层次关系

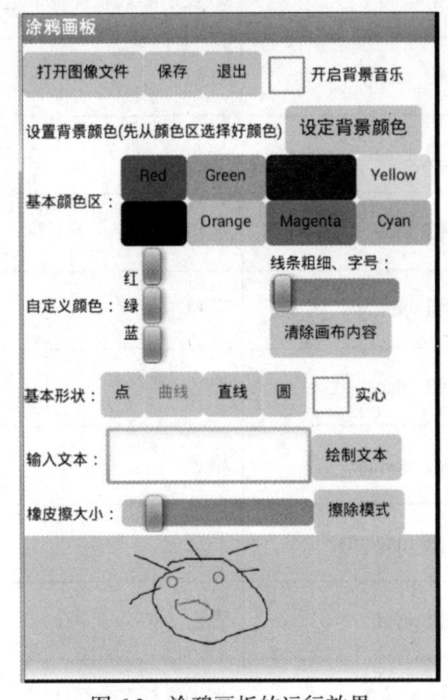

图 6.3　涂鸦画板的运行效果

组件说明如表 6.1 所示，所有组件的“字号”属性均被设置为“12”，按钮的“形状”属性均被设置为“圆角”，后面不一一列举，没有列出的属性均使用默认设置。

表 6.1　涂鸦画板的组件说明

组　件	所属组件组	命　名	用　途	属　性
水平布局	界面布局	水平布局 1	水平放置多个组件	垂直对齐：居中 宽度：充满

续表

组　件	所属组件组	命　名	用　途	属　性
图像选择框	多媒体	图像选择框_打开图像文件	选择图像文件	文本：打开图像文件
按钮	用户界面	按钮_save	保存图像	文本：保存
按钮	用户界面	按钮_exit	退出应用	文本：退出
复选框	用户界面	复选框_开启背景音乐	决定是否播放音乐	文本：开启背景音乐
水平布局	界面布局	水平布局 6	水平放置多个组件	垂直对齐：居中 宽度：充满
标签	用户界面	标签 1	提示	文本：设置背景颜色（先从颜色区选择好颜色）
按钮	用户界面	按钮_设定背景颜色	修改背景颜色	文本：设定背景颜色
水平布局	界面布局	水平布局 2	水平放置多个组件	垂直对齐：居中 宽度：充满
标签	用户界面	标签 2	提示	文本：基本颜色区：
表格布局	界面布局	表格布局 1	以表格形式放置多个组件	列数：4 行数：2
按钮	用户界面	按钮_red	红色	背景颜色：红色 文本：Red
按钮	用户界面	按钮_green	绿色	背景颜色：绿色 文本：Green
按钮	用户界面	按钮_blue	蓝色	背景颜色：蓝色 文本：Blue
按钮	用户界面	按钮_yellow	黄色	背景颜色：黄色 文本：Yellow
按钮	用户界面	按钮_black	黑色	背景颜色：黑色 文本：Black
按钮	用户界面	按钮_orange	橙色	背景颜色：橙色 文本：Orange
按钮	用户界面	按钮_magenta	品红色	背景颜色：品红色 文本：Magenta
按钮	用户界面	按钮_cyan	青色	背景颜色：青色 文本：Cyan
水平布局	界面布局	水平布局 7	水平放置多个组件	垂直对齐：居中 宽度：充满
标签	用户界面	标签 3	提示	文本：自定义颜色：
垂直布局	界面布局	垂直布局 3	垂直放置多个组件	
标签	用户界面	标签 4	提示	文本：红
标签	用户界面	标签 5	提示	文本：绿
标签	用户界面	标签 6	提示	文本：蓝
垂直布局	界面布局	垂直布局 1	垂直放置多个组件	

续表

组　　件	所属组件组	命　　名	用　　途	属　　性
滑动条	用户界面	滑动条_red	设置红色颜色分量值	左侧颜色：红色 宽度：100 像素 最大值：255 最小值：0
滑动条	用户界面	滑动条_green	设置绿色颜色分量值	左侧颜色：绿色 宽度：100 像素 最大值：255 最小值：0
滑动条	用户界面	滑动条_blue	设置蓝色颜色分量值	左侧颜色：蓝色 宽度：100 像素 最大值：255 最小值：0
垂直布局	界面布局	垂直布局 2	垂直放置多个组件	
标签	用户界面	标签 8	提示	文本：线条粗细、字号：
滑动条	用户界面	滑动条_线条字号	设置画布笔触大小	宽度：100 像素 最大值：40 最小值：1 滑块位置：2
按钮	用户界面	按钮_clear	清除画布内容	文本：清除画布内容
水平布局	界面布局	水平布局 3	水平放置多个组件	垂直对齐：居中 宽度：充满
标签	用户界面	标签 10	提示	文本：基本形状：
按钮	用户界面	按钮_点	设置画布当前绘制点	文本：点
按钮	用户界面	按钮_曲线	设置画布当前绘制曲线	文本：曲线
按钮	用户界面	按钮_直线	设置画布当前绘制直线	文本：直线
按钮	用户界面	按钮_圆	设置画布当前绘制圆	文本：圆
复选框	用户界面	复选框_实心圆	决定绘制的是否为实心圆	文本：实心
水平布局	界面布局	水平布局 4	水平放置多个组件	垂直对齐：居中 宽度：充满
标签	用户界面	标签 7	提示	文本：输入文本：
文本输入	用户界面	文本输入框_文本	输入显示到画布的文字	文本：空 提示：空
按钮	用户界面	按钮_绘制文本	设置画布当前绘制文本	文本：绘制文本
水平布局	界面布局	水平布局 5	水平放置多个组件	垂直对齐：居中 宽度：充满
标签	用户界面	标签 9	提示	文本：橡皮擦大小：
滑动条	用户界面	滑动条_橡皮擦粗细	设置橡皮擦粗细	宽度：150 像素 最大值：60 最小值：2 滑块位置：10

续表

组　件	所属组件组	命　名	用　途	属　性
按钮	用户界面	按钮_擦除内容	设置画布当前为擦除模式	文本：擦除模式
画布	绘图动画	画布 1	绘图区域	背景颜色：粉色 高度：300 像素 宽度：充满
对话框	用户界面	对话框_保存文件名	显示可输入文件名的文本对话框	
对话框	用户界面	对话框_退出	显示选择对话框	
对话框	用户界面	对话框_圆的半径	显示文本对话框供用户输入圆的半径	
音频播放器	多媒体	音频播放器_背景音乐	播放声音	循环播放：勾选 源文件：bjyy.mid （这里需要上传声音文件）

涂鸦画板的逻辑设计如下。

（1）全局变量的定义如图 6.4 所示。

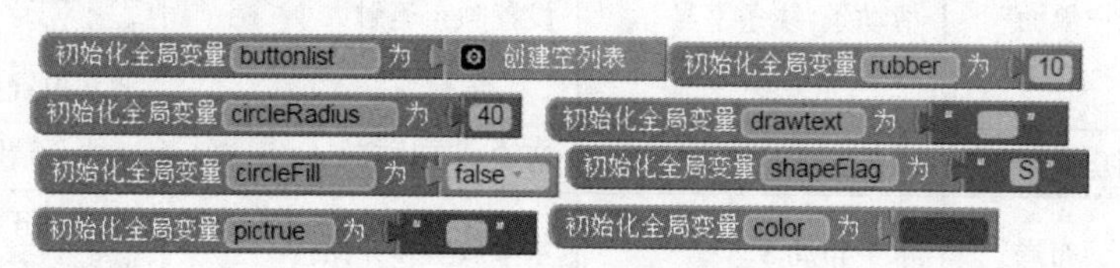

图 6.4　全局变量的定义代码

buttonlist：存放按钮组件名称。

circleRadius：绘制圆时，圆的半径。

circleFill：绘制圆时，决定是绘制空心圆还是实心圆，false 为空心圆，true 为实心圆。

picture：图片名称。

rubber：橡皮擦大小。

drawtext：绘制的文本。

shapeFlag：绘制图形的标志，P 为绘制点，C 为绘制圆，T 为绘制文本，S 为绘制曲线，L 为绘制直线，Q 为绘制圆（用背景颜色绘制圆实现擦除内容的效果）。

color：颜色。

（2）屏幕的“初始化”事件如图 6.5 所示。屏幕初始化时把绘制点、直线、圆和曲线 4 个按钮组件对象存放到列表 buttonlist 中。

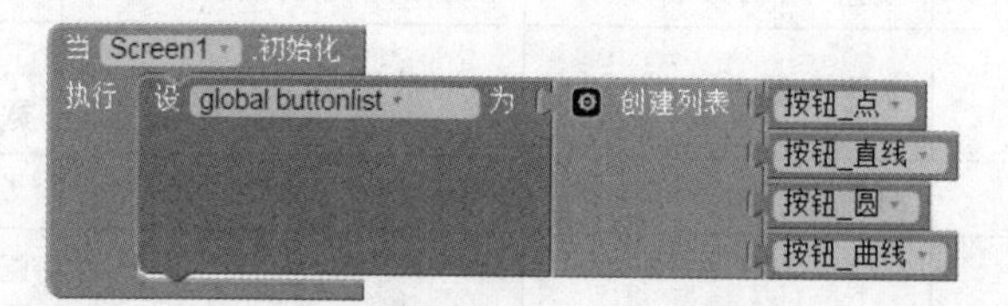

图 6.5　屏幕的“初始化”事件代码

（3）过程 buttonEnable 如图 6.6 所示。此过程实现把列表中的按钮的“启用”属性都设置为 true。

（4）用图像选择框选择图像后，将图像设置为画布的背景，如图 6.7 所示。

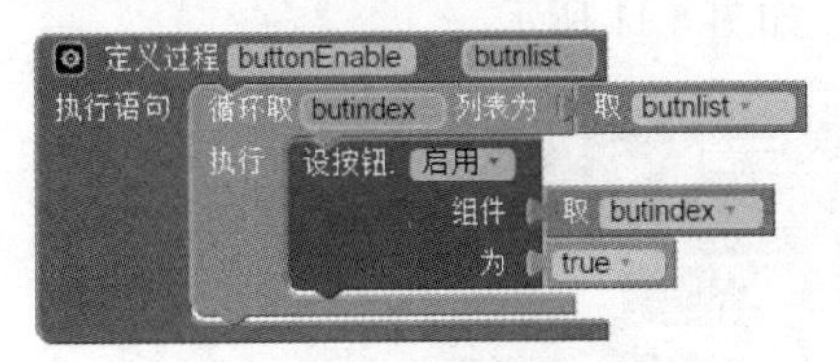

图 6.6　过程 buttonEnable 的代码

图 6.7　图像选择框的“选择完成”事件代码

（5）“保存”和“退出”按钮的代码如图 6.8 所示。

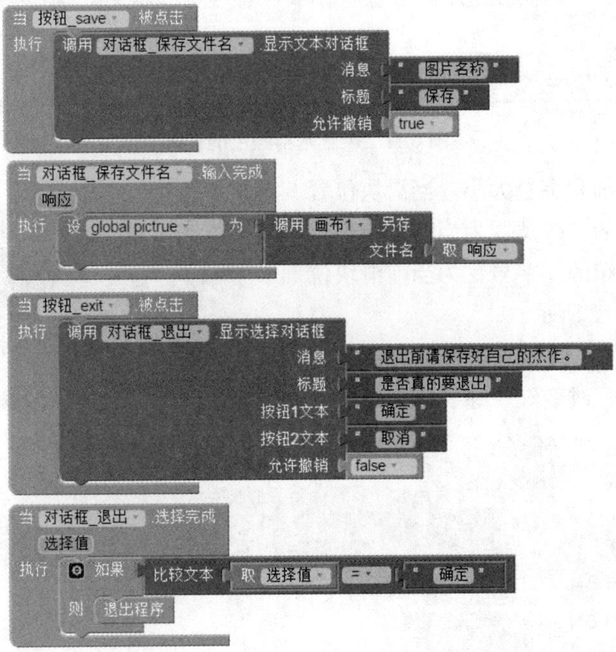

图 6.8　“保存”和“退出”按钮的代码

当用户点击“保存”按钮时，首先弹出文本对话框，供用户输入保存的文件名称；用户输入完成后，将画布的内容保存到手机中。文件默认保存在手机的根目录下，图像的扩展名为“.png”。

当用户点击“退出”按钮时，首先弹出选择对话框，提示用户保存自己的创作；如果用户点击“确定”按钮，则关闭应用。

（6）开启背景音乐的代码如图 6.9 所示。当用户勾选复选框时，开始播放音乐；当用户取消勾选复选框时，停止播放音乐。

（7）设置背景颜色。修改画布的背景颜色为当前设定的颜色，如图 6.10 所示。

图 6.9　开启背景音乐的代码

图 6.10　设置画布的背景颜色的代码

（8）选取基本颜色。用户点击某个基本颜色对应的按钮后，将全局变量 color 的值设置为当前选定的颜色，并把画布的画笔颜色设置为选定的颜色，如图 6.11 所示。

图 6.11　设置基本颜色的代码

（9）修改线条粗细和字号大小。当滑块位置被改变时，修改画布的“线宽”为当前滑块位置对应的数值，修改画布的“字号”为当前滑块位置的数值+8，如图 6.12 所示。

图 6.12　修改线条粗细和字号的代码

（10）自定义颜色。通过改变红、绿、蓝 3 个滑动条的滑块位置，改变红、绿、蓝 3 个颜色分量的值，然后合成新的颜色，如图 6.13 所示。

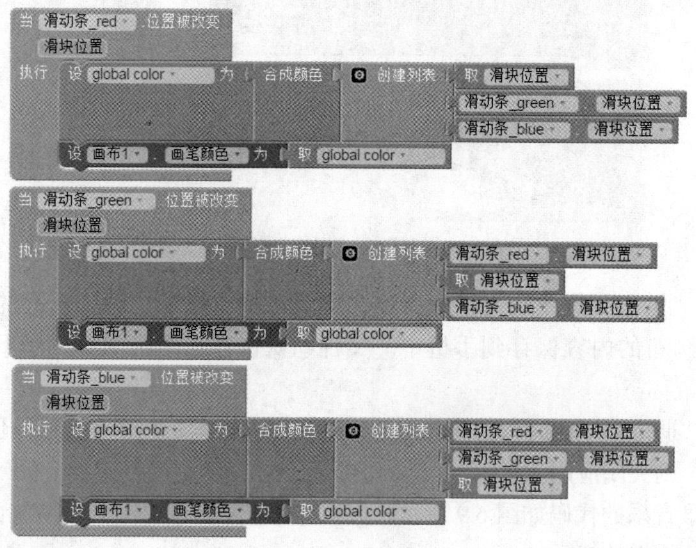

图 6.13　自定义颜色的代码

（11）选择绘制基本图形，如图 6.14 所示。

当绘制点的按钮被点击时，设置全局变量 shapeFlag 为“P”，设置画布的颜色为 color 值，然后调用过程 buttonEnable 将列表 buttonlist 中所有按钮的“启用”属性设置为 true，最后将“按钮_点”的“启用”属性修改为 false。这样做的目的是让用户清楚当前选择绘制的是哪个类别的图形。绘制直线和曲线的代码与此类似。

当绘制圆的按钮被点击时，除了上面的功能外，还会调用文本对话框，供用户输入要绘制的圆的半径。此外，当“实心”复选框状态发生改变时，修改变量 circleFill 的值。

（12）清除画布内容的代码如图 6.15 所示。

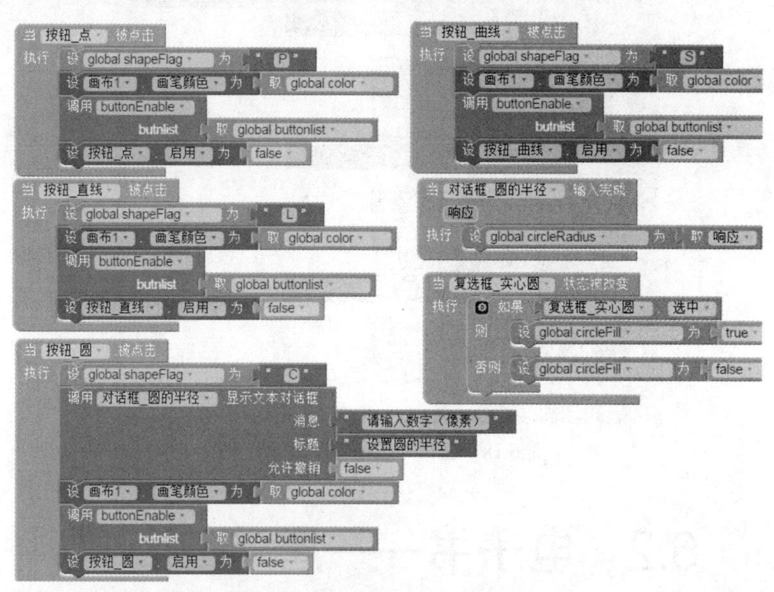

图 6.14　选择绘制基本图形的代码

（13）绘制文本。因为不能直接在 AI 画布中输入文字，所以要输入文字只能借助“绘制文本”方法来实现。当“绘制文本”按钮被点击时，设置好绘制文本的各项参数，如图 6.16 所示。

图 6.15　清除画布内容的代码

图 6.16　绘制文本的代码

（14）在画布上绘制图形的代码如图 6.17 和图 6.18 所示，根据绘制图形的标志调用相应的绘制方法。

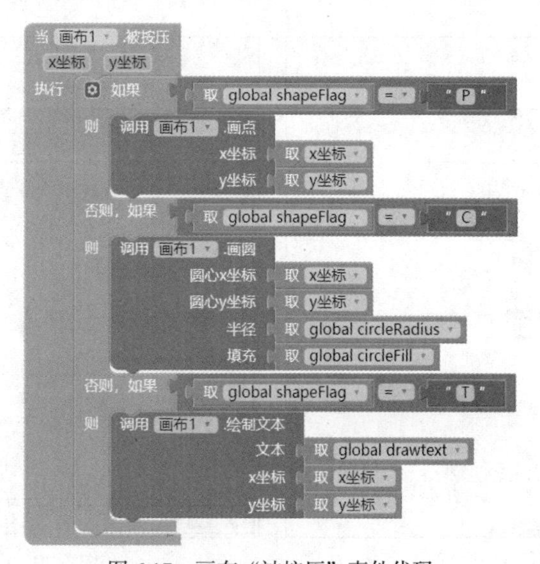

图 6.17　画布“被按压”事件代码

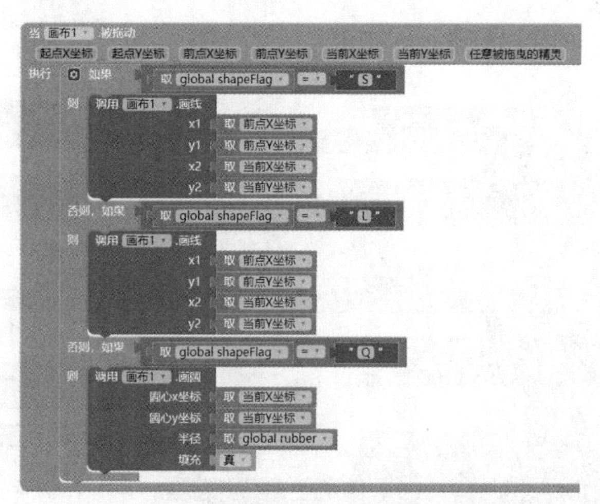

图 6.18　画布“被拖动”事件代码

6.2　电子书——唐诗三百首

创作思路：为大力弘扬中华优秀传统文化，坚定文化自信，本节我们利用所学知识开发一款学习唐诗的 App，为大家学习优秀传统文化提供便利。初步想法是一页一页地将唐诗显示出来，每一页显示一首诗。但仔细思考后发现这种方式存在一个问题：如果诗的数量很多，比如有 100 首，就需要创建 100 个 Screen，这显然是不现实的。通过比较，这里可行的一个方案是把每一首诗作为一个文本块存放到列表或数据库中，然后在一个屏幕里面用标签显示诗句，通过“上一首”和“下一首”按钮来切换不同的古诗。另外还可以加入朗读古诗的声音。这里使用两个屏幕，第一个屏幕为欢迎屏幕，其界面设计和组件层次关系如图 6.19 所示；第二个屏幕为显示古诗的界面，可以切换古诗、朗读古诗等，其界面设计和组件层次关系如图 6.20 所示。在手机上的运行效果如图 6.21 所示。

图 6.19　第一个屏幕

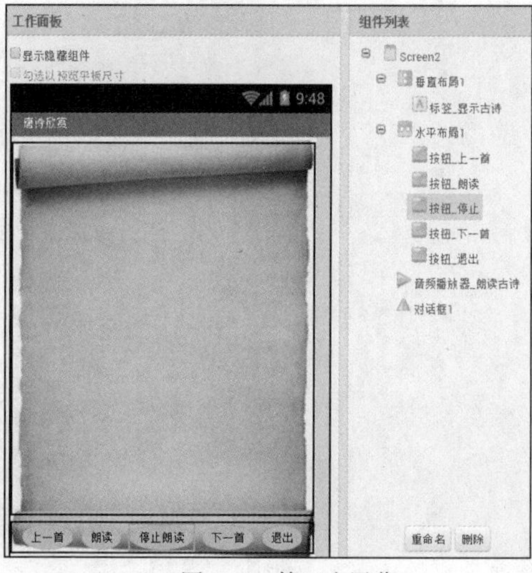

图 6.20　第二个屏幕

图 6.21 电子书的运行效果

一个好的 App 不仅需要完善的功能，还需要简洁优美的界面。在 App 开发过程中可能会需要图片、声音、按钮等素材，读者可以通过互联网搜索相应的素材资源，然后自己用图像处理工具（如 Adobe Photoshop）和声音处理工具（如 CoolEdit）进行加工和制作。同时也要注意，素材应符合项目的内容主题。本项目中用到的背景图片、声音等素材充分体现了这些理念。Screen1 的背景采用了一张“唐诗三百首”的图片，Screen2 的背景采用了一张“卷轴牛皮纸”的图片，都非常形象和贴切。

组件说明如表 6.2 所示，按钮的“形状”属性均被设置为“圆角”，后面不一一列举，没有列出的属性均使用默认设置。此外，需要上传的素材资源均在“bookpoetry”目录下，请读者自行上传，需上传的素材如图 6.22 所示。

表 6.2 电子书的组件说明

组　件	所属组件组	命　名	用　途	属　性
Screen	默认屏幕	Screen1		水平对齐：居右 垂直对齐：居下 标题：唐诗 背景：fm.jpg
按钮	用户界面	按钮_下一页	打开 Screen2	文本：继续
音频播放器	多媒体	音频播放器_背景音乐	播放背景音乐	源文件：2.mid
Screen	默认屏幕	Screen2		水平对齐：居右 垂直对齐：居下 标题：唐诗欣赏 背景：npz1.jpg
垂直布局	界面布局	垂直布局 1	放置标签组件	水平对齐：居中 垂直对齐：居中 宽度：充满 高度：充满
标签	用户界面	标签_显示古诗	显示古诗内容	字号：20 文本：空 文本对齐：居中

续表

组　件	所属组件组	命　名	用　途	属　性
水平布局	界面布局	水平布局 1	水平放置多个组件	水平对齐：居中 垂直对齐：居中 宽度：充满
按钮	用户界面	按钮_上一首	切换到上一首古诗	背景颜色：粉色 文本：上一首
按钮	用户界面	按钮_朗读	朗读古诗	背景颜色：粉色 文本：朗读
按钮	用户界面	按钮_停止	停止朗读古诗	背景颜色：粉色 文本：停止朗读
按钮	用户界面	按钮_下一首	切换到下一首古诗	背景颜色：粉色 文本：下一首
按钮	用户界面	按钮_退出	退出应用	背景颜色：粉色 文本：退出
音频播放器	多媒体	音频播放器_朗读古诗	播放古诗音频	
对话框	用户界面	对话框 1	显示警告信息	

电子书的逻辑设计如下。

1. Screen1

Screen1 的代码如图 6.23 所示，在屏幕初始化时，播放背景音乐；当用户点击“继续”按钮时，停止播放背景音乐并打开 Screen2。

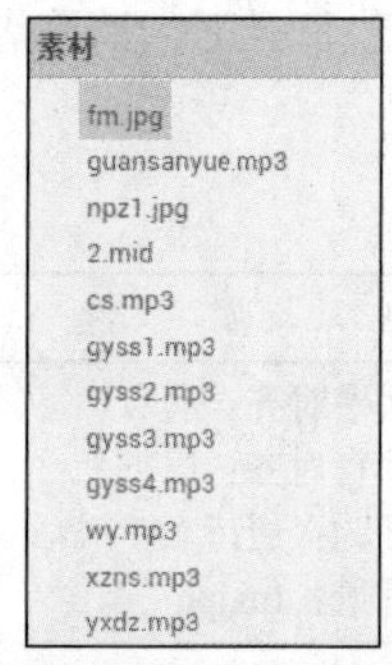

图 6.22　需上传的素材

图 6.23　Screen1 的代码

2. Screen2

（1）全局变量的定义和初始化如图 6.24 所示。

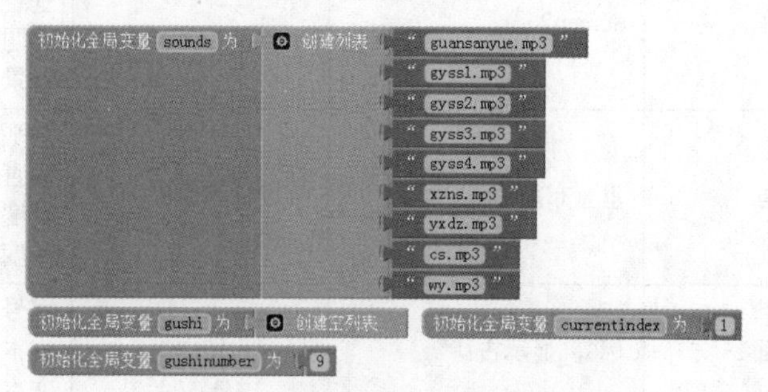

图 6.24　全局变量的定义和初始化代码

sounds：列表，初始化为朗诵古诗的音频文件名称，一首古诗对应一个音频文件。本项目中有 9 个音频文件。

gushi：列表，初始化为空列表，用来存放古诗。

gushinumber：古诗数量，初始化为 9。

currentindex：当前显示的古诗的序号。

（2）屏幕的“初始化”事件如图 6.25 所示。

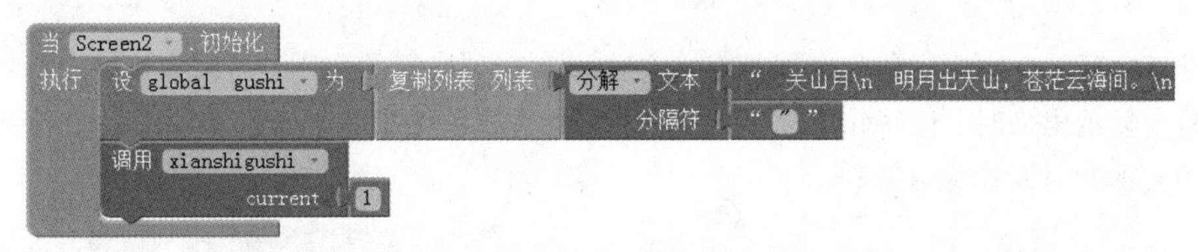

图 6.25 屏幕的“初始化”事件代码

初始化列表 gushi 的时候没有直接把每首古诗的内容赋值给列表，而是将所有的古诗作为一个文本，然后通过分解文本将文本转换成列表。这样处理的好处是，当古诗数量比较多的时候，程序不会显得庞大，也方便将古诗存放成文本文件，然后通过程序读入进行处理。本项目中首先将文本处理成如下形式：

关山月\n
明月出天山，苍茫云海间。\n
长风几万里，吹度玉门关。\n
汉下白登道，胡窥青海湾。\n
由来征战地，不见有人还。\n
戍客望边色，思归多苦颜。\n
高楼当此夜，叹息未应闲。\n"
张九龄：感遇四首之一\n
孤鸿海上来，池潢不敢顾。\n
侧见双翠鸟，巢在三珠树。\n
矫矫珍木巅，得无金丸惧。\n
美服患人指，高明逼神恶。\n
今我游冥冥，弋者何所慕。\n"
张九龄：感遇四首之二\n
兰叶春葳蕤，桂华秋皎洁。\n
欣欣此生意，自尔为佳节。\n
谁知林栖者，闻风坐相悦。\n
草木有本心，何求美人折？\n"
张九龄：感遇四首之三\n
幽人归独卧，滞虑洗孤清。\n
持此谢高鸟，因之传远情。\n
日夕怀空意，人谁感至精？\n
飞沈理自隔，何所慰吾诚？\n"

张九龄：感遇四首之四\n
江南有丹橘，经冬犹绿林。\n
岂伊地气暖，自有岁寒心。\n
可以荐嘉客，奈何阻重深！\n
运命惟所遇，循环不可寻。\n
徒言树桃李，此木岂无阴？\n"
……

被处理之后的文本中，每句结尾都有一个“\n”，起到换行的作用，可以在用一个标签将一首古诗完整地显示出来时，让每句单独显示成一行。每首古诗结束的地方都添加了一个双引号“"”，其在分解文本的时候作为分隔符。

将要处理的文本作为分解文本的文本参数，然后通过（分解 文本 “关山月\n 明月” 分隔符 “"”）自动把每一首诗对应到列表中的一个列表项。例如，列表中索引为 1 的内容为“关山月\n 明月出天山，苍茫云海间。\n 长风几万里，吹度玉门关。\n 汉下白登道，胡窥青海湾。\n 由来征战地，不见有人还。\n 戍客望边色，思归多苦颜。\n 高楼当此夜，叹息未应闲。\n”；列表中索引为 2 的内容为“张九龄：感遇四首之一\n 孤鸿海上来，池潢不敢顾。\n 侧见双翠鸟，巢在三珠树。\n 矫矫珍木巅，得无金丸惧。\n 美服患人指，高明逼神恶。\n 今我游冥冥，弋者何所慕。\n”。

注：给列表 gushi 重新赋值的时候，不能直接赋值一个列表，例如，（设 global gushi 为 分解 文本 “关山月\n 明月” 分隔符 “"”）是错误的，其结果是把整个列表的内容作为一个列表项赋值给了 gushi，即 gushi 的列表长度为 1。正确的做法是通过“复制列表”来实现。

（3）显示古诗的代码如图 6.26 所示。

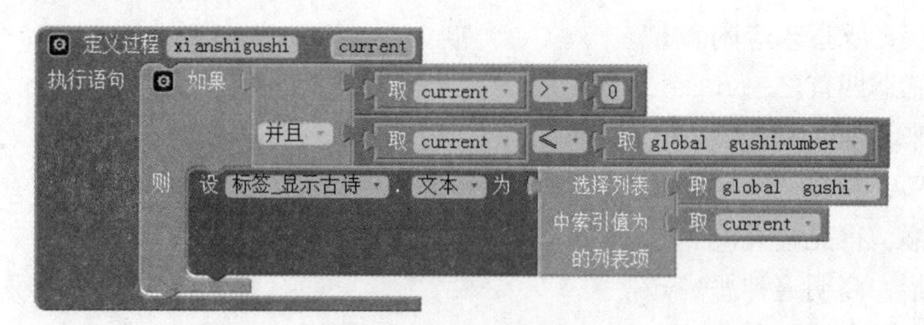

图 6.26 显示古诗的代码

调用过程 xianshigushi 将古诗内容显示到标签上面，初始化的时候默认显示第一首古诗。

首先判断当前要显示的古诗的索引是否在有效范围内，如果在有效范围内，则从列表 gushi 中取出内容并显示到标签上。

（4）“上一首”按钮“被点击”事件如图 6.27 所示。

当用户点击“上一首”按钮时，程序首先判断当前显示的古诗是否为第一首，如果不是第一首，则将变量 currentindex 减 1，并调用过程 xianshigushi 显示古诗内容；否则用对话框显示提示信息给用户。

（5）“下一首”按钮“被点击”事件如图 6.28 所示。

当用户点击“下一首”按钮时，程序首先判断当前显示的古诗是否为最后一首，如果不是最后一首，则将变量 currentindex 加 1，并调用过程 xianshigushi 显示古诗内容；否则用对话框显示提示信息给用户。

```
当 按钮_上一首 .被点击
执行 如果 取 global currentindex > 1
  则 调用 音频播放器_朗读古诗 .停止
     设 global currentindex 为 取 global currentindex - 1
     调用 xianshigushi
          current 取 global currentindex
  否则 调用 对话框1 .显示消息对话框
          消息 “当前已经是第一首诗”
          标题 “已经到最前”
          按钮文本 “确定”
```

图 6.27　“上一首”按钮“被点击”事件代码

```
当 按钮_下一首 .被点击
执行 如果 取 global currentindex < 取 global gushinumber
  则 调用 音频播放器_朗读古诗 .停止
     设 global currentindex 为 取 global currentindex + 1
     调用 xianshigushi
          current 取 global currentindex
  否则 调用 对话框1 .显示消息对话框
          消息 “当前已经是最后一首诗”
          标题 “已经到最后”
          按钮文本 “确定”
```

图 6.28　“下一首”按钮“被点击”事件代码

（6）“朗读”按钮被点击事件如图 6.29 所示。

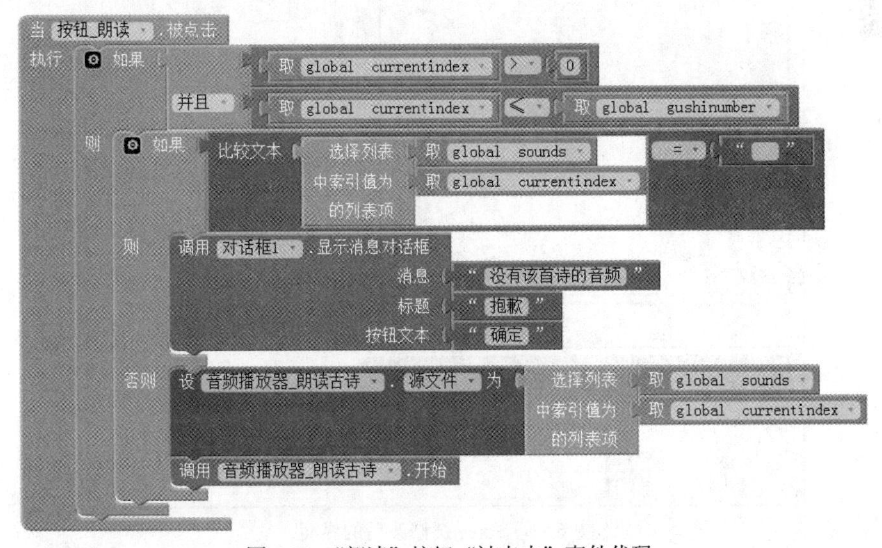

图 6.29　“朗读”按钮“被点击”事件代码

当用户点击“朗读”按钮时，程序首先判断当前要播放的音频的索引是否在有效范围内，如果是，再判断对应音频列表 sounds 中是否有音频文件；如果没有，则显示对话框提示“没有该首诗的音频”；如果有，则设置“音频播放器_朗诵古诗”的源文件为列表 sounds 中对应的音频文件，并播放音频。

（7）其他按钮的代码如图 6.30 所示。

图 6.30 “停止朗读”和“退出”按钮的代码

读者还可以根据自己的需要，继续丰富和完善本项目，如增加古诗的目录、直接跳转到第几首古诗、用数据库保存用户上次阅读的位置、下次启动 App 的时候直接跳转到上次阅读的位置等。

本项目中朗读古诗是通过录制音频完成的，此外，读者也可以利用多媒体组件中的文本语音转换器实现自动朗读，前提是手机必须安装能够朗读中文的语音合成软件，如讯飞语音。

下面将应用修改为用语音合成来完成朗读，其中 Screen1 的界面和代码不需要修改，Screen2 修改后的界面如图 6.31 所示。

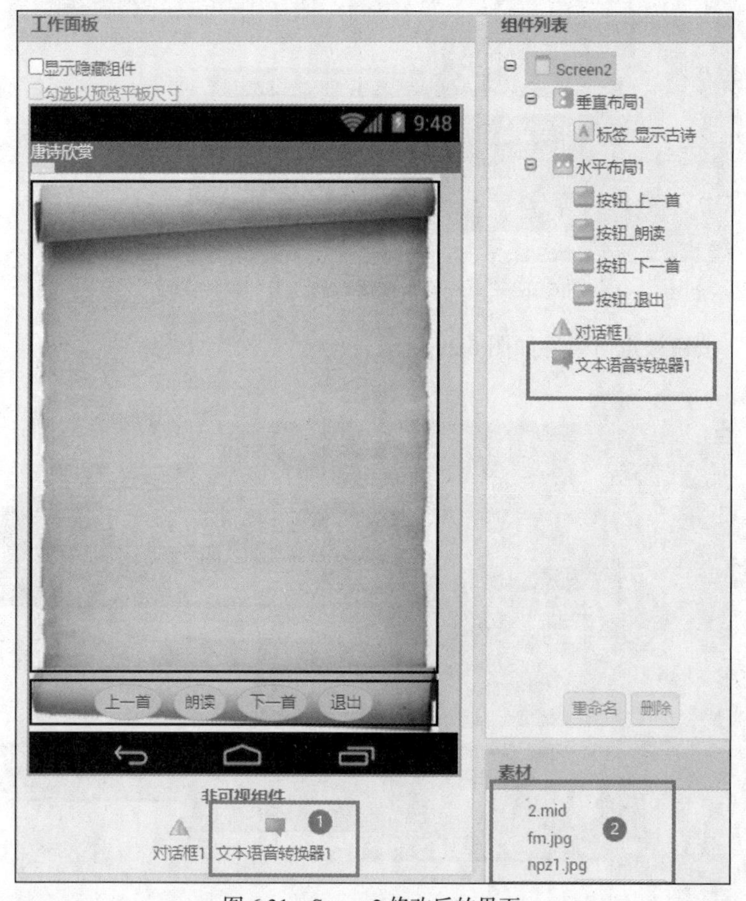

图 6.31 Screen2 修改后的界面

Screen2 的修改主要有 3 处：（1）添加文本语音转换器组件；（2）在素材管理器中删除之前上传的朗读古诗的音频；（3）删除之前的音频播放器组件。

修改之后的代码如图 6.32 所示。

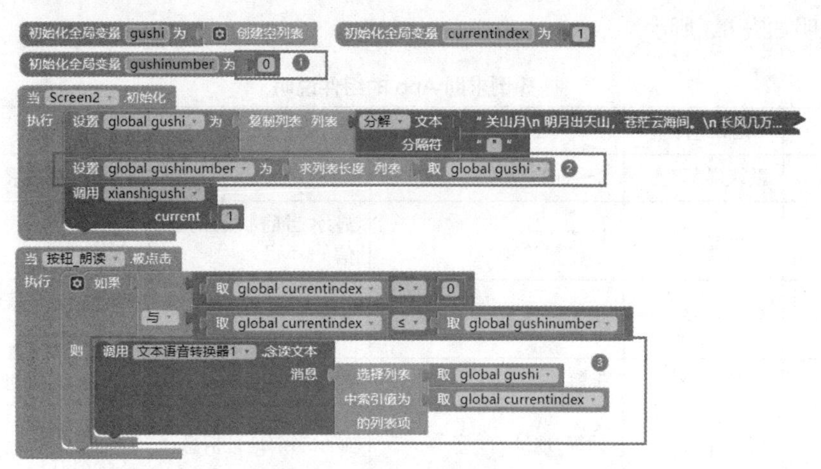

图 6.32 Screen2 修改后的代码

代码的修改主要有 3 处：（1）将全局变量 gushinumber 的初始值修改为 0；（2）在屏幕的“初始化”事件中通过求列表长度获得古诗的数量，然后赋值给 gushinumber，因为这里是通过文本语音转换器自动朗读古诗，所以要获取所有古诗的数量；（3）通过文本语音转换器朗读古诗。

6.3 摔倒求助

创作思路：当携带手机的人摔倒时，App 会触发短信收发器来将位置信息和摔倒情况发送给指定的联系人，便于救援。本项目主要用到了位置传感器、加速度传感器和短信收发器组件，界面设计如图 6.33 所示。

图 6.33 摔倒求助 App 的界面设计

组件说明如表 6.3 所示。

表 6.3　　摔倒求助 App 的组件说明

组　件	所属组件组	命　名	用　途	属　性
Screen	默认屏幕	Screen1		标题：摔倒求助
标签	用户界面	标签_状态	显示当前状态的短信	文本：空
水平布局	界面布局	水平布局 1	水平放置多个组件	垂直对齐：居中 宽度：充满
标签	用户界面	标签 1	提示文字	文本：当前地址：
标签	用户界面	标签_地址	显示当前地址信息	文本：空 文本对齐：居中
文本输入框	用户界面	文本输入框_电话号码	输入电话号码	提示：输入电话号码 文本：空
按钮	用户界面	按钮_保存	保存电话号码到数据库	文本：保存
水平布局	界面布局	水平布局 2	水平放置多个组件	垂直对齐：居中 宽度：充满
标签	用户界面	纬度	提示文字	文本：纬度：
标签	用户界面	标签_纬度	显示当前纬度信息	文本：空 文本对齐：居中
水平布局	界面布局	水平布局 3	水平放置多个组件	垂直对齐：居中 宽度：充满
标签	用户界面	经度	提示文字	文本：经度：
标签	用户界面	标签_经度	显示当前经度信息	文本：空 文本对齐：居中
水平布局	界面布局	水平布局 4	水平放置多个组件	垂直对齐：居中 宽度：充满
标签	用户界面	联系人	提示文字	文本：紧急联系人号码：
标签	用户界面	标签_联系人号码	显示联系人号码信息	文本：空 文本对齐：居中
加速度传感器	传感器	加速度传感器 1	探测速度变化	最小间隔：1800
位置传感器	传感器	位置传感器 1	探测位置变化	间距：1 时间间隔：10000
短信收发器	社交应用	短信收发器 1	发送短信	
微数据库	数据存储	微数据库 1	保存电话号码信息	

摔倒求助 App 的逻辑设计如图 6.34 所示。

```
初始化全局变量 telphone 为 0
初始化全局变量 offset 为 1

当 Screen1 .初始化
执行 设 global telphone 为 调用 微数据库1 .获取数值
                              标签 "phonenumber"
                              无标签时返回值 0
     设 标签_联系人号码 . 文本 为 取 global telphone
     设 标签_状态 . 文本 为 "正常"
     设 标签_状态 . 文本颜色 为

当 加速度传感器1 .加速被改变
  X分量 Y分量 Z分量
执行 如果 绝对值 取 X分量 < 取 global offset
        并且 绝对值 取 Y分量 < 取 global offset
        并且 绝对值 取 Z分量 < 取 global offset
     则 设 标签_状态 . 文本 为 短信收发器1 . 短信
        设 标签_状态 . 文本颜色 为
        设 短信收发器1 . 短信 为 合并文本 "求救：我跌倒了，需要您的帮助，我的位置："
                                        位置传感器1 . 当前地址
                                        "，纬度："
                                        位置传感器1 . 纬度
                                        "，经度："
                                        位置传感器1 . 经度
        调用 短信收发器1 .发送消息

当 位置传感器1 .位置被更改
  纬度 经度 海拔
执行 设 标签_地址 . 文本 为 位置传感器1 . 当前地址
     设 标签_纬度 . 文本 为 取 纬度
     设 标签_经度 . 文本 为 取 经度

当 按钮_保存 .被点击
执行 调用 微数据库1 .保存数值
         标签 "phonenumber"
         存储值 文本输入框_电话号码 . 文本
     设 短信收发器1 . 电话号码 为 文本输入框_电话号码 . 文本
     设 标签_联系人号码 . 文本 为 文本输入框_电话号码 . 文本
```

图 6.34　摔倒求助 App 的代码

6.4　抽 奖 程 序

创作思路：生活中有各种抽奖活动，很多时候是基于现场参加活动的人员进行抽奖。下面设计一款应用，实现现场用户发送短信到指定手机号码后进行抽奖。主要功能：接收短信后记录电话号码；开始抽奖时滚动电话号码；停止抽奖时当前号码为中奖号码。

界面设计：接收短信后记录电话号码，需要使用短信收发器和列表，开始抽奖时滚动电话号码、停止抽奖时当前号码为中奖号码可以通过按钮、标签、计时器完成。

界面设计如图 6.35 所示，包括 5 个组件：按钮、标签、短信收发器、计时器和对话框。

图 6.35　抽奖程序的界面设计

组件说明如表 6.4 所示。

表 6.4　抽奖程序的组件说明

组　件	所属组件组	命　名	用　途	属　性
Screen	默认屏幕	Screen1		标题：抽奖程序
按钮	用户界面	按钮_抽奖	实现开始抽奖和停止抽奖两个功能	文本：开始抽奖 高度：50 像素 宽度：充满
标签	用户界面	标签_显示号码	滚动显示号码和中奖号码	文本：
短信收发器	社交应用	短信收发器 1	接收短信	
计时器	传感器	计时器 1	控制电话号码滚动频率	计时间隔：50 毫秒 启用计时：不勾选
对话框	用户界面	对话框 1	程序执行过程中的提示	

抽奖程序的逻辑设计如下。

（1）定义 3 个全局变量，如图 6.36 所示。

图 6.36　变量定义代码

lucknumber：记录中奖号码。

index：记录抽奖过程中滚动电话号码时当前号码的索引。

phonenumber：记录发送短信的电话号码。

（2）收到短信后记录电话号码，如图 6.37 所示。收到短信后，将电话号码追加到列表。

图 6.37　短信收发器“收到消息”事件代码

（3）用计时器实现号码滚动，如图 6.38 所示。

```
当 计时器1 .计时
执行 设 global lucknumber 为 选择列表 取 global phonenumber
                           中索引值为 取 global index
                           的列表项
     设 标签_显示号码 . 文本 为 取 global lucknumber
     设 global index 为 取 global index + 1
     如果 取 global index > 求列表长度 列表 取 global phonenumber
     则 设 global index 为 1
```

图 6.38　用计时器“计时”事件滚动电话号码的代码

首先，从列表中取得索引为 index 的电话号码，并赋值给 lucknumber；然后将电话号码显示到标签上；index 增加 1，目的是稍后取到下一个电话号码；最后判断 index 是否超过了列表长度，如果超过列表长度，则将 index 赋值为 1，相当于回到第 1 个电话号码。

通过该功能即可实现号码的不断滚动。

（4）开始抽奖和停止抽奖的代码如图 6.39 所示。

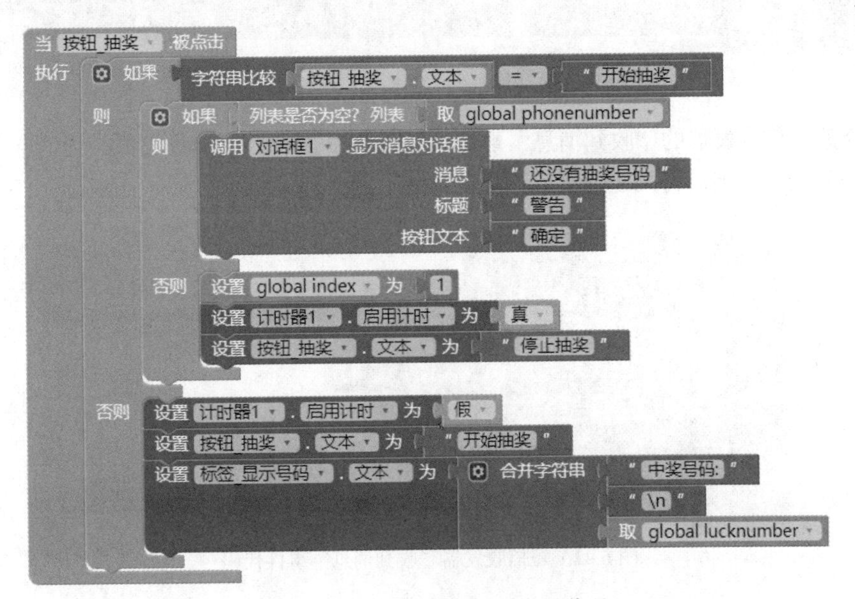

图 6.39　开始抽奖和停止抽奖的代码

在按钮被点击后，首先判断按钮上的文本内容，如果文本为“开始抽奖”，则继续判断

phonenumber 是否为空，如果为空，就显示消息对话框，提示用户还没有抽奖号码，否则设置 index 为 1，即从第 1 个电话号码开始，将计时器的“启用计时”属性设置为“真”，按钮上的文本修改为“停止抽奖”；如果按钮文本为“停止抽奖”，将计时器的“启用计时”属性设置为“假”，按钮上的文本修改为“开始抽奖”，并将中奖号码显示到标签。

思考：如果此处不判断 phonenumber 是否为空便开始抽奖会怎样？

上面的程序基本上实现了抽奖的功能，但是在退出应用后，重启应用时，我们发现之前保存的电话号码都不存在了。下面进一步完善应用，增加保存电话号码和清空电话号码的功能。

修改界面设计：增加一个按钮组件和一个微数据库组件，如图 6.40 所示。

图 6.40　修改抽奖程序的界面设计

逻辑设计修改如下。

（1）增加屏幕的“初始化”事件，如图 6.41 所示。启动应用时，首先从微数据库中取出保存的电话号码，目的是避免程序在保存数据的时候覆盖原来保存的数据。

图 6.41　屏幕的“初始化”事件代码

（2）修改短信收发器的“收到消息”事件，如图 6.42 所示。短信收发器收到消息后，先把电话号码添加到列表，然后将列表保存到微数据库中。

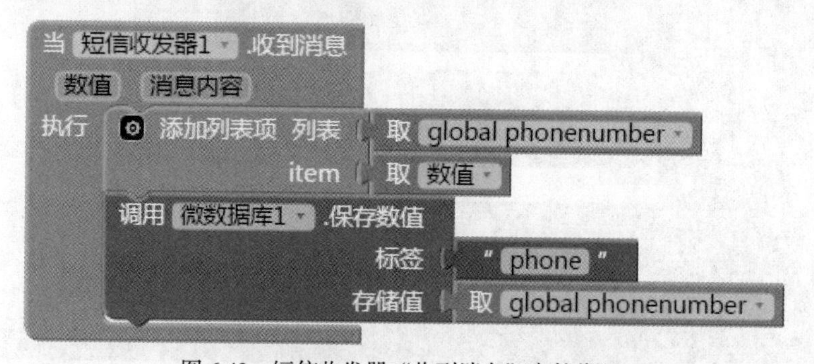

图 6.42　短信收发器“收到消息”事件代码

（3）清空号码。为“按钮_清空号码”的“被点击”事件增加代码，如图 6.43 所示。调用微数据库的“清除所有数据”方法，然后将全局变量 phonenumber 清空。

图 6.43　清空号码的代码

至此，一个功能比较完善的抽奖程序已经完成。读者还可以进一步丰富该应用，例如，可以增加抽一等奖、二等奖、三等奖等功能，可以设置中奖一次后不能再次中奖，一次可以同时抽出设定数量的奖项，给用户发送中奖短信，等等。

6.5　天气预报

创作思路：天气情况与人们的生活息息相关。为方便人们随时随地查看天气情况，本项目借助第三方的天气 API，设计和开发一款天气预报 App。

部分 API 提供的网站可能会更换服务地址或者终止天气 API 服务，这可能会导致本 App 不可用。因此，本项目的重点是掌握如何申请 API 账号、调用 API 和分析返回的数据。掌握这些后，你就可以调用各种 API 进行应用开发。

天气 API 选择：本项目选择和风天气开发平台的天气数据 Web API。通过天气数据 Web API 中的城市天气 API 文档，可查看该 API 提供的全国 4000 多个市、区县和海外 15 万个城市的实时天气数据，包括实时温度、体感温度、风力风向、相对湿度、大气压强、降水量、能见度、露点温度、云量等数据。

界面设计：使用文本输入框组件供用户输入城市名称，用标签来显示天气情况，界面设计如图 6.44 所示。组件说明如表 6.5 所示。运行效果如图 6.45 所示。

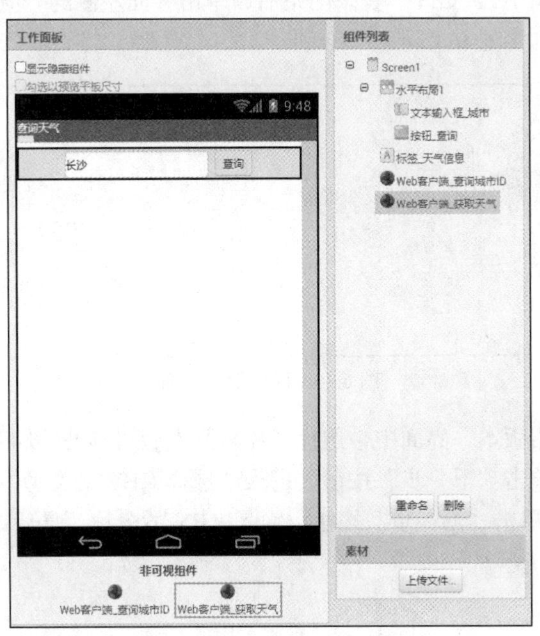

图 6.44　天气预报的界面设计

表 6.5　　天气预报的组件说明

组　件	所属组件组	命　名	用　途	属　性
Screen	默认屏幕	Screen1		标题：查询天气
水平布局	界面布局	水平布局 1	水平放置多个组件	宽度：充满
文本输入框	用户界面	文本输入框_城市	输入城市名称	文本：长沙
按钮	用户界面	按钮 _查询	查询天气情况	文本：查询
标签	用户界面	标签_天气信息	显示当天天气信息	文本：空
Web 客户端	通信连接	Web 客户端_查询城市 ID	在线查询城市 ID	
Web 客户端	通信连接	Web 客户端_获取天气	根据城市 ID 获取天气	

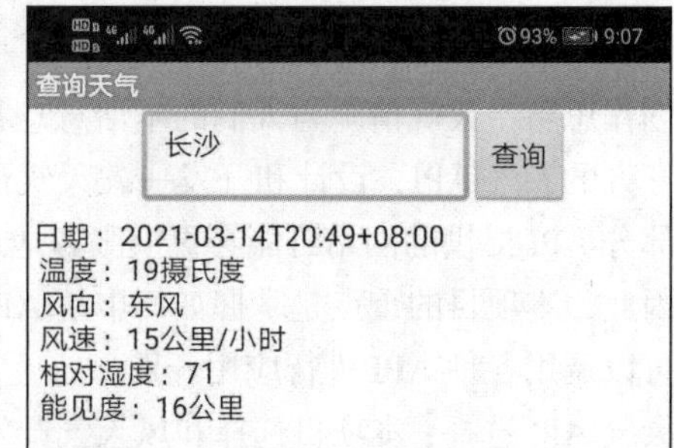

图 6.45　天气预报的运行效果

天气预报逻辑设计如下。

（1）注册账号。在和风天气开发平台右上角单击“控制台”按钮注册账号。账号注册完成后登录网站。

（2）创建应用和申请 API KEY。登录网站后，单击界面左侧的“应用管理”，然后单击右边的“创建应用”按钮，如图 6.46 所示。

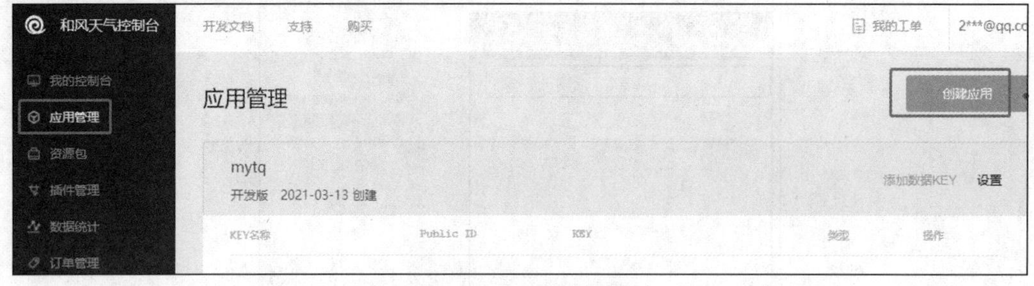

图 6.46　应用管理界面

在弹出的“选择应用版本”界面中，选择“免费开发版”，如图 6.47 所示。

输入应用名称，并单击“下一步”按钮，进入“选择 KEY 的类型”界面，如图 6.48 所示。

选择“Web API”，单击“下一步”按钮，输入 KEY 的名称，最后单击“创建”按钮，创建完成后的界面如图 6.49 所示。

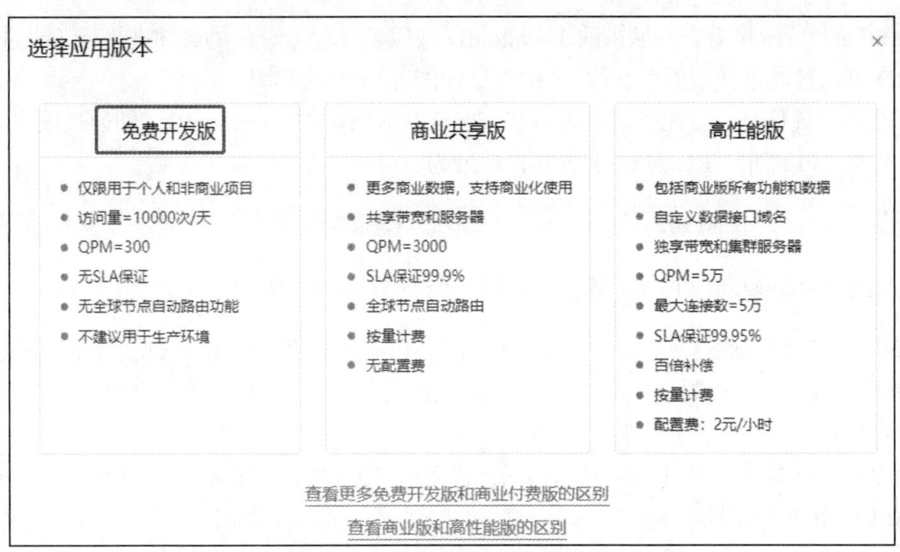

图 6.47　“选择应用版本”界面

图 6.48　“选择 KEY 的类型”界面

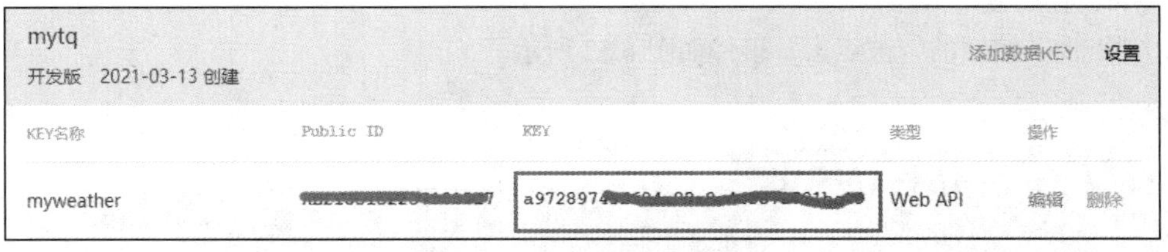

图 6.49　密钥（KEY）界面

图 6.49 中的矩形框部分便是后面需要用到的 KEY。

（3）分析 API。

首先，分析一下实时天气 API 的特征。开发版的请求方式为 GET，数据地址为：

```
https://devapi.qweather.com/v7/weather/now?location=城市&key=KEY
```

其中“location”后面接需查询城市的 LocationID 或以英文逗号分隔的经纬度坐标（十进制），而 LocationID 可通过城市搜索服务获取。“KEY”即图 6.49 中的密钥。

为了获取天气信息，首先，需要通过城市名称获取城市的 LocationID，即通过城市信息查询 API 获取。其 API 请求 URL 为 GET 方式，地址为：

```
https://geoapi.qweather.com/v2/city/lookup?[请求参数]
```

[请求参数]为 location 和 KEY 等信息。如 location=长沙&key=KEY

需查询城市的名称支持文字（中文或拼音）、以英文逗号分隔的经纬度坐标（十进制）、LocationID 或 Adcode（仅限中国城市），如 location=北京 或 location=116.41,39.92。

（4）逻辑设计及返回数据分析。

在程序中 API 的完整网址可以通过如下合并字符串方式生成，如图 6.50 所示，以生成城市信息查询 API 调用网址为例。

图 6.50　生成 API 调用网址的代码

第一部分为 https://geoapi.qweather.com/v2/city/lookup?location=。

第二部分为文本输入框中的文本。这部分内容需要进行 URI 编码，编码不一致会导致不能访问数据。

第三部分为&key=KEY。

① 定义全局变量，如图 6.51 所示。

图 6.51　定义全局变量的代码

citylist：存放城市信息的列表。

cityid：存放城市 ID。

②“查询”按钮的“被点击”事件如图 6.52 所示。

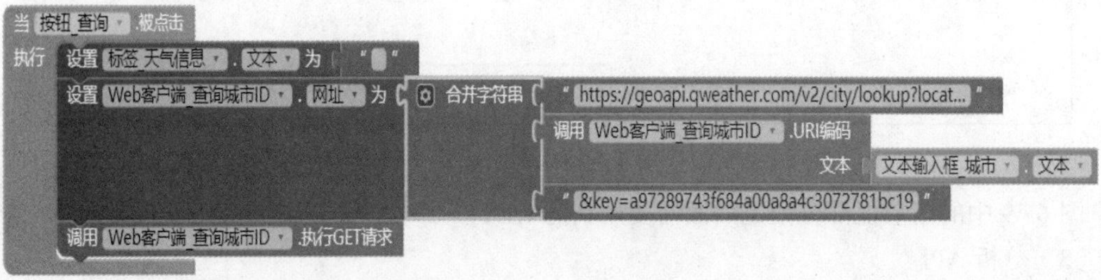

图 6.52 “查询”按钮的代码

点击“查询”按钮后，首先清空标签上的文本，然后生成 API 调用网址，并赋值给 Web 客户端的“网址”属性，最后执行 GET 请求。

③ 城市信息返回数据分析。

如果调用城市信息查询 API 获取数据正常，则会返回一串 JSON 格式文本（以长沙为例）：


```
{"code":"200","location":[{"name":"长沙","id":"101250101","lat":"28.19408","lon":"112.98227","adm2":"长沙","adm1":"湖南省","country":"中国","tz":"Asia/Shanghai","utcOffset": "+08:00","isDst":"0","type":"city","rank":"11","fxLink": "http://***.***/3ef1"},{"name":"长沙县","id":"101250106","lat":"28.23788","lon":"113.08010", "adm2":"长沙","adm1":"湖南省","country":"中国","tz":"Asia/Shanghai", "utcOffset":"+08:00","isDst":"0","type":"city","rank":"25","fxLink": "http://***.***/1tjm1"},{"name":"宁乡","id":"101250102","lat":"28.25392","lon":"112.55318","adm2": "长沙","adm1":"湖南省","country":"中国","tz":"Asia/Shanghai","utcOffset":"+08:00","isDst": "0","type":"city","rank":"23","fxLink":"http://***.***/3eg1"},{"name":"浏阳","id":"101250103","lat":"28.14111", "lon":"113.63330","adm2":"长沙","adm1":"湖南省","country":"中国","tz":"Asia/Shanghai","utcOffset":"+08:00","isDst":"0","type":"city","rank":"23","fxLink":"http://***.***/3eh1"}, …… "refer":{"sources":["qweather.com"],"license":["commercial license"]}]}
```


这个字符串由许多数据组成,搞清楚各项数据的组成和含义后才能将所需要的信息提取出来。本项目调用该 API 的目的是获取城市 ID，这里给出前几项数据的含义。

code：API 状态码，具体含义请参考响应代码。

location.name：地区/城市名称。

location.id：地区/城市 ID。

location.lat：地区/城市纬度。

location.lon：地区/城市经度。

通过调用“解码 JSON 文本”方法将返回数据分解并存放到列表中，然后在列表中可以通过关键字查找或通过索引获取对应的值，代码如图 6.53 所示。

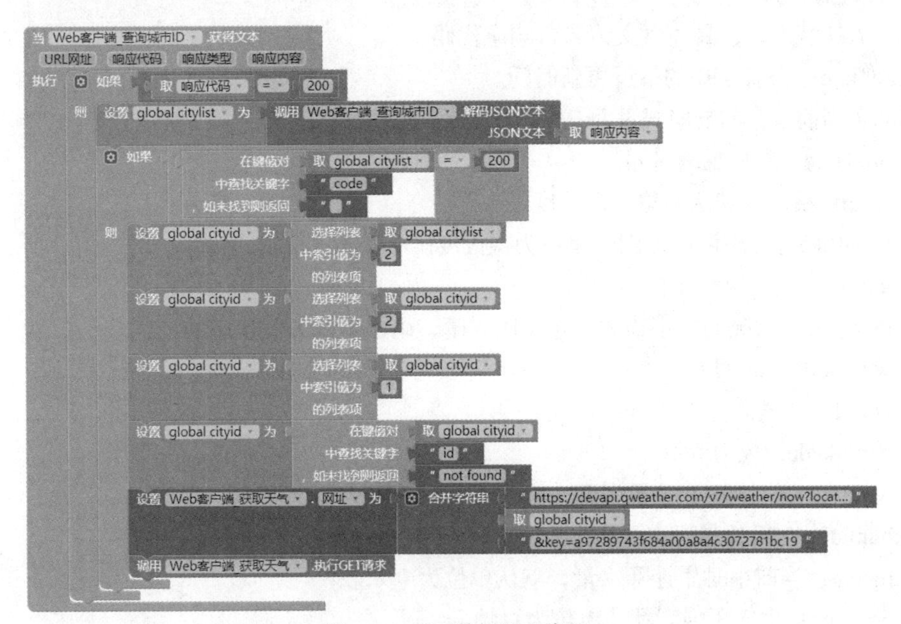

图 6.53　返回数据处理代码

如果响应代码为 200，则表明调用的 API 正常返回了数据。调用 Web 客户端的“解码 JSON

文本”方法将数据解码成列表（这里的列表为多维列表，结构比较复杂），然后从列表中查找返回的 code，看是否为 200，如果是，则表明正确返回数据，再从列表一层层取出数据，直到得到需要的城市 ID（如果搞不清需要的数据属于列表中哪个层次的第几项，可以从列表中按照索引一个个取出数据，然后利用标签输出数据来确定数据的位置）。最后生成调用实时天气 API 的网址，并赋值给“Web 客户端_获取天气”的“网址”属性，并执行 GET 请求。

④ 实时天气返回数据分析。

如果调用实时天气 API 地址获取数据正常，也会返回一串 JSON 格式文本（以长沙为例）：


```
{
    "code":"200",
    "updateTime":"2021-03-14T22:47+08:00",
    "fxLink":"http://***.***/2ax1",
    "now":{"obsTime":"2021-03-14T22:33+08:00",
        "temp":"10",
        "feelsLike":"8",
        "icon":"154",
        "text":"阴",
        "wind360":"180",
        "windDir":"南风,
        "windScale":"2",
        "windSpeed":"10",
        "humidity":"85",
        "precip":"0.0",
        "pressure":"1029","vis":"3","cloud":"99","dew":"8"
        },
        "refer":{"sources":["Weather China"],"license":["no commercial use"]}
}
```


数据含义如下。

code：API 状态码，具体含义请参考响应代码。

updateTime：当前 API 的最近更新时间。

fxLink：当前数据的响应式页面，便于嵌入网站或应用。

now.obsTime：数据观测时间。

now.temp：温度，默认单位为摄氏度。

now.feelsLike：体感温度，默认单位为摄氏度。

now.icon：天气状况和图标的代码。

now.text：天气状况的文字描述，包括阴、晴、雨、雪等天气状态的描述。

now.wind360：360 度风向。

now.windDir：风向。

now.windScale：风力等级。

now.windSpeed：风速，公里/小时。

now.humidity：相对湿度，百分比数值。

now.precip：当前小时累计降水量，默认单位为毫米。

now.pressure：大气压强，默认单位为百帕。

now.vis：能见度，默认单位为公里。

now.cloud：云量，百分比数值。

now.dew：露点温度。

refer.sources：原始数据来源，或数据源说明，可能为空。

refer.license：数据许可或版权声明，可能为空。

项目需要的天气信息都在“now”对应值中。返回的数据通过调用“解码 JSON 文本”方法将返回数据分解并存放到列表中，然后在列表中可以通过关键字查找或通过索引获取对应的值，代码如图 6.54 所示。

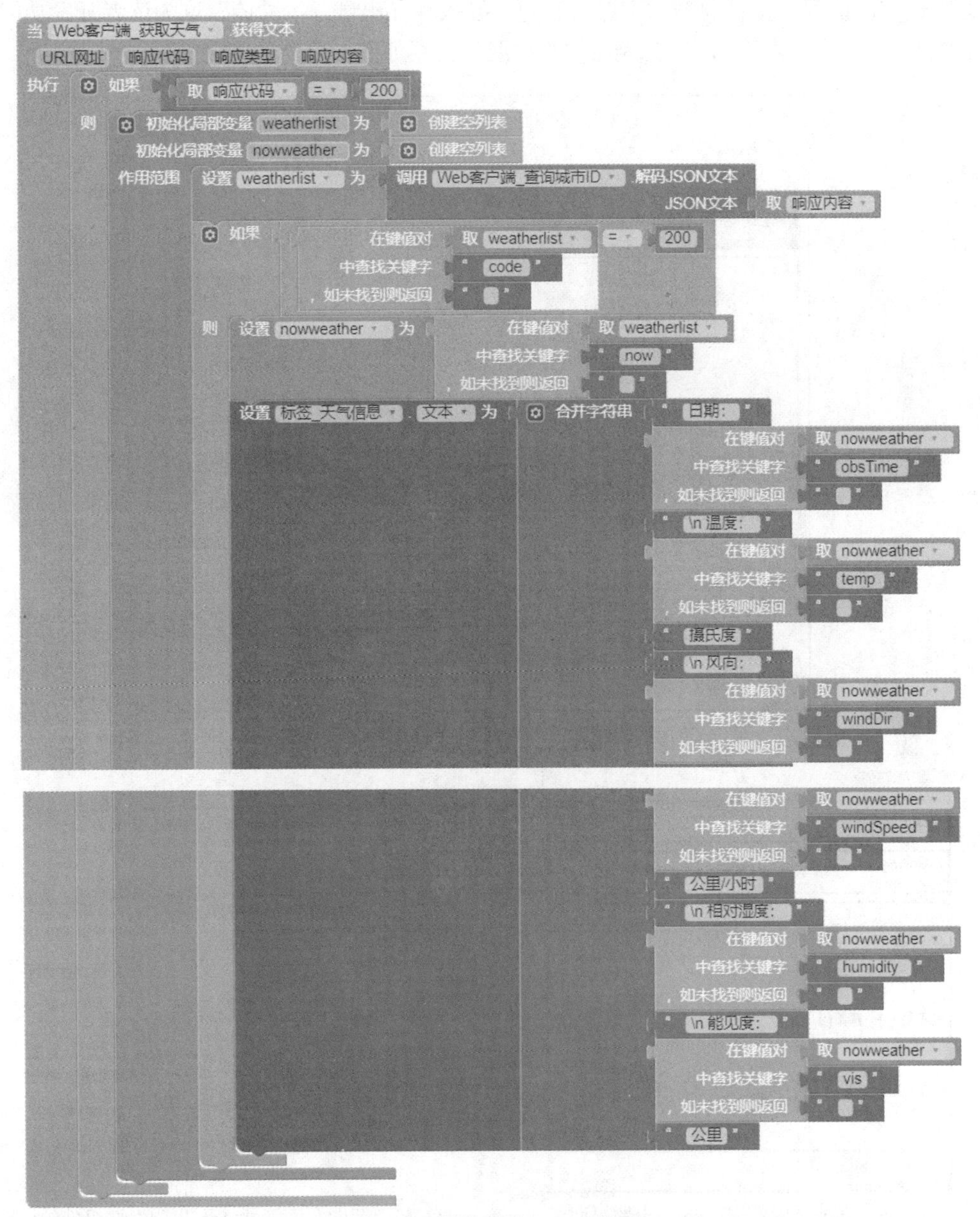

图 6.54　天气预报 App 的代码

代码含义大部分同图 6.53 所示代码一致。最后将天气相关数据通过合并字符串显示到标签上。

6.6 智能题库管理

创作思路：相对于其他的数据库软件，App Inventor 的数据库功能非常简单，用它实现较为复杂的数据库应用较为不便。本项目通过 App Inventor 开发一个辅助学习软件——智能题库管理 App，实现多门课程、多种题型的出题、答题，导入和导出试题等功能，这为读者开发功能较为强大的数据库应用提供了参考。其界面和组件层次关系如图 6.55～图 6.60 所示。

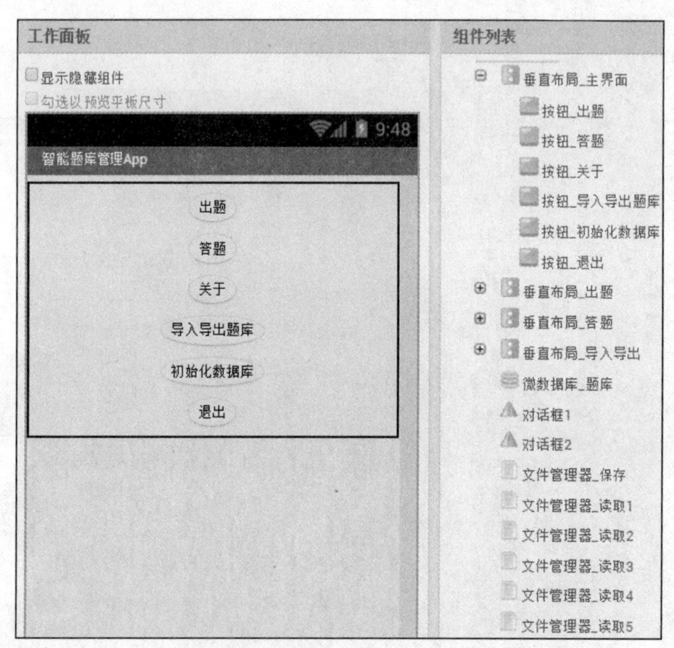

图 6.55 智能题库管理 App 的主界面和组件层次关系

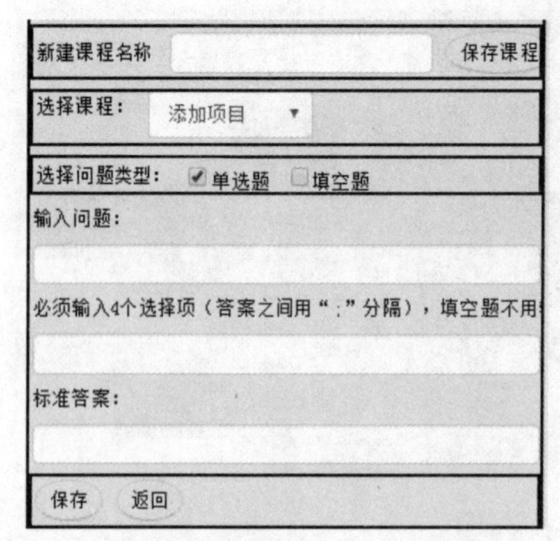

图 6.56 智能题库管理 App 的出题界面

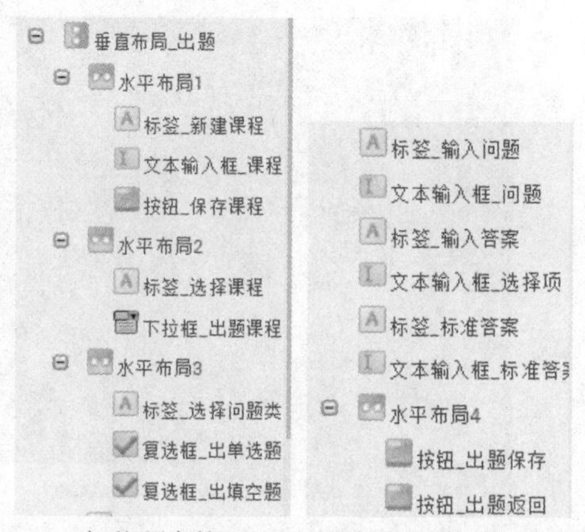

图 6.57 智能题库管理 App 出题界面组件的层次关系

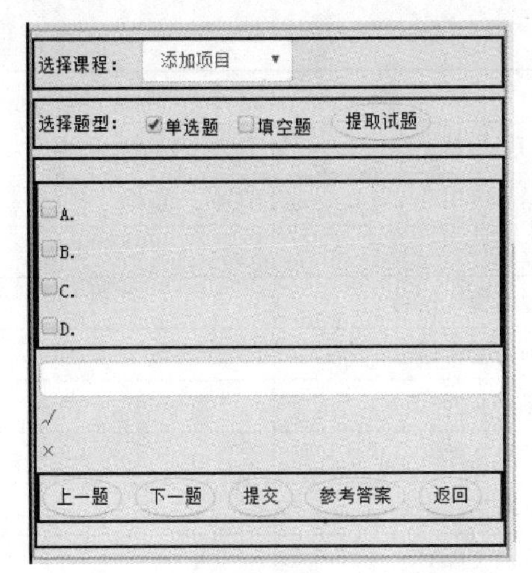

图 6.58　智能题库管理 App 的答题界面

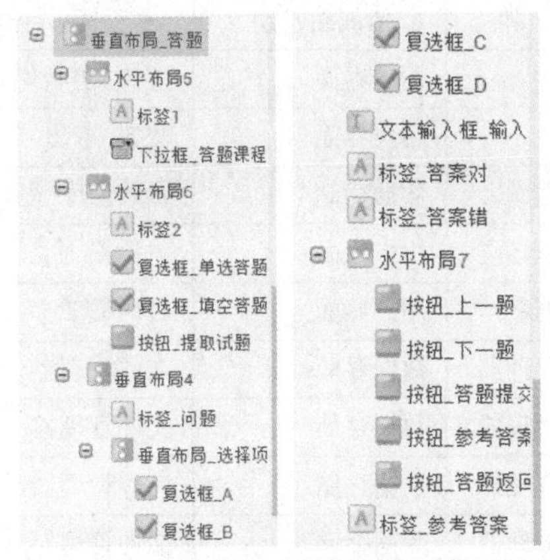

图 6.59　智能题库管理 App 答题界面组件的层次关系

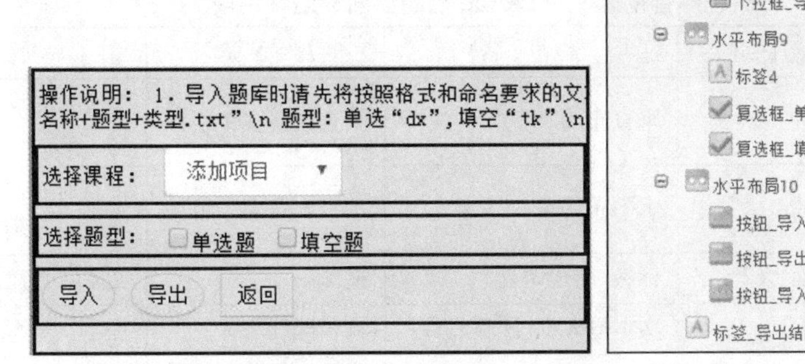

图 6.60　智能题库管理 App 的导入导出界面和组件层次关系

智能题库管理 App 主界面的组件说明如表 6.6 所示。在本项目中，所有按钮的形状均被设置为“椭圆”，后面不再一一说明。另外，考虑到本项目中要使用数据库动态保存多门课程的题目信息，为避免多个屏幕中传值处理的麻烦，本项目将所有功能在一个屏幕中实现。

表 6.6　　智能题库管理 App 主界面的组件说明

组　件	所属组件组	命　名	用　途	属　性
Screen	默认屏幕	Screen1		背景图片：bj.jpg 标题：智能题库管理 App
垂直布局	界面布局	垂直布局_主界面	垂直放置多个组件	水平对齐：居中 垂直对齐：居中 宽度：充满
按钮	用户界面	按钮_出题	进入出题界面	文本：出题
按钮	用户界面	按钮_答题	进入答题界面	文本：答题
按钮	用户界面	按钮_关于	弹出本软件说明	文本：关于
按钮	用户界面	按钮_导入导出题库	进入导入导出题库界面	文本：导入导出题库

续表

组　件	所属组件组	命　名	用　途	属　性
按钮	用户界面	按钮_初始化数据库	初始化数据库	文本：初始化数据库
按钮	用户界面	按钮_退出	退出应用	文本：退出
微数据库	数据存储	微数据库_题库		
对话框	用户界面	对话框 1	弹出警告信息	
对话框	用户界面	对话框 2	弹出警告信息	
文件管理器	数据存储	文件管理器_保存	保存文件	
文件管理器	数据存储	文件管理器_读取 1	读取文件	
文件管理器	数据存储	文件管理器_读取 2	读取文件	
文件管理器	数据存储	文件管理器_读取 3	读取文件	
文件管理器	数据存储	文件管理器_读取 4	读取文件	
文件管理器	数据存储	文件管理器_读取 5	读取文件	

智能题库管理 App 出题界面的组件说明如表 6.7 所示。

表 6.7　　智能题库管理 App 出题界面的组件说明

组　件	所属组件组	命　名	用　途	属　性
垂直布局	界面布局	垂直布局_出题	垂直放置多个组件	宽度：充满 显示状态：不显示
水平布局	界面布局	水平布局 1	水平放置多个组件	垂直对齐：居中 宽度：充满
标签	用户界面	标签_新建课程	提示	文本：新建课程名称
文本输入框	用户界面	文本输入框_课程名称	输入课程名称	提示：空
按钮	用户界面	按钮_保存课程	保存课程名称到数据库	文本：保存课程
水平布局	界面布局	水平布局 2	水平放置多个组件	垂直对齐：居中 宽度：充满
标签	用户界面	标签_选择课程	提示	文本：选择课程：
下拉框	用户界面	下拉框_出题课程	选择课程	
水平布局	界面布局	水平布局 3	水平放置多个组件	垂直对齐：居中 宽度：充满
标签	用户界面	标签_选择问题类型	提示	文本：选择问题类型：
复选框	用户界面	复选框_出单选题	单选题	文本：单选题
复选框	用户界面	复选框_出填空题	填空题	文本：填空题
标签	用户界面	标签_输入问题	提示	文本：输入问题：
文本输入框	用户界面	文本输入框_问题	输入问题	提示：中国的首都在哪里？ 允许多行：勾选
标签	用户界面	标签_输入答案	提示	文本：必须输入 4 个选择项（答案之间用“;”分隔），填空题不用输入

续表

组　件	所属组件组	命　名	用　途	属　性
文本输入框	用户界面	文本输入框_选择项	输入选择项	提示：北京;上海;广州;浙江 允许多行：勾选
标签	用户界面	标签_标准答案	提示	文本：标准答案：
文本输入框	用户界面	文本输入框_标准答案	输入标准答案	提示：A 允许多行：勾选
水平布局	界面布局	水平布局 4	水平放置多个组件	垂直对齐：居中 宽度：充满
按钮	用户界面	按钮_出题保存	保存题目到数据库	文本：保存
按钮	用户界面	按钮_出题返回	返回到主界面	文本：返回

智能题库管理 App 答题界面的组件说明如表 6.8 所示。

表 6.8　智能题库管理 App 答题界面的组件说明

组　件	所属组件组	命　名	用　途	属　性
垂直布局	界面布局	垂直布局_答题	垂直放置多个组件	宽度：充满 显示状态：不显示
水平布局	界面布局	水平布局 5	水平放置多个组件	垂直对齐：居中 宽度：充满
标签	用户界面	标签 1	提示	文本：选择课程：
下拉框	用户界面	下拉框_答题课程	选择课程	
水平布局	界面布局	水平布局 6	水平放置多个组件	垂直对齐：居中 宽度：充满
标签	用户界面	标签 2	提示	文本：选择题型：
复选框	用户界面	复选框_单选答题	单选题	文本：单选题
复选框	用户界面	复选框_填空答题	填空题	文本：填空题
按钮	用户界面	按钮_提取试题	从数据库提取试题	文本：提取试题
垂直布局	界面布局	垂直布局 4	垂直放置多个组件	宽度：充满
标签	用户界面	标签_问题	显示问题	文本：空
垂直布局	界面布局	垂直布局_选择项	垂直放置 4 个答案选项	宽度：充满
复选框	用户界面	复选框_A	显示选择项 A	文本：A.
复选框	用户界面	复选框_B	显示选择项 B	文本：B.
复选框	用户界面	复选框_C	显示选择项 C	文本：C.
复选框	用户界面	复选框_D	显示选择项 D	文本：D.
文本输入框	用户界面	文本输入框_输入答案	填空题输入答案	允许多行：选择 宽度：充满
标签	用户界面	标签_答案对	显示“√”	文本：√ 文本颜色：红色 显示状态：不勾选

续表

组　件	所属组件组	命　名	用　途	属　性
标签	用户界面	标签_答案错	显示“×”	文本：× 文本颜色：红色 显示状态：不勾选
水平布局	界面布局	水平布局 7	水平放置多个组件	垂直对齐：居中 宽度：充满
按钮	用户界面	按钮_上一题	浏览上一道题目	文本：上一题
按钮	用户界面	按钮_下一题	浏览下一道题目	文本：下一题
按钮	用户界面	按钮_答题提交	提交答题进行评分	文本：提交
按钮	用户界面	按钮_参考答案	显示标准答案	文本：参考答案
按钮	用户界面	按钮_答题返回	返回到主界面	文本：返回
标签	用户界面	标签_参考答案	显示参考答案	文本：空 显示状态：不勾选

智能题库管理 App 导入导出界面的组件说明如表 6.9 所示。

表 6.9　智能题库管理 App 导入导出界面的组件说明

组　件	所属组件组	命　名	用　途	属　性
垂直布局	界面布局	垂直布局_导入导出	垂直放置多个组件	宽度：充满 显示状态：不显示
标签	用户界面	标签 5	提示	文本：操作说明：1. 导入题库时请先将按照格式和命名要求处理过的文本文件复制到手机的“/sdcard/tk”下面。\n 2. 再选择课程和题型。\n 3. 单击“导入”按钮。\n 导入题库时文件的命名要求：“课程名称+题型+类型.txt”\n 题型：单选“dx”，填空“tk”\n 类型：问题“wt”，选择项“xzx”，答案“da”\n 如：计算机基础 dxwt.txt、计算机基础 dxxzx.txt、计算机基础 dxda.txt
水平布局	界面布局	水平布局 8	水平放置多个组件	垂直对齐：居中 宽度：充满
标签	用户界面	标签 3	提示	文本：选择课程：
下拉框	用户界面	下拉框_导入导出	选择导入导出课程	
水平布局	界面布局	水平布局 9	水平放置多个组件	垂直对齐：居中 宽度：充满
标签	用户界面	标签 4	提示	文本：选择题型：
复选框	用户界面	复选框_单选题导入导出	单选题	文本：单选题
复选框	用户界面	复选框_填空题导入导出	填空题	文本：填空题

续表

组　件	所属组件组	命　名	用　途	属　性
水平布局	界面布局	水平布局 10	水平放置多个组件	垂直对齐：居中 宽度：充满
按钮	用户界面	按钮_导入	导入文本文件的题目到数据库	文本：导入
按钮	用户界面	按钮_导出	导出数据库中的题目到文本文件	文本：导出
按钮	用户界面	按钮_导入导出返回	返回到主界面	文本：返回
标签	用户界面	标签_导出结果	提示	

智能题库管理 App 的逻辑设计如下。

（1）全局变量定义，如图 6.61 所示。

problemindex：当前问题的索引。

kcmc：当前选择的课程名称。

status：记录文本框中是否输入内容。

problem：保存问题的列表。

tx：“1”为单选题，“2”为填空题。

kc：存放所有课程信息。

problemselect：存放单选题的题目。

problemfill：存放填空题的题目。

selectitem：存放单选题的选择项。

answerselect：存放单选题的标准答案。

answerfill：存放填空题的标准答案。

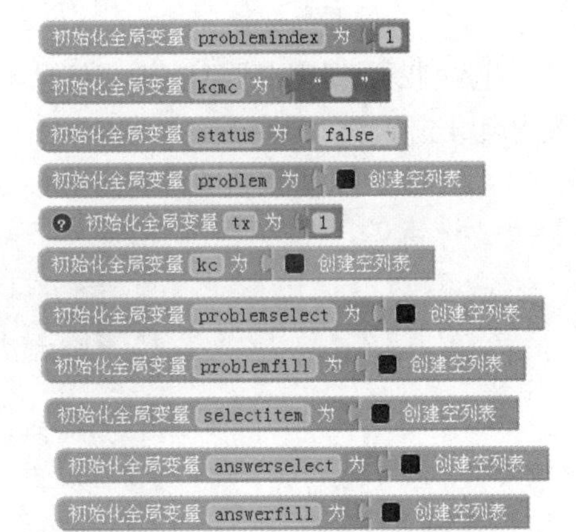

图 6.61　定义全局变量的代码

（2）几个过程如图 6.62～图 6.64 所示。

图 6.62　getdata 过程的代码

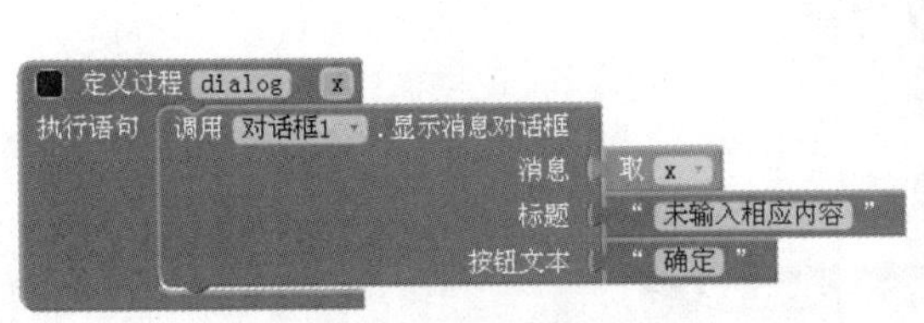

图 6.63　dialog 过程的代码

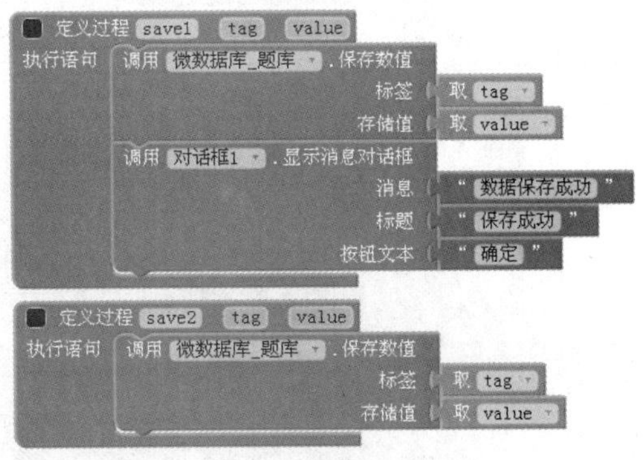

图 6.64　save 过程的代码

getdata：从数据库中获取课程数据。

dialog：显示消息对话框。

save1：保存值到数据库并显示消息对话框。

save2：保存值到数据库。

（3）初始化屏幕，如图 6.65 所示。

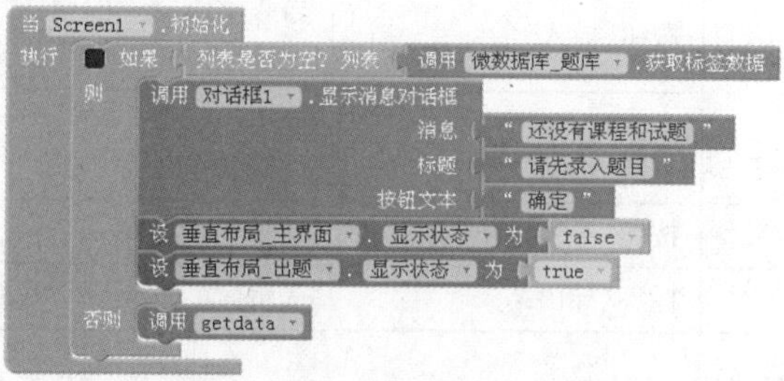

图 6.65　屏幕的“初始化”事件代码

首先判断数据库中是否有课程信息等数据，如果没有则弹出消息对话框，并进入出题界面；否则调用过程 getdata。

（4）主界面几个按钮的代码如图 6.66～图 6.68 所示。

图 6.66　“出题”按钮和“答题”按钮的代码

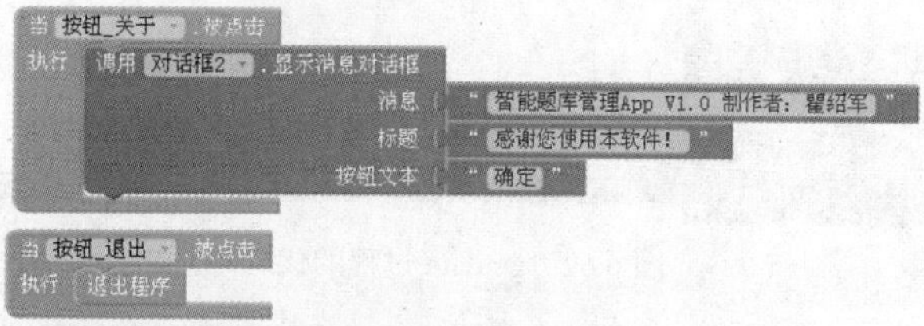

图 6.67　“关于”按钮和“退出”按钮的代码

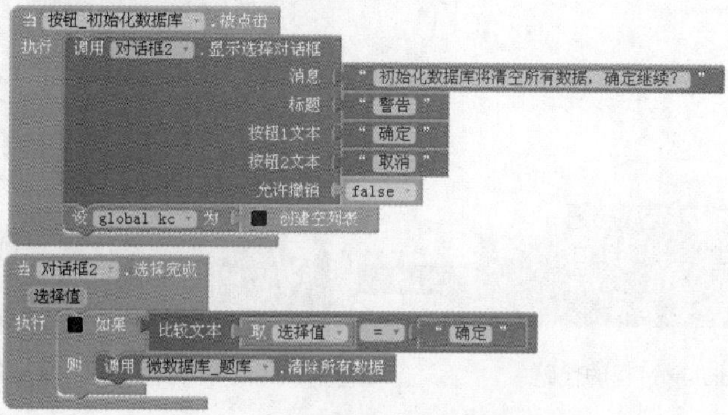

图 6.68　“初始化数据库”按钮的代码

初始化数据库时将清空数据库中所有的数据。

（5）出题界面的代码如图 6.69～图 6.74 所示。

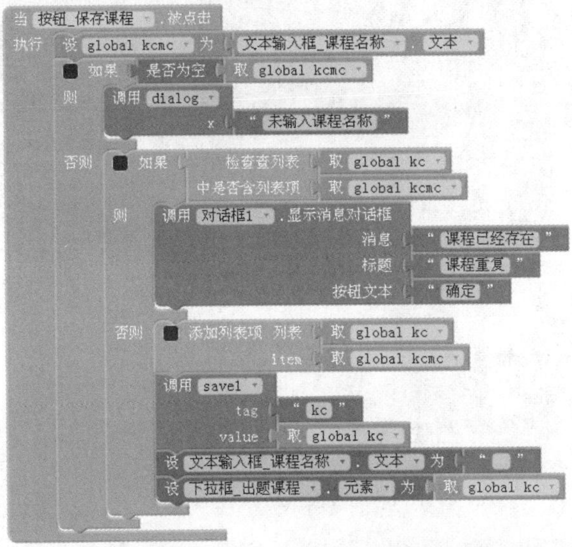

图 6.69　“保存课程”按钮的代码

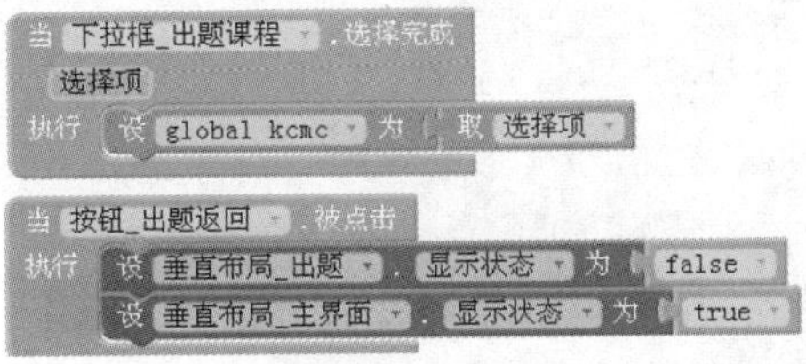

图 6.70　下拉框“选择完成”事件和“返回”按钮的代码

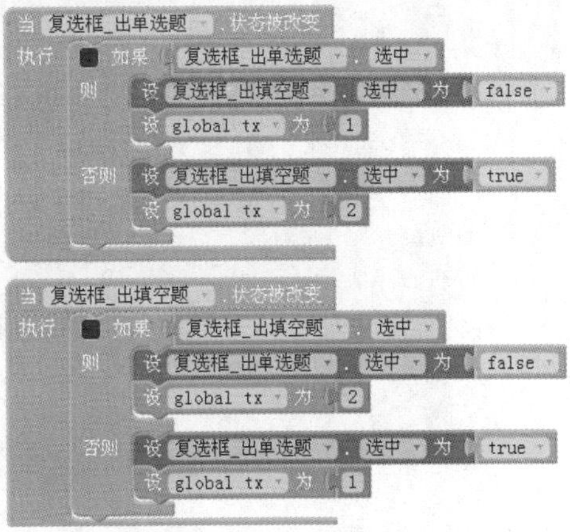

图 6.71　选择问题类型的代码

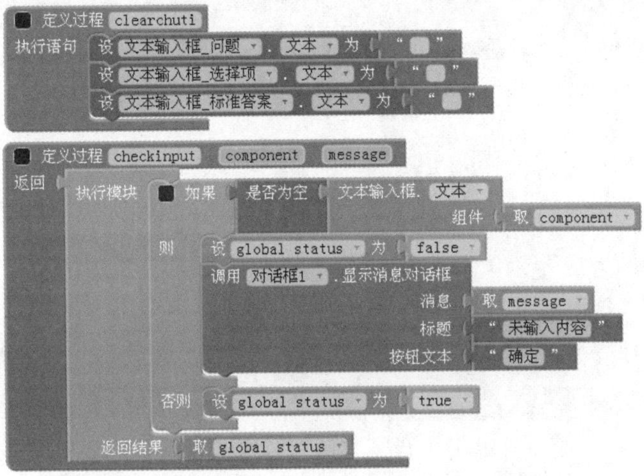

图 6.72　clearchuti 过程和 checkinput 过程的代码

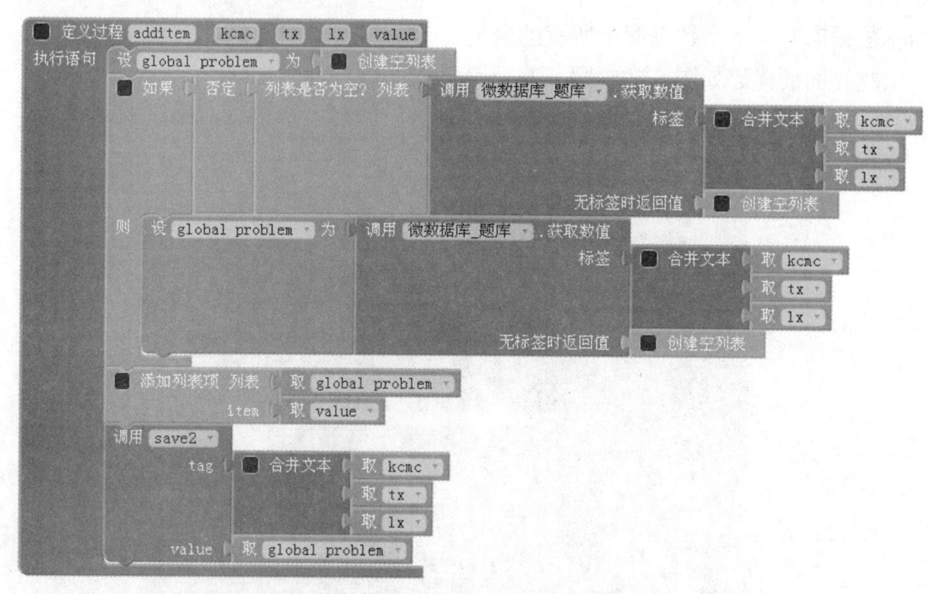

图 6.73　additem 过程的代码

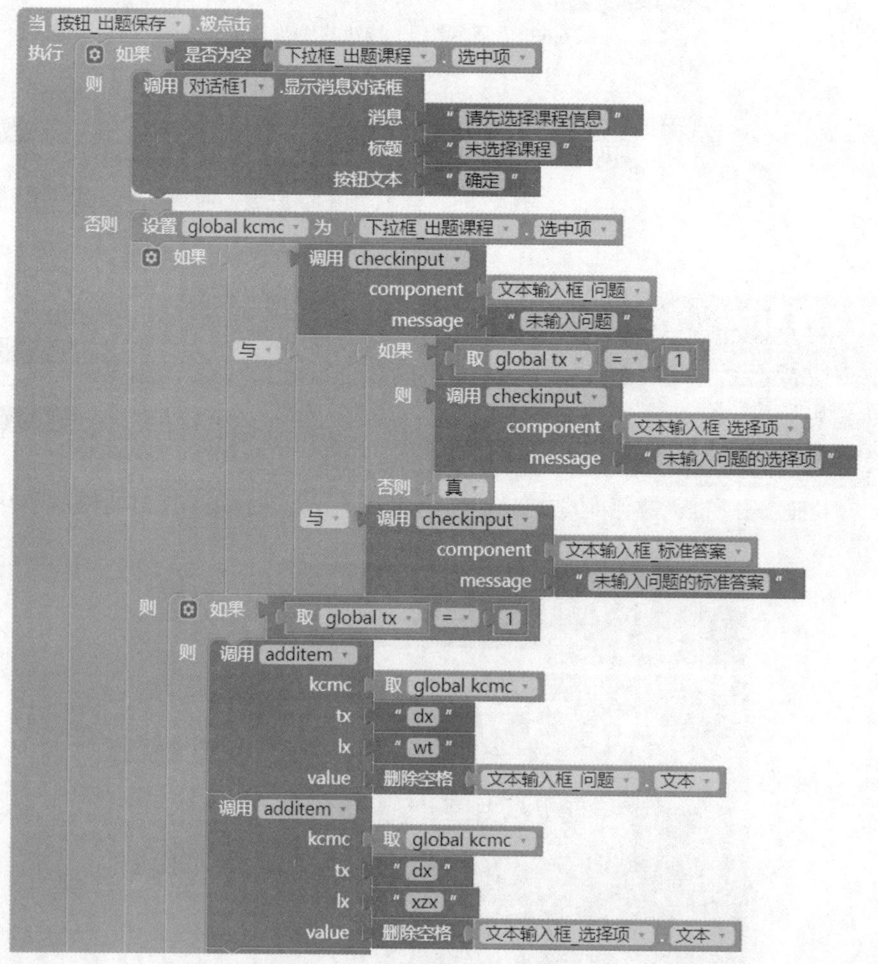

图 6.74　“保存”按钮的代码

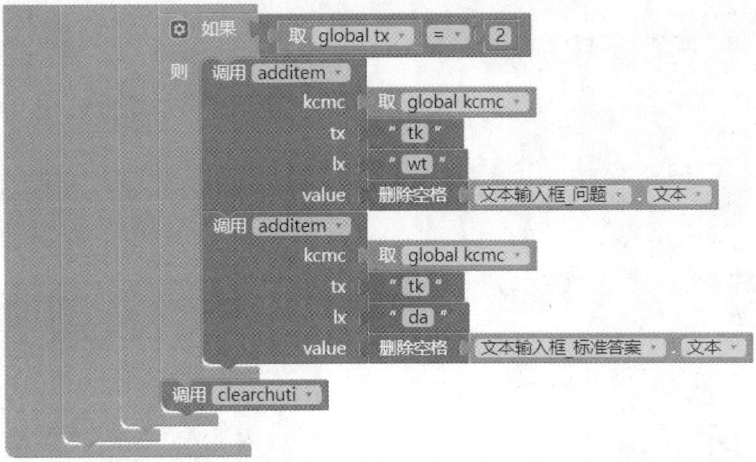

图 6.74 “保存”按钮的代码（续）

保存课程的时候，系统首先判断用户是否输入了课程。如果用户输入了课程，则检查数据库中是否存在该课程；如不存在则将课程添加到“kc”列表并保存到数据库中。

clearchuti 过程：清除出题界面几个文本输入框中的内容。

checkinput 过程：检查文本输入框中是否被输入了内容。

additem 过程：动态地向数据库中的对应课程和对应题型添加数据并保存。这里的键值是动态命名的，键值采用了“课程名称+题型+类型”格式：对于“题型”，单选用“dx”，填空用“tk”；对于“类型”，问题用“wt”，选择项用“xzx”，答案用“da”。例如，计算机基础 dxwt，计算机基础 dxxzx，计算机基础 dxda。这样可以实现多门课程和多种题型数据的动态保存。

保存出题信息的时候，系统首先判断用户是否选择了课程信息，如果没有，则给出提示信息；如果有，则判断用户是否录入了题目信息和答案信息，再根据题型调用 additem 过程保存题目信息。

（6）答题界面的代码如图 6.75～图 6.93 所示。

根据选择的是单选题还是填空题设置答题界面，初始化部分变量、显示和隐藏相应组件，如图 6.75～图 6.78 所示。

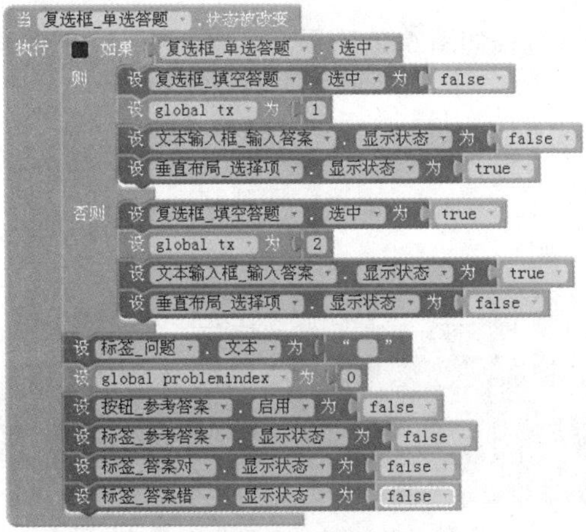

图 6.75 “复选框-单选答题”的代码

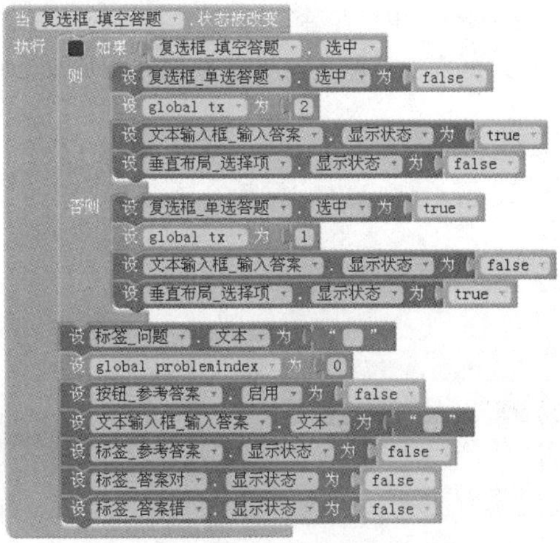

图 6.76 “复选框-填空答题”的代码

图 6.77 “返回”按钮的代码

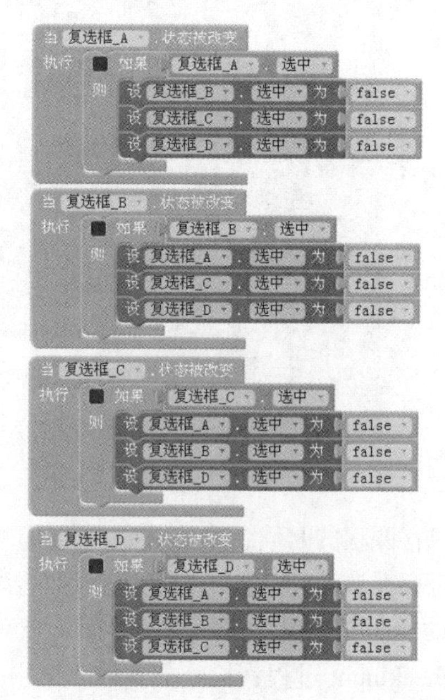

图 6.78 选择项的“状态被改变”事件代码

全局变量的定义如图 6.79 所示，其含义如下。

userfill：答填空题时，用户填写的答案。

userselect：答选择题时，用户选择的答案。

xzda：选择答案。

dt：判断是答题状态还是已经提交评分状态，答题状态的值为 false，已经提交评分状态的值为 true。

judgeselect：记录评分后选择题的对错。

judgefill：记录评分后填空题的对错。

totalright：总共答对的题目数量。

isanswer：用户是否已经答了当前的题目。

从数据库中获取指定标签数据的 selectproblem 过程如图 6.80 所示。

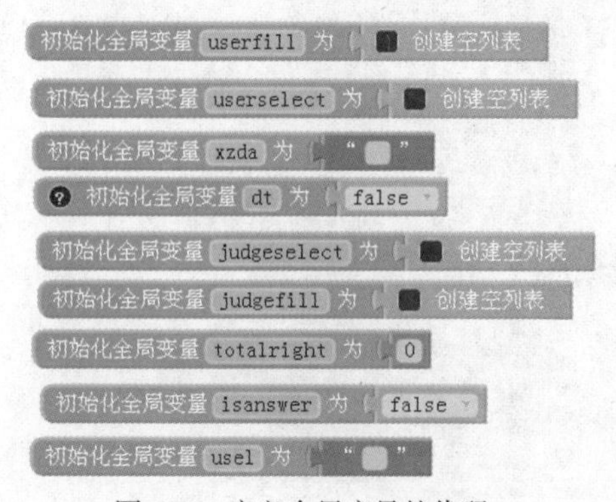

图 6.79 定义全局变量的代码

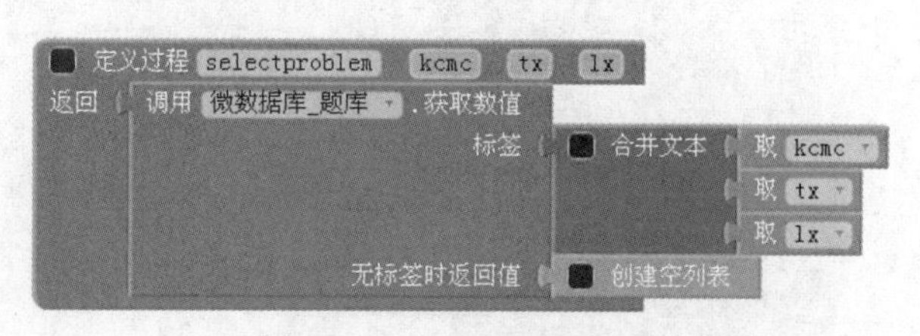

图 6.80 selectproblem 过程的代码

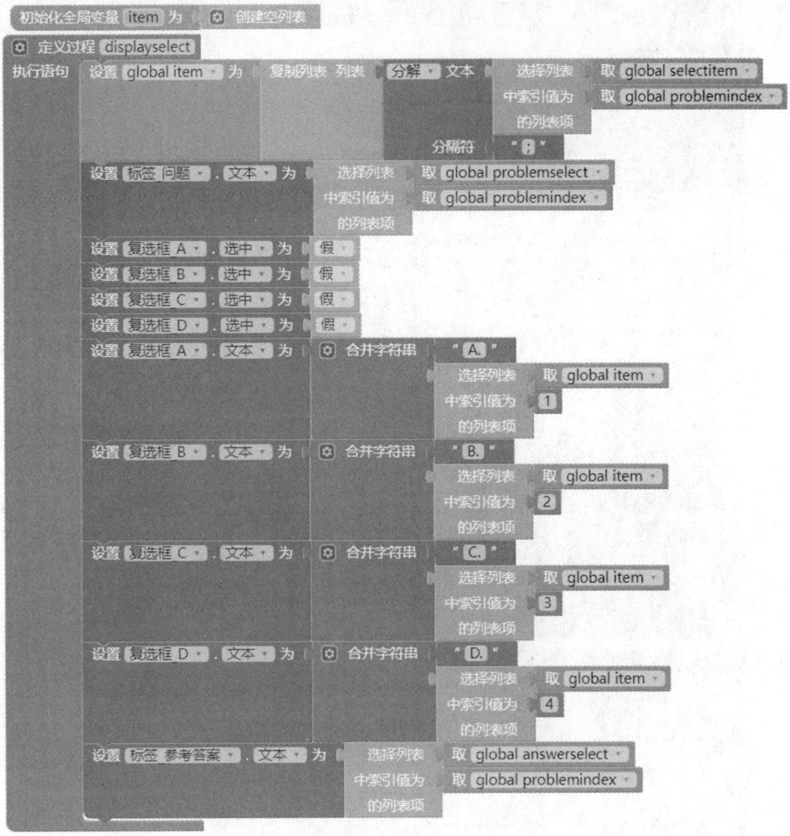

图 6.81　diaplayselect 过程的代码

displayselect 过程：显示单选题的 4 个选择项到 4 个复选框，并显示标准答案，这里只是把标准答案也一起读取出来，然后显示到标签上面。默认情况下，该组件是不显示的，只有用户提交答案后才会被显示出来。

图 6.82　下拉框“选择完成”事件代码

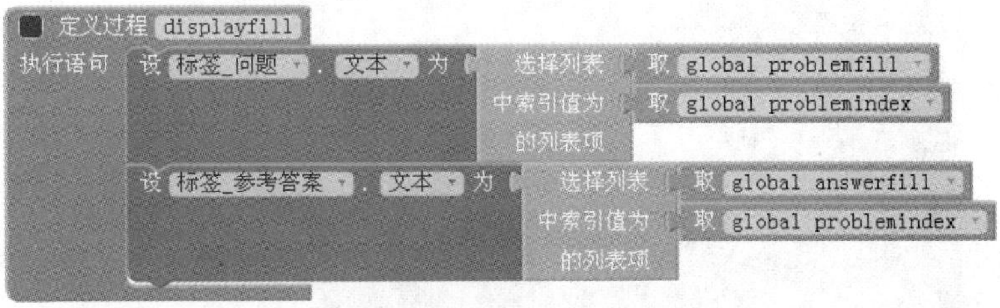

图 6.83　displayfill 过程的代码

displayfill 过程：显示填空题和参考答案。

```
当 按钮_提取试题 .被点击
执行 设 global kcmc 为 下拉框_答题课程 . 选中项
     设 global dt 为 false
     设 global userfill 为 创建空列表
     设 global userselect 为 创建空列表
     设 global judgeselect 为 创建空列表
     设 global judgefill 为 创建空列表
     设 global problem 为 创建空列表
     设 文本输入框_输入答案 . 文本 为 " "
     设 标签_答案对 . 显示状态 为 false
     设 标签_答案错 . 显示状态 为 false
     如果 取 global tx = 1
     则 设 global problemselect 为 调用 selectproblem
                                        kcmc 取 global kcmc
                                        tx "dx"
                                        lx "wt"
        设 global selectitem 为 调用 selectproblem
                                        kcmc 取 global kcmc
                                        tx "dx"
                                        lx "xzx"
        设 global answerselect 为 调用 selectproblem
                                        kcmc 取 global kcmc
                                        tx "dx"
                                        lx "da"
        如果 否定 列表是否为空? 列表 取 global problemselect
        则 循环取 i 范围从 1
                   到 求列表长度 列表 取 global problemselect
                   间隔为 1
           执行 添加列表项 列表 取 global userselect
                          item "0"
           设 global problemindex 为 1
           调用 displayselect
        否则 调用 对话框2 .显示消息对话框
                        消息 "该门课程暂无选择题"
                        标题 "抱歉"
                        按钮文本 "确定"
     否则 设 global problemfill 为 调用 selectproblem
                                        kcmc 取 global kcmc
                                        tx "tk"
                                        lx "wt"
        设 global answerfill 为 调用 selectproblem
                                        kcmc 取 global kcmc
                                        tx "tk"
                                        lx "da"
        如果 否定 列表是否为空? 列表 取 global problemfill
        则 循环取 i 范围从 1
                   到 求列表长度 列表 取 global problemfill
                   间隔为 1
           执行 添加列表项 列表 取 global userfill
                          item ","
           设 global problemindex 为 1
           调用 displayfill
        否则 调用 对话框2 .显示消息对话框
                        消息 "该门课程暂无填空题"
                        标题 "抱歉"
                        按钮文本 "确定"
     设 按钮_上一题 . 启用 为 true
     设 按钮_下一题 . 启用 为 true
     设 按钮_答题提交 . 启用 为 true
```

图 6.84 “提取试题”按钮的代码

提取试题的时候，系统首先初始化相关全局变量，然后根据题型调用 selectproblem 过程从数据库中查询题目信息和答案信息，并调用 displayselect 过程或 displayfill 过程显示题目。这里为了方便后面与用户的答题信息和判题结果相对应，在查询出试题后，根据题目的数量同时初始化 userselect 和 userfill 两个列表。

```
定义过程 userselect
返回 执行模块 如果 复选框_A . 选中
             则 设 global xzda 为 " A "
             如果 复选框_B . 选中
             则 设 global xzda 为 " B "
             如果 复选框_C . 选中
             则 设 global xzda 为 " C "
             如果 复选框_D . 选中
             则 设 global xzda 为 " D "
     返回结果 取 global xzda
```

图 6.85　userselect 过程的代码

userselect 过程：根据用户勾选的复选框确定用户选择的是 A、B、C、D 中的哪个选择项。

```
定义过程 checkanswer
返回 执行模块 如果 取 global tx = 1
             则 如果 否定 或者 复选框_A . 选中 或者 复选框_B . 选中
                           复选框_C . 选中 或者 复选框_D . 选中
                则 调用 对话框1 .显示消息对话框
                        消息 " 您还没有回答本题，请选择选择项! "
                        标题 " 选择答案 "
                        按钮文本 " 确定 "
                   设 global isanswer 为 false
                否则 设 global isanswer 为 true
             否则 如果 是否为空 文本输入框_输入答案 . 文本
                则 调用 对话框1 .显示消息对话框
                        消息 " 您还没有回答本题，请输入答案! "
                        标题 " 输入答案 "
                        按钮文本 " 确定 "
                   设 global isanswer 为 false
                否则 设 global isanswer 为 true
     返回结果 取 global isanswer
```

图 6.86　checkanswer 过程的代码

checkanswer 过程：检查用户是否作答。

图 6.87　显示参考答案的代码

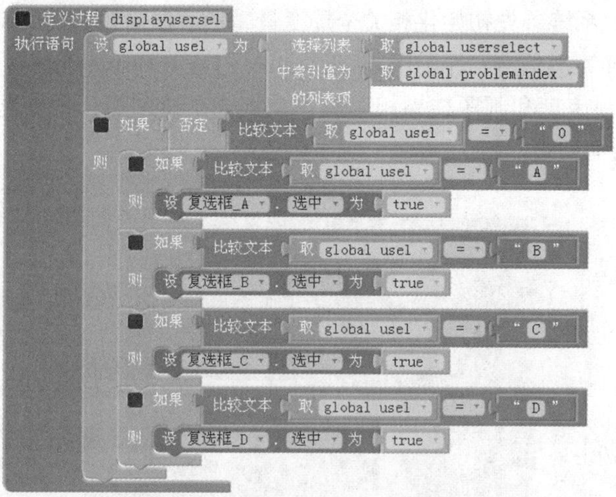

图 6.88　displayusersel 过程的代码

displayusersel 过程：浏览题目时，根据用户选择的答案，将选择项中与答案相符的复选框选中。

图 6.89　displayuserfill 过程的代码

displayuserfill 过程：浏览题目时，显示用户已经输入过的答案。

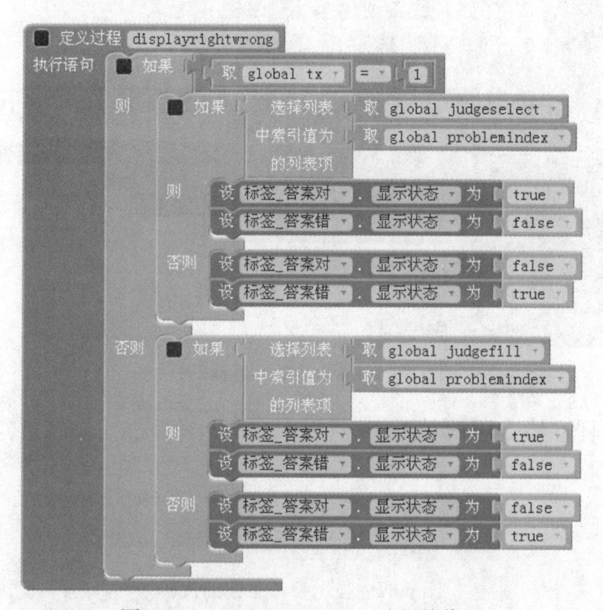

图 6.90　displayrightwrong 过程的代码

displayrightwrong 过程：显示用户回答得正确与否。

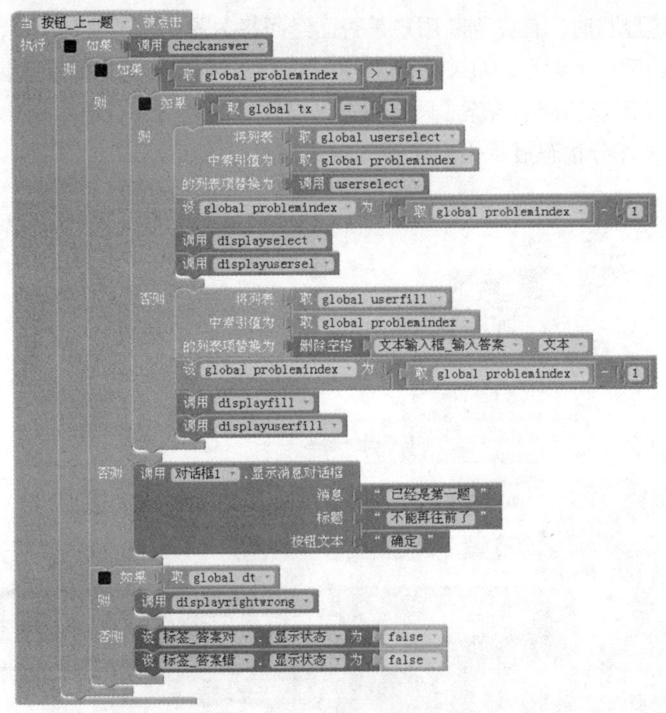

图 6.91 “上一题”按钮的代码

要切换到上一道题目时，首先判断用户是否已经回答本题，如果没有作答，则提醒用户作答；然后判断题目索引是否大于 1，如果大于 1，则根据题型分别更新用户的答案，将问题的索引减 1，并显示上一道题目和用户选择的答案（只有用户已经作答的题目才会显示用户给出的答案）；最后根据是答题状态还是评分状态显示用户作答的对错信息。

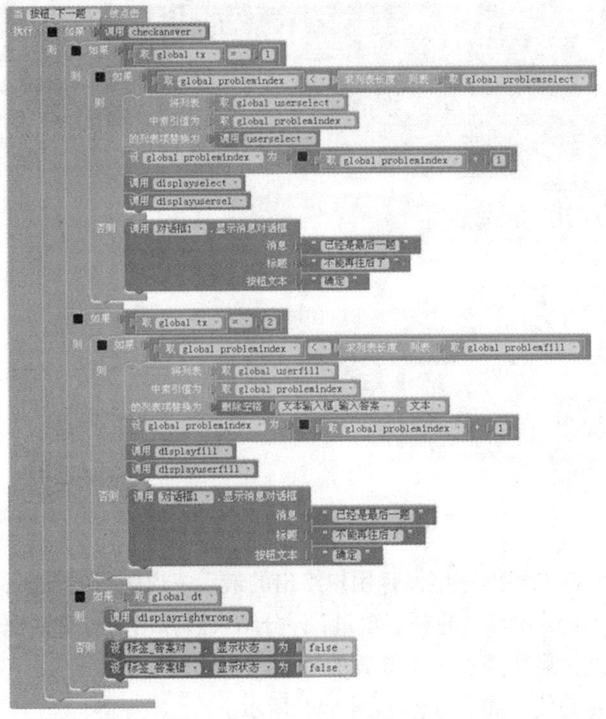

图 6.92 “下一题”按钮的代码

要切换到下一道题目时，首先判断用户是否已经回答本题，如果没有作答，则提醒用户作答；然后判断是否到达最后一道题目，如果没有，则根据题型分别更新用户的答案，将问题的索引加 1，并显示下一道题目和用户选择的答案（只有用户已经作答的题目才会显示用户给出的答案）；最后根据是答题状态还是评分状态显示用户作答的对错信息。

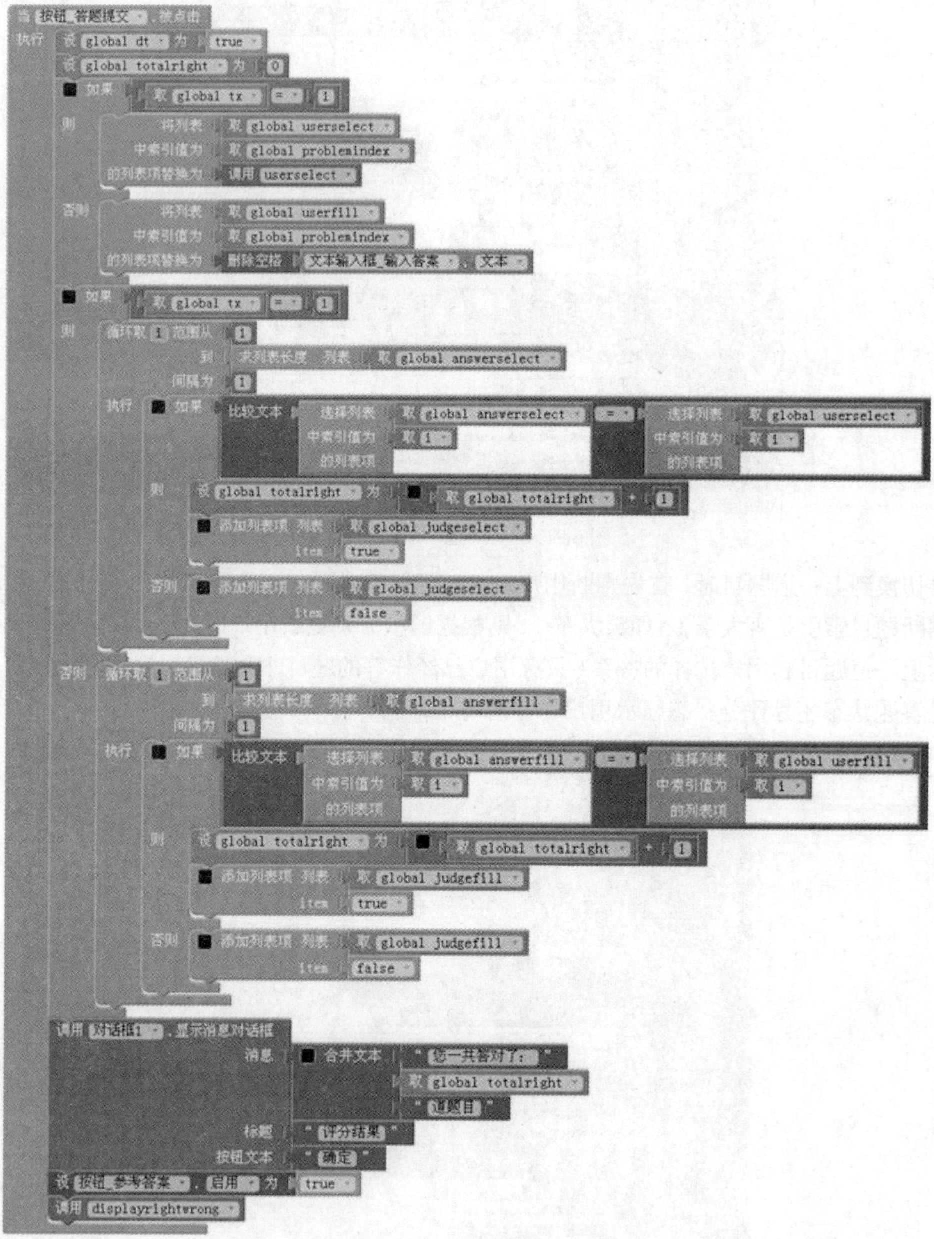

图 6.93　提交答题进行评分的代码

提交答案时，系统首先根据题型保存用户给出的最后一道题目的答案；然后根据题型进行评分，并记录每道题目的正误和答对的题目数量；评分结束后弹出消息对话框告诉用户答对的题数，并显示每道题目的正误，启用查看参考答案的按钮。

（7）导入导出界面的代码如图 6.94～图 6.99 所示。

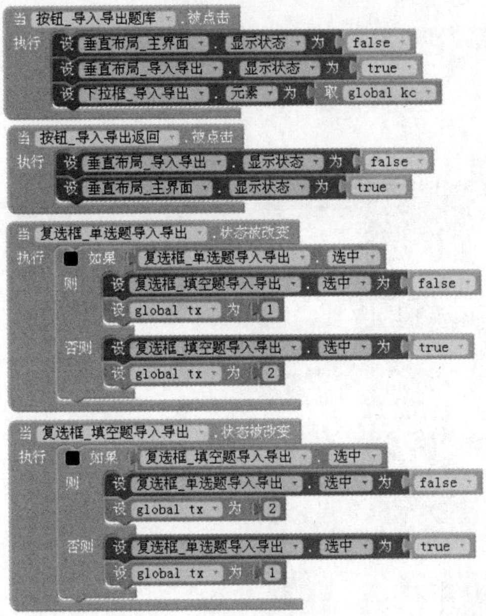

图 6.94　导入导出题库的相关代码

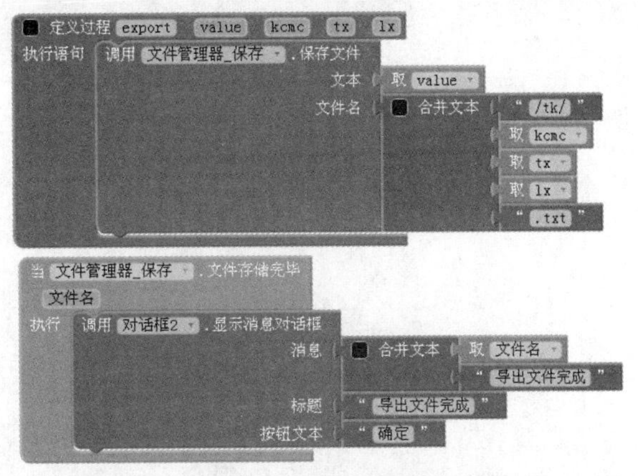

图 6.95　export 过程的代码

export 过程：导出文本内容到手机“/sdcard/tk/”目录下，文件名称为“kcmc 值+tx 值+lx 值.txt”，如计算机基础 dxwt.txt、计算机基础 dxxzx.txt、计算机基础 dxda.txt 等。

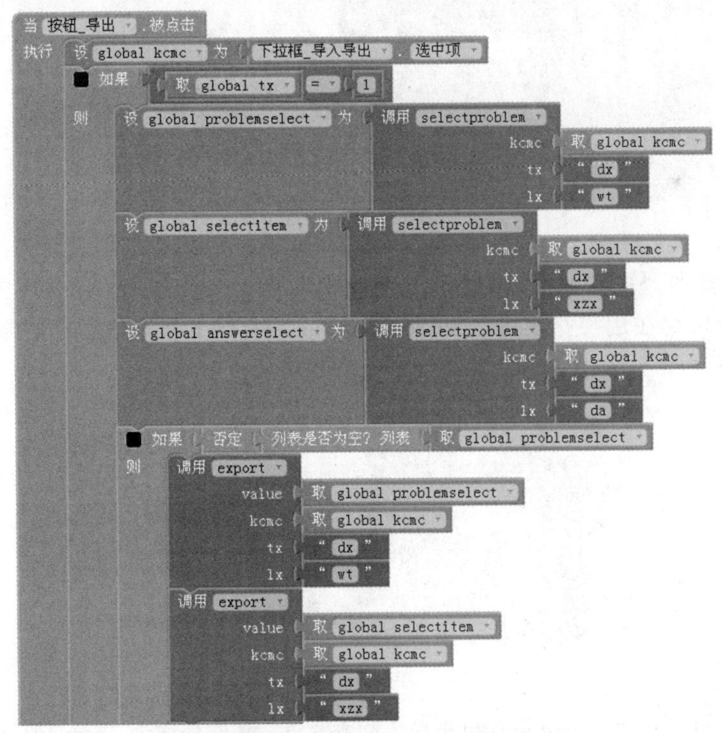

图 6.96　“导出”按钮的代码

```
调用 export
    value  取 global answerselect
    kcmc   取 global kcmc
    tx     "dx"
    lx     "da"
否则 调用 对话框2 .显示消息对话框
    消息     "该门课程暂无选择题"
    标题     "抱歉"
    按钮文本 "确定"
否则 设 global problemfill 为 调用 selectproblem
    kcmc 取 global kcmc
    tx   "tk"
    lx   "wt"
设 global answerfill 为 调用 selectproblem
    kcmc 取 global kcmc
    tx   "tk"
    lx   "da"
如果 否定 列表是否为空? 列表 取 global problemfill
则 调用 export
    value  取 global problemfill
    kcmc   取 global kcmc
    tx     "tk"
    lx     "wt"
调用 export
    value  取 global answerfill
    kcmc   取 global kcmc
    tx     "tk"
    lx     "da"
否则 调用 对话框2 .显示消息对话框
    消息     "该门课程暂无填空题"
    标题     "抱歉"
    按钮文本 "确定"
```

图 6.96 “导出”按钮的代码（续）

根据用户选择的课程和题型进行导出。导出的时候，系统首先从数据库中提取题目信息和答案信息，如果存在用户指定课程和题型的题目，则导出问题信息和答案信息到手机的“/sdcard/tk”目录下。

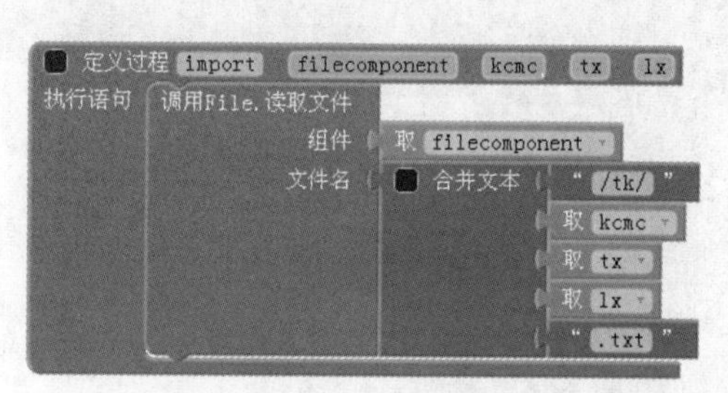

图 6.97 import 过程的代码

import 过程：从手机“/sdcard/tk/”目录导入文本文件，文件名称为“kcmc 值+tx 值+lx 值.txt”。文件名必须遵循 import 过程中的规则，如计算机基础 dxwt.txt、计算机基础 dxxzx.txt、计算机基础 dxda.txt 等。import 过程对内容的格式也有一定的要求，每道题目的问题和答案都用空格分隔，单选题的 4 个选择项之间用英文的“;”分隔，如问题格式“(计算机的发展趋势是巨型化、微小化、网络化、()、多媒体化。 CAI 的中文意思是()。 世界上第一台电子数字计算机研制成功的时间是()年。 在下列无符号十进制数中，能用 8 位二进制数表示的是()。)”，选择项格式 “(智能化;数字化;自动化;以上都对 计算机辅助教学;计算机辅助设计;计算机辅助制造;计算机辅助管理 1936;1946;1956;1975 255;256;317;289)”。

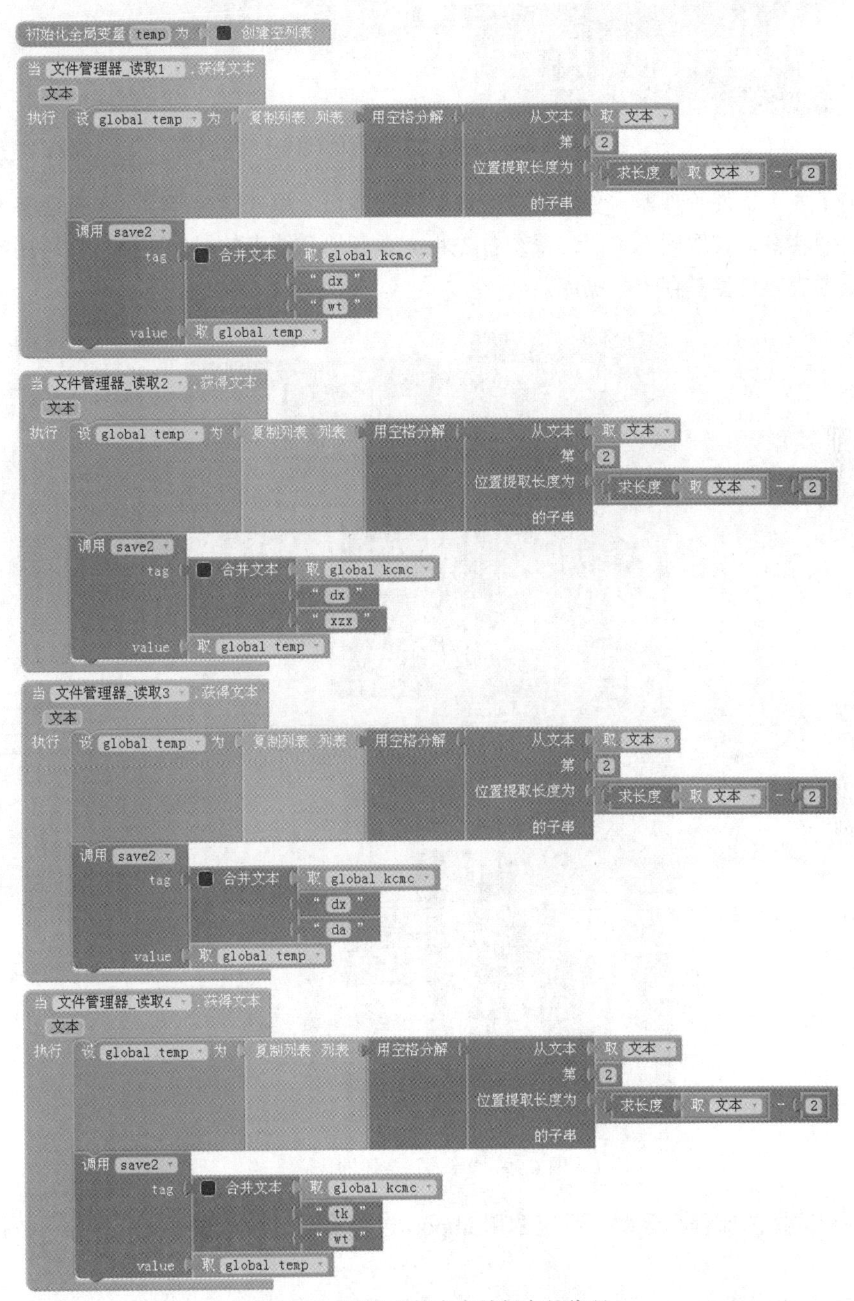

图 6.98　读取文件内容并保存的代码

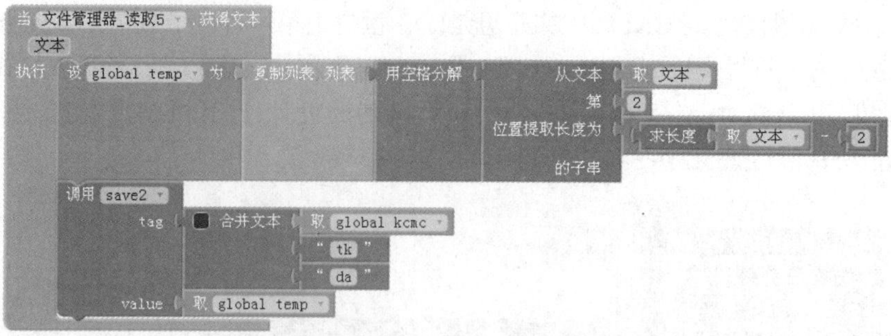

图 6.98　读取文件内容并保存的代码（续）

这里用了 5 个文件管理器，分别对应读取单选题题目、单选题选择项、单选题答案、填空题题目、填空题答案。获取到文本后，系统首先将文本开始和结束的括号去掉，然后用空格将文本内容分解成列表，再将其存入数据库。

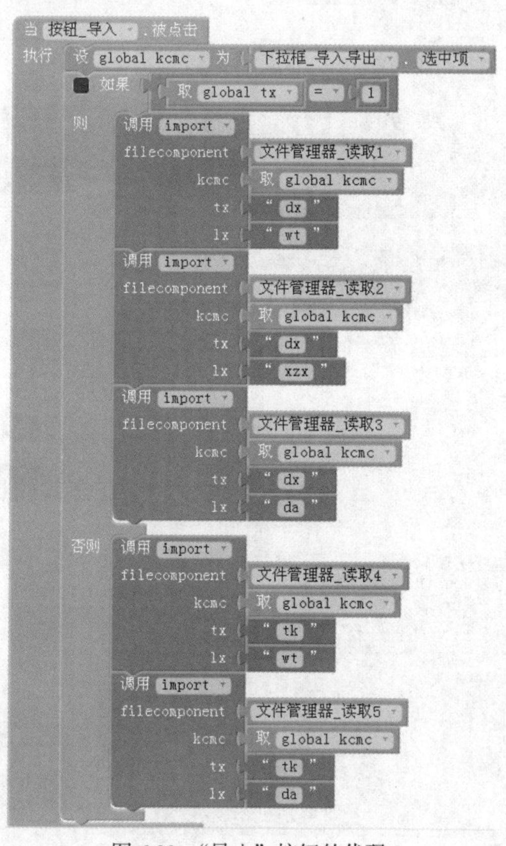

图 6.99　“导入”按钮的代码

根据用户选择的课程和题型，系统调用 import 过程将题目信息和答案信息导入数据库。

6.7　用 App Inventor 直接控制乐高 EV3 机器人

EV3 是乐高公司于 2013 年开发的第三代 MINDSTORMS 机器人。它的按钮可以发光，根据光的颜色可看出 EV3 的状态，其拥有比之前版本分辨率更高的黑白显示器、内置扬声器、USB 端口、一个迷你 SD 读卡器、4 个输入端口和 4 个输出端口，还有一个编程接口，用于编程及数据日志上传和下载。它支持通过 USB 2.0、蓝牙和 Wi-Fi 与计算机通信，由 AA 电池或 EV3 充电直流电池供电。

App Inventor 中的乐高机器人组件可以对乐高的上一代机器人产品 NXT 和 MINDSTROMS 可编程智能机器人产品 EV3 进行控制。

直接控制指令（Direct Command）是乐高公司所提供的一种通信格式。在机器人端不需要编程的情况下，只要在建立通信（USB、蓝牙、Wi-Fi）后对 EV3 主机发送位元阵列，就能实现诸多控制效果。因此不限于智能手机，只要是能够与乐高机器人进行无线通信（蓝牙或 Wi-Fi）的设备，都能以此架构来通信。不过请注意：NXT 的无线通信方式只有蓝牙。

有了 Direct Command，只要与 EV3 蓝牙配对，在机器人端不需要编写程序就可以由手机遥控机器人端，这样做的好处在于用户不需要维护两份代码。另外，手机端与机器人端的程序应该是用不同语言编写的，这样也会增加开发的难度。用户可以通过 Direct Command 实现的重要功能如下。

- 启动/停止主机上的指定操作。
- 控制电机的启动、停止、转向、能量与角度上限。
- 获取传感器的值与状态。

本项目的机器人无须使用任何传感器，只要用两个电机制作出双轮机器人即可。本项目中将电机接在 EV3 主机的输入端 B 与 C。请确认 EV3 主机的蓝牙已被启动，接着将 EV3 主机与安卓手机进行蓝牙配对。启动蓝牙之后，用户可以从 EV3 主机的屏幕左上角看到蓝牙的符号。

项目的界面设计如图 6.100 所示。

运行效果如图 6.101 所示。

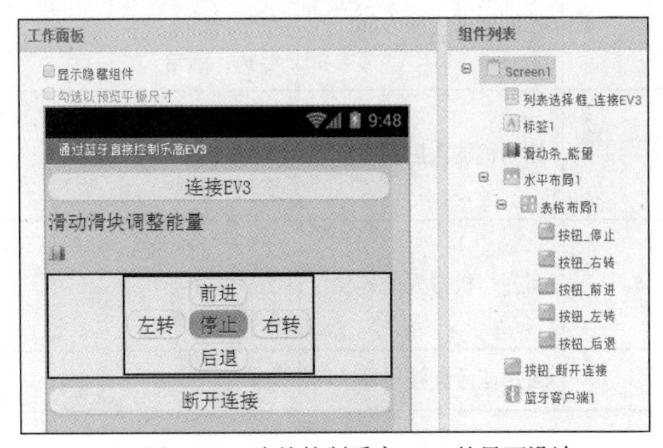

图 6.100　直接控制乐高 EV3 的界面设计

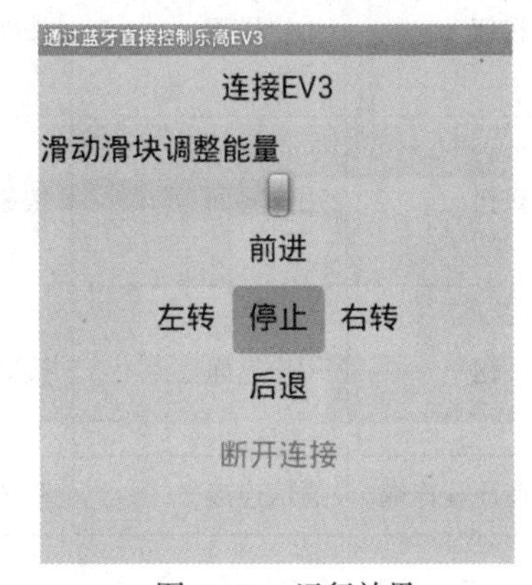

图 6.101　运行效果

组件说明如表 6.10 所示。

表 6.10　直接控制乐高 EV3 的组件说明

组　件	所属组件组	命　名	用　途	属　性
Screen	默认屏幕	Screen1		标题：通过蓝牙直接控制乐高 EV3 背景颜色：粉色 字号：20

续表

组　件	所属组件组	命　名	用　途	属　性
列表选择框	用户界面	列表选择框_连接EV3	选择可供连接的蓝牙设备	文本：连接 EV3 形状：圆角
标签	用户界面	标签 1	文字提示	文本：滑动滑块调整能量
滑动条	用户界面	滑动条_能量	设置电机的能量	宽度：充满 最大值：100 最小值：0
水平布局	界面布局	水平布局 1	水平放置多个组件	水平对齐：居中 垂直对齐：居中
表格布局	界面布局	表格布局 1	以表格形式放置多个组件	行数：3 列数：3
按钮	用户界面	按钮_停止	停止电机运转	文本：停止 字号：20 形状：圆角
按钮	用户界面	按钮_右转	控制机器人向右转	文本：右转 字号：20 形状：圆角
按钮	用户界面	按钮_前进	控制机器人前进	文本：前进 字号：20 形状：圆角
按钮	用户界面	按钮_左转	控制机器人向左转	文本：左转 字号：20 形状：圆角
按钮	用户界面	按钮_后退	控制机器人后退	文本：后退 字号：20 形状：圆角
按钮	用户界面	按钮_断开连接	断开与机器人的连接	文本：断开连接 字号：20 形状：圆角
蓝牙客户端	通信连接	蓝牙客户端 1	通过蓝牙连接机器人	

逻辑设计如下。

（1）初始化

在列表选择框的“准备选择”事件中，先将列表选择框的“元素字串”属性设置为安卓设备上已经配对的蓝牙设备清单（蓝牙客户端的地址及名称），其中 connected 这个全局变量用来指示现在设备是否已和机器人成功连接。用户从列表框进行选择之后，程序首先测试连接是否成功，如果连接成功，则将“连接 EV3”列表选择框的“启用”属性设置为 false，将“断开连接”按钮的“启用”属性设置为 true。代码如图 6.102 所示。

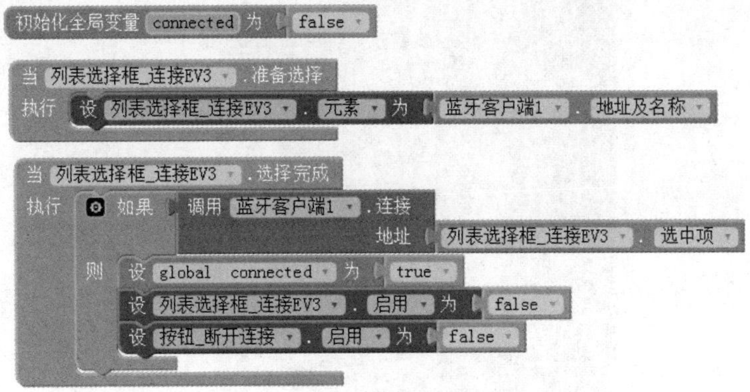

图 6.102　连接机器人的代码

（2）直接控制指令过程 start 和 stop

EV3 直接控制指令（Direct Command）一般采用字节码串的形式（参考 c_com.h），即：

```
,------,------,------,------,------,------,------,------,
|Byte 0|Byte 1|Byte 2|Byte 3|Byte 4|Byte 5|  ……   |Byte n|
'------'------'------'------'------'------'------'------'
```

字节 0～1：指令长度，小端字节。

字节 2～3：消息计数器，小端字节。

字节 4：指令类型［0×00 为需返回信息的指令，如读传感器；0×80（十进制为 128）为无须返回信息的指令，如启动电机］。

字节 5～6：全局和局部变量字节数（压缩），主要用于存储返回信息等。

这 7 字节构成各类控制指令通用的头信息格式。

从字节 7 开始，则为与特定控制指令相关的字节串，与 EV3 虚拟机中的字节码定义有关，一般包括指令码、参数和返回变量等。如启动端口 A 所连接电机的指令定义是 opOUTPUT_START, LC0(0),LC0(0 × 01)，则相应的字节串为 A60001，其中“0 × A6”为该指令对应的字节编码，“0 × 01”为端口 A 的编码，具体的指令定义及相应的编码设定可查阅 EV3 的源代码文件（c_bytecodes.h）（如 opOUTPUT_START = 0 × A6,opOUTPUT_STOP = 0 × A3,opOUTPUT_POWER = 0 × A4）。

直接控制的好处在于可以直接向 EV3 发送字节阵列。以 start 过程为例，它可接收两个参数：port 和 speed。每次调用它时，都会初始化一个名为 data 的空列表，每一个列表元素代表一个位元组长度的内容，格式为（13, 0, 0, 0, 128, 0, 0, 165, 0, port, 129, speed, 166, 0, port）。此处，我们通过 speed 参数就可以控制电机的转速与方向。最后通过蓝牙客户端组件，将整个 data 内容经由蓝牙发送给 EV3 机器人即可，如图 6.103 所示。

stop 过程：系统首先判断参数 stop 是否为 true，如果是，则在 data 列表最后加入 1；否则加入 0，如图 6.104 所示。这样将 data 内容发送出去之后就能控制机器人是否要停止动作。姿态控制、触碰点控制、语音控制的方法与此类似。

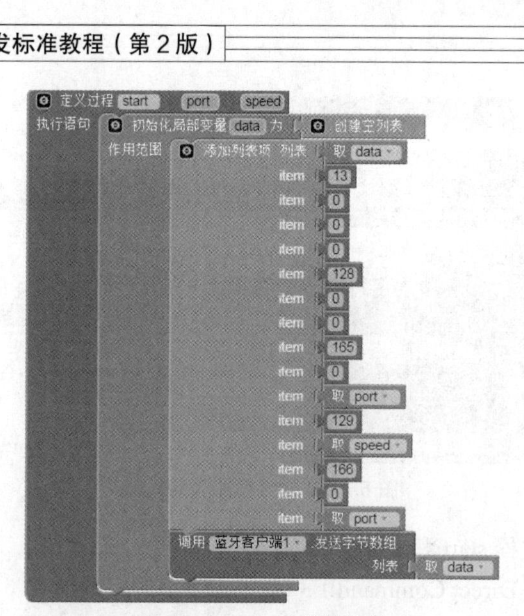

图 6.103　start 过程的代码

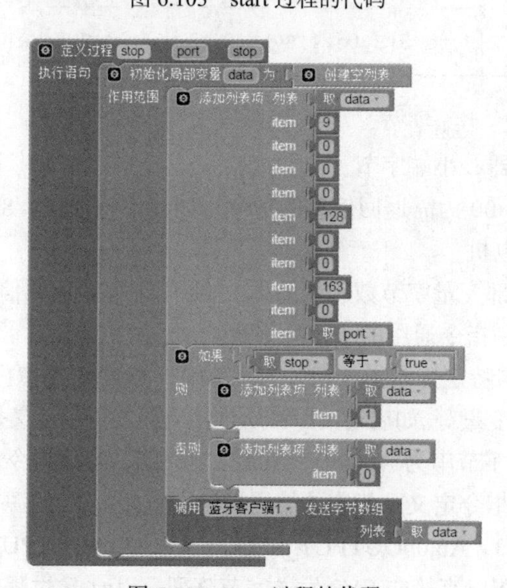

图 6.104　stop 过程的代码

（3）其他功能代码

其他功能代码如图 6.105 所示。

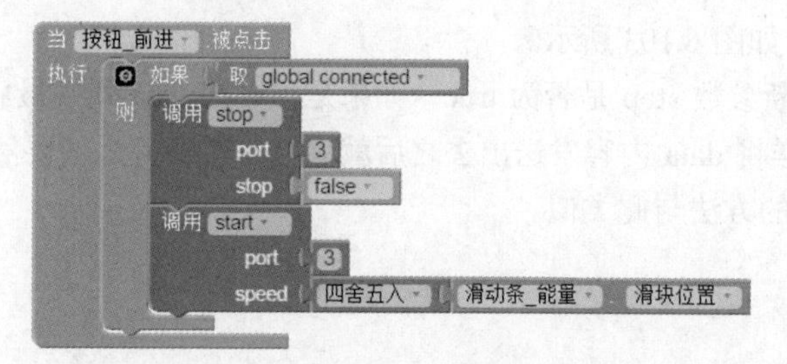

图 6.105　其他功能代码

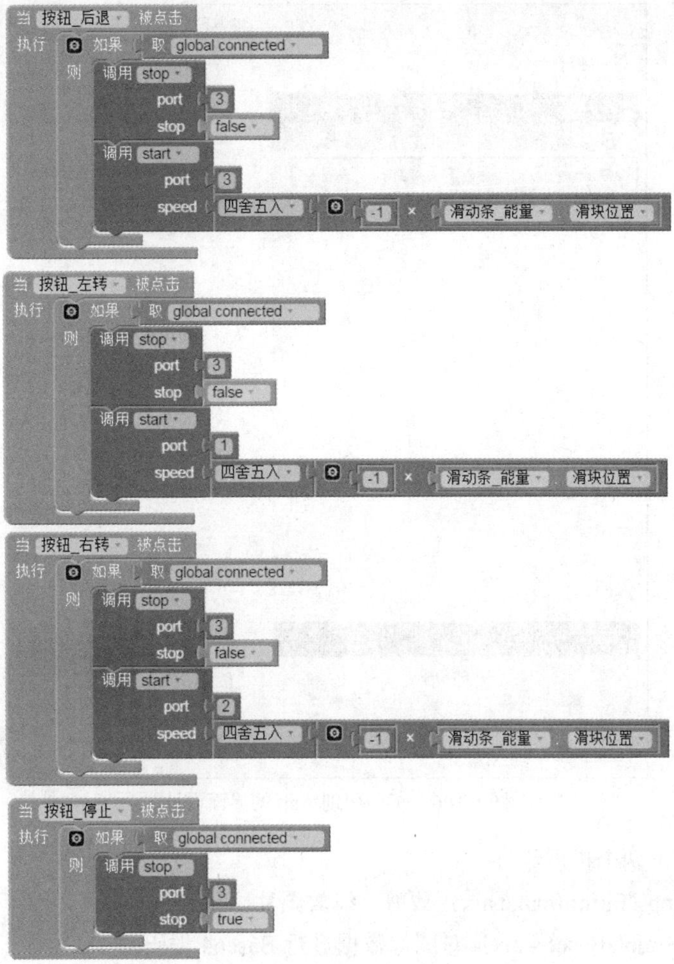

```
当 按钮_后退 被点击
执行 如果 取 global connected
  则 调用 stop
        port 3
        stop false
     调用 start
        port 3
        speed 四舍五入 -1 × 滑动条_能量 . 滑块位置

当 按钮_左转 被点击
执行 如果 取 global connected
  则 调用 stop
        port 3
        stop false
     调用 start
        port 1
        speed 四舍五入 -1 × 滑动条_能量 . 滑块位置

当 按钮_右转 被点击
执行 如果 取 global connected
  则 调用 stop
        port 3
        stop false
     调用 start
        port 2
        speed 四舍五入 -1 × 滑动条_能量 . 滑块位置

当 按钮_停止 被点击
执行 如果 取 global connected
  则 调用 stop
        port 3
        stop true
```

图 6.105　其他功能代码（续）

6.8 车 型 识 别

创作思路：随着社会的发展，越来越多的人在出行时已经离不开汽车。汽车的品牌和型号繁多，如果在路上遇见一辆自己不认识型号的汽车，又想快速地知道答案，该怎么解决？下面利用人工智能技术来解决这个问题。利用百度智能云提供的 API，可以快速地实现一款定制的车型识别 App。本项目可以检测一张车辆图片中车辆的具体车型，即输入一张图片（拍照或从手机选择），输出图片中车辆的品牌及型号、颜色、生产年份、位置信息。

微课

在调用某个 API 开发应用的时候，需要申请调用 API 的密钥，查看其技术文档以掌握调用方法，然后在程序中调用 API。为便于后面把查看技术文档和 APP Inventor 中的逻辑设计结合起来，首先设计好界面。

（1）界面设计。

根据 API 技术文档的要求，结合应用功能，界面设计如图 6.106 所示。

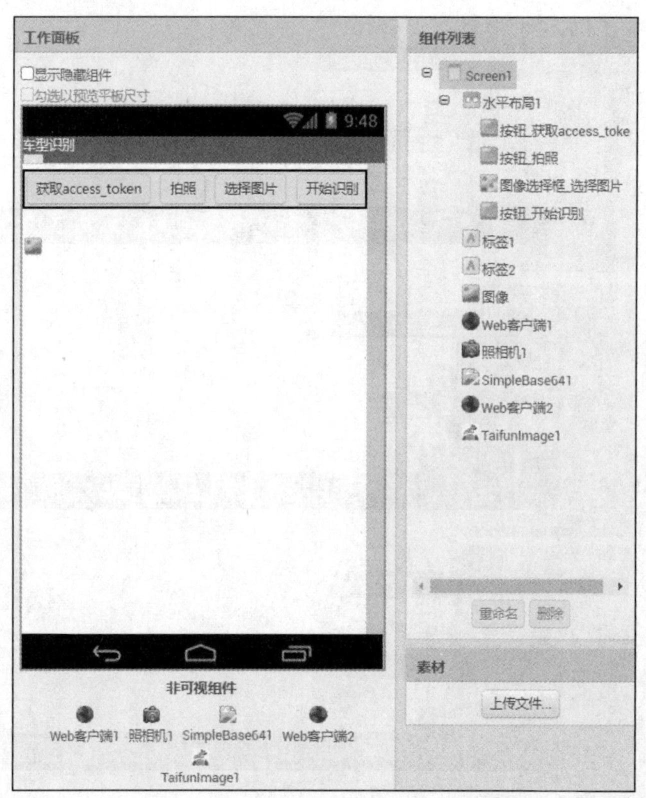

图 6.106　车型识别 App 的界面设计

界面中需要以下两个扩展组件。

com.puravidaapps.TaifunImage.aix：裁剪、缩放图片。

com.ghostfox.SimpleBase64.aix：对图像数据进行 Base64 编码。

组件说明如表 6.11 所示。

表 6.11　　车型识别 App 的组件说明

组　件	所属组件组	命　名	用　途	属　性
Screen	默认屏幕	Screen1		标题：车型识别
水平布局	界面布局	水平布局 1	水平放置多个组件	宽度：充满
按钮	用户界面	按钮_获取 access_token	通过 API 获取 access_token，用于调用图像识别 API	文本：获取 access_token
按钮	用户界面	按钮_拍照	打开手机照相机拍照	文本：拍照
图像选择框	用户界面	图像选择框_选择图片	从手机选择图片	文本：选择图片
按钮	用户界面	按钮_开始识别	识别图像中的车型	文本：开始识别
标签	用户界面	标签 1	显示识别出来车的颜色	
标签	用户界面	标签 2	显示识别出来车的品牌等信息	

续表

组　件	所属组件组	命　名	用　途	属　性
图像	用户界面	图像	显示图片	
Web 客户端	通信连接	Web 客户端 1	调用 API	
照相机	多媒体	照相机 1	调用拍照功能	
SimpleBase641	扩展组件	SimpleBase641	对图像进行编码	
Web 客户端	通信连接	Web 客户端 2	调用 API	
TaifunImage1	扩展组件	TaifunImage1	对图片进行裁剪和缩放	

（2）API 账号注册。

打开百度 AI 开放平台，单击右上角的“控制台”链接，弹出登录界面，如图 6.107 所示。如果有百度账号或云账号，可直接登录，如果没有账号，则单击“立即注册”链接进行免费注册，如图 6.108 所示。

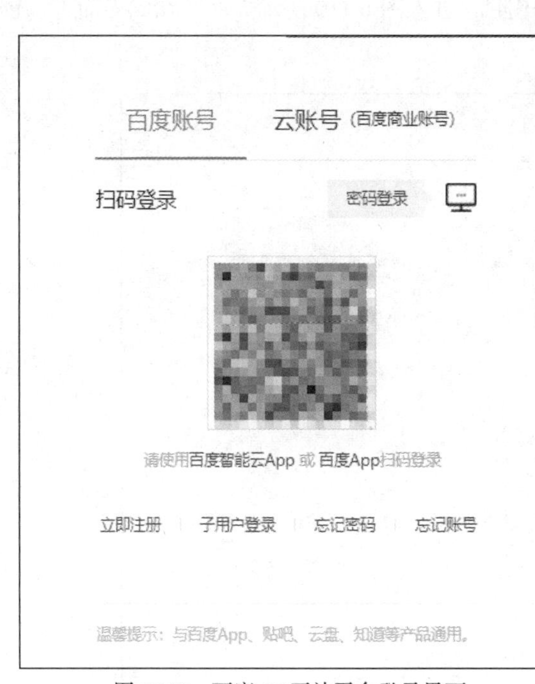

图 6.107　百度 AI 开放平台登录界面

图 6.108　注册界面

在注册界面按要求输入相关信息进行注册，注册完成后即可进行登录。

（3）登录。

登录成功后，用户将进入控制台的总览界面，如图 6.109 所示。

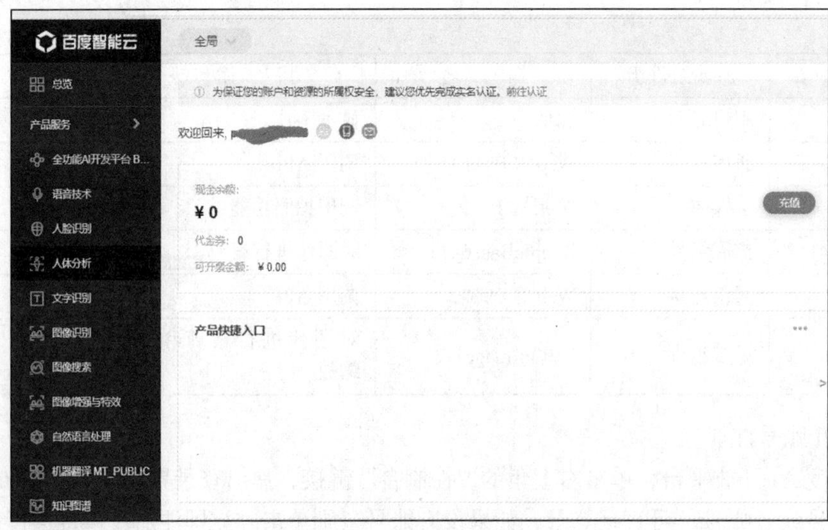

图 6.109　控制台总览界面

（4）创建应用。

在图 6.109 所示界面中，单击左边的“图像识别”，进入图 6.110 所示界面，在此界面可以创建应用和管理应用。

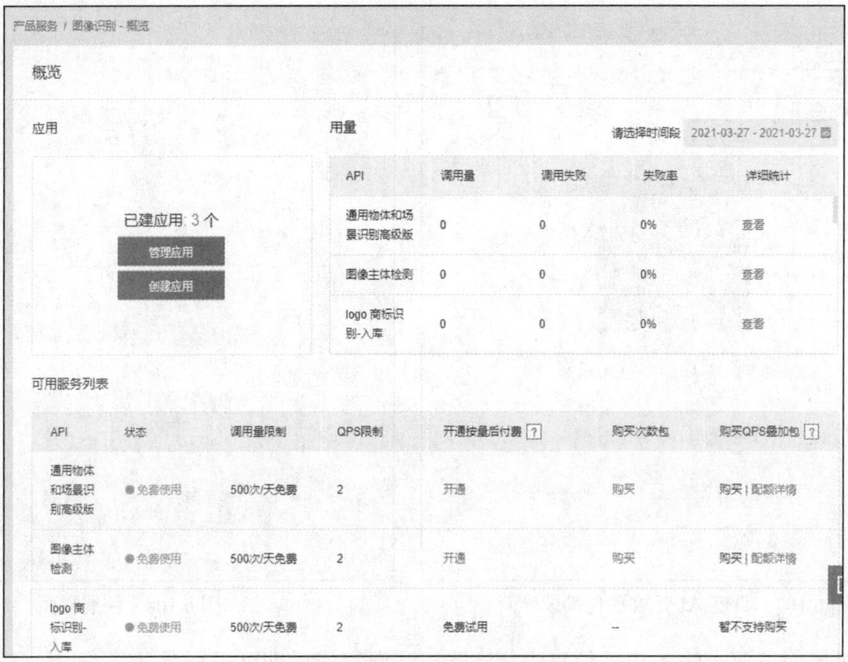

产品服务 / 图像识别 - 概览

概览

应用

已建应用: 3 个

管理应用

创建应用

用量　　请选择时间段 2021-03-27 - 2021-03-27

API	调用量	调用失败	失败率	详细统计
通用物体和场景识别高级版	0	0	0%	查看
图像主体检测	0	0	0%	查看
logo 商标识别-入库	0	0	0%	查看

可用服务列表

API	状态	调用量限制	QPS限制	开通按量后付费	购买次数包	购买QPS叠加包
通用物体和场景识别高级版	免费使用	500次/天免费	2	开通	购买	购买 | 配额详情
图像主体检测	免费使用	500次/天免费	2	开通	购买	购买 | 配额详情
logo 商标识别-入库	免费使用	500次/天免费	2	免费试用	–	暂不支持购买

图 6.110　“图像识别-概览”界面

在图 6.110 所示界面中，单击“创建应用”按钮，进入图 6.111 所示的创建应用界面。输入应用名称；选择接口选项（默认已经选择图像识别，因为之前选的是图像识别），除了图像识别，还可以选择支持的其他接口；选择应用归属（公司或者个人）；输入应用描述；最后单击“立即创建”按钮。应用创建成功后，出现图 6.112 所示的创建完毕界面。此时可以选择返回应用列表、查看产品文档等。

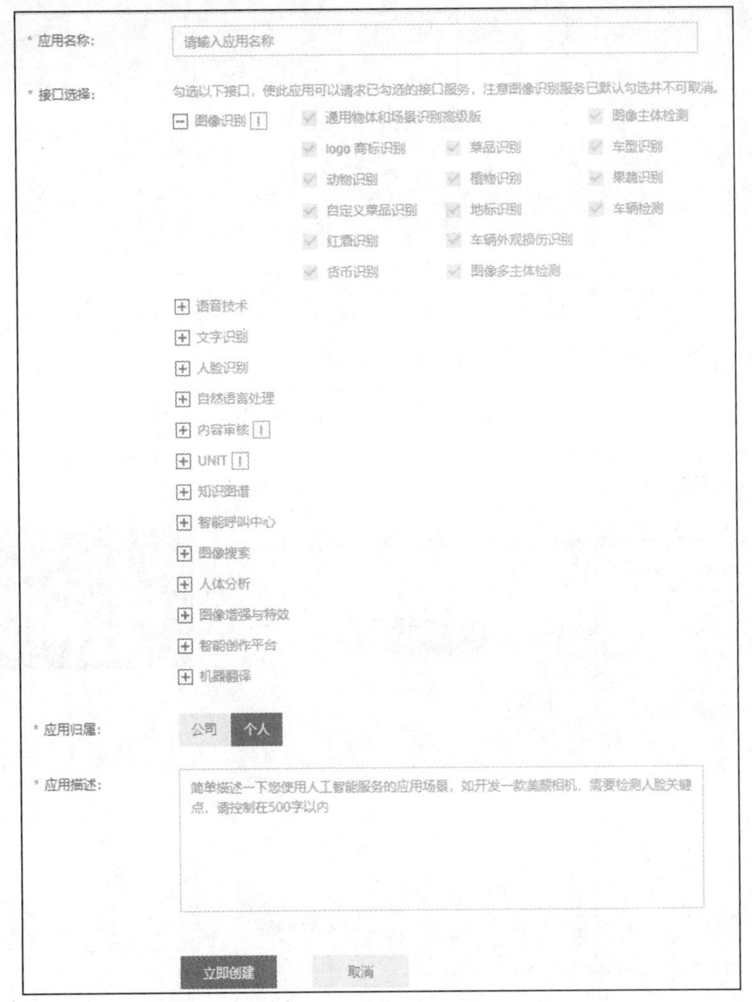

图 6.111　创建应用界面

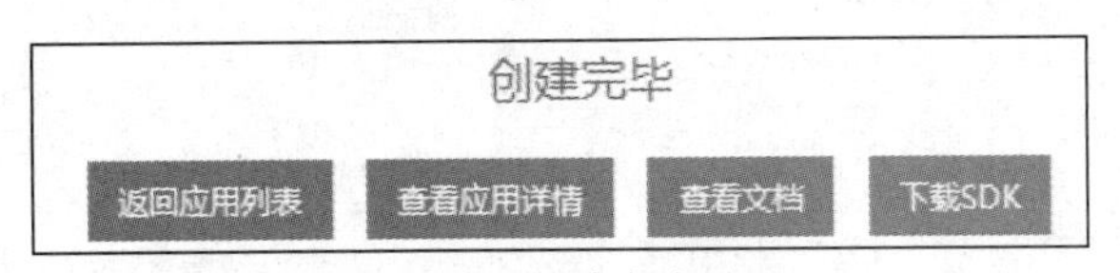

图 6.112　创建完毕界面

单击“返回应用列表”按钮，回到应用列表界面，应用列表如图 6.113 所示。这里的“API Key”和“Secret Key”便是后面应用开发中调用百度图像识别 API 需用到的密钥。

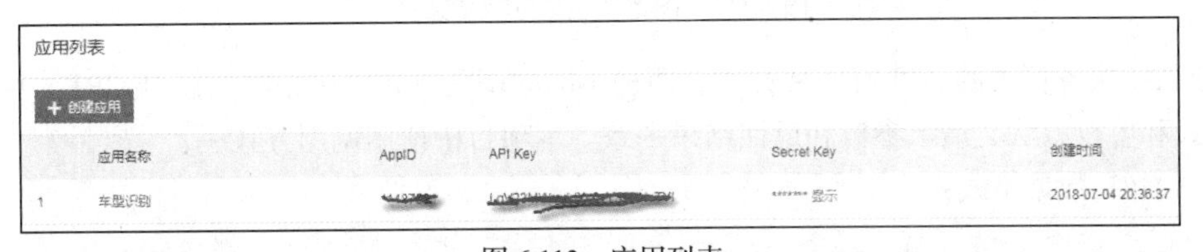

图 6.113　应用列表

（5）查看技术文档。

在应用列表界面左侧单击“技术文档”，查看详细的 API 调用方法，如图 6.114 所示。图像识别详细技术文档如图 6.115 所示。

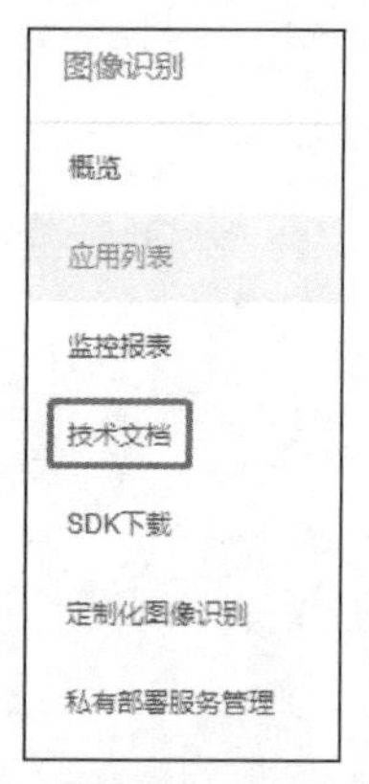

图 6.114　应用列表界面左侧导航栏

图 6.115　图像识别详细技术文档

调用 AI 服务相关的 API 有两种方式，两种不同的调用方式采用相同的接口 URL。区别在于请求方式和鉴权方法，请求参数和返回结果一致。本项目中使用调用方式一。

请求 URL 数据格式：

```
https://aip.baidubce.com/rest/2.0/image-classify/v2/dish?access_token=××××
```

向 API 服务地址使用 POST 请求，必须在 URL 中带上参数 access_token。

（6）获取 access_token。

针对 HTTP API 调用者，百度 API 开放平台使用 Oauth 2.0 授权调用开放 API，调用 API 时必须在 URL 中带上 access_token 参数，获取流程如下。

向授权服务地址发送请求（推荐使用 POST 请求），并在 URL 中带上以下参数。

grant_type：必需参数，固定为 client_credentials。

client_id：必需参数，应用的 API Key。

client_secret：必需参数，应用的 Secret Key。

格式：

```
https://aip.baidubce.com/oauth/2.0/token?grant_type= ×××× &client_id= ××××
&client_secret=××××
```

access_token 的有效期为 30 天，需要进行定期更换。

在 App Inventor 中实现的步骤如下。

① 定义全局变量，如图 6.116 所示。

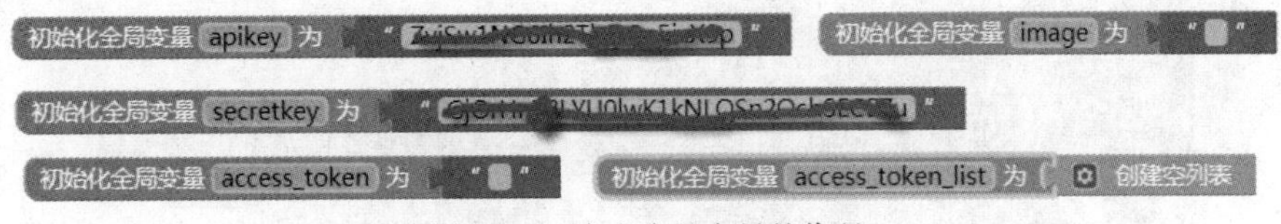

图 6.116　定义全局变量的代码

image：图片。

apikey：图 6.113 中的 API Key，这里需要设置成你自己申请的 API Key。

secretkey：图 6.113 中的 Secret Key，这里需要设置成你自己申请的 Secret Key。

access_token：记录获取到的 access_token。

access_token_list：解码获取 access_token 时返回的 JSON 文本。

② 构造 API 需要的 URL，调用 Web 客户端执行 GET 请求，如图 6.117 所示。

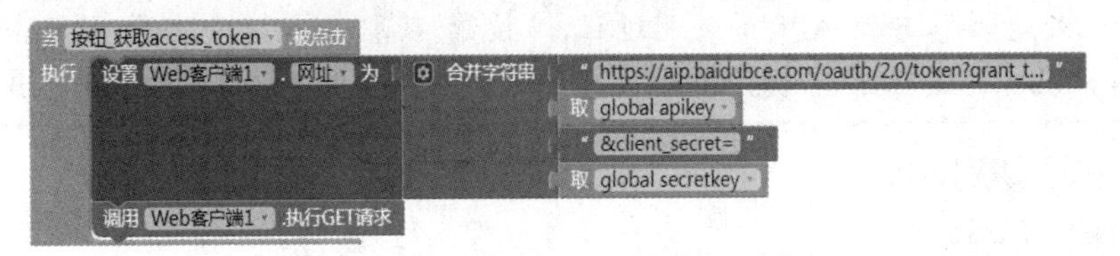

图 6.117　按钮“被点击”事件代码

合并字符串的第一部分为 https://aip.baidubce.com/oauth/2.0/token?grant_type=client_credentials&client_id=，是固定不变的，第三部分&client_secret=也是固定不变的，第二部分和第四部分需要替换成自己申请的 API Key 和 Secret Key。

③ 返回数据分析。

服务器返回的 JSON 文本参数如下。

access_token：要获取的 access_token。

expires_in：access_token 的有效期（秒为单位，一般为 1 个月）。

其他参数忽略，暂时不用。

例如：

```
{
  "refresh_token": "25.b55fe1d287227ca97aab219bb249b8ab.315360000.1798284651.282335-8574074",
  "expires_in": 2592000,
  "scope": "public wise_adapt",
  "session_key":   "9mzdDZXu3dENdFZQurfg0Vz8slgSgvvOAUebNFzyzcpQ5EnbxbF+hfG9DQkpUVQdh4p6HbQcAiz5RmuBAja1JJGgIdJI",
  "access_token":
"24.6c5e1ff107f0e8bcef8c46d3424a0e78.2592000.1485516651.282335-8574074",
  "session_secret": "dfac94a3489fe9fca7c3221cbf7525ff"
}
```

若请求错误，服务器将返回包含以下参数的 JSON 文本。

error：错误码。

error_description：错误描述信息，帮助理解和解决发生的错误。

④ 解码返回的 JSON 文本，如图 6.118 所示。

图 6.118 “获得文本”事件代码

如果响应代码为 200，则表示获得文本数据成功；然后调用 Web 客户端的“解码 JSON 文本”方法，把返回的文本解码成 App Inventor 中的列表；最后从列表中通过键值对查找需要的 access_token，并显示到标签。

此处是为了演示 API 的使用过程，“按钮_获取 access_token”被点击后才能获取 access_token，然后把 access_token 显示出来，实际应用中把这一步合并在识别功能中。

（7）调用图像识别 API。

HTTP 方法：POST。

请求 URL：https://aip.baidubce.com/rest/2.0/image-classify/v1/classify/car

URL 参数和 Header 参数如表 6.12 所示。

表 6.12 URL 参数和 Header 参数

URL 参数	
参数	值
access_token	通过 API Key 和 Secret Key 获取的 access_token
Header 参数	
参数	值
Content-Type	application/x-www-form-urlencoded

Body 中放置请求参数，参数详情如表 6.13 所示。

表 6.13　　Body 中的参数详情

参数	是否必选	类型	说明
image	true	string	图像数据，Base64 编码，要求 Base64 编码后大小不超过 4MB，最短边至少 15 像素，最长边最大 4096 像素，支持 JPG/PNG/BMP 格式。注意：图片需要 Base64 编码、去掉编码头（data:image/jpg;base64,）后，再进行 URL 编码
top_num	false	unit32	返回预测得分 top 结果数，如果为空或小于等于 0，则默认为 5；如果大于 20，则默认为 20

请求代码示格式：

```
'https://aip.baidubce.com/rest/2.0/image-classify/v1/car?access_token=[调用鉴权接口获取的 token]' --data 'image=[图片 Base64 编码，需进行 URL 编码] &top_num=5' -H 'Content-Type: application/ x-www-form-urlencoded'
```

在 App Inventor 中实现的步骤如下。

① 构造调用 API 需要的 URL，执行 POST 请求文本，如图 6.119 所示。

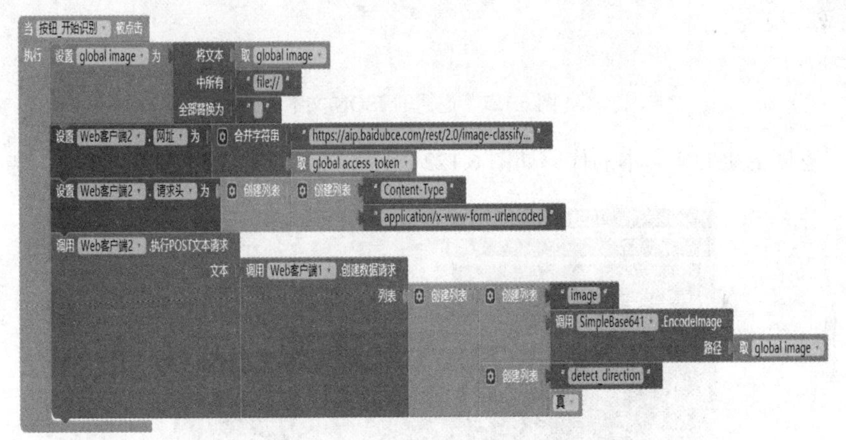

图 6.119　“开始识别”按钮的“被点击”事件代码

② 返回数据分析。

服务器返回的 JSON 文本参数如图 6.120 所示。JSON 文本如图 6.121 所示。

字段	是否必选	类型	说明
log_id	否	uint64	唯一的log id，用于问题定位
color_result	是	string	颜色
result	否	car-result()	车型识别结果数组
+name	否	string	车型名称，示例：宝马x6
+score	否	double	置信度，示例：0.5321
+year	否	string	年份
location_result	否	string	车在图片中的位置信息

图 6.120　JSON 文本参数

```
HTTP/1.1 200 OK
x-bce-request-id: 73c4e74c-3101-4a00-bf44-fe246959c05e
Cache-Control: no-cache
Server: BWS
Date: Tue, 18 Oct 2016 02:21:01 GMT
Content-Type: application/json;charset=UTF-8
{
    "log_id": 3490021330,
    "result": [{
            "name": "别克昂科威",
            "score": 0.83903276920319,
            "year": "2014-2017"
    },
    {
            "name": "通用(别克昂科拉)Mokka",
            "score": 0.010498280636966,
            "year": "2017"
    },
    {
            "name": "MG锐腾",
            "score": 0.0065533421002328,
            "year": "2016-2017"
    }],
    "color_result": "棕色",
    "location_result":
    {
            "left": 257,
            "top": 663,
            "width": 1229,
            "height": 795
    }
}
```

图 6.121　返回的 JSON 文本

③ 解码返回的 JSON 文本的代码如图 6.122 所示。

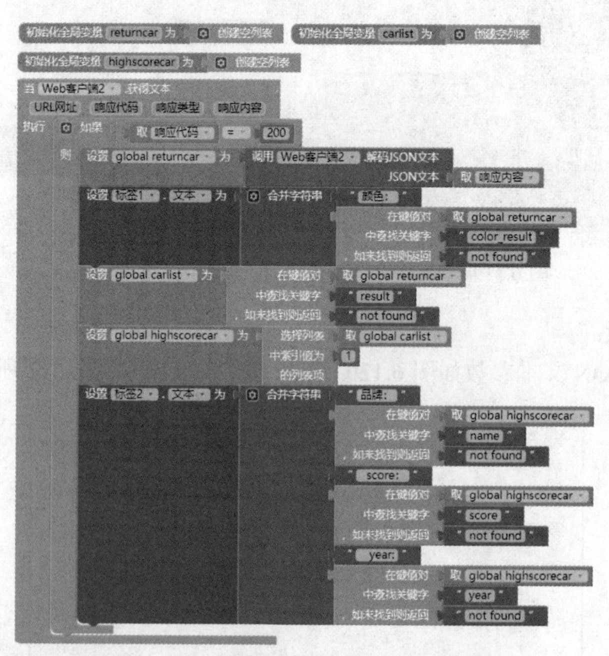

图 6.122　解码返回的 JSON 文本的代码

returncar：保存解码 JSON 文本后的数据。

carlist：保存返回的车型结果。

highscorecar：保存可能性最高的结果。

（8）等比例缩小图片的过程如图 6.123 所示。

定义过程 resizeimage image
执行语句 调用 TaifunImage1 .Resize
imageFileName 取 image
maxWidth 500
maxHeight
调用 TaifunImage1 .Height
imageFileName 取 image
×
500
/
调用 TaifunImage1 .Width
imageFileName 取 image

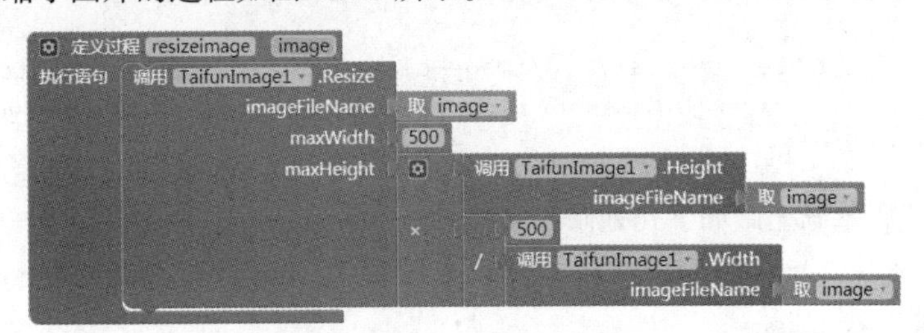

图 6.123　等比例缩小图片的过程

（9）拍照和选择图片的代码如图 6.124 所示。

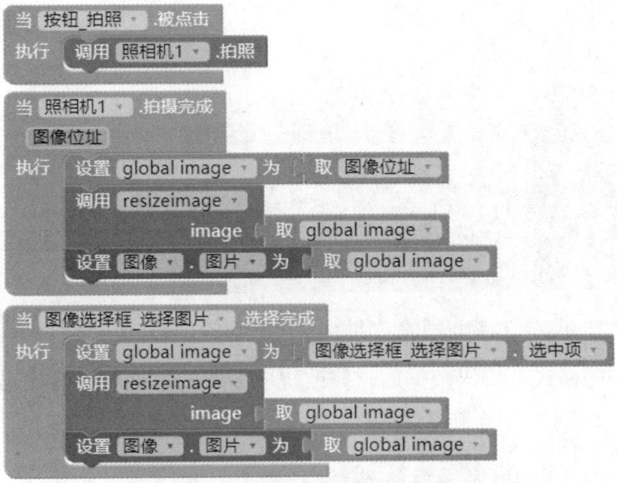

当 按钮_拍照 .被点击
执行 调用 照相机1 .拍照
当 照相机1 .拍摄完成
图像位址
执行 设置 global image 为 取 图像位址
调用 resizeimage
image 取 global image
设置 图像 . 图片 为 取 global image
当 图像选择框_选择图片 .选择完成
执行 设置 global image 为 图像选择框_选择图片 . 选中项
调用 resizeimage
image 取 global image
设置 图像 . 图片 为 取 global image

图 6.124　拍照和选择图片的代码

车型识别 App 的运行效果如图 6.125 所示。

59% 10:22
车型识别
获取access_token
拍照
选择图片
开始识别
颜色：棕色
品牌：大众途锐 score：0.9973 year:2015-2017

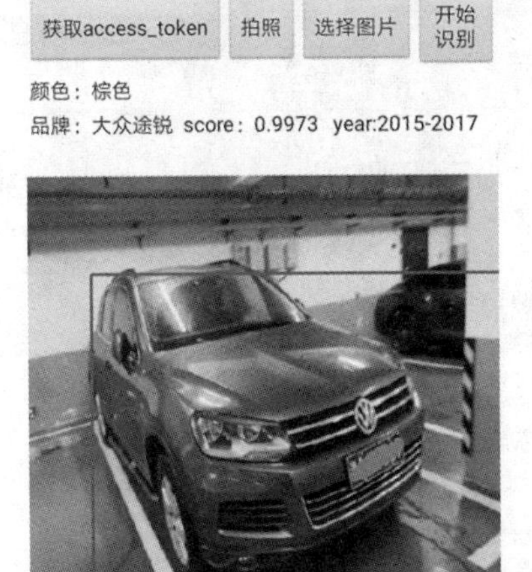

图 6.125　车型识别 App 的运行效果

根据图像识别 API 提供的其他类别的识别，如动物识别、植物识别，参照相关文档稍做修改即可实现相应应用。

例如，查看植物识别技术文档，其调用采用 POST 方式，请求代码格式：

```
'https://aip.baidubce.com/rest/2.0/image-classify/v1/plant?access_token=[调用鉴权接口获取的token]' --data 'image=[图片Base64编码，需UrlEncode]' -H 'Content-Type:application/x-www-form- urlencoded'
```

在车型识别代码基础上做如下几处修改。

① 将 Web 客户端组件属性中的“网址”设置为 https://aip.baidubce.com/rest/2.0/image-classify/v1/plant?access_token=。

② 修改“开始识别”按钮的“被点击”事件中的网址，如图 6.126 所示。

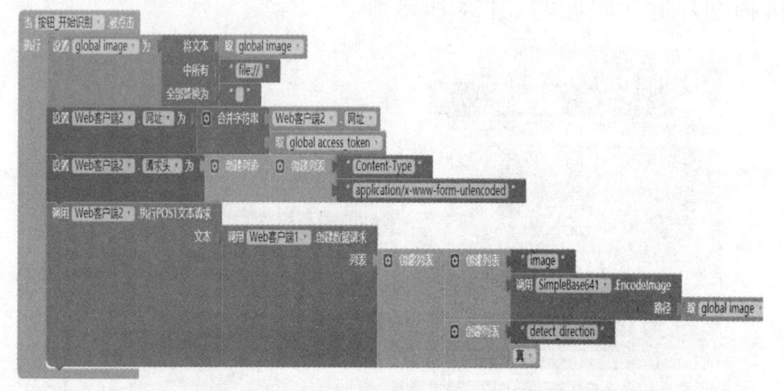

图 6.126　植物识别的“开始识别”按钮的“被点击”事件代码

③ 分析返回数据的格式，解码数据后，修改提取需要的数据对应的代码，如图 6.127 所示。

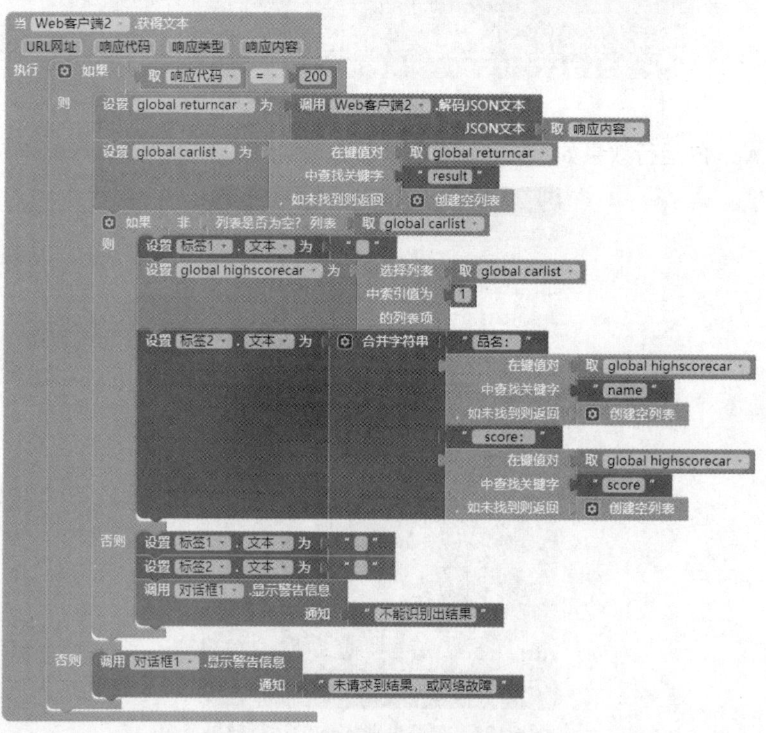

图 6.127　“获得文本”事件代码

运行本代码只显示最高置信度的植物识别结果，如图 6.128 所示。

图 6.128　植物识别结果

6.9　绘制函数曲线

创作思路：在初中学习的数学函数中，二次函数是较难的一个，本节将讨论相关数学问题——通过编程绘制函数曲线，主要内容涉及中学数学中的函数、平面直角坐标系和画布坐标系等知识。

在本项目中，实现绘制 $y=ax^2+bx+c$ 和 $y=\sin(x)$函数图像的功能。

界面设计：根据函数绘制的需要，其界面设计如图 6.129 所示。

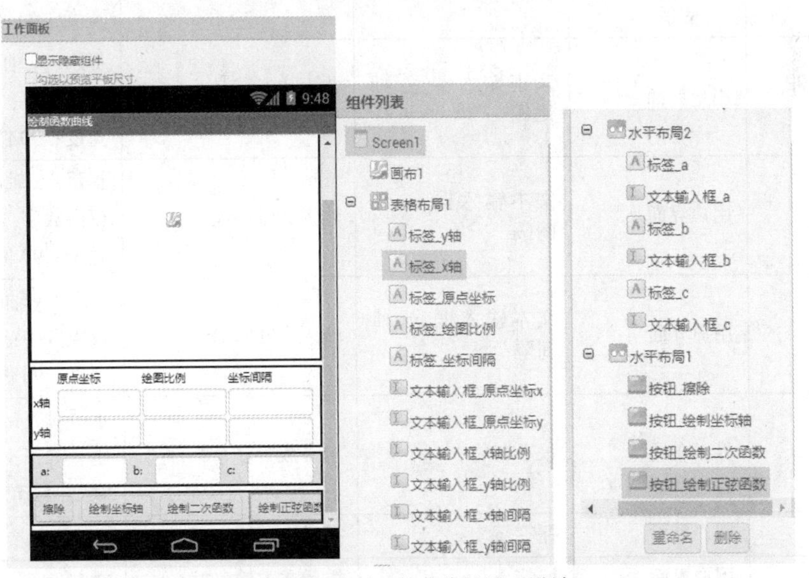

图 6.129　绘制函数曲线的界面设计

组件说明如表 6.14 所示。

表 6.14　　绘制函数曲线的组件说明

组　件	所属组件组	命　名	用　途	属　性
Screen	默认屏幕	Screen1		应用名称：绘制函数 允许滚动：选择 标题：绘制函数
画布	绘图动画	画布 1	绘制函数曲线	高度：300 像素 宽度：充满
表格布局	界面布局	表格布局 1	放置多个组件	宽度：充满 列数：4 行数：3
标签	用户界面	标签_x 轴	提示文本输入框	文本：x 轴
标签	用户界面	标签_y 轴	提示文本输入框	文本：y 轴
标签	用户界面	标签_原点坐标	提示文本输入框	文本：原点坐标
标签	用户界面	标签_绘图比例	提示文本输入框	文本：绘图比例
标签	用户界面	标签_坐标间隔	提示文本输入框	文本：坐标间隔
文本输入框	用户界面	文本输入框_原点坐标 x	输入原点坐标 *x*	提示：原点坐标 x 仅限数字：勾选 宽度：90 像素
文本输入框	用户界面	文本输入框_原点坐标 y	输入原点坐标 *y*	提示：原点坐标 y 仅限数字：勾选 宽度：90 像素
文本输入框	用户界面	文本输入框_x 轴比例	输入 *x* 轴比例	提示：x 轴比例 仅限数字：勾选 宽度：90 像素
文本输入框	用户界面	文本输入框_y 轴比例	输入 *y* 轴比例	提示：y 轴比例 仅限数字：勾选 宽度：90 像素
文本输入框	用户界面	文本输入框_x 轴间隔	输入 *x* 轴间隔	提示：x 轴间隔 仅限数字：勾选 宽度：90 像素
文本输入框	用户界面	文本输入框_y 轴间隔	输入 *y* 轴间隔	提示：y 轴间隔 仅限数字：勾选 宽度：90 像素
水平布局	界面布局	水平布局 2	水平放置多个组件	水平对齐：居中 垂直对齐：居中 宽度：充满
标签	用户界面	标签_a	提示文本输入框	文本：a:
标签	用户界面	标签_b	提示文本输入框	文本：b:
标签	用户界面	标签_c	提示文本输入框	文本：c:

续表

组　　件	所属组件组	命　　名	用　　途	属　　性
文本输入框	用户界面	文本输入框_a	输入 a	提示：a 仅限数字：勾选 宽度：70 像素
文本输入框	用户界面	文本输入框_b	输入 b	提示：b 仅限数字：勾选 宽度：70 像素
文本输入框	用户界面	文本输入框_c	输入 c	提示：c 仅限数字：勾选 宽度：70 像素
水平布局	界面布局	水平布局 1	水平放置多个组件	水平对齐：居中 垂直对齐：居中 宽度：充满
按钮	用户界面	按钮_擦除	擦除画布内容	文本：擦除
按钮	用户界面	按钮_绘制坐标轴	绘制直角坐标轴	文本：绘制坐标轴
按钮	用户界面	按钮_绘制二次函数	绘制二次函数	文本：绘制二次函数
按钮	用户界面	按钮_绘制正弦函数	绘制正弦函数	文本：绘制正弦函数

逻辑设计如下。

（1）绘制直角坐标系

在数学中，平面直角坐标系包含坐标轴（x 轴和 y 轴）、坐标原点，如图 6.130 粗线所示。画布坐标系如图 6.130 细线所示。直角坐标系中的一点 A 的坐标为(x,y)，直角坐标系中的的坐标原点在画布坐标系中的坐标为(x_0,y_0)，则点 A 在画布坐标系中的坐标为(x_0+x,y_0-y)，绘制坐标系的代码如图 6.131 所示。

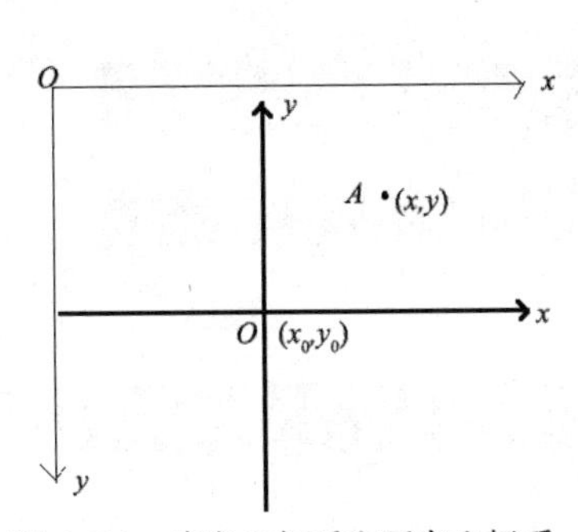

图 6.130　直角坐标系和画布坐标系

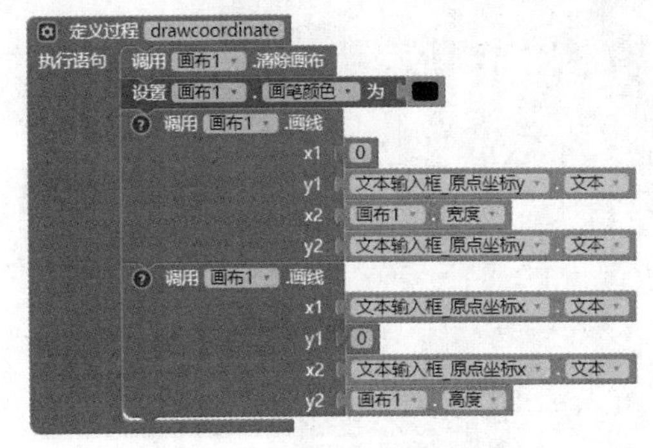

图 6.131　绘制坐标系的代码

（2）全局变量定义

定义全局变量如图 6.132 所示。

图 6.132　定义全局变量的代码

x0：直角坐标系中的原点在画布坐标系中的 x 坐标。

y0：直角坐标系中的原点在画布坐标系中的 y 坐标。

step：x 轴刻度标注间隔。

xmin：x 轴取值的最小范围。

xmax：x 轴取值的最大范围。

ymin：y 轴取值的最小范围。

ymax：y 轴取值的最大范围。

（3）绘制 x 轴上的坐标刻度

绘制 x 轴上的坐标刻度的代码如图 6.133 所示。

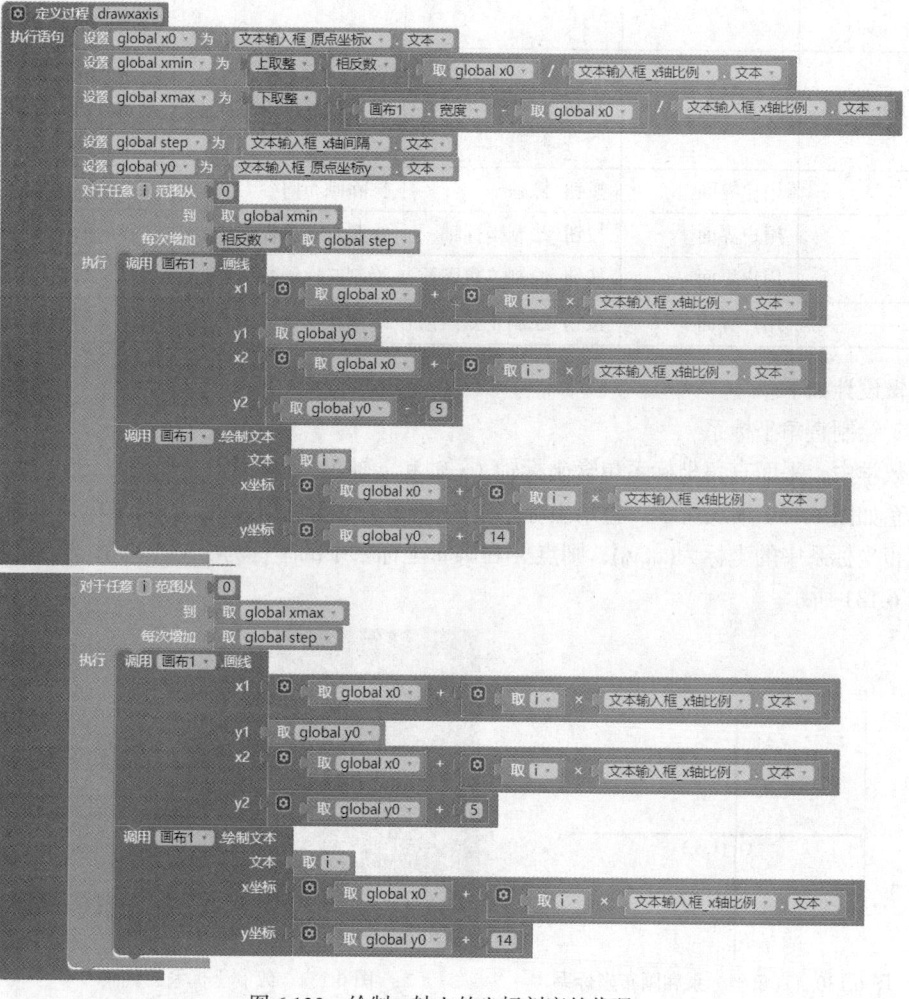

图 6.133　绘制 x 轴上的坐标刻度的代码

（4）绘制 y 轴上的坐标刻度

绘制 y 轴上的坐标刻度的代码如图 6.134 所示。

```
定义过程 drawyaxis
执行语句 设置 global y0 为 文本输入框_原点坐标y . 文本
        设置 global ymax 为 上取整 ( 取 global y0 / 文本输入框_y轴比例 . 文本 )
        设置 global ymin 为 下取整 相反数 ( ( 画布1 . 高度 - 取 global y0 ) / 文本输入框_y轴比例 . 文本 )
        设置 global step 为 文本输入框_y轴间隔 . 文本
        设置 global x0 为 文本输入框_原点坐标x . 文本
        对于任意 i 范围从 取 global step
                       到 取 global ymax
                 每次增加 取 global step
        执行 调用 画布1 .画线
                  x1 取 global x0
                  y1 取 global y0 - ( 取 i × 文本输入框_y轴比例 . 文本 )
                  x2 ( 取 global x0 + 5 )
                  y2 取 global y0 - ( 取 i × 文本输入框_y轴比例 . 文本 )
             调用 画布1 .绘制文本
                  文本 取 i
                  x坐标 取 global x0 - 14
                  y坐标 取 global y0 - ( 取 i × 文本输入框_y轴比例 . 文本 )

        对于任意 i 范围从 相反数 取 global step
                       到 取 global ymin
                 每次增加 相反数 取 global step
        执行 调用 画布1 .画线
                  x1 取 global x0
                  y1 取 global y0 - ( 取 i × 文本输入框_y轴比例 . 文本 )
                  x2 ( 取 global x0 + 5 )
                  y2 取 global y0 - ( 取 i × 文本输入框_y轴比例 . 文本 )
             调用 画布1 .绘制文本
                  文本 取 i
                  x坐标 取 global x0 - 14
                  y坐标 取 global y0 - ( 取 i × 文本输入框_y轴比例 . 文本 )
```

图 6.134　绘制 y 轴上的坐标刻度的代码

（5）绘制二次函数曲线

绘制二次函数曲线的代码如图 6.135 所示。

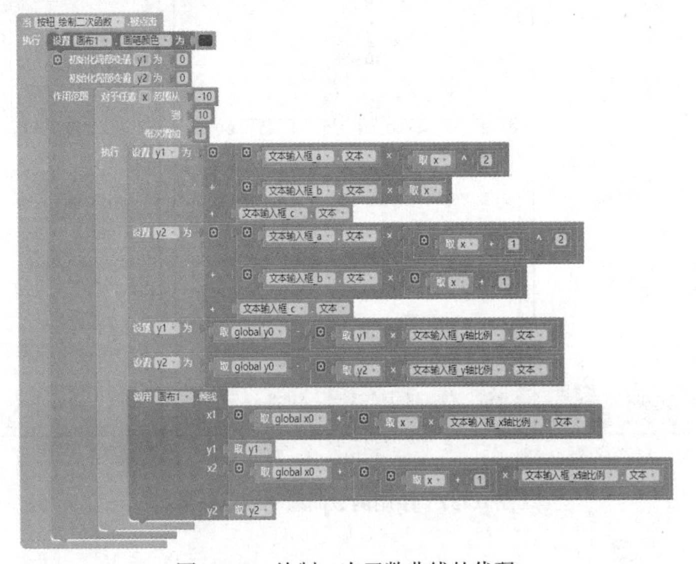

图 6.135　绘制二次函数曲线的代码

（6）绘制正弦函数曲线

绘制正弦函数曲线的代码如图 6.136 所示。

```
当 按钮_绘制正弦函数 .被点击
执行 设置 画布1 . 画笔颜色 为
     初始化局部变量 y1 为 0
     初始化局部变量 y2 为 0
     作用范围 对于任意 x 范围从 -360
                         到 360
                         每次增加 1
              执行 设置 y1 为 sin 取 x
                   设置 y2 为 sin 取 x + 1
                   设置 y1 为 取 global y0 - 取 y1 × 文本输入框_y轴比例 . 文本
                   设置 y2 为 取 global y0 - 取 y2 × 文本输入框_y轴比例 . 文本
                   调用 画布1 .画线
                        x1 取 global x0 + 取 x × 文本输入框_x轴比例 . 文本
                        y1 取 y1
                        x2 取 global x0 + 取 x + 1 × 文本输入框_x轴比例 . 文本
                        y2 取 y2
```

图 6.136　绘制正弦函数曲线的代码

绘制函数曲线的运行效果如图 6.137 所示。

绘制函数曲线：首先设置好 x 轴和 y 轴的参数，以及 a、b、c 的值；然后绘制坐标轴和绘制函数。图 6.137（b）所示为 y=10 的图像，图 6.137（c）所示为 y=10x 的图像，图 6.137（d）所示为 $y=x^2$ 的图像。

绘制正弦函数：首先设置好 x 轴和 y 轴的参数，然后绘制正弦函数。图 6.137（e）所示为 y=sin(x)的图像。

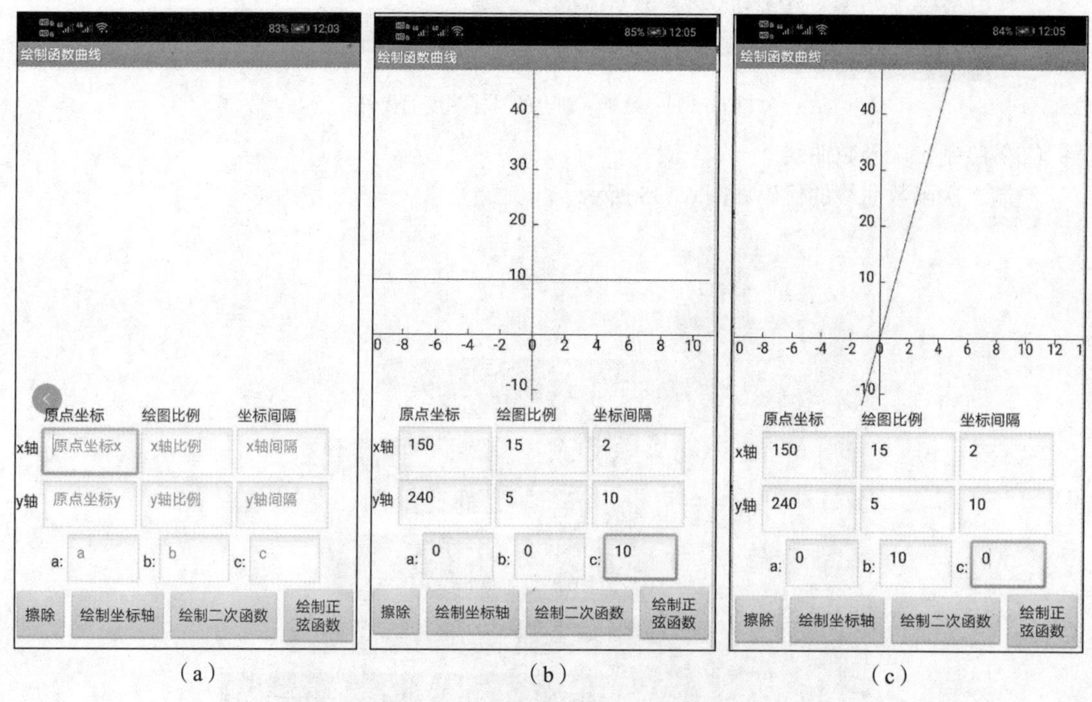

图 6.137　绘制函数曲线的运行效果

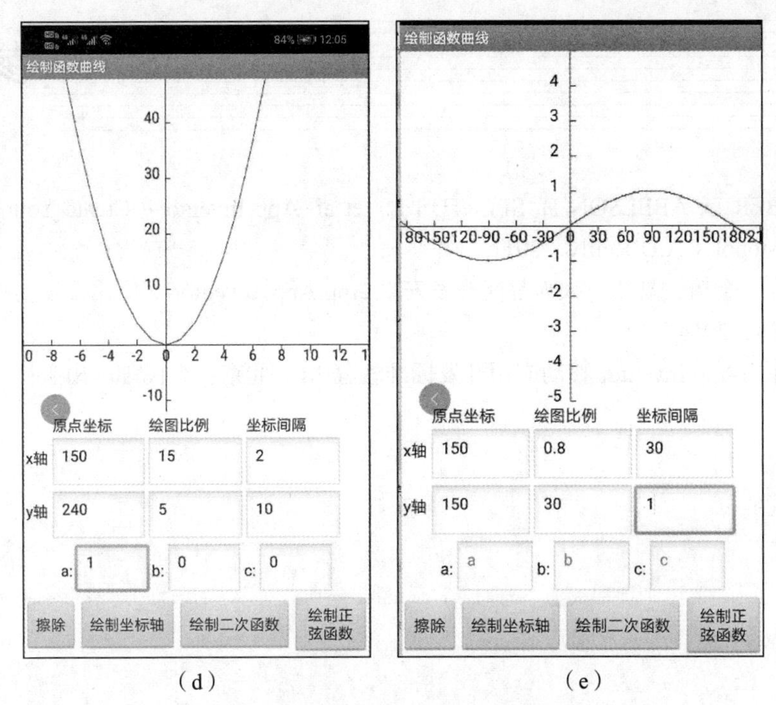

（d）　　　　　　　　（e）

图 6.137　绘制函数曲线的运行效果（续）

利用画布组件的“画线”方法来绘制函数的曲线是一件有趣的事情，这不仅可以锻炼我们编写程序的能力，而且可以加深我们对数学知识的理解，从而提高自己的抽象思维能力。

6.10　实　　验

实验 1：结合自己所学专业知识，开发和设计一款本专业领域的 App。

实验 2：用网络微数据库或云数据库设计一份调查问卷。

实验 3：查找相关 API 的技术文档，开发一款人工智能应用，如植物识别、人脸识别、文字识别、Logo 识别等。

实验 4：绘制一般形式的三角函数——$y=A\sin(wx+\phi)+b$。

参考文献

[1] WOLBER D, ABELSON H, SPERTUS E，et al. App Inventor：Create Your Own Andorid Apps[M]. Sebastopol, CA:O’Reilly，2011.

[2] 黄仁祥，金琦，易伟. 人人都能开发安卓App:App Inventor 2应用开发实战[M]. 北京：机械工业出版社，2014.

[3] 瞿绍军. App Inventor移动应用开发标准教程[M]. 北京：人民邮电出版社，2016.